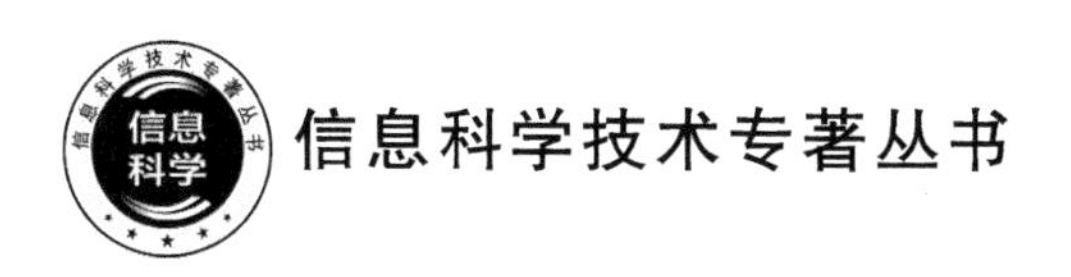

多源视觉信息感知与识别

明　悦　著

北京邮电大学出版社
www. buptpress. com

内 容 简 介

多源视觉信息感知是指从模拟人类的思维模式和大脑皮层结构出发来指导视觉模式识别任务的方法，使计算机能够具备类人化的视觉感知功能，实现与环境之间不断学习、不断适应的演变过程。本书结合神经生理学、认知科学等学科的基本理论，首先介绍人类视觉感知系统和多源视觉信息传感的生理结构及功能特点。然后，结合计算机视觉、机器学习、模式识别的相关理论，分析视觉感知识别中的人脸识别、运动目标分析、行为识别问题以及视觉感知任务的相关数据库及评测标准。

本书适用于通信工程、信号与信息处理、计算机科学与技术、电子科学与技术等相关专业的硕士及博士研究生使用。

图书在版编目(CIP)数据

多源视觉信息感知与识别 / 明悦著． -- 北京：北京邮电大学出版社，2020.8（2021.3 重印）
ISBN 978-7-5635-6178-0

Ⅰ．①多… Ⅱ．①明… Ⅲ．①计算机视觉－视觉识别 Ⅳ．①TP302.7

中国版本图书馆 CIP 数据核字（2020）第 139438 号

策划编辑：马晓仟　　**责任编辑**：满志文　　**封面设计**：七星博纳

出版发行：北京邮电大学出版社
社　　址：北京市海淀区西土城路 10 号
邮政编码：100876
发 行 部：电话：010-62282185　传真：010-62283578
E-mail：publish@bupt.edu.cn
经　　销：各地新华书店
印　　刷：北京九州迅驰传媒文化有限公司
开　　本：787 mm×1 092 mm　1/16
印　　张：15.75
字　　数：387 千字
版　　次：2020 年 8 月第 1 版
印　　次：2021 年 3 月第 2 次印刷

ISBN 978-7-5635-6178-0　　定　价：48.00 元

前　言

近20年来，神经科学、解剖学伴随着科学和技术手段的不断进步，得到了快速的发展，使人们对人类的大脑皮层结构有了更深刻的了解。探索神经计算的数理基础并将其应用于视觉感知，已经成为国内外研究的热点课题之一。视觉是人类互动的基本手段，也是人机交互最自然的方式，更是通信的必要手段。要使计算机同时具备“能看会听”的功能，建立和谐的人机交互环境，最有效的方法就是使计算机具有人类视觉感知的框架结构，结合生理学、心理学、信号处理等相关专业的基础理论，建立相应的算法模型，实现计算机端的多源视觉信息感知识别。

从理论基础到应用层面，国内外许多学者致力于研究视觉感知与模式识别之间的关系，并取得了显著的成果。这种从模拟人类的思维模式和生理结构出发指导感知识别的方法，符合人类与环境之间不断学习、不断适应的演变过程。因此，结合模式识别理论来探讨计算机视觉感知的能力具有重要的理论和实际意义。

目前多源视觉信息感知与识别的热点问题主要包括视觉信息的预处理、视觉信息的特征描述方法及基于感知机理的视觉信息特征模型的建立。本书力求理论与实践统一，从而提高计算机对非结构化多源视觉感知信息的理解和海量异构信息的处理效率，克服传统信息处理所面临的“瓶颈”，借助认知心理学、神经生理学、生物学、计算机科学和数理科学的交叉优势，探索多源视觉信息感知与识别中的热点技术问题以及新的计算模型和计算方法。本书的内容组织如下所示。

第1章　绪论。主要介绍了人类视觉的感知系统、多源视觉传感机理以及基于人类视觉感知系统开发的计算机感知系统框架和基本组成。

第2章　多源视觉信息感知与识别——人脸识别。介绍了人脸识别的问题以及人脸图像去模糊算法、基于二值特征的人脸识别算法、基于子空间学习的深度学习人脸识别算法和基于自动编码器的人脸生成和识别模型。

第3章　多源视觉信息感知与识别——运动目标分析。介绍了运动目标分析的问题。特别是基于循环神经网络的单目标检测与跟踪算法和融合时空上下文的多目标跟踪。

第4章　多源视觉信息感知与识别——行为识别。介绍了行为识别问题、行为视频输入处理、基于耦合二值特征学习与关联约束的RGB-D行为识别特征、基于图约束的RGB-D多模态特征提取和基于双流Siamese网络的RGB-D行为识别。

第5章　多源视觉信息感知与识别——评价指标与数据集。介绍了几种典型的多源视觉感知识别问题所用到的数据库和相关评测指标。

本书作者主要从事计算机视觉、模式识别、机器学习等研究工作，具有扎实的理论基础和实际工作经验。在撰写本书的过程中，得到了国内外同行学者的支持和帮助，通过与著名专家进行的有效交流、探讨，作者受益匪浅。他们的卓越见解提升了本书的理论价值和可用性，在此向他们表示深切的感谢。作者所在研究组的博士生田雷、翟正元，硕士生周江婉、王绍颖、张雅姝、傅豪和李超，结合自己的研究课题展开的实用性研究为本书打下了坚实的理论基础，他们卓有成效的工作，已经迈出了实用化的第一步，使本书言之有理、言之有物，在此向他们表示感谢。书中引用了大量的文献资料，这些资料是原作者辛勤工作的成果，是他们把视觉感知的知识向前推进，向他们表示感谢。最后感谢北京邮电大学电子工程学院各级领导和同事们在教学和科研工作中有力的支持和帮助，使作者有信心努力拼搏，战胜困难，顽强奋斗。

还要特别感谢国家自然科学基金委员会对“基于三维视频多视觉任务协同分析”项目(批准号:61402046)的资助，北京市自然科学基金对“基于跨时空融合网络的多模态深度感知学习研究”项目的资助(批准号:L182033)，CCF-腾讯犀牛鸟基金对“融合多视点深度不变性特征的海量面部信息分析研究”项目(批准号:S2013141)的资助，北京邮电大学青年创新基金对“融合深度信息的精细运动描述模型研究”项目(批准号:2013XZ10)的资助，本书就是在这些项目的研究成果基础上编写的。

视觉感知识别技术涉及的知识面广、交叉性强、技术新、难度大。尽管作者做了很大的努力，但是受作者理论水平、实践经验所限，书中难免会有不妥和遗漏，敬请广大读者给予批评和指正，我们不胜感激。

作　者

目 录

图 目 录

表 目 录

第1章　绪　　论

多源视觉信息感知是指从模拟人类的思维模式和大脑皮层结构出发来指导模式识别的方法，使计算机能够具备类人化的视觉感知功能，实现与环境之间不断学习、不断适应的演变过程。本章结合神经生理学、认知科学等学科的基本理论，首先介绍人类视觉感知系统的生理结构和功能特点。然后，提出基于计算机的视觉感知系统的框架和基本组成。为后续章节从策略到方法、从算法到模型的细致深入分析打下坚实的基础。

1.1　概　　述

人工智能在经历一个甲子的跌宕起伏之后，以深度神经网络为基础，大数据、云计算、智能终端为支撑，即将进入全面发展的新纪元。面对海量数据在存储和处理上超高速、移动化和普适化的迫切需求，基于单模态感知识别任务的专用人工智能已经成为掣肘该领域发展的重要瓶颈。2017年，美国白宫发表《为人工智能的未来做好准备》，英国发布《人工智能：未来决策制定的机遇和影响》，法国制定《国家人工智能战略》。我国更是将人工智能作为民族振兴和国家昌盛的重要技术保障写入了十九大报告，并先后刊发《人工智能标准化助力产业发展》《促进新一代人工智能产业发展三年行动计划(2018—2020)》《新一代人工智能发展规划》等政策文件，全面助力人工智能技术研究和产业化发展。

人脑认知中视觉信息占据70%以上。因此，计算机视觉被列为中国《人工智能标准化白皮书2018》中人工智能七大核心技术之一，而传统的单源感知识别无法满足人工智能背景下的通用化要求，以其中最有代表性的智慧城市建设中同时涉及的人脸识别、人体行为识别、运动目标检测跟踪等任务需求为例，视频采集摄像头种类繁多、规格各异，造成视频数据呈现海量多源异构性，亟需规整同构的视频特征描述方法和高效协同的识别机制，实现对目标、场景、行为、异常事件的准确识别。因此，面向多源视频信息的视觉感知识别机制可为未来智能信息推送和个性化控制服务的实现，奠定重要的理论基础。

所谓多源视频的感知识别研究是指基于生物视觉感知机理，提取多源异构视频数据的通用特征，结合适境理论进行特征关联学习和任务预测，建立具备长时记忆的深度感知识别网络，即实现语境层的视觉任务协同感知识别。例如：一段“食堂里小明向我打招呼”的视频片段中，达到识别多种视觉任务的效果，即识别场景(食堂)、目标(小明)、行为(打招呼)、表情(笑)等视觉任务，分别输出识别结果，实现实用化要求。然而，要实现真正意义上的强人工智能，首先要深入理解人脑认知机理，构建以视觉信息为基础、跨模态融合的多源视觉感知框架，结合脑认知机理更好地建设智能稳定的机器感知模型。

脑认知科学发现人类如何去看和理解所看到的事物，仅靠投射到视网膜上的光学刺激是非常有限的，人可以理解许多光学线条之外的信息，比如他发出什么声音、在什么地方出现、对人有什么功能，所有这些信息都存储在人脑中。因此，人们所关心的一个科学问题就是以视觉信息为主，同时包含声音、光照等环境信息的多源视频数据，如何能够模仿人在机器中紧致化地高效存储，实现对低层不同模态数据的完备性互补，提取蕴含环境信息的特征表达。

人脑的功能不仅能记忆信息，还能将人们所看到的事物作为知识进行理解。脑认知理论研究发现这些知识的产生源于人类感知和环境交互经验的累加。以所见牛为例，眼睛可以看到牛的形状和颜色源于视觉皮层对经验的存储，牛发出的声音放在听觉皮层，而牛的行为与环境动态变化密切相关。由此可见，一个简单的概念感知是分布在大脑不同区域的感官信息与环境持续交互反馈得到的结果，无法与环境隔离出来简单表达。因此，研究人类多源视觉感知机理，使计算机具备如人类般的识别和理解能力具有任重道远的重大意义。

不过，随着生物学、神经科学、认知科学等研究的逐步深入，从初级视皮层到高级视觉区域，从知识记忆到视觉功能相关的脑功能等，科学家均在相关领域取得了许多重要的研究成果，为多源视觉感知与识别的研究奠定了理论基础。本书将从计算机对视觉感知信息的预处理、特征提取和分类学习等方面研究入手，以提高感知信息的理解能力和海量异构信息的处理效率为目标，克服图像和视频处理所面临的困难，借助不同学科间的交叉优势，描述场景理解中基于多源视觉感知的热点技术问题及新的计算模型、方法及其典型应用。

在本章中，将简要介绍人类视觉感知系统框架和基本组成。

1.2 人类视觉感知系统

视觉是人们感知外部世界最重要的途径之一。视觉信号通过视网膜接收后传递到大脑皮层进行加工处理，最终形成人们所意识的画面。目前为止，已有大量研究从不同水平角度探讨大脑如何对视觉信息进行加工和表征，但仍有很多未解的问题。视觉是人类感知外部世界获取信息最重要的途径之一。眼睛是接收视觉信息的“窗口”，事实上人类眼球的构造都相当于包含了镜头、感光芯片和图形处理器的数码相机，大脑则类似于对信息进行编码、解析、分类、整合、变换乃至赋予意义等操作的超级计算机。通常所说的视觉感知是指大脑对视觉信息进行加工处理的过程。视网膜接收到光的信息，转变为电信号后，再层层传递到大脑视觉皮层的各个脑区，进行更深入的加工处理，最终形成由神经活动表征的人们所意识的画面。

1.2.1 人类视觉感知系统的生理结构

人脑的视觉信息感知过程是一个层次化、递进式的完美阶段。神经生理学和解剖学的研究结果显示，视觉感知信息在人脑中有其特定的传递通路。首先，外界信息的信号通过视网膜细胞接收。柱状细胞负责感应光照变化，而锥状细胞可以感应视觉信号的颜色变化。M细胞和P细胞是视网膜中的两类神经节细胞。感应范围较大的M细胞主要接收轮廓和形状等信息，感应域较小的P细胞则用于颜色和细节信息的接收。然后，视网膜上的神经节细胞就可以将所接收的视觉信号通过视神经交叉和视束传到中枢的侧膝体。最后，视觉信息便进入高级视觉区域，即大脑的皮层细胞，完成对视觉信息的感知和理解。在大脑主皮层内是一个由简到繁、由低级到高级的分级分层处理机制，视觉信息通过视皮层简单细胞(Simple Cell)→复杂细胞(Complex Cell)→超复杂细胞(Hypercomplex Cell)→更高级的超复杂细胞(High-order Hypercomplex Cell)通路完成视觉信息的感知和处理。图1-1所示为视觉信息从视网膜到视皮层处理过程的简单示意图。

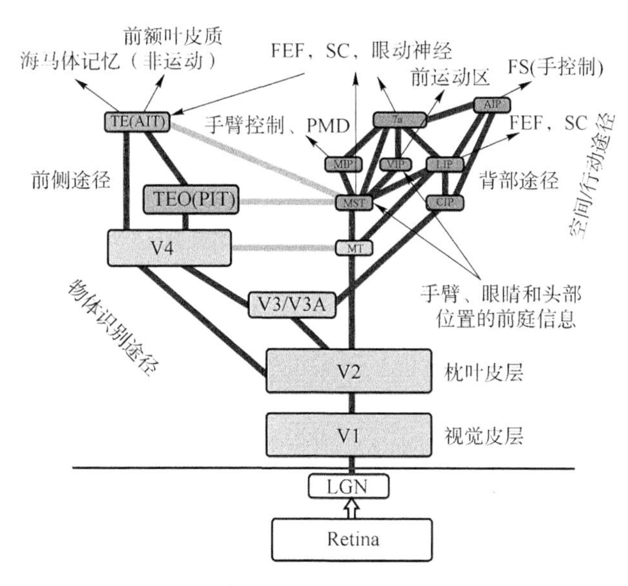

图1-1 生物视觉感知系统中视觉信息从视网膜到视皮层处理过程的简单示意图

由图1-1可以看出，神经在进行视觉信息处理过程中，既有信息的横向流动，又有信息的纵向流动。其主要特点可以总结如下。

(1)两条通路。人类视觉感知系统包含两个主要通路。腹部通路(form/what通路)，用来形成感受和进行对象识别。背部通路(motion/where通路)，用来处理动作和其他空间信息分析。

(2)层次结构。人脑处理视觉信息的两条通路，无论腹部通路还是背部通路都明显地表现出层次处理结构。其中腹部通路处理视觉信息的层次化结构如图1-2所示。视觉信息从视网膜经由侧膝状体，最后到达视觉皮层。

(3)反馈连接。人脑视觉感知系统中，信息的传递大部分都是双向的，即前向连接往往都伴随着反馈连接。视皮层大量的反馈通路连接着人脑中的高层区域和视觉初级视皮层V1和V2。大量研究表明，反馈通路的存在与人类的意识行为有关。

(4)感受野等级特性。生物视觉感知系统的层次化结构，使得视觉通路上各层次神经细胞，由简到繁，分别对应于视网膜上的某个局部区域，层次越深，区域就越大。

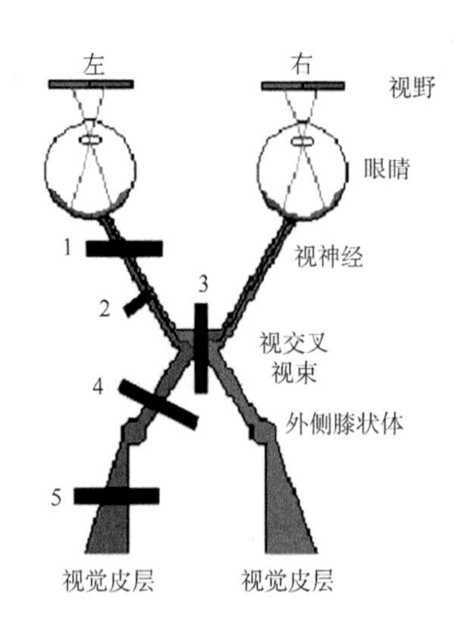

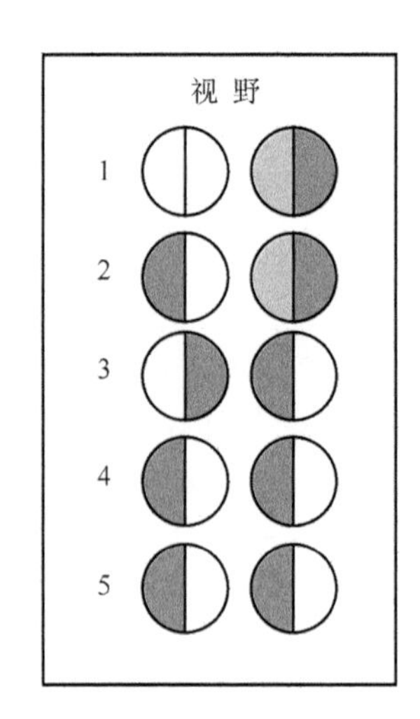

图 1-2 腹部通路处理视觉信息的层次化结构

(5)选择注意机制。生物视觉感知系统对视觉信息处理是分层次序列化进行的。而各层次内部则是并行处理的。同一层次内的神经元体现出感受野形状和反应特性的相似性,同时具有相似的功能。然而,在实际的信息处理过程中人脑对外界信息又表现出某种特异性。主要原因是要实时处理全部视觉信息是不可能的,因此视觉系统有选择性地处理部分信息。另一个原因是,对观察者而言,并非全部信息都是重要的。因此大脑只需对重要部分做出响应,并进行控制。

(6)学习机制。生物视觉感知系统之所以能从外界复杂的刺激中辨别出本质的不变性特性在于学习机制的存在。这种自组织、无监督的学习,实现了人类的不断进化。

视觉信息处理是人类大脑的核心功能,大脑皮层约 1/4 的面积都参与这项工作。目前看来,大脑对视觉信息的处理遵循三个组织原则:一是分布式,即不同的功能脑区各司其职,如物体朝向、运动方向、相对深度、颜色和形状信息等,都由不同的脑区负责处理。二是层级加工,即存在初、中、高级脑区组成的信息加工通路,初级皮层分辨亮度、对比度、颜色、单个物体的朝向和运动方向等,中级皮层判别多个物体间的运动关系、场景中物体的空间布局和表面特征、区分前景和背景等,高级皮层则可以对复杂环境下的物体进行识别、借助其他感觉信息排除影响视觉稳定性的干扰因素、引导身体不同部位与环境进行交互行为等。三是网络化过程,即脑视觉信息处理各个功能区之间存在广泛的交互连接/投射,类似于下级向上级汇报,上级给下级指令,同事间相互协调。考虑到人们对外界图像及其变化的获取是一致的,由于视觉系统处理信息存在限制因素(例如每个神经元只能“看到”一小块视野),以及对图像进行分布式解析和加工的实现方式,这种网络化组织形式也许是人们能形成稳定、统一的视知觉的必要保障。此外,视觉系统只是脑神经系统的一部分,这就造成它对信息处理的过程不可避免地受到大环境的影响,反之亦然。这些影响因素包括情绪状态、经验偏好、关注目标等。例如过于关注某一事物,往往会对周边景物视而不见;而对某个东西越熟悉,人们也越容易把它从复杂背景中识别出来。

1.2.2 视觉感知

人类的视觉感知系统始于研究接受外界刺激，进而产生相对应的反应和行为，是一个极端复杂的过程。包括初级视皮层等感官细胞的视觉感知作用以及高级视皮层区域的视觉作用(包括知觉和推理等)。

定义 1-1 视觉感知是指仅在视觉感官系统(主要指视皮层)的作用下获取有关外部环境的知识以及与外部环境进行交互的行为。

视觉感知包括三个要素:外部环境的输入刺激、视感官系统的神经信息处理机制、视觉感知的输出，如图 1-3 所示。

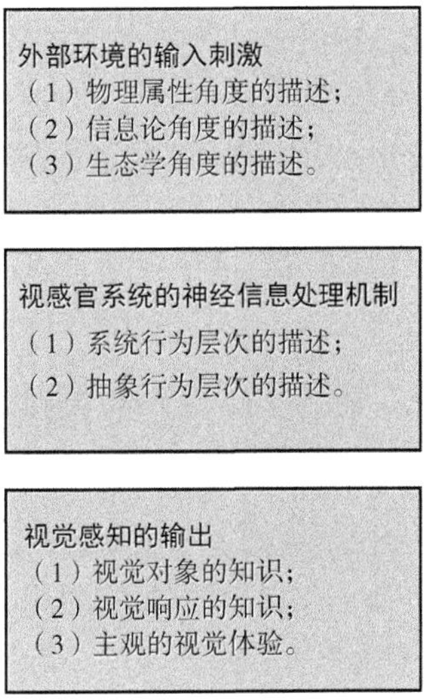

外部环境的输入刺激
(1)物理属性角度的描述;
(2)信息论角度的描述;
(3)生态学角度的描述。

视感官系统的神经信息处理机制
(1)系统行为层次的描述;
(2)抽象行为层次的描述。

视觉感知的输出
(1)视觉对象的知识;
(2)视觉响应的知识;
(3)主观的视觉体验。

图 1-3 视觉感知的三要素组成图

1. 外部环境的输入刺激

生物视觉感知系统的输入信号是外部环境的输入刺激，它是视觉感知的基本要素也是视觉感知的基本条件之一。可以从三个层次进行具体描述:①物理属性层，如显示器发出光线是一种电磁波，可以通过仪器测量它的物理属性，如频率、波长等;②信息层，即接受刺激主体潜在的信息获取方式，如显示器用它所显示内容的质量和数量描述;③生态学层，强调外部环境客体对主体的功能，如显示器上的字符可以被人们观察到等。在以上的各层次描述中，信息层是最一般、最普遍的层次，信息处理技术和方法也是当前计算机视觉感知领域最主要的方法之一。人类视觉感知系统主要关注亮度、形状、颜色、立体(或深度)视觉和运动的输入信息。

2. 视感官系统的神经信息处理机制

如果把外部环境的输入刺激作为视觉感知的前提，那么视觉感知的核心要素便是视觉感官系统及其神经信息处理机制。视觉感官系统的神经信息处理机制也可以分层次进行分析:①系统行为层，这种信息处理机制是通过主体感官系统或脑的物理行为描述的;②抽象行为层，即除了上述感官系统的物理行为，还可以对以上行为进行编码加以分析，在信息层分析这种神经信息处理机制。事实上，感官系统的每一个响应都要加载其对应的信息，而每一个这样的加工过程都存在着一定的信息处理模式。在信息层上对视觉感官系统的神经信息处理机制进行研究，建立对应的可计算模型，这是神经信息科学应用于视觉感知分析的核心问题。

3. 视觉感知的输出

视觉感官系统是整个生物视觉感知系统中最简单的部分，但其输出极为复杂多样，因此视觉感知是一个极其复杂的过程，不可割裂地仅看它的输出意义。从整个生物视觉感知系统来看，视觉感知的输出包括三方面：①显式的有关“什么”对象的知识，它告诉主体外部环境中存在什么对象；②隐式的有关“怎样”反应的知识，它指导主体对外部刺激做出适当的反应；③主观的视觉体验，这属于哲学家的意识范畴。

视觉作为最重要的信息获取途径，其功能的实现需要一个非常复杂的加工流水线。眼睛是接收视觉信息的“窗口”，而大脑则类似于对信息进行编码、解析、分类、整合、变换乃至赋予意义等操作的超级计算机。由于视觉系统自身的发育、发展，以及外界环境的复杂多变，这条加工流水线受进化的影响也已经具备了一定的灵活性。因此脑的视觉信息处理过程具有一定的选择性和可塑性，人们的视觉体验也是非常主观的。此外，大脑对具有进化意义的生物社会信息（面孔与生物运动）的加工具有区别于其他一般视觉信息的特异性。

1.3 多源视觉传感机理

传统视觉感知以 RGB 光学图像和视频图像为主要数据源，借助计算机视觉的发展取得了巨大成功。然而，传统 RGB 光学成像也存在着光谱、采样速度、测量精度、可工作条件等方面的限制。近年来，视觉感知新机理和新数据处理技术的迅速发展，为提升感知和认知能力带来了重大机遇；同时，也具有重要的理论价值和重大应用需求。本节围绕激光扫描、新体制动态成像、计算成像、位姿感知等研究方向，综述发展现状、前沿动态、热点问题和发展趋势。

1.3.1 激光扫描成像

激光扫描成像（laser scanning）是通过激光器以主动发射激光的方式，根据激光测距的原理来感知真实的三维世界。与传统的数字摄影成像技术只能获取场景的二维投影信息相比，通过激光扫描所获取的三维点云数据能充分地表达现实场景中重要的三维几何形状信息以及深度信息。因此，三维点云数据的应用，得到了国内外学者的广泛关注，并获得了一定程度的发展。目前，三维点云数据已经在测绘工程、智能交通、考古研究、文物保护、资源勘探、建筑设计等领域发挥了十分重要的作用。

在机载激光扫描系统方面，加拿大 Optech 公司生产的 ATLM 和 SHOALS、瑞士 Leica 公司的 ALSSO、瑞典的 TopoEyeAB 公司生产的 TopEye、德国 IGI 公司的 LiteMapper、法国 TopoSys 公司的 FalconⅡ等是当前较成熟的商业扫描系统。同时，当前主要的商业化地面激光扫描系统有：东京大学的 VLMS、3D Laser Mapping 和 IGI 公司合资开发的 StreetMapper 系统、加拿大 Optec 公司的 Lynx 系统、瑞士 Leica 公司的 TLS 系列、奥地利 Riegl 公司的 VMX 系列移动激光扫描系统和 VZ 系列静态系统、Trimble 公司的 MX 系列系统、澳大利亚 Maptek 公司的 I-Site Vehicle System 以及日本 Topcon 公司的 IP-S2 HD。

中国科学院上海光学精密机械研究所联合有关单位，开展了机载双频海洋激光雷达产品化工作。中国测绘科学研究院刘先林院士团队集成生产了一套高精度轻小型国产机载激光雷达系统(SW-LiDAR)，该系统主要由 AirLiDAR-100 机载激光扫描测量仪、国产高精度位置姿态测量系统(POS2010)、单镜头数字航测相机、全球定位系统、高效快速数据处理软件及飞行平台(A2C 飞机、动力伞、无人机、多旋翼机等)共同集成。此外，山东科技大学、南京师范大学、中国科学院深圳先进技术研究院也相继研制了车载激光扫描系统。

三维点云数据处理主要包括点云滤波、语义信息提取和数据配准。在三维点云数据滤波方面，Orts-Escolano 等人首次提出基于统计学的 Growing Neural Gas 网络三维点云滤波方法，基于该预处理方法能够获得较好的关键点检测结果。Moorfield 等人使用基于偏微分方程形态学算子的滤波方法获得了较好的三维表面重建结果。在三维点云数据语义信息提取方面，Lehtomäki 等人提出了一个自动检测三维点云物体的流程，主要步骤包括：地面及建筑物滤除、体分割、物体分割块分类以及物体所在位置估计。为了从点云场景中提取出整个物体，Rodríguez-Cuenca 等人提出了利用一个针对垂直物体的检测器来确定三维杆状物的候选区域，进而在候选区域中提取物体整体特征，然后利用分类器对杆状物进行分类。Balado 等人结合几何与拓扑信息提出了一种自动城市地表元素分类方法。Riveiro 等人基于曲率分析来实现三维点云数据道路分割。Najafi 等人引入了更多的先验信息，采用更复杂的非关联的高阶马尔可夫网络来描述更真实的场景语义信息。Qi 等人提出了基于深度学习的神经网络 PointNet 来提取点云数据语义信息。在三维点云数据配准(含粗配准和精配准)方面，Theiler 等人使用三维关键点如 3D DOG、3D Harris 等改进了 4PCS (4-Point Congruent Sets)方法进行配准。Monserrat 和 Crosetto 采用最小二乘法约束基于面的点云数据配准。Yu 等人在识别表面目标基础上进行配准，也取得了一定的成果。迭代最近点(ICP)方法广泛用于精配准方面，如 Bucksch 和 Khoshelham 提出了一种基于树骨架线的点云数据配准方法。另外，Weinmann 等人借助 SIFT (Scale-Invariant Feature Transform)算法实现了点云数据的高效配准。

在三维点云数据滤波方面，南京大学的王军等人分别设计了一种基于邻域连通性的点云滤波方法，以及一种基于均值漂移聚类和自适应尺度采样一致性的点云滤波算法。中南大学的刘圣军等人提出了一个迭代处理框架。在三维点云数据语义信息提取方面，厦门大学王程团队提出了采用霍夫森林、深度波兹曼机、基于视觉词典的深度模型对目标物进行特征提取，并应用在树木检测、标志牌检测等方面。同时，该团队在大规模三维点云数据线结构提取、道路标志牌、标志线检测、识别等领域也取得了相应的研究成果。武汉大学的杨必胜团队基于提取和分割目标的特征描述，设计了一系列的经验规则来对点云进行分类。北京师范大学的张立强团队为了减少手工标注三维点云训练样本的标注量，提出了一种无监督学习和有监督学习相结合的方法对场景中的样本进行分类。山东大学的陈宝权团队提出了一个简单且通用的点云特征学习框架。在三维点云数据配准方面，中国地质大学、南京信息工程大学的相关团队借助线特征和点特征对点云数据进行配准。香港理工大学的 Ge 和 Wunderlich 基于面特征实现了点云粗配准。武汉大学与美国普渡大学研究人员共同开展了加权 RANSAC (random sample consensus)方法在精配准中的应用。

1.3.2 动态视觉传感器

动态视觉传感器(DVS)是一种新型的动态成像传感器。这种传感器的成像速度不受曝光时间和帧速率限制，像素的响应时间在微秒甚至纳秒级，且输出信号格式不是帧而是运动物体激发的事件流。因此，DVS 在检测超高速运动物体方面有极大优势。DVS 传感器输出事件的特点使得有效过滤背景数据成为可能，进而大幅度节省数据量，同时降低后续传输和处理成本，使实时处理变得简便。目前，国内外针对 DVS 信号的算法研究主要涉及追踪、三维重构、SLAM (Simultaneous Localization and Mapping)、目标识别和分类等。相关技术主要应用于包括增强现实(AR)/虚拟现实(VR)、无人驾驶、机器人在内的相关领域。随着国内外对 DVS 的关注度不断提升，在 DVS 研究上的投入不断加大，相信在不久的将来会向更工业化的应用方向发展。

动态视觉传感器(DVS)受生物视觉成像机理启发，并在硬件上实现了差分，因而具有过滤背景、精准捕捉运动物体以及高动态范围成像等优点。与传统相机相比，DVS 具有更广泛的应用场景、数据量明显减小并且处理成本低廉等优势。

(1)DVS 产品。目前研发 DVS 产品的公司主要有 3 个，即苏黎世联邦理工学院 Tobi Delbruck 教授创建的 iniLabs 公司、巴黎视觉研究所 Christoph Posch 教授创建的 Prophesee 公司以及新加坡南洋理工大学陈守顺教授创建的 Celepixel 公司。此外，其他团队也在 DVS 方面开展过相关研究，如 Teresa Serrano-Gotarredona 教授在 2012 年研发了 128×128 Sensitive DVS (sDVS)，Christoph Posch 在 2014 年推出了 Retinomorphic Event-Based Vision Sensors，以及韩国的三星先进技术研究院也在 2017 年推出了 640×480 的 VGA 动态视觉传感器。

(2)DVS 应用。许多公司或机构都在致力于推动 DVS 的产业化。其中，iniVation 公司发明、生产和销售神经形态相关技术，在 DVS 产业化方面起了很大作用；三星开发了 Gen2 和 Gen3 动态视觉传感器，并致力于基于事件的视觉解决方案。目前 IBM 研究公司(The Synapse Project)和三星公司合作，致力于将 TrueNorth 芯片(作为大脑)与 DVS (作为眼睛)相结合；Prophesee 公司开发生物启发和自适应的方法，以满足自动车辆、连接设备、安全和监视系统的视觉传感和处理需求；Insightness 致力于建立移动设备空间感知的视觉系统，如硅眼技术；SLAMcore 是 AR/VR、机器人和自动驾驶汽车开发本地化和映射解决方案；AIT (Austrian Institute of Technology)销售神经形态传感器产品：如纸箱生产过程检验、UCOS 通用计数传感器、IVS 工业视觉传感器；Celepixel 公司提供集成的感知平台，包含各种组件和技术，如处理芯片组和图像传感器。同时，很多团队致力于基于事件(即 DVS 信号)的算法研究，也取得了相应进展。总体来看，目前国际上的主流研究领域涉及追踪、光流、旋转估计、视觉测程、三维重建、SLAM 等。

DVS 因其能以低延时和最小冗余捕获视觉信息，近年来引起了国内学者的广泛关注。动态视觉传感器 DVS 相关的研究主要涉及事件驱动算法，具体包括目标分类、目标识别和跟踪、立体匹配、超分辨率和事件数据集的搭建。

(1)目标分类。清华大学的施路平团队于 2016 年将随机森林分类器与像素级特征相结合，显著提高分类准确性。随后将 CNN 学习的深度表示有效地转移到事件流的分类任务上，通过结合时间编码和深度表示解决时空事件流的分类问题。

(2)目标识别和跟踪。天津大学徐江涛团队提出了基于多方向事件的识别系统,该系统结合识别和跟踪功能,且提取多尺度和多方向的线特征,丰富了只有单向运动训练样本的多方位目标识别特性。该系统提供了一种用于前馈分类系统的跟踪识别体系结构,以及一种使用事件数据对多方向目标进行分类的地址重排序方法。在事件流中实现目标跟踪的主要挑战来自噪声事件、事件流形状的快速变化、复杂背景纹理和遮挡等情况。为了应对这些挑战,清华大学施路平团队提出了基于相关滤波机制的鲁棒事件流模式跟踪方法,不仅在上述挑战中实现良好的跟踪性能,而且对于不同尺度、可变姿态和非刚性形变具有鲁棒性;同时具有快速的特点。

(3)立体匹配。浙江工业大学张剑华团队与新加坡国立大学的合作者共同提出了完全基于事件的立体三维深度估计算法。该算法考虑临近事件之间的平滑约束,仅使用单个事件属性或局部特征消除模糊和错误匹配。

(4)超分辨率。为了克服动态视觉传感器(DVS)物理极限的限制,如空间分辨率和相对较小的填充因子所引起的时空纹理模糊性,清华大学施路平教授团队提出一个两阶段方案来利用 DVS 输入生成具有高空间纹理细节和相同时间属性的高分辨率事件流。

(5)事件数据集的搭建。神经形态视觉研究需要高质量且具有适当挑战性的事件流数据集,以支持算法和方法的改进。然而,目前可用的事件流数据集有限。清华大学施路平教授团队利用流行的计算机视觉数据集 CIFAR-10,使用动态视觉传感器(DVS)将 10 000 个图像帧通过重复闭环平滑移动转换为 10 000 个事件流,命名为 CIFAR10-DVS。这项工作提供了一个大型的事件流数据集,该数据集为算法性能比较提供了初始基准,将促进事件驱动的模式识别和目标分类算法的发展。

1.3.3　位姿成像感知

位姿是位置和姿态的总称,用来描述物体或目标之间的对应变换关系。位姿感知是求解目标本体坐标系相对于参考坐标系的变换关系的过程。基于视觉测量目标的位姿感知,就是用单目或多目摄像机采集任务目标的图像,解算目标体坐标系相对于测量像机组基准坐标系的位姿参数。位姿感知是视觉测量中的基础问题,广泛应用于交会对接、视觉伺服、机器人定位与导航、物体识别与跟踪、增强现实和人机交互等任务。在计算机视觉、摄影测量和机器人等领域,已对位姿感知算法开展了大量研究。从二维图像中获取深度及相机姿态信息方面,常用的算法都依赖几何计算。已有研究大多利用几何线索的显式推理来优化三维结构,得到其中的深度信息。常用的深度估计与三维位姿恢复的几何方法有立体视觉、SFM (Structure From Motion),以及视觉定位与地图构建 V-SLAM 技术。

基于视觉的测量技术,利用追踪航天器上的光学传感器对目标航天器成像并通过图像特征提取和解算实现位姿测量。基于视觉的测量技术具有直观、精度高和自主性强等优势。目标航天器可依据其结构是否已知分为合作目标和非合作目标,针对空间合作目标的视觉测量技术已开展了深入研究和成功应用。同时,由于缺少目标已知结构信息和合作标志且通常需要同时对目标结构进行三维重建,增加了针对空间非合作目标的视觉测量的难度。然而,正因为不需要目标的合作信息,突破了合作目标测量方法的局限,使得针对非合作目标的视觉测量系统具有很高的研究和应用价值。

(1)位姿估计方法。根据所使用观测数据的不同,位姿估计可分为 2D-2D、2D-3D、3D-3D 共 3 类。2D-2D 方法使用不同位姿下传感器对目标所成的二维图像作为输入,多见于单目视觉应用场景;3D-3D 方法使用两组三维点云作为输入,多见于双目视觉、TOF 相机等深度相机应用场景;2D-3D 方法综合使用传感器对目标所成的二维图像和三维点云作为输入,多见于 RGB-D 相机等混合视觉应用场景。对非合作目标进行位姿成像感知,需要充分利用其固有特征。目前,针对基于视觉的位姿测量开展了大量研究,尤其是基于点、线及轮廓等几何基元的二维图像与三维模型之间的位姿感知工作取得了一系列研究成果。

2D-2D 方法先在两帧图像中提取特征点,通过匹配或跟踪建立特征点间的对应关系,然后使用八点法、五点法等计算本质矩阵,进而从本质矩阵获取旋转和平移分量。2D-3D 方法使用目标上三维点及其经相机成像后在图像中的二维投影求解位姿,该问题称为 n 点透视问题(PnP)。PnP 问题可以通过包括 EPnP 在内的多种方式进行求解,但至少需要 4 个共面点或 6 个非共面点的对应信息才具有唯一解,但使用更多的对应点则引入冗余、减小误差。虽然 2D-3D 方法可以获取 6 自由度位姿,但其与 2D-2D 方法一样被认为是粗略估计方法,在精度要求较高的应用中往往作为精确方法的初值使用。3D-3D 则被认为是一种精确估计方法,常用方法是迭代最近点(ICP)算法及其改进版本。Arantes 等人以目标上选取的 36 个点作为已知,获取其在成像中的二维坐标,通过人工给定方式建立 2D-3D 对应关系。Nishida 等人假设目标三维 CAD 模型已知,通过双目立体视觉获取目标三维点云,然后使用 ICP 算法与已知 CAD 模型进行匹配求解相对位姿。Opromolla 等人对基于三维模型的非合作目标位姿测量开展研究,重点针对不同 ICP 算法对结果的影响进行了仿真分析。直线特征相比点特征对光照变化和图像噪声的鲁棒性更强。基于直线特征的位姿估计已有大量研究成果,其本质在于采用某种形式对直线进行表示,建立目标上的直线及其在成像图像中所成直线间的对应关系,进而解算位姿。如 D′Amico 等人在 PRISMA 任务中使用追踪星 Mango 上的单目相机检测目标星 Tango 的边缘,采用 Hough 变换检测直线,并在已知 Tango 三维模型的前提下通过模型匹配对其位姿进行测量。此外,Kanani 等人首先采用离线学习的方式建立各视角下目标成像轮廓二维模型数据库,然后通过图像分割提取出目标的剪影和轮廓,进而通过两者间的匹配来求解位姿。

深度学习已经成为计算机视觉、图像处理等研究领域的热点。在三维特征学习方面,三维物体表示方式主要包括以下 4 种:多视角图像、三维模型的二维映射、三维体素和点云。Su 等人基于多视角图像进行三维形状识别,对每幅图像单独进行 CNN(卷积神经网络),然后进行信息融合。Qi 等人将三维形状通过结构规则的体素表达,进而在体素的基础上设计卷积神经网络,将三维 CNN 运算直接扩展为三维 CNN。Mottaghi 等人针对三维模型建立一个由粗及细的 3 层结构,分别采用 HOG (Histogram of Oriented Gradient)特征及 CNN 模型提取全局形状特征及局部特征,利用 PCBP 算法求解目标函数,得到最终的识别与姿态估计结果。Wohlhart 等人针对基于三维模型的目标检测及位姿估计的问题进行研究,所提取的特征在维度上、分类性能上均优于目前广泛采用的 HOG 特征及 LineMOD 等。Crivellaro 等人提出基于 CNN 的三维物体检测与位姿估计方法,在复杂背景、遮挡等情况下都表现出优越的性能。Sundermeyer 等人提出了一种增强自动编码器的方法,通过在潜在空间学习目标位姿的隐式表达来实时获取三维位姿，该方法不需要大量的真实标注数据，具有较强的泛化能力，而且本质上就能处理目标与视角的对称性。

(2)位姿估计应用。在空间非合作目标视觉的位姿测量领域，美国、欧空局、德国、加拿大等拥有先进航天技术的国家和组织已开展了大量研究并成功应用于交会对接等空间任务。其中，美国已进行了大量空间视觉测量地面演示验证和在轨试验。早在20世纪90年代初，德国宇航中心便对非合作目标的在轨服务开展研究，并在其TECSAS项目中演示了对航天器的接近和交会、绕飞监测、机器人捕获等实验。此外，加拿大与美国合作开发了多个非合作目标视觉测量系统。其中，TriDAR作为第一个基于3D传感器的空间视觉实时跟踪系统，已成功应用于实际空间对接任务。

针对空间非合作目标的相对位姿感知，国内学者也开展了一些理论和算法研究。基于目标航天器已知的结构模型信息，通过特征点匹配和单目迭代算法可解算目标位姿。苗锡奎等人采用单目视觉，提出利用星箭对接环部件提供的单圆特征，以对接环平面外参考点到圆心距离的欧氏不变性作为约束，提出一种虚假解剔除方法，得到星箭对接环的真实位姿。Liu等人参考了RPnP的方法，提出一种鲁棒高效的方法。当前，国内相关机构的研究人员主要针对空间交会对接、空间机器人应用开展了相应的视觉观测方法与算法的研究。其中，空间交会对接是我国载人航天第二期工程的重要内容。同时，“天宫一号”与“神舟”系列飞船无人交会对接任务的顺利完成，标志着基于合作目标的自主交会对接技术已经日益成熟。

1.4　多源视觉感知系统框架和基本组成

人们在生活中时时刻刻都在进行视觉媒体的感知与识别。环顾四周，能认出周围的物体是桌子、椅子，能认出对面的人是张三、李四；听到声音，能区分出是汽车驶过还是玻璃破碎，是猫叫还是人语，是谁在说话，说的什么内容；闻到气味，能知道是炸带鱼还是臭豆腐。人们所具备的这些感知识别能力看起来极为平常，谁也不会对此感到惊讶，就连猫狗也能认识它们的主人，更低等的动物也能区别食物和敌害。因此，过去的心理学家也没有注意到模式识别的能力是个值得研究的问题，就像苹果落地一样见惯不惊。只有在计算机出现之后，当人们企图用计算机实现人或动物所具备的感知识别能力时，它的难度才逐步为人们所认识。由于目前计算机的感知识别在多数方面还远不如人，因此研究人脑中的感知识别过程对提高机器的能力是有益的；反之，研究机器感知识别的能力对于理解人脑中的过程也有很大帮助，认知心理学的很多新模型即得益于此。

有两种基本的感知识别方法，即基于统计的方法和基于结构(句法)的方法，与此相应的感知识别系统都由两个过程所组成，即设计和实现。设计是指用一定数量的样本(称为训练集或学习集)进行分类器的设计。实现是指用所设计的分类器对待识别的样本进行分类决策。本书只讨论基于统计的方法，主要由四个部分组成：数据获取、预处理、特征提取和选择、分类决策，如图1-4所示。

下面简单对这几个部分做些说明。

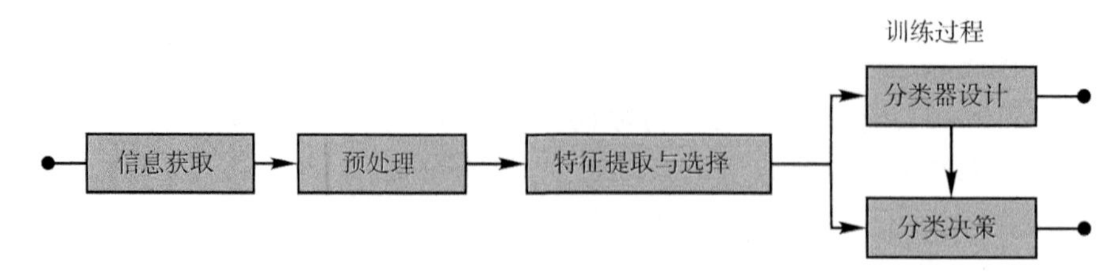

图 1-4　视听感知识别系统的基本组成结构图

1. 信息获取

为了使计算机能够对各种现象进行分类感知识别，要用计算机可以运算的符号来表示所研究的对象。通常输入对象的信息有下列 3 种类型，即：

(1)二维图像，如文字、指纹、地图、照片这类对象；

(2)一维波形，如脑电图、心电图、机械振动波形等；

(3)物理参量和逻辑值，前者如在疾病诊断中病人的体温及各种化验数据等；后者如对某参量正常与否的判断或对症状有无的描述，如疼与不疼，可用逻辑值即 0 和 1 表示。在引入模糊逻辑的系统中，这些值还可以包括模糊逻辑值，比如很大、大、比较大等。

通过测量、采样和量化，可以用矩阵或向量表示二维图像或一维波形。这就是数据获取的过程。

2. 预处理

预处理的目的是去除噪声，加强有用的信息，并对输入测量仪器或其他因素所造成的退化现象进行复原。

3. 特征提取和选择

由图像或波形所获得的数据量是相当大的。例如，一个文字图像可以有几千个数据，一个卫星遥感图像的数据量就更大。为了有效地实现感知识别，就要对原始数据进行变换，得到最能反映分类本质的特征。这就是特征提取和选择的过程。一般把原始数据组成的空间称为测量空间，把感知分类识别赖以进行的空间称为特征空间，通过变换，可把在维数较高的测量空间中表示的模式变为在维数较低的特征空间中表示的模式。在特征空间中的一个模式通常也称为一个样本，它往往可以表示为一个向量，即特征空间中的一个点。

4. 分类决策

分类决策就是在特征空间中用统计方法把被识别对象归为某一类别。基本做法是在样本训练集基础上确定某个判决规则，使按这种判决规则对被识别对象进行分类所造成的错误识别率最小或引起的损失最小。

1.5 本章小结

本章介绍了人类视觉感知系统的生理结构和特点，多源视觉传感机理，给出了视觉感知的基本概念和主要评价指标，同时对多源视觉感知系统框架和基本组成进行了简要介绍。

本章参考文献

[1] 罗四维,等. 视觉信息认知计算理论[M]. 北京:科学出版社,2010.

[2] 罗四维,等. 视觉感知系统信息处理理论[M]. 北京:电子工业出版社,2006.

[3] 鲍敏,黄昌兵,王莉,张玻,蒋毅. 视觉信息加工及其脑机制[J]. 科技导报,2017,19.

[4] 明悦. 视听媒体感知与识别[M]. 北京:北京邮电大学出版社,2015.

[5] 边肇祺. 模式识别[M]. 北京:清华大学出版社,2000.

[6] 张有为. 人机自然交互[M]. 北京:国防工业出版社,2004.

[7] 王程,陈锋,吴金建,赵勇,雷浩,刘纪元,汶德胜,视觉传感机理与数据处理进展[J]. 中国图像图形学报,2020,25(1):19-30.

[8] Duan L X, Xu D, Tsang I W H, Luo J B. Visual event recognition in videos by learning from web data[J]. IEEE Transactions on Pattern Analysis and Machine Intelligence, 2012, 34(9):1667-1680.

[9] Bengio Y, Courville A, Vincent P. Representation learning: A review and new perspective [J]. IEEE Transactions on Pattern Analysis and Machine Intelligence, 2012, 35(8): 1798-1828.

[10] Norbert K, Peter J, Sinan K, Markus L, Ales L, Justus P, Antonio J. Rodriguez S, Laurenz W. Deep Hierarchies in the Primate Visual Cortex: What Can We Learn for Computer Vision? [J]. IEEE Transactions on Pattern Analysis and Machine Intelligence, 2013,35(8):1847-1870.

[11] 孙颖. 噪声环境下语音特征提取前端处理及优化帧算法研究[D]. 太原:太原理工大学,2007.

[12] 李清勇. 视觉感知的稀疏编码理论及其应用研究[D]. 北京:中国科学院,2006.

[13] 赵万鹏. 基于 Adaboost 算法的数字识别技术的研究与应用[D]. 北京:中国科学院,2006.

[14] 陈礼. 视觉注意模型的研究及其在 ROI 图像压缩上的应用[D]. 重庆:重庆大学,2008.

[15] 张会. 基于视觉显著性的目标识别[D]. 杭州:杭州电子科技大学,2014.

[16] 伊里奇. 图像稀疏表示及编码模型研究[D]. 哈尔滨:哈尔滨工业大学,2008.

[17] 徐丹. 基于神经网络的空调风机状态评估技术的研究[D]. 上海:上海海运学院,2011.

[18] 李文甲. 基于视觉注意模型的运动目标检测技术研究[D]. 大连:大连理工大学,2010.

[19] Aiger D, Mitra N J, Cohen-Or D. 4-Points congruent sets for robust pairwise surface registration[C] //International Conference and Exhibition on Computer Graphics and Interactive Techniques. New York, NY: ACM, 2008:85.

[20] Arantes Jr G, Rocco E M, Da Fonseca I M, Theil S. Far and proximity maneuvers

of a constellation of service satellites and autonomous pose estimation of customer satellite using machine vision[J]. Acta Astronautica, 2010, 66(9-10): 1493-1505.

[21] Balado J, Díaz-Vilariño L, Arias P, González-Jorge H. Automatic classiácation of urban ground elements from mobile laser scanning data [J]. Automation in Construction, 2018, 86: 226-239.

[22] Bucksch A, Khoshelham K. Localized registration of point clouds of botanic trees [J]. IEEE Geoscience and Remote Sensing Letters, 2013, 10(3): 631-635.

[23] Cadena C, Carlone L, Carrillo H, Latif Y, Scaramuzza D, Neira J, Reid I, Leonard J J. Past, present, and future of simultaneous localization and mapping: toward the robust-perception age [J]. IEEE Transactions on Robotics, 2016, 32 (6): 1309-1332.

[24] Chen X, Kohlmeyer B, Stroila M, Alwar N, Wang R and Bach J. Next generation map making: geo-referenced ground-level LIDAR point clouds for automatic retro-reflective road feature extraction [C]// International Conference and Exhibition on Computer Graphics and Interactive Techniques. New York, NY: ACM, 2009:488-491.

[25] Crivellaro A, Rad M, Verdie Y, Yi K M, Fua P, Lepetit V. A novel representation of parts for accurate 3D object detection and tracking in monocular images [C]//IEEE International Conference on Computer Vision. Piscataway, NJ: IEEE, 2015. :4391-4399.

[26] D'Amico S, Benn M, Jørgensen J L. Pose estimation of an uncooperative spacecraft from actual space imagery [J]. International Journal of Space Science and Engineering, 2014, 2(2): 171-189.

[27] Ge X M, Wunderlich T. Surface-based matching of 3D point clouds with variable coordinates in source and target system[J]. ISPRS Journal of Photogrammetry and Remote Sensing, 2016, 111: 1-12.

[28] Horn B K P. Closed-form solution of absolute orientation using unit quaternions [J]. Journal of the Optical Society of America A, 1987, 4(4): 629-642.

[29] Huang T C, Tao B Y, He Y, Hu S J, Yu J Y, Li Q, Zhu Y F, et al. Waveform processing methods in domestic airborne Lidar bathymetry system [J]. Acta Agronomica Sinica, 2018, 55(8): 64-73.

[30] Ikeuchi K, Oishi T, Takamatsu J, Sagawa R, Nakazawa A, Kurazume R, Nishino K, Kamakura M, Okamoto Y. The Great Buddha Project: digitally archiving, restoring, and analyzing cultural heritage objects [J]. International Journal of Computer Vision, 2007, 75(1): 189-208.

[31] Jiang S, Sheng Y H, Li Y Q, Liu H Y, Dai H Y. Rapid surface modeling of large strip objects based on vehicle-borne laser scanning[J]. Geo-Information Science, 2007, 9(5): 19-23, 30.

[32] Kanani K, Petit A, Marchand E, Chabot T and Gerber B. Vision based navigation for debris removal missions[C]// International Astronautical Congress. Naples, Italy: HAL: 2012:1-8.

[33] Kang Z Z, Li J, Zhang L Q, Zhao Q, Zlatanova S. Automatic registration of terrestrial laser scanning point clouds using panoramic reflectance images[J]. Sensors, 2009, 9(4): 2621-2646.

[34] Lehtomäki M, Jaakkola A, Hyyppä J, Lampinen J, Kaartinen H, Kukko A. Object classification and recognition from mobile laser scanning point clouds in a road environment[J]. IEEE Transactions on Geoscience and Remote Sensing, 2016, 54(2): 1226-1239.

[35] Lepetit V, Moreno-Noguer F, Fua P. EPnnP: an accurate O(n)O(n) solution to the PnnP problem[J]. International Journal of Computer Vision, 2009, 81(2): 155-166.

[36] Lerma J L, Navarro S, Cabrelles M, Villaverde V. Terrestrial laser scanning and close range photogrammetry for 3D archaeological documentation: the upper Palaeolithic Cave of Parpalló as a case study[J]. Journal of Archaeological Science, 2010, 37(3): 499-507.

[37] Li Y. Contour and Edge-based Visual Tracking of Non-cooperative Space Targets [D]. Changsha: National University of Defense Technology, 2013(李由. 2013.基于轮廓和边缘的空间非合作目标视觉跟踪.长沙：国防科学技术大学).

[38] Li H M, Li G Q and Shi L P. Classification of spatiotemporal events based on random forest[C]// International Conference on Brain Inspired Cognitive Systems. Berlin: Springer, 2016:138-148.

[39] Li Z Q, Zhang L Q, Zhong R F, Fang T, Zhang T, Zhang Z. Classification of urban point clouds: a robust supervised approach with automatically generating training data[J]. IEEE Journal of Selected Topics in Applied Earth Observations and Remote Sensing, 2017, 10(3): 1207-1220.

[40] Hongmin L, Hanchao L, Xiangyang J, et al. CIFAR10-DVS: An Event-Stream Dataset for Object Classification[J]. Frontiers in Neuroence, 2017, 11.

[41] Li YY, Bu R, Sun M C, Wu W, Di X H and Chen B Q. 2018a. Point CNN: convolution on χχ-transformed points[EB/OL]. 2018-11-05[2018-11-10]. https://arxiv.org/pdf/1801.07791.pdf.

[42] Li H M, Li G Q, Ji X Y, Shi L. Deep representation via convolutional neural network for classification of spatiotemporal event streams[J]. Neurocomputing, 2018, 299: 1-9.

[43] Li H M, Li G Q, Liu H C and Shi L. 2018c. Super-resolution of spatiotemporal event-stream image captured by the asynchronous temporal contrast vision sensor [EB/OL]. 2018-03-16[2018-10-25]. https://arxiv.org/pdf/1802.02398.pdf.

[44] Li H M and Shi L P. 2018. Robust event-stream pattern tracking based on correlative filter[EB/OL]. 2018-03-17[2018-10-25]. https://arxiv.org/pdf/1803.06490.pdf.

[45] Liang B, He Y, Zou Y, Yang J. Application of time-of-flight camera for relative measurement of non-cooperative target in close range[J]. Journal of Astronautics,

2016，37(9)：1080-1088（梁斌，何英，邹瑜，杨君. 2016. ToF 相机在空间非合作目标近距离测量中的应用. 宇航学报，37(9)：1080-1088）.

[46] Liu J N, Zhang X H. Progress of airborne laser scanning altimetry[J]. Geomatics and Information Science of Wuhan University, 2003,28(2)：132-137（刘经南，张小红. 2003. 激光扫描测高技术的发展与现状. 武汉大学学报:信息科学版，28(2)：132-137）.

[47] Liu S J, Chan K C, Wang C C L. Iterative consolidation of unorganized point clouds[J]. IEEE Computer Graphics and Applications, 2012, 32(3)：70-83 [DOI：10.1109/MCG.2011.14].

[48] Liu J B, Zhang X H, Liu H B, Zhu Z K. New method for camera pose estimation based on line correspondence[J]. Science China Technological Sciences, 2013, 56(11)：2787-2797.

[49] Lu X S, Huang L. Grid method on building information extraction using laser scanning data[J]. Geomatics and Information Science of Wuhan University, 2007, 2(10)：852-855（卢秀山，黄磊. 2007. 基于激光扫描数据的建筑物信息格网化提取方法. 武汉大学学报:信息科学版，32(10)：852-855）.

[50] Lyu F, Ren K. Automatic registration of airborne LiDAR point cloud data and optical imagery depth map based on line and points features[J]. Infrared Physics & Technology, 2015,71：457-463.

[51] Miao X K, Zhu F, Hao Y M, Wu Q X, Xia R B. Vision pose measurement for non-cooperative space vehicles based on solar panel component. Chinese High Technology Letters, 2013, 23(4)：400-406（苗锡奎，朱枫，郝颖明，吴清潇，夏仁波. 2013. 基于太阳能帆板部件的空间非合作飞行器视觉位姿测量方法. 高技术通讯，23(4)：400-406）.

[52] Moorfield B, Haeusler R and Klette R. Bilateral filtering of 3d point clouds for refined 3D roadside reconstructions[C]//International Conference on Computer Analysis of Images and Patterns. Berlin：Springer, 2015：394-402.

[53] Monserrat O, Crosetto M. Deformation measurement using terrestrial laser scanning data and least squares 3D surface matching[J]. ISPRS Journal of Photogrammetry and Remote Sensing, 2008, 63(1)：142-154.

[54] Mottaghi R, Xiang Y and Savarese S. A coarse-to-fine model for 3D pose estimation and sub-category recognition[C]//IEEE Conference on Computer Vision and Pattern Recognition. Piscataway. NJ：IEEE, 2015, 418-426.

[55] Murphy M, McGovern E, Pavia S. Historic building information modelling-Adding intelligence to laser andimage based surveys of European classical architecture[J]. ISPRS Journal of Photogrammetry and Remote Sensing, 2013,76：89-102.

[56] Najafi M, Namin S T, Salzmann M and Petersson L. Non-associative higher-order Markov networks for point cloud classification[C]// European Conference on Computer Vision. Berlin：Springer, 2014：500-515.

[57] Nishida S I, Kawamoto S, Okawa Y, Terui F, Kitamura S. Space debris removal system using a small satellite[J]. Acta Astronautica, 2009, 65(1-2): 95-102.

[58] Opromolla R, Fasano G, Rufino G and Grassi M. Performance evaluation of 3D model-based techniques for autonomous pose initialization and tracking[C]// AIAA SciTech Forum. Kissimmee, Florida, USA: AIAA: 2015:1426.

[59] Orts-Escolano S, Morell V, García-Rodríguez J and Cazorla M. Point cloud data filtering and downsampling using growing neural gas[C]// International Joint Conference on Neural Networks. Piscataway. NJ: IEEE, 2013:1-8.

[60] Qi C R,Su H, Mo K C and Guibas L J. PointNet: deep learning on point sets for 3D classification and segmentation[C]//IEEE Conference on Computer Vision and Pattern Recognition. Piscataway. NJ: IEEE, 2017:77-85.

[61] Rangel J C, Morell V, Cazorla M, Orts-Escolano S, García-Rodríguez J. Object recognition in noisy RGB-D data using GNG [J]. Pattern Analysis and Applications, 2017,20(4): 1061-1076.

[62] Riveiro B, González-Jorge H, Martínez-Sánchez J, Díaz-Vilariño L, Arias P. Automatic detection of zebra crossings from mobile LiDAR data[J]. Optics & Laser Technology, 2015, 70: 63-70.

[63] Rodríguez-Cuenca B, García-Cortés S, Ordóñez C, Alonso M C. Automatic detection and classification of pole-like objects in urban point cloud data using an anomaly detection algorithm[J]. Remote Sensing, 2015,7(10): 12680-12703.

[64] Sattler T, Torii A,Sivic J, Pollefeys M, Taira H, Okutomi M, Pajdla T. Are large-scale 3D models really necessary for accurate visual localization? [C]//IEEE Conference on Computer Vision and Pattern Recognition. Piscataway. NJ: IEEE, 2017:6175-6184.

[65] Siebert S, Teizer J. Mobile 3D mapping for surveying earthwork projects using an unmanned aerial vehicle (UAV) system[J]. Automation in Construction, 2014,41: 1-14.

[66] Su H, Maji S, Kalogerakis E and Learned-Miller E. Multi-view convolutional neural networks for 3D shape recognition[C]//IEEE International Conference on Computer Vision. Piscataway. NJ: IEEE, 2015:945-953.

[67] Sundermeyer M, Marton Z C, Durner M, Brucker M, Triebel R. Implicit 3D orientation learning for 6D object detection from RGB images [C]//European Conference on Computer Vision. Berlin:Springer, 2018: 712-729.

[68] Theiler P W, Wegner J D, Schindler K. Keypoint-based 4-points congruent sets-automated marker-less registration of laser scans[J]. ISPRS Journal of Photogrammetry and Remote Sensing, 2014, 96: 149-163.

[69] Wang J, Xu K, Liu L G, Cao J, Liu S and Yu Z. Consolidation of low-quality point clouds from outdoor scenes[C]//International Conference and Exhibition on Computer Graphics and Interactive Techniques. New York, NY: ACM,2013:207-216.

[70] Wang J, Yu Z, Zhu W, Cao J. Feature-preserving surface reconstruction from unoriented, noisy point data[J]. Computer Graphics Forum, 2013, 32(1): 164-176.

[71] Wang H Y, Wang C, Luo H, Li P, Cheng M, Wen C, Li J. Object detection in terrestrial laser scanning point clouds based on Hough forest[J]. IEEE Geoscience and Remote Sensing Letters, 2014,11(10): 1807-1811.

[72] Wang H Y, Xu J T, Gao Z Y, Lu C, Yao S. An event-based neurobiological recognition system with orientation detector for objects in multiple orientations[J]. Frontiers in Neuroscience, 2016,10: 498.

[73] Weinmann M, Weinmann M, Hinz S, Jutzi B. Fast and automatic image-based registration of TLS data[J]. ISPRS Journal of Photogrammetry and Remote Sensing, 2011, 66(S6): S62-S70 .

[74] White J C,Wulder M A, Vastaranta M, Coops N C, Pitt D, Woods M. The utility of image-based point clouds for forest inventory: a comparison with airborne laser scanning[J]. Forests, 2013, 4(3): 518-536.

[75] Wohlhart P and Lepetit V. Learning descriptors for object recognition and 3D pose estimation[C]//IEEE Conference on Computer Vision and Pattern Recognition. Piscataway. NJ: IEEE, 2015: 3109-3118.

[76] Wu Y H, Tang F L, Li H P. Image-based camera localization: an overview[J]. Visual Computing for Industry, Biomedicine, and Art, 2018,12: 1-23.

[77] Xia J Y. Researches on Monocular vision based pose measurements for space targets[D]. Changsha: National University of Defense Technology, 2012(夏军营. 2012.空间目标的单目视觉位姿测量方法研究[D].长沙：国防科学技术大学).

[78] Xie Z, Zhang J H, Wang P F. Event-based stereo matching using semiglobal matching[J]. International Journal of Advanced Robotic Systems, 2018, 15(1).

[79] Xu B, Jiang W S, Shan J, Zhang J, Li L. Investigation on the weighted RANSAC approaches for building roof plane segmentation from LiDAR point clouds[J]. Remote Sensing, 2016, 8(1): 1-23.

[80] Xu W F, Liu Y, Liang B, Li C, Qiang W Y. Measurement of relative poses between two non-cooperative spacecrafts[J]. Optics and Precision Engineering, 2009,17(7): 1570-1581 (徐文福，刘宇，梁斌，李成，强文义. 2009. 非合作航天器的相对位姿测量. 光学精密工程，17(7): 1570-1581).

[81] Yang B S, Dong Z. A shape-based segmentation method for mobile laser scanning point clouds[J]. ISPRS Journal of Photogrammetry and Remote Sensing, 2013,81: 19-30.

[82] Yu F, Xiao J X and Funkhouser T. Semantic alignment of LiDAR data at city scale [C]//IEEE Conference on Computer Vision and Pattern Recognition. Piscataway. NJ: IEEE, 2015:1722-1731.

[83] Yu Y T, Li J, Wen C L, Guan H, Luo H, Wang C. Bag-of-visual-phrases and

hierarchical deep models for traffic sign detection and recognition in mobile laser scanning data[J]. ISPRS Journal of Photogrammetry and Remote Sensing, 2016, 113: 106-123.

[84] Zhao H J, Shibasaki R. Updating a digital geographic database using vehicle-borne laser scanners and line cameras [J]. Photogrammetric Engineering & Remote Sensing, 2005, 71(4): 415-424 .

[85] Zhang S J, Cao X B, Chen M. Monocular vision-based relative pose parameters determination for non-cooperative spacecrafts[J]. Journal of Nanjing University of Science and Technology, 2006, 30(5): 564-568 (张世杰，曹喜滨，陈闽. 2006. 非合作航天器间相对位姿的单目视觉确定算法. 南京理工大学学报，30(5): 564-568).

[86] Zhang Y Q. Research on Vision Based Pose Measurement Methods for Space Uncooperative Objects Using Line Features[D]. Changsha: National University of Defense Technology, 2016(张跃强. 2016. 基于直线特征的空间非合作目标位姿视觉测量方法研究. 长沙：国防科学技术大学，2016).

第2章　多源视觉感知与识别——人脸识别

视觉感知中首先遇到的问题是如何知道感知对象是谁，即识别感知对象。从人与人交互认知经验可知，人脸是最为简便、快捷识别对象的首要依据。然而，由于人的脸部信息是三维立体几何信息，同时在面临表情和姿态等变化时还潜在着非刚性形变，使得人脸特征提取存在极其复杂的差异性。因此，本章主要研究如何通过计算机实现人脸信息的有效识别，通过人脸的去模糊处理，提取感知对象的内在不变性特征，建立人脸识别的数学模型，重点研究多源异构人脸识别问题，人脸图像的预处理方法、人脸图像的感知特征提取与识别，并通过国际通用数据库进行实验对比分析。

2.1　人脸识别问题

视觉信息感知识别技术中的重中之重是研究基于生物特征、自然语言和动态图像理解为基础的"以人为中心"的智能信息处理和控制技术。生物特征识别技术包括：人脸识别、指纹识别、虹膜识别、声纹识别、步态识别和情感计算等。人脸作为一种生物特征，它能够直观并有效地反应个体差异。因而，人脸识别技术成为生物特征识别领域，乃至模式识别和人工智能领域中一个研究热点。人脸识别技术相比其他生物特征而言，具有诸多优势：(1) 生物信号可以隐蔽采集，适用于安防监控等公共安全场景；(2) 信号采集过程中不需要接触，无侵犯性；(3) 交互性强，用户体验良好；(4) 因为人脸图像中不仅包含了身份信息，还提供了多种与人脸图像相关的判别信息，如情感、性别、年龄和种族等。因此，人们还可以在进行人脸识别任务的同时，利用提供的人脸图像进行其他人脸分析任务，这是其他生物特征所不具备的优势。正是由于上述的诸多优势，人脸识别技术作为生物特征识别领域的一个重要组成部分，具有极高的学术研究价值和应用前景。

由于同一个人在不同环境下(如光照、表情、遮挡或姿态等)会得到不同表现形式的图像，称这种差异为由于类内因素变化导致的类内差异。相应地，不同人也会得到不同表现形式的图像，这种差异称为类间差异。人脸识别作为一种典型的机器学习任务，它的目标即为从人脸图像中提取特征表示，使得类内差异尽可能小，而类间差异尽可能大。但在无约束环境下的人脸识别问题中，会涉及诸多因素的影响，如：成像设备的差异、被摄者的姿态、光源强度、图像采集设备与被摄者之间的相对运动等。这些因素使得无约束环境下的人脸识别问题成为一种新颖的、极富挑战的研究课题。近几年来，尽管一些研究人员也针对无约束环境下的人脸识别问题提出了一些解决方案，但目前该领域仍然存在着诸多挑战：

(1)现有人脸识别算法在无约束环境下，特别是模糊人脸图像大量出现的场景下，难以获得优秀的准确率。如利用手持数码相机拍摄得到的 PaSC 数据库，现有性能最优的人脸识别算法在该数据库上准确率也仅在 50%左右。一般称这个问题为在**无约束环境下人脸图像模糊问题。**

(2)在无约束条件下，即使是某种在约束条件下已经得到很好解决的类内因素(如光照、姿态、老化或遮挡等)，也会产生极端的变化。这些极端变化的出现，使得训练样本与测试样本统计分布存在不一致的情况。一般称上述这些问题为在**无约束环境下单一类内因素极端变化问题。**

(3)多重类内因素的同时出现，使得模板集(gallery set)中图像到输入图像的变换过程成为高度非线性的过程，导致了现有基于数据驱动的深度学习方法在面对多重类内因素同时变化问题时，特征描述能力不足且运行成本过高。一般称上述这些问题为在**无约束环境下多重类内因素同时变化问题。**

(4)在公安场景(刑侦破案、寻找走失儿童等)、人机交互等现实场景中，不仅需要进行人脸识别，而且需要进行人脸生成。因此，将人脸生成和人脸识别结合于同一模型中，同时实现最佳的人脸生成和人脸识别效果，能够促进人脸生成和人脸识别技术应用于上述场景中。一般称上述这些问题为**异质人脸生成与识别问题。**

本章将从视觉感知的角度研究人脸识别问题，包括人脸图像去模糊，人脸图像的二值特征提取及深度人脸感知识别模型的建立等。人脸感知识别的整体结构框图如图 2-1 所示。

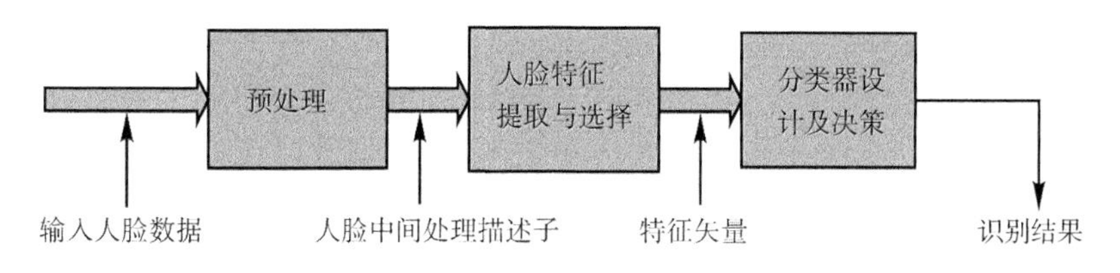

图 2-1　视觉人脸感知识别的整体结构框图

2.2　人脸图像去模糊算法

在无约束环境下，拍摄得到的人脸图像常常会出现失焦模糊和运动模糊。其中，失焦是由于人脸所处位置不在摄像机光学镜头焦距附近，从而导致成像不清晰；运动模糊是指在拍摄瞬间人脸与摄像机的相对位置发生了变化，从而使得采集得到的图像出现边缘漂移或拖影。由于失焦模糊或运动模糊等诸多因素的存在，使得在无约束环境下采集得到的人脸图像中存在模糊的类内因素。现有的人脸识别算法通常默认输入的人脸图像为非模糊人脸图像，并基于这个假设对算法进行设计，这就导致了现有算法在面对模糊人脸图像的识别任务时难以获得优秀的准确率。因此，针对人脸图像的去模糊操作则成为了预处理过程中的重要一环，它能够移除人脸图像中的模糊类内因素，从而提升无约束环境下的人脸识别算法性能。但现有某些人脸图像去模糊算法需要依赖大规模样本集为模糊图像提供显著性轮廓估计，如果显著性轮廓估计不理想，则难以恢复出清晰的人脸图像；而其他算法则需要大量同类别人脸图像作为参考图像。

2.2.1 图像去模糊的基本原理

图像去模糊算法的目的就是去除或减轻数字图像在获取过程中由于失焦或运动模糊等因素导致的图像质量的退化，使得恢复出来的图像尽可能接近无退化的清晰理想图像。为了得到更好的图像去模糊效果，研究人员首先对模糊过程进行形式化的建模，然后采用逆运算的思路得到清晰图像。图像模糊的产生过程可以形式化地表达成如下数学公式：

$$\boldsymbol{B}=k*\boldsymbol{I}+\varepsilon \tag{2-1}$$

式中，$\boldsymbol{B}$ 表示模糊（也可称为观测或显式）图像，$\boldsymbol{I}$ 表示清晰（也可称为原始或隐式）图像。而 k 则是模糊产生时对应的模糊核，ε 则表示模糊产生时可能引入的噪声。去模糊过程就是要通过模糊图像 $\boldsymbol{B}$，求解清晰图像 $\boldsymbol{I}$ 和模糊核 k 的过程。由于该问题是一个典型的病态问题（ill-posed problem），通常需要引入额外的先验知识或约束条件来得到最终解。显著性边缘先验知识认为，清晰图像中具有大量显著性边缘，而模糊图像则不具备这一性质。清晰图像在受到模糊核污染后，图像中的显著边缘会被保留下来，而非显著边缘区域会在与模糊核卷积的过程中损失大量的局部细节信息。因此，这些显著性边缘能够为隐式图像的恢复提供有效的信息。

图像去模糊算法首先对图像中的显著性边缘进行预测，然后将预测的显著性边缘应用于清晰图像的恢复过程中。但是，人脸图像有其特殊性，相比于自然图像而言，一幅人脸图像中缺乏足够的显著性边缘信息，导致模糊人脸图像通常难以提取锐利的边缘信息。锐利的边缘信息提取的准确与否对于去模糊算法至关重要，因此大量基于显著性边缘先验知识的图像去模糊算法由于人脸图像中显著性边缘信息不足，均难以在模糊人脸图像上获得良好的去模糊效果。甚至还会对去模糊算法产生干扰，导致人脸轮廓漂移，使得去模糊后的图像质量反而不如去模糊之前，如图 2-2 所示。综上所述，现有基于显著性边缘先验知识的图像去模糊算法忽略了人脸图像特有的结构化信息，并未在人脸图像上获得优秀的性能。

（a）原始模糊人脸图像

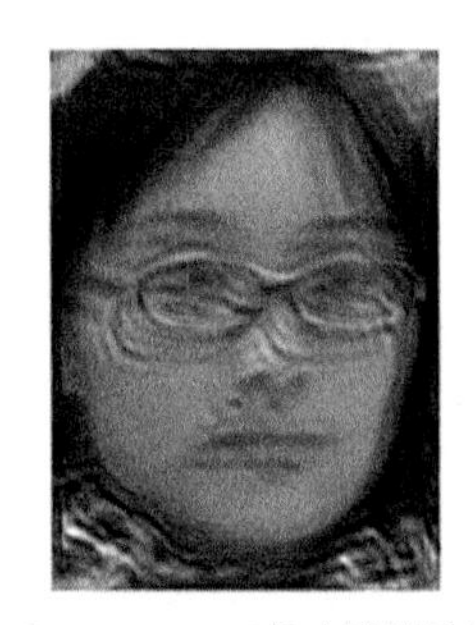

（b）Marszalec工作去模糊结果

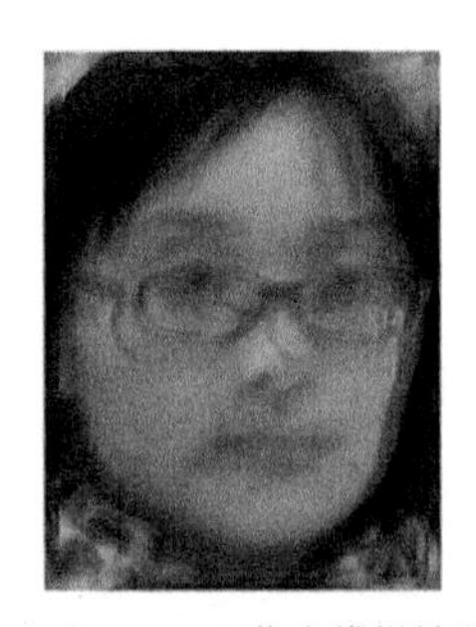

（c）Huang工作去模糊结果

（d）Wolf工作的去模糊结果

图 2-2　基于自然图像的去模糊算法无法直接应用到模糊人脸图像中的实例

现有工作已经证明，无论是清晰图像还是模糊图像中都存在着极大的稀疏性。而稀疏表示模型的工作机理类似于视觉皮层神经元响应机制。其中，稀疏表示模型中的过完备字典元素类似于视觉皮层神经元中的感受野，用于描述图像中的局部几何信息。生物视觉产生过程中神经元响应的稀疏性，则对应着稀疏约束模型中的稀疏编码系数。**利用稀疏约束模型（稀疏表示模型）对人脸图像进行去模糊，不仅省去了显著性边缘估计步骤，还无须使用与测试图像相似的大量参考样本图像。**

假设输入信号 x(该信号可以理解为清晰图像 $\boldsymbol{I}$ 或模糊图像 $\boldsymbol{B}$)可以利用过完备字典(over-completed dictionary)通过稀疏表示模型表示如下:

$$\boldsymbol{X} \approx \Phi \cdot \boldsymbol{\alpha} \tag{2-2}$$

式中,Φ 为过完备字典,$\boldsymbol{\alpha}$ 则表示稀疏编码向量,而其大部分元素均为0。因此,基于稀疏表示的重建问题可以表示为如下形式:

$$\boldsymbol{\alpha} = \arg\min_{\boldsymbol{\alpha}} \| \boldsymbol{\alpha} \|_0, \text{s. t.} \quad \| \boldsymbol{X} - \Phi \cdot \boldsymbol{\alpha} \| \leqslant \varepsilon \tag{2-3}$$

而涉及 l_0-范数的最优化问题是一个NP-hard问题,因此,很多算法都将 l_0-范数松弛为 l_1-范数,并将上述公式写成拉格朗日形式:

$$\boldsymbol{\alpha}_{\mathrm{I}} = \arg\min_{\boldsymbol{\alpha}_{\mathrm{I}}} \{ \| \boldsymbol{I} - \Phi \cdot \boldsymbol{\alpha}_{\mathrm{I}} \|_2^2 + \lambda \| \boldsymbol{\alpha}_{\mathrm{I}} \|_1 \} \tag{2-4}$$

$$\boldsymbol{\alpha}_{\mathrm{B}} = \arg\min_{\boldsymbol{\alpha}_{\mathrm{B}}} \{ \| \boldsymbol{B} - k * \Phi \boldsymbol{\alpha}_{\mathrm{B}} \|_2^2 + \lambda \| \boldsymbol{\alpha}_{\mathrm{B}} \|_1 \} \tag{2-5}$$

式中,λ 表示正则化项的权重系数。由于原始图像 $\boldsymbol{I}$ 为隐式的,只能通过模糊图像学习得到的稀疏编码系数 $\boldsymbol{\alpha}_{\mathrm{B}}$,利用 $\boldsymbol{\alpha}_{\mathrm{B}}$ 得到恢复后的图像 $\hat{\boldsymbol{B}} = k * \Phi \boldsymbol{\alpha}_{\mathrm{B}}$,并力求 $\boldsymbol{I}$ 和 $\hat{\boldsymbol{B}}$ 尽可能地接近。在公式(2-5)中,$\| \boldsymbol{B} - k * \Phi \boldsymbol{\alpha}_{\mathrm{B}} \|_2^2$ 计算的是观测图像与恢复后图像(即去模糊后的图像)之间的差异,描述的是重建后数据相对于原始数据的保真程度。因此,该项称为**数据保真项(Data Fidelity Term)**。而 $\| \boldsymbol{\alpha}_{\mathrm{B}} \|_1$ 用于对稀疏编码系数施加稀疏约束。因此,该项称为**正则项(Regularization Term)**。

但对于图像去模糊这种病态问题而言,仅仅通过稀疏约束 $\| \boldsymbol{\alpha}_{\mathrm{B}} \|_1$ 难以获得优秀的稀疏编码系数 $\boldsymbol{\alpha}_{\mathrm{B}}$,且容易导致等式(2-5)陷入局部最优解中。而大量实验结果也表明,针对自然图像特性提出的稀疏约束难以直接应用于模糊人脸图像中。因此,需要提出专门针对人脸图像的先验知识来约束目标函数(2-5),从而获得更有效的稀疏编码系数。

2.2.2 基于权重的非局部自相似人脸去模糊算法

本节介绍基于稀疏表示模型的人脸去模糊算法,记为WNLSS算法。该算法通过研究人脸图像的特有性质,创新性地将权重编码和非局部自相似先验知识引入人脸图像去模糊算法中。该算法从**字典学习**、**数据保真项**和**正则项**三个方面出发,对现有人脸去模糊算法进行改进。WNLSS算法既不依赖于显著性边缘检测过程,也无须引入同类别的参考图像,从而有效地解决了现有人脸图像去模糊算法的所存在的问题。接下来,针对**字典学习**、**正则项**和**数据保真项**这三个方面的改进进行详细的介绍。

1. WNLSS算法的字典学习

WNLSS算法采用以像素为中心的局部图像块而不是整张图像作为稀疏表示模型的输入,从而减小稀疏表示模型的运算时间并获得更加稳定的解向量。将所有训练图像全部切分成大小为 $m_1 \times m_2$ 的局部图像块。其中,$\boldsymbol{B}_{n,i}$ 表示第 n 个训练样本中位于第 i 个像素的图像块。然后 i 使用无监督的聚类算法对图像块集合 $\{\boldsymbol{B}_{n,i}\}$ 进行聚类,并利用这些聚类中心学习WNLSS算法的字典元素。一方面,聚类中心具有较好的泛化能力,其描述的是一系列相似图像块的泛化信息,而不是某个图像块的具体信息。因此,无须引入其他同类别的参考图像,就可以获得具有描述能力的字典元素。另一方面,聚类算法采用更加紧致(compact)的方式来描述图像块集合的数据分布和变化情况,在提升解向量稳定性的同时,减小模型的运算时间。假设利用聚类算法得到了 K 个聚类中心 $\{\boldsymbol{X}_k\}_{k=1}^{K}$，其中 $\boldsymbol{X}_k=\{\boldsymbol{x}_{k,1},\cdots,\boldsymbol{x}_{k,n},\cdots,\boldsymbol{x}_{k,N}\}$，而 $\boldsymbol{x}_{k,n}$ 表示第 k 个聚类中心中的第 n 个图像块。接着，利用自适应的稀疏域选择(adaptive sparse domain selection)策略，从聚类集合 $\{\boldsymbol{X}_k\}_{k=1}^{K}$ 中自适应地学习基于聚类的 WNLSS 字典。一方面，每个聚类集合 $\{\boldsymbol{X}_k\}_{k=1}^{K}$ 中特征的差异性不大，WNLSS 的字典学习方法无须像之前的字典学习算法一样，为了描述图像中可能存在的变化而将字典 Φ_k 构建成过完备字典。另一方面，紧致的字典表示也有助于降低字典学习的计算代价。在此分析的基础上，对于每个 $\{\boldsymbol{X}_k\}$，通过主成分分析(Principal Components Analysis, PCA)算法选择最大特征值对应的前 L 个($L<K$)特征向量 $[\boldsymbol{p}_1,\cdots,\boldsymbol{p}_l,\cdots,\boldsymbol{p}_L]$，并将其构建成字典 Φ_k。在得到基于聚类的字典 Φ_k 后，与聚类字典对应的稀疏编码系数 C_k 可利用式(2-6)得到：

$$\min_{C_k}\|\boldsymbol{X}_k-\Phi_k\boldsymbol{C}_k\|_2^2+\lambda\|\boldsymbol{C}_k\|_1 \tag{2-6}$$

上述公式的物理含义为：对于每一个数据点 $\boldsymbol{X}_{k,n}$ 而言，只有与其对应的一个子字典 Φ_k 被自适应地选择用于表达该数据点。只有该子字典对应的稀疏编码系数 $\boldsymbol{C}_k$ 不为 0，其他子字典对应的稀疏编码系数均为 0，即 $\boldsymbol{C}_{k-2}=\boldsymbol{C}_{k-1}=\boldsymbol{C}_{k+1}=\boldsymbol{C}_{k+2}=\boldsymbol{0}$ 这种字典学习方法不仅使得 WLNSS 模型的解向量趋于稳定，同时减小了 WNLSS 模型在求解过程的计算代价。

2. WNLSS 算法的正则项

WNLSS 算法利用基于非局部自相似图像块的稀疏编码系数 $\boldsymbol{\alpha}_z$ 来约束模糊图像稀疏编码系数 $\boldsymbol{\alpha}_B$ 的优化，从而获得更接近隐式图像稀疏编码系数 $\boldsymbol{\alpha}_I$ 的 $\boldsymbol{\alpha}_B$。

由公式(2-4)和公式(2-5)可知，当观测图像的稀疏编码系数 $\boldsymbol{\alpha}_B$ 越接近隐式图像的稀疏编码系数 $\boldsymbol{\alpha}_I$ 时，去模糊算法的效果就越好。但是对于无法得到隐式图像的人脸图像去模糊任务而言，$\boldsymbol{\alpha}_I$ 是未知的。由于人脸图像具有对称性和高度的结构化，无论是清晰还是模糊的人脸图像，其中都拥有大量的非局部自相似图像块，如图 2-3 所示。但现有基于稀疏表示模型的去模糊算法均忽略了人脸图像中非局部自相似的特殊性质，导致稀疏表示模型中正则项缺乏约束力，难以获得有效的稀疏编码系数。因此，利用基于非局部自相似图像块先验知识的稀疏编码系数 $\boldsymbol{\alpha}_z$ 来约束模糊图像稀疏编码系数 $\boldsymbol{\alpha}_B$，可以获得更有效的稀疏编码系数。

图 2-3　人脸图像中存在大量非局部自相似图像块

对于观测图像中的任一图像块 $\boldsymbol{B}_i$，WNLSS 算法收集一系列与 $\boldsymbol{B}_i$ 相似的非局部图像块 $\{\boldsymbol{B}_i^p\}_{p=1}^{P}$。其中，$p$ 为非局部相似图像块个数。这 p 个非局部相似图像块被赋予不同的权重 d_i^p 来得到重建后的图像 $\hat{\boldsymbol{Z}}$，即

$$\hat{\boldsymbol{Z}}_i = \sum_{p=1}^{P} d_i^p \cdot \boldsymbol{B}_i^p \tag{2-7}$$

称 d_i^p 为非局部自相似权重。自然地，重建后的图像块 $\hat{\boldsymbol{Z}}_i$ 需要与原始图像块 $\boldsymbol{B}_i$ 尽可能地接近，即

$$\min_{d_i} \| \boldsymbol{B}_i - \hat{\boldsymbol{Z}}_i \|_2^2 + \eta \| \boldsymbol{d}_i \|_2^2 \tag{2-8}$$

而正则项 $\| \boldsymbol{d}_i \|_2^2$ 用于提升最小二乘解向量的稳定性。将公式(2-7)代入公式(2-8)中，得到：

$$\min_{\boldsymbol{d}_i} \| \boldsymbol{B}_i - \boldsymbol{B}^* \boldsymbol{d}_i \|_2^2 + \eta \| \boldsymbol{d}_i \|_2^2 \tag{2-9}$$

式中，$\boldsymbol{B}^* = [\boldsymbol{B}_i^1, \boldsymbol{B}_i^2, \cdots, \boldsymbol{B}_i^P]$，$\boldsymbol{d}_i = [d_i^1, d_i^2, \cdots, d_i^P]^{\mathrm{T}}$。上述公式(2-9)是一个典型的具有正则项的最小二乘问题(regularized least-square problem)，非局部自相似权重 d_i^p 可以通过求解上述带正则项的最小二乘问题得到。相应地，利用非局部自相似图像块重建后的图像块 $\hat{\boldsymbol{Z}}$ 即可根据公式(2-7)得到。

根据稀疏表示模型的定义 $\hat{\boldsymbol{Z}}_i = \Phi_i \cdot \boldsymbol{\alpha}_{z,i}$，利用非局部自相似性质得到的稀疏编码系数 $\boldsymbol{\alpha}_{z,i}$ 可以表示如下：

$$\boldsymbol{\alpha}_{z,i} = \Phi_i^T \cdot \widehat{\boldsymbol{Z}_i} \tag{2-10}$$

明显地，为了使重建后的图像块 $\hat{\boldsymbol{Z}}_i$ 尽可能地接近 $\boldsymbol{I}_i$，就需要使 $\boldsymbol{\alpha}_{z,i}$ 尽可能地与 $\boldsymbol{\alpha}_{B,i}$ 相似，即最小化 $\boldsymbol{\alpha}_{z,i}$ 与 $\boldsymbol{\alpha}_{B,i}$ 的差值：

$$\min_{\boldsymbol{\alpha}_B} \| \boldsymbol{\alpha}_B - \boldsymbol{\alpha}_z \|_p \tag{2-11}$$

式中，p 可以设为 1 或 2。当 $p=2$ 时，最小化 $\| \boldsymbol{\alpha}_B - \boldsymbol{\alpha}_z \|_2$ 只能用于约束两者的差异尽可能的小；而当 $p=1$ 时，最小化 $\| \boldsymbol{\alpha}_B - \boldsymbol{\alpha}_z \|_1$ 不仅可以约束两者的差异尽可能的小，还可以对 $\boldsymbol{\alpha}_B$ 施加稀疏约束。如上文所述，稀疏约束不仅使公式(2-11)与图像特性更为契合，还进一步减小计算存储代价。因而，本书设置 $p=1$。

3. WNLSS 算法的数据保真项

本小节将权重编码技术引入稀疏表示模型的数据保真项中，进一步减少了基于局部图像块的重建残差(residual)，避免了某些具有大残差的局部图像块在去模糊过程中产生"鬼影"(ghost)或是"振铃效应"(ringing visual artifact)，从而进一步提升了 WNLSS 的去模糊效果。

观测图像和恢复图像之间的残差直接影响着去模糊算法的性能。每一个去模糊后的图像块与其对应的观测图像块之间的重建残差越小时，去模糊恢复的效果也就越好。但现有基于稀疏表示模型的去模糊算法只是简单地为所有图像块赋以相同的权重，即把所有图像块对于重建残差的贡献视为一样。这样就导致了残差大的区域与残差小的区域采用相同的操作，导致原本难以重建的人脸区域(对应着残差大的区域)会出现"鬼影"(ghost)或是"振铃效应"(ringing visual artifact)。为了进一步减少图像块级别的重建残差(residual)，将权重编码技术引入到稀疏表示模型的数据保真项(data fidelity term)中。

假设一幅人脸图像中，以每个像素点为中心，构建大小为 $\boldsymbol{m}_1 \times \boldsymbol{m}_2$ 的图像块，共计 N 块。则一幅图像的残差向量可定义为

$$\boldsymbol{e} = [e_1, e_2, \cdots, e_N] = \boldsymbol{B} - k * \Phi \boldsymbol{\alpha}_B \tag{2-12}$$

式中，$\boldsymbol{e}_i = \boldsymbol{B}_i - \boldsymbol{k} * \Phi \boldsymbol{\alpha}_{B,i}$。$e_1, e_2, \cdots, e_N$ 可以被视为一系列服从高斯分布的独立同分布样本。

为了最小化一幅人脸图像中所有图像块的残差之和：

$$\min \sum_{i=1}^{N} e_i^2 \tag{2-13}$$

为每个图像块辅以一个权重，即

$$\tilde{e}_i = w_i^{1/2} e_i \tag{2-14}$$

根据经验可以得出如下结论：为了最小化一幅人脸图像中所有图像块的残差之和，应该为小残差的图像块赋以大权重，而为大残差的图像块赋以小权重。也就是说，权重大小与残差的幅值是成反比例的。设置残差与权重的关系如下：

$$w_i = \exp(-c_0 e_i^2) \tag{2-15}$$

式中，c_0 为算法的超参数，用于控制残差与权重之间的关系。综上所述，基于权重编码的数据保真项可写为如下形式：

$$\min_{\boldsymbol{\alpha}_B, \boldsymbol{W}} \| \boldsymbol{W}^{1/2} \cdot \boldsymbol{e} \|_2^2 = \min_{\boldsymbol{\alpha}_B, \boldsymbol{W}} \| \boldsymbol{W}^{1/2} \cdot (\boldsymbol{B} - k * \Phi \boldsymbol{\alpha}_B) \|_2^2 \tag{2-16}$$

式中，$\boldsymbol{W}$ 为对角矩阵，即 $W_{ii} = w_i$。

4. WNLSS 算法的优化

本节针对 WNLSS 算法的目标函数设计了一种迭代的优化算法，通过多次迭代在数值上逼近目标函数的全局最优解。

如前所述，WNLSS 算法主要由**字典学习**、**数据保真项**和**正则项**三个模块组成。其中，WNLSS 的字典是在 WNLSS 算法优化之前就已经学习得到。因此，在 WNLSS 算法的优化过程中，字典被认为是已知量。通过结合基于非局部自相似图像块的正则化项（即公式(2-11)）和基于权重编码的数据保真项（即公式(2-16)），WNLSS 模型的目标函数可以表示为如下形式：

$$\min_{\boldsymbol{\alpha}_B, W} \| \boldsymbol{W}^{1/2} \cdot (\boldsymbol{B} - k * \Phi \boldsymbol{\alpha}_B) \|_2^2 + \lambda \| \boldsymbol{\alpha}_B - \boldsymbol{\alpha}_z \|_1^2 \tag{2-17}$$

式中，第一个优化项的物理含义为：利用字典 Φ 和稀疏编码系数 $\boldsymbol{\alpha}_B$ 重建得到的信号应与观测信号 $\boldsymbol{B}$ 的残差尽可能小，从而尽可能多地保留观测信号 $\boldsymbol{B}$ 中的信息；第二个优化项的物理含义为：人脸图像中大量的非局部自相似图像块能够很好地为当前图像块提供有利于恢复出清晰图像的信息。因此，$\boldsymbol{\alpha}_B$ 应与非局部自相似先验知识学习得到的稀疏编码系数 $\boldsymbol{\alpha}_z$ 尽可能接近，从而获得对于模糊图像更准确的稀疏重建系数。

在模糊核 k 已知且字典 Φ 通过学习得到的情况下，公式(2-17)可通过迭代的思想进行优化，即固定一个变量的同时优化另一个变量；反之亦然。

固定 $\boldsymbol{W}$，更新 $\boldsymbol{\alpha}_B$：当 $\boldsymbol{W}$ 固定时，上述问题为 L_0-范数稀疏编码问题。通过迭代再权重策略(iterative re-weighted scheme)求解。该求解过程采用迭代的思路，通过 J 轮的迭代不断逼近最优解。第 $j+1$ 轮迭代解可表示为

$$\boldsymbol{\alpha}_B^{j+1} = (\Phi^{\mathrm{T}} \boldsymbol{W} \Phi + \boldsymbol{V}^{(j+1)})^{-1} (\Phi^{\mathrm{T}} \boldsymbol{W} \Phi \boldsymbol{\alpha}_z) + \boldsymbol{\alpha}_z \tag{2-18}$$

式中，$\boldsymbol{V}$ 为对角矩阵，且在第一轮迭代时可将其初始化为单位矩阵。中间变量 $\boldsymbol{V}^{(j)}$ 可以表示为

$$\boldsymbol{V}_{ii}^{(j)} = \lambda / \sqrt{(\boldsymbol{\alpha}_{B,i}^{(j)} - \boldsymbol{\alpha}_{z,i}^{(j)})^2 + \varepsilon^2} \tag{2-19}$$

式中，ε 为一个小的常数（本文中设为 0.001），用于解决求解过程中可能存在的奇异问题(singular problem)。

固定 $\boldsymbol{\alpha}_B$，更新 $\boldsymbol{W}$：当已经获得更新后的 $\boldsymbol{\alpha}_B$ 时，根据公式(2-12)可获得残差向量 $\boldsymbol{e}$。然

后，根据公式(2-15)即可得到更新后的 $\boldsymbol{W}$。本文基于权重编码的非局部自相似人脸图像去模糊算法的流程如表 2-1 所示。

表 2-1　基于权重编码的非局部自相似人脸图像去模糊算法流程

算法 1：基于权重的非局部自相似人脸图像去模糊算法

输入：模糊图像 $\boldsymbol{B}$，字典 Φ，循环迭代次数 J；
输出：去模糊后的图像 $\hat{\boldsymbol{B}}$；
1. **步骤 1(初始化)**
2. 　通过公式 $\boldsymbol{e}^{(0)}=\boldsymbol{B}-\hat{\boldsymbol{Z}}^{(0)}$ 初始化残差向量 $\boldsymbol{e}$；
3. 　通过公式(2-15)初始化 $\boldsymbol{W}$；
4. 　初始化非局部自相似稀疏编码系数 $\boldsymbol{\alpha}_z$ 为全 0 向量；
5. **步骤 2** (优化)
6. For k do：
7. 　**步骤 2.1**：固定 $\boldsymbol{W}$，通过公式(2-18)更新 $\boldsymbol{\alpha}_B$；
8. 　**步骤 2.2**：通过公式(2-10)计算基于非局部自相似的编码系数 $\boldsymbol{\alpha}_z$；
9. 　**步骤 2.3**：通过公式(2-12)计算残差向量 $\boldsymbol{e}$；
10. 　**步骤 2.4**：固定 $\boldsymbol{\alpha}_B$，通过公式(2-15)更新 $\boldsymbol{W}$；
11. end
12. 输出：去模糊后的人脸图像 $\hat{\boldsymbol{B}}=\Phi\cdot\boldsymbol{\alpha}_B^{(J)}$；

2.2.3　实验及结果分析

本节中在人工合成的模糊图像上和真实的模糊图像上对 WNLSS 模型进行测试，并将 WNLSS 算法与主流的自然图像去模糊算法和人脸图像去模糊算法进行对比。在人工合成的模糊图像上进行实验是为了测试 WNLSS 算法在面对结构化模糊时的效果。人工合成模糊图像可以通过将清晰人脸图像与某种模糊核 $\boldsymbol{k}$ 进行卷积并引入加性白噪声，从而人为地生成模糊图像。在众多模糊核中，由于 Uniform 模糊核和 Gaussian 模糊核为最常见的两种模糊核，因此采用这两种模糊核来污染清晰图像。在真实的模糊图像上进行实验则是为了测试 WNLSS 算法在面对现实场景下模糊时的效果。由于在拍摄过程中，相机与被摄者之间的相对运动，导致图像中存在着不同于结构化的 Uniform 模糊核和 Gaussian 模糊核所产生的模糊情况。实验仿真平台为主频 3.30 GHz 的 Intel Xeon CPU-E3 处理器，操作系统为 64 位 Windows 7，仿真软件采用的是 MATLAB 2017b。在本章实验中，默认的参数设置为：WNLSS 字典构建时主成分保留个数 $L=70$，正则化权重 $\lambda=0.1$。

1. 在人工合成模糊图像上的性能

本节中利用大小为 $r\times r$ 的 Uniform 模糊核和标准差为 s 的 Gaussian 模糊核与清晰的人脸图像进行卷积，最终得到模糊人脸图像。为了使人工合成的模糊图像的过程与现实场景下的模糊过程(即公式(2-1))，引入加性白高斯噪声(Additive White Gaussian Noise，AWGN)来模拟加性噪声 ε。最终，利用 Uniform 模糊核和 Gaussian 模糊核人工合成的模糊图像如图 2-4 所示。

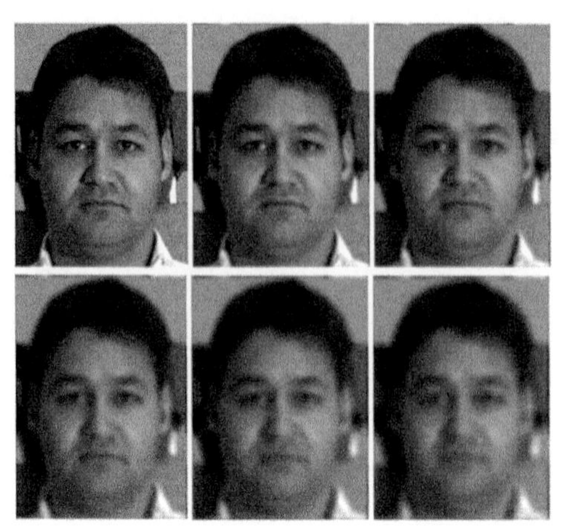

（a）Uniform模糊核：从左至右，从上至下分别为原始图像和利用5×5，7×7，9×9，11×11，13×13大小的Uniform模糊核得到的模糊图像

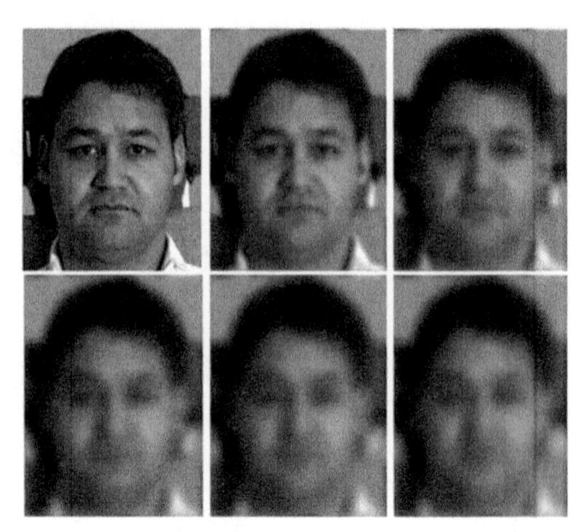

（b）Gaussian模糊核：从左至右，从上至下分别是原始图像和标准差为3，5，7，9，11的Gaussian模糊核得到的模糊图像

图 2-4　人工合成的模糊人脸图像样本

（1）Uniform 模糊核的实验结果

对于 Uniform 模糊核，设置其模糊核大小为 $r=[5,7,9,11,13]$。为了读者能够更直观地进行性能对比，将大小为 9×9 的 Uniform 核的去模糊结果列在图 2-5 中。

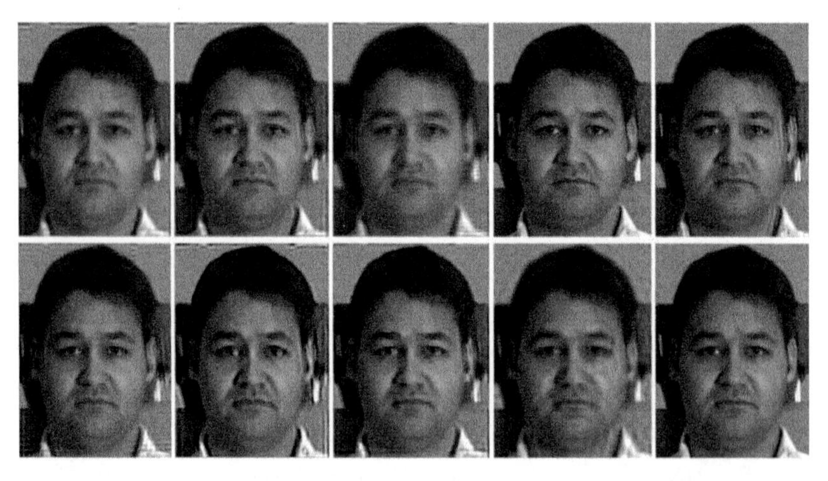

图 2-5　在大小为 9×9 的 Uniform 核的情况下，各种去模糊算法得到的结果图（从左到右，从上到下分别为：Xu 工作、Krishnan 工作、Portilla 工作、Kheradmand 工作、Pan 工作、Shan 工作、Cho 工作、Xu 工作、Beck 工作和本章提出的 WNLSS 算法）

在实验结果中，可以看到提出的算法和 Xu 工作在面对 Uniform 核的模糊人脸图像时，获得了比其他算法更优秀的性能。尽管 Xu 工作也是一种针对人脸图像提出的去模糊算法，但该算法需要大量的模板库样本（exemplars）来为输入人脸图像提供显著性边缘信息。当模板库中的所有样本与输入的模糊人脸图像的显著性边缘信息均不吻合时，会导致显著性边缘信息初始化误差较大。而且，该算法的性能严重依赖于显著性边缘信息的初始化。在面对模糊程度较大的人脸图像时，显著性边缘信息的初始化和预测过程将

会变得格外困难。一方面,这些算法并没有考虑到人脸图像高度结构化的先验知识,忽略了人脸图像中的非局部自相似特性。因此,它们并没有像本节算法那样,能够利用非局部自相似的属性得到更准确的稀疏编码系数。另一方面,相比其他基于稀疏先验知识的算法而言,基于权重编码技术能够从全局角度出发,优化每个图像块的权重参数,从而最小化一幅人脸图像的重建残差。

(2) Gaussian 模糊核的实验结果

对于 Gaussian 模糊核,设置其大小为 $r\times r=25\times 25$,且 Gaussian 分布的标准差 $s=[3,5,7,9,11]$,如图 2-6 所示。本节算法在模糊程度低和模糊程度中等的人脸图像中均获得了优秀的性能,而 Marszalec 工作则在模糊程度高的人脸图像上,获得了优秀的性能。对于一幅拥有模糊和噪声的人脸图像而言,工作首先需要移除噪声的影响,然后再运行去模糊运算。而且该算法的去模糊性能严重地依赖于模糊矩阵(blurring matrix)的初始化。而本节算法并没有显式地移除噪声,而且在模糊程度高的人脸图像上也获得了仅次于 Marszalec 的实验结果。另外,Marszalec 工作的运算时间也无法忽略。相比于本节算法的单循环运算策略,Marszalec 工作拥有内循环和外循环两层循环。因而,无论是面对 Uniform 核模糊还是 Gaussian 核模糊时,该算法的计算代价均高于本节算法。在面对标准差 $s=5$ 的 Gaussian 核模糊时,Marszalec 工作耗费了 26.94 s,而本节算法只耗费了 13.08 s。基于权重编码的非局部自相似人脸去模糊算法仅耗费了一半的运算时间,就获得了相似于,甚至高于 Marszalec 工作的性能。

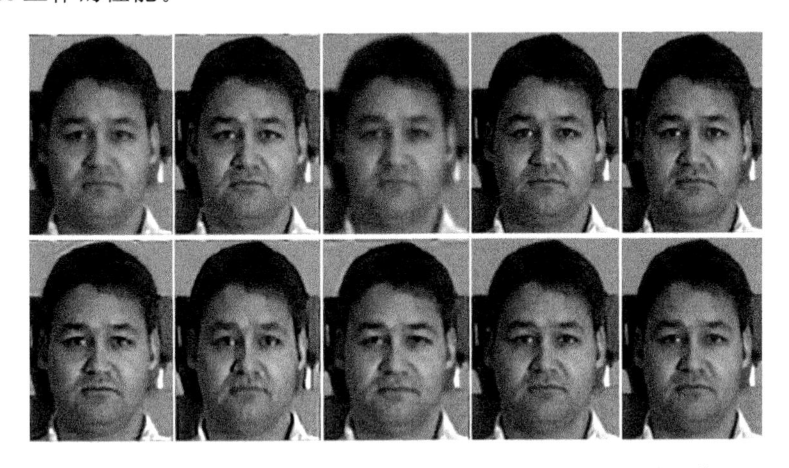

图 2-6　在大小为 25×25、标准差 $s=3$ 的 Gaussian 模糊核情况下,各种去模糊算法得到的结果图
(从左到右,从上到下分别为:Xu 工作、Krishnan 工作、Portilla 工作、Kheradmand 工作、Pan 工作、Shan 工作、Cho 工作、Xu 工作、Beck 工作和本章提出的 WNLSS 算法)

2. 在真实模糊图像上的性能

相比于人工合成的模糊人脸图像,从实际应用中采集得到的模糊人脸图像更具有现实意义。从 PaSC 数据库中挑选两张真实的模糊人脸图像,用于评测本节算法的性能。这两张图像全部来自数码静态相机(Point-and-Shoot Camera),由于在拍摄过程中,相机与被摄者之间的相对运动,导致图像中存在不同于 Uniform 模糊核和 Gaussian 模糊核的模糊情况。这种模糊更加"真实",针对真实模糊图像的去模糊操作也更加具有现实意义。因为,本节算法是在模糊核 k 已知的情况下进行去模糊的。对于不知道模糊核的真实图像而言,采

用 Danielyan 工作来估计模糊核。不同于利用清晰的人脸图像人工合成模糊图像，真实的模糊图像是无法获得原始的清晰图像的。因为在照片拍摄的过程中，只有模糊后的图像被记录下来。

由于在人工合成模糊图像的评测上，针对 Pan 工作、Kheradmand 工作和 WNLSS 算法三种算法的性能进行对比。去模糊的结果如图 2-7 至图 2-12 所示。

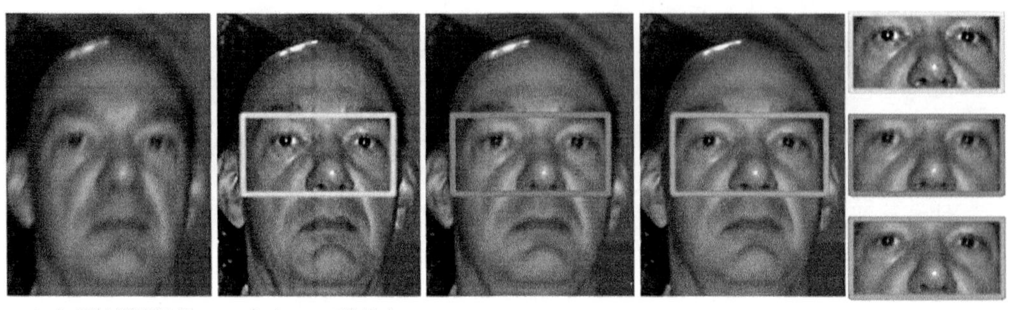

（a）原始模糊图像　（b）Pan工作的去模糊结果　（c）Kheradmand工作的去模糊结果　（d）本章算法的去模糊结果　（e）局部放大图

图 2-7　针对真实模糊图像的去模糊算法的性能对比（一）

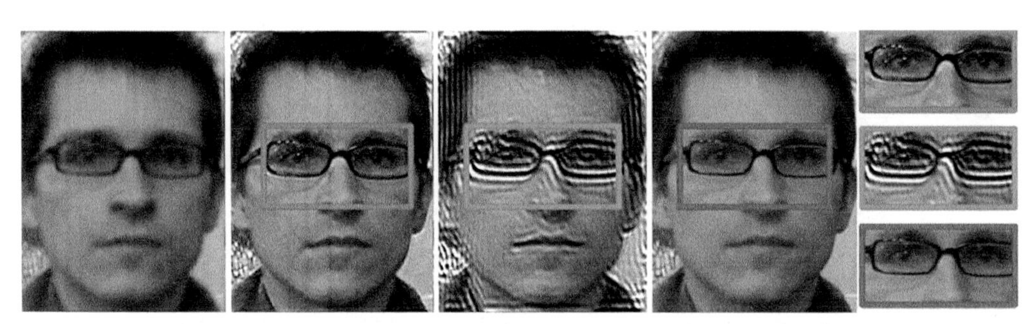

（a）原始模糊图像　（b）Pan工作的去模糊结果　（c）Kheradmand工作的去模糊结果　（d）本章算法的去模糊结果　（e）局部放大图

图 2-8　针对真实模糊图像的去模糊算法的性能对比（二）

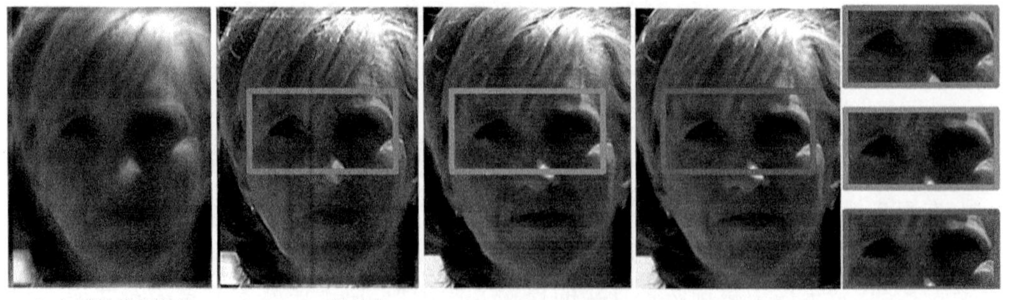

（a）原始模糊图像　（b）Pan工作的去模糊结果　（c）Kheradmand工作的去模糊结果　（d）本章算法的去模糊结果　（e）局部放大图

图 2-9　针对真实模糊图像的去模糊算法的性能对比（三）

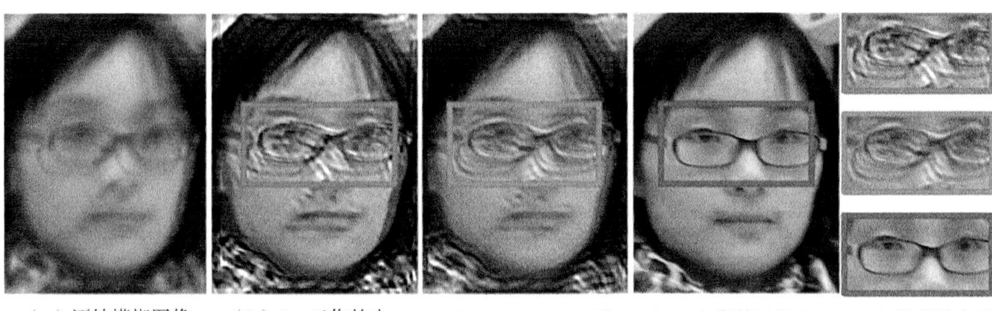

（a）原始模糊图像　（b）Pan工作的去模糊结果　（c）Kheradmand工作的去模糊结果　（d）本章算法的去模糊结果　（e）局部放大图

图 2-10　针对真实模糊图像的去模糊算法的性能对比（四）

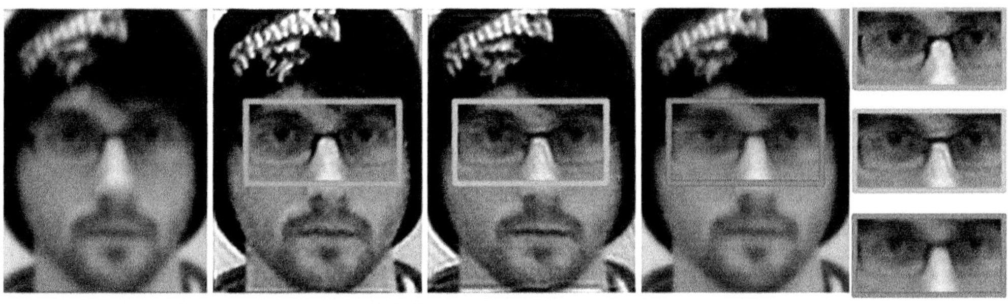

（a）原始模糊图像　（b）Phillips工作的去模糊结果　（c）Marszalec工作的去模糊结果　（d）本章算法的去模糊结果　（e）局部放大图

图 2-11　针对真实模糊图像的去模糊算法的性能对比（五）

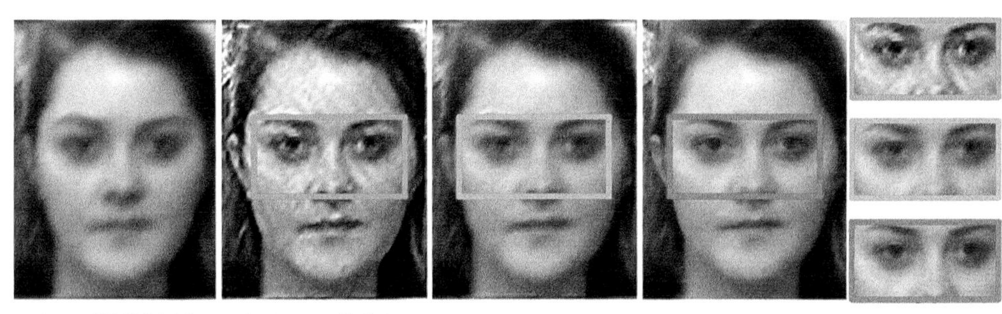

（a）原始模糊图像　（b）Pan工作的去模糊结果　（c）Kheradmand工作的去模糊结果　（d）本章算法的去模糊结果　（e）局部放大图

图 2-12　针对真实模糊图像的去模糊算法的性能对比（六）

通过上述结果图中可以看到，WNLSS 算法去模糊后的结果要比其他两种算法的结果更加清晰。WNLSS 算法无须额外的模板数据库，也无须提前进行噪声去除。基于权重编码的非局部自相似人脸去模糊算法可以通过参考其他非局部的相似图像块来更为准确地重建出当前图像块；同时，WNLSS 是基于权重编码技术的，它可以进一步减小重建残差，从而能够为模糊图像恢复出更细节的局部信息。由于 Danielyan 工作估计得到的模糊核与原始图像未知的模糊核之间肯定存在着差异，但 WNLSS 仍然基于有偏差的模糊核恢复出清晰的人脸图像，说明本节算法对于有偏模糊核仍具有一定的鲁棒性。Pan 工作去模糊性能的好坏严重地依赖于显著性边缘的预测情况。对于图 2-7 和图 2-8，手工标定了人脸图像的轮廓，并将其输入至该算法模型中；而对于其他图片（即图 2-9、图 2-10、图 2-11 和图 2-12），将输入图像与模板数据库中的每张图像进行比对，从而自动地选择最匹配的模板样本。当利用自动匹配机制得到的显著性边缘信息与实际的边缘信息之间存在一定差异时，如图 2-10 所示，Pan 工作会根据有偏差的显著性边缘信息进行重建，导致了重建偏差的扩大。因此，Pan 工作对于除图 2-7 和图 2-8 外的其他所有图像的去模糊性能并不理想，产生了一定的视觉振铃效应和“鬼影”。由于另一项 Kheradmand 工作[67]是基于标准化的图拉普拉斯(Normalized Graph Laplacian)技术，当它面对高度结构化的模糊核（即 Uniform 模糊核和 Gaussian 模糊核）时才能获得较好的性能。但当它面对真实模糊人脸图像时，该工作难以通过预定义的结构化先验知识（即图拉普拉斯模型）恢复出更多的人脸细节信息。

与其他两种算法相比，WNLSS 算法既不需要显著性边缘检测过程，也不对输入图像的模糊核进行先验知识的约束。因而，WNLSS 算法更适合无约束环境下人脸图像的去模糊需要。

2.3 基于二值特征的人脸识别算法

在无约束环境下的人脸识别问题中，常常会出现单一类内因素极端变化的情况。单一类内因素的极端变化是指：某一种类内因素由于拍摄环境的不确定性和拍摄者的不可控性，导致类内因素呈现极端化，如极度夸张的人脸表情、时间跨度多达几十年的老化、深夜微弱的光照或人脸面部大面积的遮挡。这些单一类内因素的极端变化会使得训练样本在原始空间和特征空间中的统计分布与测试样本的差异极大。但现有的人脸识别算法通常默认训练样本与测试样本在原始空间或特征空间中的表达差异不大，这就导致现有算法在面对单一类内因素极端变化问题时难以获得较好的准确率。在总结现有工作并分析它们优缺点的基础上，发现二值特征对于训练样本和测试样本间的类内差异具有较强的鲁棒性，同时兼顾计算代价小和非线性表达等优点。

本节介绍三种高效鲁棒的基于二值特征的人脸识别算法来解决现有人脸识别算法的缺陷。其中，针对描述能力不足，提出了基于迭代量化的二值编码（Iterative Quantization Binary Codes, IQBC）人脸识别算法。它通过优化使得每个比特的方差最大且相互之间正交，从而很好地解决现有二值特征学习算法描述能力不足的问题；针对判别能力不足，提出了基于球哈希的二值编码（Spherical Hashing based Binary Codes, SHBC）人脸识别算法。它利用超球体定义二值编码，并利用典型相关分析（Canonical Correlation Analysis, CCA）在 SHBC 算法中引入身份信息，得到具有判别能力的二值特征，从而很好地解决现有浅层二值特征学习算法判别能力不足的问题；针对过拟合问题，提出了基于稀疏投影矩阵二值描述子（Sparse Projection Matrix Binary Descriptors, SPMBD）的人脸识别算法，它利用 l_0-范数约束投影矩阵中非零元素的个数，降低算法复杂度，从而较好地解决高维特征在面对小规模数据库时存在的过拟合问题。并将三种算法在具有大量单一类内因素极端变化的人脸识别数据库中进行测试。实验结果表明，相比其他现有二值特征人脸识别算法，本节三种算法分别解决了描述能力不足、判别能力不足和易产生过拟合的问题，提高了面对单一类内因素极端变化的人脸识别问题准确率。

2.3.1　现有二值特征学习框架

基于二值特征人脸识别算法的特征映射方式可以通过基于非数据驱动（手工设计）的方式实现，也可以通过基于数据驱动（特征学习）的方式实现。但研究人员通过经验或先验知识难以预估现实场景中的人脸图像会存在哪些类内变化。因此，这种基于手工设计获得二值特征映射的方式，难以应付非约束环境下人脸图像中可能存在的类内变化。

为了解决上述问题，Lu 工作在借鉴基于实数值的人脸识别框架的基础上，提出基于二值特征的人脸识别算法框架，如图 2-13 所示。该框架可以分为以下三个步骤。

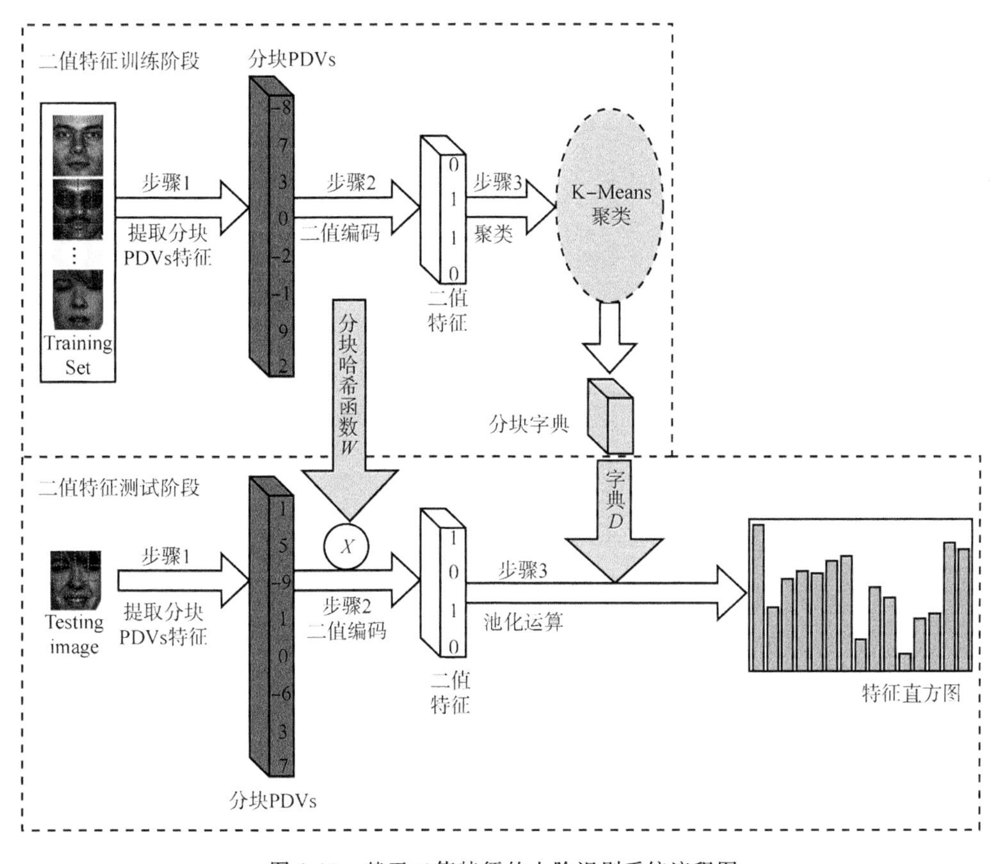

图 2-13　基于二值特征的人脸识别系统流程图

步骤 1（像素差值向量提取）：无论是在训练阶段还是测试阶段，首先将人脸图像分为若干个区域，并从其中提取像素差值向量；步骤 2（二值编码）：二值编码过程将基于实数值的 PDVs 映射为二值特征。步骤 3（聚类和池化过程）：在训练阶段，为了进一步提升二值特征的描述能力，对学习得到的二值特征进行无监督聚类，从而得到二值特征的聚类中心（或称为二值聚类字典）。在测试阶段，利用训练阶段得到的二值聚类字典中的聚类中心，对测试图像的二值特征进行重新表示，从而得到聚类中心对应权重的直方图特征。接下来，将对每个步骤进行较为详细的介绍。

1. 像素差值向量的提取

从原始图像中提取具有描述能力和判别能力的特征向量是基于二值特征人脸识别框架的关键一步。考虑到计算代价的问题，通常只能从当前像素点周围提取较少的邻域像素点，难以对人脸图像中的纹理信息或结构信息进行大尺度的描述。为了解决这一问题，基于图像块的像素差值向量(Pixel Difference Vectors, PDVs)则成为了一种有效的解决方法，如图 2-14 所示，将 PDV 采样半径 R 设为 1。灰色图像块为当前图像块，它与第一个邻域图像块按元素(element-wise)做差，从而得到 N 个像素差值向量中的第一个元素；同理，当前图像块与其他邻域图像块按元素做差，得到 N 个像素差值向量中的其他位元素。PDVs 能够采样$(2R+1)\times(2R+1)$范围内的空间。由于人脸图像的不同区域具有不同的判别能力，该二值特征学习框架将人脸图像分为 J 个不重叠的图像区域，并从每个图像区域中独立地提取 PDVs。假设训练集 A 中有 N 张人脸图像 $A=[A_1,A_2,\cdots,A_N]$，从 N 张人脸图像的第 j 个区域中得到像素差值向量集 $\boldsymbol{X}^j=[\boldsymbol{x}_1^j,\boldsymbol{x}_2^j,\cdots,\boldsymbol{x}_{NM}^j]\in\mathcal{R}^{d\times NM}$，其中 d 表示每个 PDV 的维度，M 表示每张人脸图像的对应区域中提取得到的 PDV 个数。相比于传统 LBP 算法只能描述中心像素点与邻域像素点之间的差值，PDVs 则可以描述中心像素块与邻域像素块的差值，增大了采样范围。

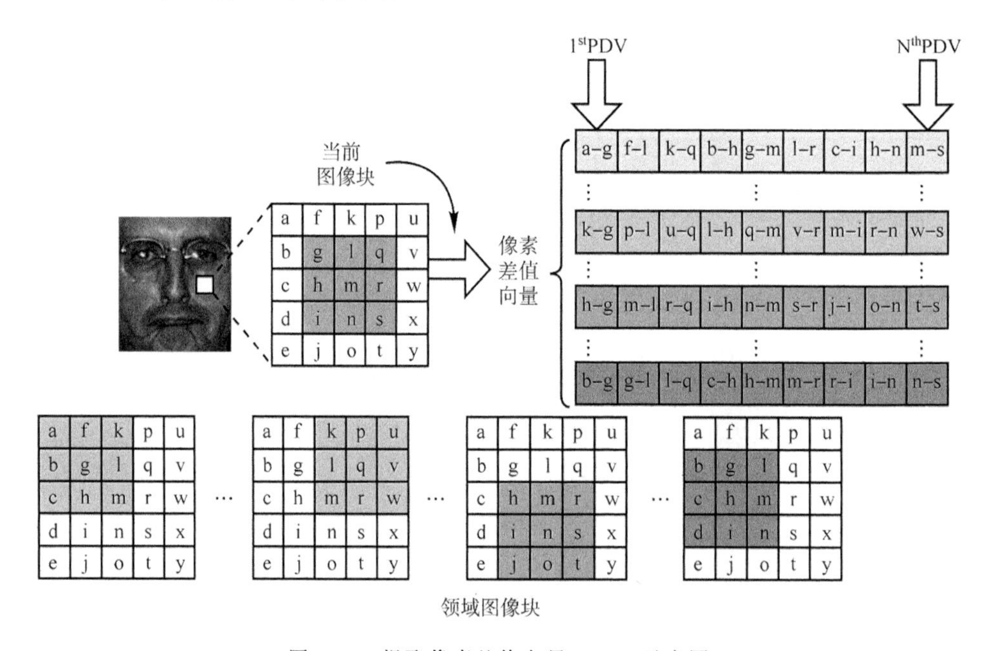

图 2-14 提取像素差值向量(PDV)示意图

2. 二值编码

二值编码是基于二值特征人脸识别框架的核心部分，其本质则是通过学习的方式得到优化的二值特征 $\boldsymbol{B}$。一方面，二值特征与基于实数值的 PDVs 的差异要最小，从而保证了原始人脸图像中的信息得以保留。另一方面，二值特征应具有较强的判别能力和描述能力，从而利用有限维度的特征表示，对人脸图像进行更有效的表示。二值编码过程可以抽象为将实数值向量 $\boldsymbol{X}$ 映射为二值向量 $\boldsymbol{B}$ 的过程，即：$f:\boldsymbol{X}\rightarrow\boldsymbol{B}$。其数学表达式如下：

$$\boldsymbol{B}^j = \mathrm{sgn}((\boldsymbol{W}^j)^{\mathrm{T}}\boldsymbol{X}^j) \tag{2-20}$$

式中，$\boldsymbol{B}^j \in \mathcal{R}^{L\times NM}$ 为基于学习的二值特征，$\boldsymbol{W}^j \in \mathcal{R}^{d\times L}$ 则为对应的哈希函数，也可理解为投影矩阵。符号函数 sgn(·)的数学表达形式如下：

$$\mathrm{sgn}(x) = \begin{cases} 1 & \text{if } x \geqslant 0 \\ -1 & \text{if } x < 0 \end{cases} \tag{2-21}$$

3. 聚类和池化

聚类和池化过程是提升基于二值特征人脸识别框架的数据适应能力(data-adaptive)的关键一步。在训练阶段，将二值特征聚类为一系列主要模式(dominant patterns)；而在测试阶段，利用上述的主要模式对二值特征进行重建，并将其统计信息作为输出特征。

(1)二值特征的聚类

由于每张人脸图像中都可以提取得到 M 个 PDVs，而每个像素差值又可以映射为一个二值特征。因此，一幅人脸图像通过二值编码方式可以得到 M 个长度为 L 的二值特征。如果简单地将这 M 个二值特征进行拼接，不仅会使得一幅人脸图像的输出维度极大，而且输出特征中还存在着大量的冗余信息。为了解决这一问题，研究人员利用无监督聚类算法对二值特征进行聚类，得到一系列基于实数值的聚类中心。聚类中心描述了二值特征中占主导地位的信息的分布情况，可以将其理解为二值特征的主要模式。利用这些主要模式对二值特征进行重新表达，不仅可以滤除了二值特征中的冗余信息，同时还减少了输出特征的维度。利用聚类算法对所有训练样本的二值向量 $\boldsymbol{B}^j = [\boldsymbol{b}_1^j, \boldsymbol{b}_2^j, \cdots, \boldsymbol{b}_{NM}^j]$ 学习一个二值聚类字典(即一系列的二值聚类中心)$\boldsymbol{D}^j \in \mathcal{R}^{d\times K}$，其中 K 表示聚类中心的个数。因此，二值特征的表示问题则转化为二值特征与哪一个或哪些主要模式最为相似的问题。本节采用了相对简单的 K-Means 算法作为聚类算法。

(2) 二值特征的池化

在获得测试图像的二值特征后，如何对其进行表示，也是基于二值特征人脸识别框架中的重要问题。二值特征学习框架是对训练集的二值特征进行聚类，并将其应用于测试图像二值特征的池化过程中，从而使得池化得到的基于直方图的特征更加具有数据适应性(data-adaptive)。假设某张测试图像第 j 个区域的二值特征向量表示为 $\boldsymbol{B}^j = [\boldsymbol{b}_1^j, \boldsymbol{b}_2^j, \cdots, \boldsymbol{b}_M^j] \in \mathcal{R}^{L\times M}$，聚类阶段得到的二值聚类字典 $\boldsymbol{D}^j$ 均已知。则具体池化过程如下：首先，计算 $\boldsymbol{B}^j$ 与 $\boldsymbol{D}^j$ 的平方和距离，然后为每个 PDV 选择一个与其最近的聚类中心，最后利用直方图统计得到聚类中心出现的次数，并将直方图作为该图像区域的输出特征 $\boldsymbol{Y}^j \in \mathcal{R}^{L\times 1}$。本部分以图像区域为基本单元进行运算，每个图像区域均输出一个直方图特征作为该区域的输出特征。最后，将每个人脸区域的直方图特征进行拼接，将拼接后的长向量作为最终输出。

2.3.2 基于迭代量化的二值编码人脸识别算法

本节介绍基于迭代量化的二值编码(Iterative Quantization Binary Codes, IQBC)人脸识别算法，旨在提升现有二值特征人脸识别算法在非约束环境下的描述能力。二值特征只能采用−1 或 1 两个元素对特征进行表示，相比同等输出维度的实数值特征，二值特征虽然具有较为优秀的鲁棒性，但其携带信息的能力(即特征的描述能力)要远弱于基于实数值的特征。

为了在保证二值特征鲁棒性的基础上，提升二值特征的描述能力，IQBC 算法创新性地从量化误差、特征表达和正交约束三个角度对目标函数进行考虑，提升二值特征的描述能力。在量化误差项中，IQBC 算法通过结合多类谱聚类（multi-class spectral clustering）和正交普氏分析（orthogonal Procrustes problem）现有理论，学习得到一种优化的投影方式，将去均值后的数据旋转至线性可分的二值表示空间，保证了实数值特征与二值特征之间的量化误差最小。在特征表达项中，IQBC 算法要求在每个比特上都具有最大的方差，从而提升了特征携带信息的能力，即算法的描述能力。在约束项中，IQBC 算法要求在二值特征的每个比特之间应该相互独立。正交约束使得特征在相同维度的情况下，能够携带更多的信息。

IQBC 人脸识别算法的算法流程如图 2-13 所示。首先，提取基于实数值的像素差值向量；然后利用基于迭代量化的二值编码算法将像素差值向量量化为二值特征；最后，利用聚类和池化的方法，对二值特征进行基于词典模型形式的表达。本节仅介绍 IQBC 算法的核心部分——基于迭代量化的二值编码过程。

1. 目标函数的建立

从特征表达项、量化误差项和约束项这三个方面进行考虑，建立 IQBC 算法的目标函数，在保证量化误差最小的情况下，学习 L 个哈希函数（投影矩阵），从而提升现有二值特征学习算法的描述能力，使得输出特征能够携带尽可能多的原始人脸图像信息。其中，每个哈希函数都将像素差值向量 $\boldsymbol{x}_i$ 根据公式（2-21）投影为二值特征 $\boldsymbol{b}_i=[b_{i,1},b_{i,2},\cdots,b_{i,L},]\in\{-1,1\}$。另外，为了使学习得到的二值编码能够更有效地描述原始数据的变化情况，对 PDVs 进行去均值的操作，即 $\sum_{i=1}^{NM}\boldsymbol{x}_i=0$。

接下来，对三个优化项的数学形式和物理含义进行详细介绍。

（1）约束项：当比特之间相互独立（即正交）时，即 $\boldsymbol{B}^{\mathrm{T}}\boldsymbol{B}=n\boldsymbol{I}$，二值特征能够携带最多的信息，从而拥有最优秀的描述能力。但由于符号函数 sgn(·)的存在，使得针对二值特征的正交约束难以求解。因此，针对二值特征的正交约束则可以转化为针对投影矩阵的约束，即 $\boldsymbol{W}^{\mathrm{T}}\boldsymbol{W}=\boldsymbol{I}$。

（2）特征表达项：为了让学习得到的特征在一定长度下能够携带最多的信息，从而提升其描述能力，IQBC 算法还要求每个比特的方差最大化，即

$$\max\sum_l\sum_i \mathrm{var}(\mathrm{sgn}(\boldsymbol{x}_i\boldsymbol{w}_l)),\ \mathrm{s.t.}\ \boldsymbol{W}^{\mathrm{T}}\boldsymbol{W}=\boldsymbol{I} \tag{2-22}$$

上述的目标函数（2-22）与 PCA 算法的目标函数一致。因此，使长度为 L 的二值特征中每个比特方差最大的目标，等价于从 PDVs 的协方差矩阵中提取前 L 个最大特征值对应的特征向量。当算法提取得到像素差值向量 $\boldsymbol{X}$ 后，首先对其进行 PCA 运算，得到由特征向量组成的投影矩阵 $\boldsymbol{W}=[\boldsymbol{w}_1,\boldsymbol{w}_2,\cdots,\boldsymbol{w}_L]$。

（3）量化误差项：假设 $\boldsymbol{W}\in\mathcal{R}^{d\times L}$ 为 PCA 算法的投影矩阵，其中每一列表示一个特征向量。则 $\boldsymbol{V}=\boldsymbol{X}\boldsymbol{W}\in\mathcal{R}^{NM\times L}$ 表示经过 PCA 投影后的数据矩阵。直接投影后的特征矩阵 $\boldsymbol{V}$ 并不具有很强的判别能力，如果直接对 $\boldsymbol{V}$ 进行硬二值化运算，会使得同一个人的实数值特征编码为不同的二值向量，如图 2-15(a)所示。因此，需要对 $\boldsymbol{V}$ 进行空间旋转，使得同一个人的二值特征位于相同的象限，如图 2-15(c)所示。由于矩阵 $\boldsymbol{W}$ 为公式（2-22）的最优解，所以任何同维度的正交矩阵 $\boldsymbol{R}\in\mathcal{R}^{L\times L}$ 也都是公式（2-22）的最优解。因此，经过旋转后的量化误差

则可表示为$\| \boldsymbol{B}-\boldsymbol{XWR} \|_F^2$。IQBC 算法的目标函数如下：

$$\min_{\boldsymbol{B},\boldsymbol{R}} \| \boldsymbol{B}-\boldsymbol{XWR} \|_F^2 = \| \boldsymbol{B}-\boldsymbol{VR} \|_F^2, \text{s. t. } \boldsymbol{W}^{\mathrm{T}}\boldsymbol{W}=\boldsymbol{I} \tag{2-23}$$

式中，$\boldsymbol{W}$ 为 PCA 的投影矩阵，而 $\boldsymbol{R}$ 为二值量化的旋转投影矩阵。综上所述，IQBC 算法中共有三个优化项——量化误差项、特征表示项和约束项。其中，量化误差项减少了从实数值特征到二值特征的信息损失。特征表示使得 IQBC 特征在每位比特上都能携带最多的信息量，从而提升了算法的描述能力。而约束项采用的是正交约束，该约束使得 IQBC 特征在相同维度的情况下，能够携带更多的信息，同样提升了算法的描述能力。

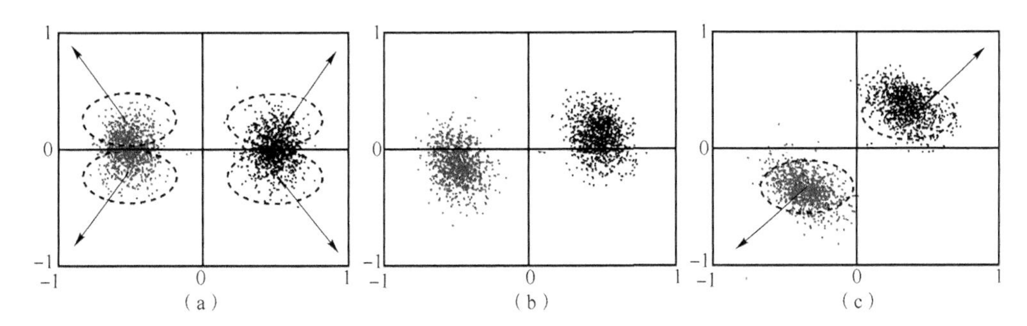

图 2-15　硬二值化过程就是将每个像素点量化为与其距离最近的顶点，即(±1，±1)

图(a)中 x 轴和 y 轴对应着原始数据的 PCA 投影方向。未经过旋转的数据会将同一个人分配到不同的顶点，即不同的二值编码上去；(b)一次随机旋转则会使错误分配的误差降低；(c)通过迭代量化学习到的最优化的旋转则会使得投影后的聚类结构与原始数据的标签近乎一致，并使得分配误差降到最低

2. 目标函数的优化

IQBC 的目标函数(即公式(2-23))在 $\boldsymbol{B}$ 和 $\boldsymbol{R}$ 同时变化时是非凸的，只有当 $\boldsymbol{B}$ 和 $\boldsymbol{R}$ 其中一个变量固定时，该目标函数才是凸的。因此，利用迭代优化的思想，在固定其中一个变量的同时更新另一个变量。

固定 $\boldsymbol{R}$ 更新 $\boldsymbol{B}$：当 $\boldsymbol{R}$ 固定时，公式(2-23)可以展开成如下形式：

$$J(\boldsymbol{B}) = \| \boldsymbol{B} \|_F^2 + \| \boldsymbol{V} \|_F^2 - 2\mathrm{tr}(\boldsymbol{BR}^{\mathrm{T}}\boldsymbol{V}^{\mathrm{T}}) \approx nmL + \| \boldsymbol{V} \|_F^2 - 2\mathrm{tr}(\boldsymbol{BR}^{\mathrm{T}}\boldsymbol{V}^{\mathrm{T}}) \tag{2-24}$$

式中，$\| \boldsymbol{B} \|_F^2$ 由于投影矩阵正交约束的存在，约等于常数。由于 $\boldsymbol{V}$ 是已知，且 $\boldsymbol{R}$ 是固定的。因此，最小化 $J(\boldsymbol{B})$ 就等价于最大化 $\mathrm{tr}(\boldsymbol{BR}^{\mathrm{T}}\boldsymbol{V}^{\mathrm{T}})$。对 $\mathrm{tr}(\boldsymbol{BR}^{\mathrm{T}}\boldsymbol{V}^{\mathrm{T}})$ 进行展开，可以得到：

$$\mathrm{tr}(\boldsymbol{BR}^{\mathrm{T}}\boldsymbol{V}^{\mathrm{T}}) = \sum_{i=1}^{NM} \sum_{j=1}^{L} \boldsymbol{B}_{ij}\boldsymbol{U}_{ij} \tag{2-25}$$

式中，$\boldsymbol{U}_{ij}$ 表示旋转后的矩阵 $\boldsymbol{U}=\boldsymbol{VR}$ 中的对应元素。显然地，当 $\boldsymbol{U}_{ij}$ 和 $\boldsymbol{B}_{ij}$ 具有相同符号时，$\mathrm{tr}(\boldsymbol{BR}^{\mathrm{T}}\boldsymbol{V}^{\mathrm{T}})$ 可获得最大值。因此，当 $\boldsymbol{R}$ 固定时，$\boldsymbol{B}$ 的解可以表示为

$$\boldsymbol{B} = \mathrm{sgn}(\boldsymbol{VR}) \tag{2-26}$$

固定 $\boldsymbol{B}$ 更新 $\boldsymbol{R}$：当 $\boldsymbol{B}$ 固定时，公式(2-23)即退化为最小二乘问题(least-squares problem)，当 $\boldsymbol{R}$ 又有正交约束时，最小二乘问题则进一步特殊化为正交普氏问题(Orthogonal Procrustes Problem)。首先对矩阵 $\boldsymbol{B}^{\mathrm{T}}\boldsymbol{V}$ 进行 SVD 分解得到：

$$\boldsymbol{B}^{\mathrm{T}}\boldsymbol{V} = \boldsymbol{U}_L \sum \boldsymbol{U}_R^{\mathrm{T}} \tag{2-27}$$

式中，$\sum = \mathrm{diag}(\sigma_1, \sigma_2, \cdots, \sigma_r)$ 表示矩阵 $\boldsymbol{B}^{\mathrm{T}}\boldsymbol{V}$ 的奇异值(singular values)，而 $\boldsymbol{U}_L$ 和 $\boldsymbol{U}_R$ 分别表示左奇异向量和右奇异向量。因此，当 $\boldsymbol{B}$ 固定时，$\boldsymbol{R}$ 的解可以表示为

$$\boldsymbol{R} = \boldsymbol{U}_R\boldsymbol{U}_L^{\mathrm{T}} \tag{2-28}$$

本文提出的基于迭代量化的二值特征人脸识别算法的流程如表 2-2 所示。

表 2-2 基于迭代量化的二值编码人脸识别算法流程

算法 2:基于迭代量化的二值编码人脸识别算法
输入:训练图像集 $\boldsymbol{A}=[\boldsymbol{A}_1,\boldsymbol{A}_2,\cdots,\boldsymbol{A}_N]$,算法迭代次数 T,二值特征长度 L 和 PDV 采样半径 R;
输出:二值特征 $\boldsymbol{B}$;
1. **步骤 1**(提取 PDVs):从训练样本集合 $\boldsymbol{A}$ 中提取采样半径为 R 的 PDVs,从而获得 $\boldsymbol{X}=[\boldsymbol{x}_1,\boldsymbol{x}_2,\cdots,\boldsymbol{x}_{NM}]$;
2. **步骤 2** (PCA 降维):
3. **2.1** 从 PDVs 集合 $\boldsymbol{X}$ 中减去均值 $\bar{\boldsymbol{X}}$;
4. **2.2** 在 $\boldsymbol{X}$ 上运行 PCA 算法,获得投影矩阵 $\boldsymbol{W}\in\mathcal{R}^{d\times L}$;
5. **步骤 3** (迭代量化过程):
6. **3.1 初始化**:随机初始化旋转矩阵 $\boldsymbol{R}^{(0)}\in\mathcal{R}^{L\times L}$、利用全 1 矩阵初始化二值特征 $\boldsymbol{B}^{(0)}$;
7. **3.2 优化**:
8. **For** t **do**:
9. **固定 $\boldsymbol{R}$ 并更新 $\boldsymbol{B}$**:利用公式(2-26)计算 $\boldsymbol{B}^{(t)}$;
10. **固定 $\boldsymbol{B}$ 并更新 $\boldsymbol{R}$**:利用公式(2-28)计算 $\boldsymbol{R}^{(t)}$;
11. **end**
12. 输出:旋转矩阵 $\boldsymbol{R}^{(\mathrm{T})}$ 和二值特征 $\boldsymbol{B}^{(\mathrm{T})}$;

2.3.3 基于球哈希的二值编码人脸识别算法

本节介绍基于球哈希的二值编码(Spherical Hashing based Binary Codes, SHBC)人脸识别算法,提升了现有二值特征人脸识别算法在非约束环境下的判别(辨别)能力。现有基于二值特征学习的人脸识别算法均是对人脸图像进行重新表达,并未在模型训练的过程中引入任何身份信息。因此,现有二值特征人脸识别算法的判别能力较弱,难以应对非约束环境下的单一类内因素极端变化问题。本节算法主要从以下两个方面进行思考。

一方面,首先对像素差值向量 $\boldsymbol{X}$ 进行基于无监督的 PCA 降维或基于有监督的 CCA 降维,增加了 SHBC 特征的判别能力。虽然 PCA 算法达到了数据压缩和降维的目的,但 PCA 算法属于非监督的降维算法,在模型训练过程中 PCA 算法并未引入标签信息,从而导致 SHBC 算法缺乏语义层面的表示。为了提升 SHBC 算法的描述能力,本节使用了带有监督信息的 CCA 降维算法,得到监督版本的 SHBC 算法,记为 S-SHBC (Supervised SHBC)。CCA 算法不仅能从原始数据和标签数据中提取公共隐空间(common latent space)用来进行特征表示,还对输入数据的噪声鲁棒。假设 $\boldsymbol{X}^j=[\boldsymbol{x}_1^j,\boldsymbol{x}_2^j,\cdots,\boldsymbol{x}_{NM}^j]$,且 $\boldsymbol{Y}^j=[\boldsymbol{y}_1^j,\boldsymbol{y}_2^j,\cdots,\boldsymbol{y}_{NM}^j]\in\mathcal{R}^{t\times NM}$是与 $\boldsymbol{X}^j$ 对应的标签矩阵。其中,每一列向量 $\boldsymbol{y}^j$ 表示第 i 个 PDV 的类别,$\boldsymbol{y}^j$ 中对应标签位置的元素为 1,其他位置的元素均为 0。而 t 为标签的类别数。CCA 算法可以为原始的 PDV 数据学习一系列投影矩阵 $\boldsymbol{w}_l$,并为标签数据学习一系列投影矩阵 $\boldsymbol{v}_l$,使得经过投影后的数据 $\boldsymbol{X}\boldsymbol{w}_l$ 和 $\boldsymbol{Y}\boldsymbol{v}_l$ 之间的相关性最大,即

$$\max_{\boldsymbol{w}_l,\boldsymbol{v}_l}\boldsymbol{w}_l^{\mathrm{T}}\boldsymbol{X}^{\mathrm{T}}\boldsymbol{Y}\boldsymbol{v}_l,\ \mathrm{s.\,t.}\ \boldsymbol{w}_l^{\mathrm{T}}\boldsymbol{X}^{\mathrm{T}}\boldsymbol{X}\boldsymbol{w}_l=1,\boldsymbol{v}_l^{\mathrm{T}}\boldsymbol{Y}^{\mathrm{T}}\boldsymbol{Y}\boldsymbol{v}_l=1 \tag{2-29}$$

因为 S-SHBC 算法只关注于针对 PDVs 的投影过程，只需求解公式(2-29)中的数据投影矩阵 $\boldsymbol{W}$。公式(2-29)可以将其转换为广义特征值问题(generalized eigenvalue problem)：

$$\boldsymbol{X}^{\mathrm{T}}\boldsymbol{Y}(\boldsymbol{Y}^{\mathrm{T}}\boldsymbol{Y}+\varepsilon\boldsymbol{I})^{-1}\boldsymbol{Y}\boldsymbol{X}^{\mathrm{T}}\boldsymbol{w}_l=\lambda^2(\boldsymbol{X}^{\mathrm{T}}\boldsymbol{X}+\varepsilon)\boldsymbol{w}_l \tag{2-30}$$

式中，ε 为正则化常数用于避免数值计算问题。设为 $\varepsilon=0.0001$。特征向量 $\boldsymbol{w}_l$ 可以广义特征值被求解得到。与 PCA 算法一样，数据投影矩阵 $\boldsymbol{W}$ 和标签投影矩阵 $\boldsymbol{V}$ 同样都是正交的，从而能够保证二值特征中每个比特的方差最大化。

另一方面，利用超球体来定义二值编码而不是利用基于超平面的公式(2-20)来定义。相比于超平面，超球体能够定义更多且更紧致的闭合区域。如果想在 d 维特征空间中定义一个闭合区域，则需要 $d+1$ 个超平面。且超球体定义的闭合区域拥有更小的面积，即位于相同区域的数据点之间具有较小的距离。图 2-16 展示了基于超平面和超球体的具有相同二值编码的数据点之间的平均欧氏距离。如图 2-16 所示，在基于超球体的二值编码算法中，相同二值编码的数据点之间平均欧式距离更小。对于人脸识别任务而言，平均欧氏距离越小，算法越有可能为两个同类图像分配相同的二值编码，即算法具有更强的判别能力。基于 CCA 投影和基于超球体定义二值编码的方式，都使得在特征空间中同一个超球体(即相同的二值编码)中包含了更多的同类数据点，从而提升二值特征的判别能力。

基于球哈希的二值编码人脸识别算法的基本流程如图 2-13 所示。首先，提取基于实数值的像素差值向量；然后利用基于球哈希的二值编码算法将像素差值向量量化为二值特征；最后，利用聚类和池化的方法，对二值特征进行基于词典模型形式的表达。本节仅介绍 IQBC 算法的核心部分——基于球哈希的二值编码过程。

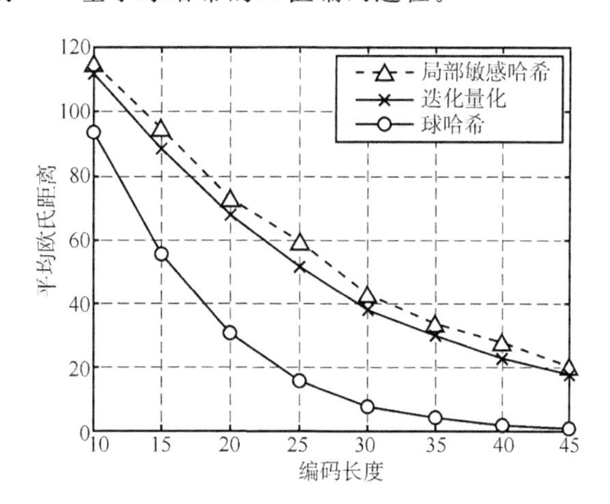

图 2-16　超平面(Locality Sensitive Hashing 和 Iterative Quantization)和超球体(Spherical Hashing)二值编码算法在具有相同二值编码的数据点之间的平均欧氏距离

1. 目标函数的建立

从特征表达项、量化误差项和约束项这三个方面进行思考，建立 SHBC 算法的目标函数。在保证量化误差最小的情况下，学习 L 个基于超球体的二值映射方式，从而提升现有二值特征学习算法判别能力，并使其输出的特征中能够具有更多的类别信息和区分能力。SHBC 二值编码过程的输入为经过基于无监督的 PCA 降维或有监督的 CCA 降维后的长度

为 d 的特征向量 $\boldsymbol{X}$，经过 d 个 SHBC 哈希函数的量化，将每个 $\boldsymbol{x}_i$ 投影为二值特征 $\boldsymbol{b}_i=[b_{i,1},b_{i,2},\cdots,b_{i,L}]\in\{-1,1\}$。不同于诸如 IQBC 算法这种基于超平面的二值特征学习算法利用公式(2-20)确定二值编码，SHBC 算法中每一个二值编码均由超球体半径 r_i 和超球体的球心 p_i 决定，即

$$\boldsymbol{b}_i(\boldsymbol{x}^j)=\begin{cases}1 & \text{if} \quad d(p_i,x^j)<r_i \\ -1 & \text{if} \quad d(p_i,x^j)\geqslant r_i\end{cases} \tag{2-31}$$

式中，$d(p_i,\boldsymbol{x}^j)$ 表示球心 p_i 和数据 $\boldsymbol{x}^j$ 之间的欧氏距离。当数据 $\boldsymbol{x}^j$ 与球心 p_i 的距离小于超球体半径 r_i 时，数据 $\boldsymbol{x}^j$ 自然位于超球体内部，其二值编码为 1，否则为 -1。

量化误差项：量化误差项的大小描述的是二值特征与原始 PDVs 之间的信息损失情况。如图 2-16 所述，超球体这种特殊的二值编码方式使得原始空间中距离接近的数据点，其二值特征在特征空间中的距离也是接近的。因此，基于超球体学习得到的二值特征能够最大限度的保留了原始 PDVs 的统计分布特性和数据结构信息。因此，SHBC 算法隐含地带有最小化量化误差的属性，故在 SHBC 的目标函数中并无显式的量化误差项。

特征表达项：对于一个二值特征向量而言，如果所有比特位中 -1 元素个数和 1 元素个数相等，会使得输出的二值特征在相同维度的情况下，具有最多种的编码组合。从而能够为不同类别的 PDVs 分别提供了其专属的二值编码，即提升了算法的判别能力。因此，为了让学习得到的 SHBC 二值特征具有更强的判别能力，要求每一个 SHBC 二值特征中所有比特位中 -1 元素个数和 1 元素个数应大致相等。因此，SHBC 算法的特征表达项的数学表达式如下：

$$\Pr[b_i(\boldsymbol{x}^j)=-1]=\Pr[b_i(\boldsymbol{x}^j)=+1]=\frac{1}{2},\boldsymbol{x}^j\in\boldsymbol{X}^j,1\leqslant i\leqslant L \tag{2-32}$$

约束项：对于一个二值特征向量而言，描述能力强是判别能力强的必要条件。如果一个二值特征向量无法对人脸图像中的关键信息进行有效的表达，该特征的判别能力更是无从谈起。当比特之间相互正交（独立）时，在相同长度的特征表示下，二值特征能够携带最多的信息。因此，对二值特征施加正交约束，从而保证了 SHBC 算法的二值特征在具有较强的判别能力的同时，还具有一定的描述能力。假设概率事件 $\boldsymbol{V}_i$ 表示第 i 比特位 $b_i=+1$，而概率事件 $\boldsymbol{V}_j$ 则表示第 j 比特位 $b_j=+1$。而概率事件 $\boldsymbol{V}_i$ 与概率事件 $\boldsymbol{V}_j$ 相互独立即等价于第 i 比特位与第 j 比特位相互独立，即 $\Pr(\boldsymbol{V}_i\cap\boldsymbol{V}_j)=\Pr(\boldsymbol{V}_i)\cdot\Pr(\boldsymbol{V}_j)$。因此，正交约束的数学表达式如下：

$$\Pr[b_i(\boldsymbol{x}^j)=+1,b_j(\boldsymbol{x}^j)=+1]=\Pr[b_i(\boldsymbol{x}^j)=+1]\cdot\Pr[b_j(\boldsymbol{x}^j)=+1]=\frac{1}{4} \tag{2-33}$$

综上所述，SHBC 算法中共有三个优化项——量化误差项、特征表示项和约束项。由于 SHBC 算法的量化误差项采用隐含的形式进行表达，只需要考虑其他两个优化项即可，即联立等式(2-32)和等式(2-33)，获得 SHBC 算法的目标函数。

2. 目标函数的优化

SHBC 算法的目标函数（即等式(2-33)）中有两个变量需要优化，即球心 p_i 和超球体半径 r_i。首先，SHBC 算法对超球体球心 p_i 进行初始化。对于第 i 个超球体的球心 p_i 而言，从训练样本中不重复地随机挑选 g 个样本，将这些不重复样本的中位数(median)作为超球

体的球心：

$$p_i^{(0)}=\frac{1}{g}\sum_{j=1}^{g}q_j,1\leqslant i\leqslant L \tag{2-34}$$

使用两个中间变量 c_i 和 $c_{i,j}$，用于衡量目标函数的优化情况：

$$c_i=|\{s_g|b_i(s_g)=+1,1\leqslant g\leqslant N\}| \tag{2-35}$$

$$c_{i,j}=|\{s_g|b_i(s_g)=+1,b_j(s_g)=+1,1\leqslant g\leqslant N\}| \tag{2-36}$$

式中，$|*|$表示给定集合的势(cardinality)。c_i 为在训练集 $\boldsymbol{X}$ 中有多少样本的第 i 位比特为 $+1$；$c_{i,j}$ 为在训练集 $\boldsymbol{X}$ 中有多少样本的第 i 位比特和第 j 位比特同时为 $+1$。c_i 用于衡量公式(2-32)的情况，$c_{i,j}$ 则用于衡量公式(2-33)的情况。如上所述，PDVs 的训练样本集中 $\boldsymbol{X}$ 中有 NM 个样本。因此，SHBC 算法的目标函数则可以转化为如下形式：

$$c_i=\Pr(h_i(\boldsymbol{x})=+1)\cdot NM=NM/2 \tag{2-37}$$

$$c_{i,j}=\Pr(h_i(\boldsymbol{x})=+1,h_j(x)=+1)\cdot NM=NM/4 \tag{2-38}$$

接下来，利用迭代优化的思想对球心 p_i 和超球体半径 r_i 进行优化。

固定半径 r_i 更新球心 p_i：在第 t 轮迭代中，当半径 $r_i^{(t)}$ 固定时，调整第 i 个超球体和第 j 个超球体的球心 $p_i^{(t)}$ 和 $p_j^{(t)}$，使得 $c_{i,j}$尽可能接近 $NM/4$。对于第 i 个超球体和第 j 个超球体的球心 $p_i^{(t)}$ 和 $p_j^{(t)}$，当中间变量 $c_{i,j}$大于 $NM/4$ 时，意味着两个超球体距离过近，导致过多的样本位于两个超球体的重合部分。反之，意味着两个超球体距离过远，导致过少的样本位于两个超球体的重合部分。因此，当中间变量 $c_{i,j}$大于 $NM/4$ 时，SHBC 算法需要对两个超球体施加一个“排斥作用力”，使得它们相互远离；当中间变量 $c_{i,j}$小于 $NM/4$ 时，SHBC 算法需要对两个超球体施加一个“吸引作用力”，使得它们相互靠近。而这个(排斥或吸引)作用力的大小可以表示为

$$f_{j\to i}=\frac{1}{2}\frac{c_{i,j}-NM/4}{NM/4}(p_i^{(t)}-p_j^{(t)}) \tag{2-39}$$

对于第 i 个超球体而言，其他超球体对其的合力则可以表示为

$$f_i=\frac{1}{L-1}\sum_{j=1}^{L-1}f_{j\to i} \tag{2-40}$$

因此，第 i 个超球体的球心可以更新为

$$p_i^{(t+1)}\leftarrow p_i^{(t)}+f_i \tag{2-41}$$

固定球心 p_i 更新半径 r_i：在第 t 轮迭代中，当球心 $p_i^{(t)}$ 固定时，调整第 i 个超球体的半径 $r_i^{(t)}$，使得 c_i 尽可能接近 $NM/2$。当球心 $p_i^{(t)}$ 已知时，PDVs 训练样本集 $\boldsymbol{X}$ 中的所有样本与球心 $p_i^{(t)}$ 的距离即可得到。再将 $\boldsymbol{X}$ 按照距离升序排列，得到排序后的训练样本集 $\boldsymbol{Y}=[y_1,y_2,\cdots,y_{NM}]$。为了使 c_i 尽可能接近 $NM/2$，一个很自然的想法即为：设置半径 $r_i=d(p_i^{(t)},y_{NM/2})$，其中 $d(*,*)$表示两个向量之间的欧氏距离。但是当数据点 $y_{NM/2}$位于一个稠密的区域时，简单地选择中位数 $NM/2$ 作为半径 $r_i=d(p_i^{(t)},y_{NM/2})$，并不能获得很好的效果。因此，将最大边缘(max-margin)的思想引入目标函数(2-33)中，在中位数附近选择一系列候选样本，并从候选样本中选择最优的数据点，使得超球体表面与内外数据点之间的距离最大。在中位数附近选择一系列候选样本组成候选集 J，即

$$J=\left\{j\,|\left(\frac{1}{2}-\alpha\right)NM\leqslant j\leqslant\left(\frac{1}{2}+\alpha\right)NM,j\in Z^+\right\} \tag{2-42}$$

式中，α 表示最大边缘的松弛程度。通过交叉验证，确定松弛系数 $\alpha=0.05$。在候选集 J 中的最优分割点 $\hat{j}$ 应该使得训练样本与分割边缘最大化，即

$$\hat{j}=\underset{j\in J}{\operatorname{argmax}}[d(p_i^{(t)},y_{j+1})-d(p_i^{(t)},y_j)] \tag{2-43}$$

因此，第 i 个超球体半径为

$$r_i^{(t)}=\frac{1}{2}[d(p_i^{(t)},y_{j+1})-d(p_i^{(t)},y_j)] \tag{2-44}$$

当中间变量 $c_{i,j}$ 的均值为 $NM/4$ 且方差为 0 时，算法达到完全收敛。但是，完全收敛不仅对 SHBC 算法的性能提升十分有限，甚至还会损害 SHBC 算法的性能。过度的优化导致了 SHBC 算法需要完全适应训练样本，从而失去了泛化能力，即产生了过拟合问题。另外，过度的优化还增大了运算成本。因此，需为中间变量 $c_{i,j}$ 的均值和方差分别设置两个错误容忍度(error tolerances)$\delta_m\%$和 $\delta_s\%$。当 $\text{mean}\left(c_{i,j}-\frac{NM}{4}\right)\leqslant\delta_m\frac{NM}{4}$和 $\text{std}(c_{i,j})\leqslant\delta_s\frac{NM}{4}$时，即认为算法完成收敛。

2.3.4 基于稀疏投影矩阵的二值描述子人脸识别算法

本节介绍了基于稀疏投影矩阵二值描述子(Sparse Projection Matrix Binary Descriptors，SPMBD)的人脸识别算法，解决了高维二值特征人脸识别算法在面对小规模训练集时存在的过拟合问题。高维特征表示能够携带更多的信息，有助于提升特征的描述能力。但基于高维输出二值特征的人脸识别算法在面对小规模训练集时，即当模型复杂度远大于数据库规模时，会导致严重的过拟合问题。当过拟合问题出现时，增加二值特征输出维度的做法不仅无法提升二值特征的描述能力，反而还使得二值特征失去了鲁棒性，且高维的特征会导致算法的时间空间复杂度高，运算时间长。

SPMBD 算法在最大程度上保留二值特征描述能力和判别能力的基础上，通过限制投影矩阵中非零元素的个数，约束特征解空间，从而减小模型的复杂度。基于稀疏投影矩阵的二值描述子人脸识别算法的基本流程如图 2-13 所示。首先，提取基于实数值的像素差值向量；然后利用基于稀疏投影矩阵二值描述子算法将像素差值向量量化为二值特征；最后，利用聚类和池化的方法，对二值特征进行基于词典模型形式的表达。本节介绍 SPMBD 算法的核心部分——基于稀疏投影矩阵二值描述子。

1. 目标函数的建立

从特征表达项、量化误差项和约束项这三个方面进行考虑，建立 SPMBD 算法的目标函数，在最大程度上保留二值特征描述能力和判别能力的基础上，学习 L 个哈希函数，每个哈希函数都将像素差值向量 $\boldsymbol{x}_i$ 根据公式(2-20)投影为二值特征 $b_i=[b_{i,1},b_{i,2},\cdots,b_{i,L},]\in\{-1,1\}$。SPMBD 算法为了进一步提升二值特征的描述能力，增加输出二值特征的维度，使得二值特征的维度大于 PDVs 的维度，即 $L>d$。

接下来，对三个优化项的数学形式和物理含义进行详细描述。

量化误差项：要求原始的 PDVs 与学习得到的高维二值特征之间的量化误差尽可能小，从而使得二值编码过程中的信息损失尽可能少。即

$$\min_{\boldsymbol{B},\boldsymbol{R}}\|\boldsymbol{WX}-\boldsymbol{B}\|_F^2 \tag{2-45}$$

约束项：将 l_0-范数稀疏约束引入目标函数中作为约束项。约束项的引入使得学习得到

的投影矩阵是适度稀疏的，达到了约束目标函数解空间的范围，从而使得模型复杂度与训练样本的数据规模接近。基于 l_0-范数的稀疏约束是一个典型的 NP-hard 问题，难以优化。但是，l_0-范数可以直观地控制投影矩阵的稀疏程度，即矩阵中非零元素的个数。因此，在 SPMBD 算法中，使用 l_0-范数作为算法的约束项，即 $|\boldsymbol{W}|_0 \leqslant m$，其中 m 表示投影矩阵中非 0 元素。

特征表达项：要求 SPMBD 算法输出的二值特征中每个比特之间是相互独立，从而使得 SPMBD 算法在解决面对小规模数据库过拟合问题的同时，还能够具有较为优秀的描述能力。由于符号函数 sgn(·)的存在，使得上述约束难以求解。采用幅值松弛策略，将二值特征的正交约束转化为投影矩阵的约束，即 $\boldsymbol{W}^{\mathrm{T}}\boldsymbol{W}=I$。

综上所述，SPMBD 算法的目标函数如下：

$$\min_{\boldsymbol{B},\boldsymbol{W}} \| \boldsymbol{W}\boldsymbol{X}-\boldsymbol{B} \|_F^2, \text{s. t. } \boldsymbol{W}^{\mathrm{T}}\boldsymbol{W}=\boldsymbol{I}, |\boldsymbol{W}|_0 \leqslant m \tag{2-46}$$

2. 目标函数的优化

本节重点描述如何利用变量分割和惩罚优化策略（variable-splitting and penalty techniques）对 SPMBD 算法的目标函数进行求解。

SPMBD 算法的目标函数(2-46)是一个 m-稀疏问题(m-sparsity problem)。由于二值约束和 l_0-范数的存在，使得公式(2-46)难以求解。为了保证学习得到的投影矩阵同时保留正交和稀疏性质，借鉴变量分割和惩罚技术，将投影矩阵 $\boldsymbol{W}$ 分割为两个与 $\boldsymbol{W}$ 相同维度的矩阵 $\boldsymbol{W}_1$ 和 $\boldsymbol{W}_2$。其中，将投影矩阵 $\boldsymbol{W}$ 中的稀疏约束施加于 $\boldsymbol{W}_1$ 中，而将 $\boldsymbol{W}$ 中的正交约束施加于 $\boldsymbol{W}_2$ 中。为了减小计算代价，使用具有稀疏性质的投影矩阵 $\boldsymbol{W}_1$ 作为最终的投影矩阵，即 $\boldsymbol{B}=\mathrm{sgn}(\boldsymbol{W}_1\boldsymbol{X})$。通过将 $\boldsymbol{W}$ 分割为 $\boldsymbol{W}_1$ 和 $\boldsymbol{W}_2$，原有的目标函数(2-46)则可以转化为两个子问题。为了减小变量分割产生的误差，添加了变量分割误差惩罚项，从而减小 $\boldsymbol{W}_1\boldsymbol{X}$ 和 $\boldsymbol{W}_2\boldsymbol{X}$ 的差异，即 $\| \boldsymbol{W}_2\boldsymbol{X}-\boldsymbol{W}_1\boldsymbol{X} \|_F^2$。因此，目标函数(2-46)可以重写为

$$\min_{\boldsymbol{B},\boldsymbol{W}_1,\boldsymbol{W}_2} \| \boldsymbol{W}_2\boldsymbol{X}-\boldsymbol{B} \|_F^2+\alpha \| \boldsymbol{W}_2\boldsymbol{X}-\boldsymbol{W}_1\boldsymbol{X} \|_F^2, \text{s. t. } \boldsymbol{W}_2^{\mathrm{T}}\boldsymbol{W}_2=\boldsymbol{I}, |\boldsymbol{W}_1|_0 \leqslant m \tag{2-47}$$

式中，α 为变量分割误差惩罚项的权重稀疏。当 α 趋近于正无穷时，公式(2-47)的解收敛于公式(2-46)的解。公式(2-47)中的第一项表示二值量化误差，而第二项则表示将 $\boldsymbol{W}$ 分割为 $\boldsymbol{W}_1$ 和 $\boldsymbol{W}_2$ 所对应的变量分割误差惩罚项。在公式(2-47)中，共有三个变量 $\boldsymbol{W}_1$，$\boldsymbol{W}_2$ 和 $\boldsymbol{B}$ 需要优化，同时优化这三个变量会使得公式变为非凸问题。因此，选择迭代优化的策略。

(1) 固定 $\boldsymbol{W}_2$ 和 $\boldsymbol{B}$，更新 $\boldsymbol{W}_1$

当 $\boldsymbol{W}_2$ 和 $\boldsymbol{B}$ 固定时，公式(2-47)可以展开成如下形式：

$$\min_{\boldsymbol{W}_1} \| \boldsymbol{C}_1-\boldsymbol{W}_1\boldsymbol{X} \|_F^2, \text{s. t. } |\boldsymbol{W}_1|_0 \leqslant m \tag{2-48}$$

式中，$\boldsymbol{C}_1=\boldsymbol{W}_2\boldsymbol{X}$ 为固定值。引入代理目标函数(surrogate objective function)来优化公式(2-48)：

$$\boldsymbol{C}(\boldsymbol{W}_1,\boldsymbol{S})=\| \boldsymbol{C}_1-\boldsymbol{W}_1\boldsymbol{X} \|_F^2+\| \boldsymbol{X} \|_F^2 \| \boldsymbol{W}_1-\boldsymbol{S} \|_F^2-\| \boldsymbol{W}_1\boldsymbol{X}-\boldsymbol{S}\boldsymbol{X} \|_F^2 \tag{2-49}$$

式中，$\boldsymbol{S}$ 是与矩阵 $\boldsymbol{W}_1$ 相同大小的矩阵。根据 Frobenius-范数的子乘法性质(sub-multiplicative property)，$\| \boldsymbol{X} \|_F^2 \| \boldsymbol{W}_1-\boldsymbol{S} \|_F^2-\| \boldsymbol{W}_1\boldsymbol{X}-\boldsymbol{S}\boldsymbol{X} \|_F^2 \geqslant 0$ 总是成立，即 $\boldsymbol{C}(\boldsymbol{W}_1,\boldsymbol{S})$ 的值不小于公式 (2-48)。因此，最小化公式(2-49)的解同样适用于最小化公式(2-48)。优化公式(2-49)可以通过迭代的方式，固定其中某个变量并优化另一个变量，直至变量收敛。

固定 $\boldsymbol{S}$，更新 $\boldsymbol{W}_1$：当 $\boldsymbol{S}$ 固定时，$\boldsymbol{C}(\boldsymbol{W}_1,\boldsymbol{S})$ 可以展开成如下形式：

$$C(\boldsymbol{W}_1)=\|\boldsymbol{X}\|_F^2\operatorname{tr}(\boldsymbol{W}_1^{\mathrm{T}}\boldsymbol{W}_1)-2\operatorname{tr}(\boldsymbol{Q}^{\mathrm{T}}\boldsymbol{W}_1)+\boldsymbol{H} \tag{2-50}$$

式中，$\boldsymbol{Q}=(\boldsymbol{C}_1\boldsymbol{X}^{\mathrm{T}}+\|\boldsymbol{X}\|_F^2\boldsymbol{S}-\boldsymbol{S}\boldsymbol{X}\boldsymbol{X}^{\mathrm{T}})$，而 $\boldsymbol{H}$ 是与 $\boldsymbol{W}_1$ 无关的常量。将矩阵 $\boldsymbol{W}_1$ 和 $\boldsymbol{Q}$ 按列主序的原则将其变形为向量形式 $\boldsymbol{w}_1$ 和 $\boldsymbol{q}$。根据迹(trace)的定义，可以得到 $\operatorname{tr}(\boldsymbol{W}_1^{\mathrm{T}}\boldsymbol{W}_1)=\boldsymbol{w}_1^{\mathrm{T}}\boldsymbol{w}_1$ 和 $\operatorname{tr}(\boldsymbol{Q}^{\mathrm{T}}\boldsymbol{W}_1)=\boldsymbol{q}^{\mathrm{T}}\boldsymbol{w}_1$。因此，最小化公式(2-50)的问题可以重新表示为

$$\min_{\boldsymbol{w}_1}\|\boldsymbol{X}\|_F^2\boldsymbol{w}_1^{\mathrm{T}}\boldsymbol{w}_1-2\boldsymbol{q}^{\mathrm{T}}\boldsymbol{w}_1 \tag{2-51}$$

根据 Blumensath、Herrity、Horn 工作的推导，公式(2-51)的解为

$$\boldsymbol{w}_1=\phi_m(\boldsymbol{q}/\|\boldsymbol{X}\|_F^2) \tag{2-52}$$

式中，ϕ_m 的数学表达式如下：

$$\phi_m(x)=\begin{cases}x, x\geqslant x_m\\0, x<x_m\end{cases} \tag{2-53}$$

x_m 则表示矩阵 $\boldsymbol{X}$ 中幅值第 m 个大的元素。再将向量 $\boldsymbol{w}_1$ 和 $\boldsymbol{q}$ 变形为矩阵的形式，将其代入公式(2-52)中。最后将 $\boldsymbol{Q}$ 替换为 $\boldsymbol{C}_1\boldsymbol{X}^{\mathrm{T}}+\|\boldsymbol{X}\|_F^2\boldsymbol{S}-\boldsymbol{S}\boldsymbol{X}\boldsymbol{X}^{\mathrm{T}}$，即可得到公式(2-50)的解向量：

$$\boldsymbol{W}_1=\phi_m\left(\frac{1}{\|\boldsymbol{X}\|_F^2}(\boldsymbol{W}_2-\boldsymbol{S})\boldsymbol{X}\boldsymbol{X}^{\mathrm{T}}+S\right) \tag{2-54}$$

固定 $\boldsymbol{W}_1$，更新 $\boldsymbol{S}$：由于公式(2-49)是恒大于等于公式(2-48)的。因此，当 $\boldsymbol{W}=\boldsymbol{S}$ 时 $\boldsymbol{C}(\boldsymbol{W}_1,\boldsymbol{S})$ 能够取得最小值，即

$$\boldsymbol{S}=\boldsymbol{W}_1 \tag{2-55}$$

通过联合公式(2-54)和公式 (2-55)，即可得到公式(2-48)在第 t 轮的迭代解：

$$\begin{aligned}\boldsymbol{W}_1^{(t+1)}&=\phi_m\left(\frac{1}{\|\boldsymbol{X}\|_F^2}(\boldsymbol{W}_2-\boldsymbol{W}_1^{(t)})\boldsymbol{X}\boldsymbol{X}^{\mathrm{T}}+\boldsymbol{W}_1^{(t)}\right)\\&=\phi_m(\boldsymbol{W}_1^{(t)}-\gamma(\boldsymbol{W}_2-\boldsymbol{W}_1^{(t)})\boldsymbol{X}\boldsymbol{X}^{\mathrm{T}})\end{aligned} \tag{2-56}$$

式中，$\gamma=-1/\|\boldsymbol{X}\|_F^2$。

(2)固定 $\boldsymbol{W}_1$ 和 $\boldsymbol{B}$，更新 $\boldsymbol{W}_2$

当 $\boldsymbol{W}_1$ 和 $\boldsymbol{B}$ 固定时，目标函数可以表示为

$$\min_{\boldsymbol{W}_2}\|\boldsymbol{W}_2\boldsymbol{X}-\boldsymbol{C}_2\|_F^2, \text{s.t.} \boldsymbol{W}_2{}^{\mathrm{T}}\boldsymbol{W}_2=I \tag{2-57}$$

式中，$\boldsymbol{C}_2=(\boldsymbol{B}+\boldsymbol{\alpha}\boldsymbol{W}_1\boldsymbol{X})/(1+\alpha)$ 为固定值。该子问题是典型的正交普氏问题(orthogonal procrustes problem)。同 IQBC 算法的求解过程类似，首先对矩阵 $\boldsymbol{X}\boldsymbol{C}_2^{\mathrm{T}}$ 进行 SVD 分解得到：

$$\boldsymbol{X}\boldsymbol{C}_2^{\mathrm{T}}=\boldsymbol{U}_L\sum\boldsymbol{U}_R^{\mathrm{T}} \tag{2-58}$$

式中，$\sum=\operatorname{diag}(\sigma_1,\sigma_2,\cdots,\sigma_r)$表示矩阵 $\boldsymbol{X}\boldsymbol{C}_2^{\mathrm{T}}$ 的奇异值(singular values)，而 $\boldsymbol{U}_L$ 和 $\boldsymbol{U}_R$ 分别表示左奇异向量和右奇异向量。因此，当 $\boldsymbol{B}$ 和 $\boldsymbol{W}_1$ 固定时，$\boldsymbol{W}_2$ 的解可以表示为

$$\boldsymbol{W}_2=\boldsymbol{U}_R\boldsymbol{U}_L^{\mathrm{T}} \tag{2-59}$$

(3)固定 $\boldsymbol{W}_1$ 和 $\boldsymbol{W}_2$，更新 $\boldsymbol{B}$

当 $\boldsymbol{W}_1$ 和 $\boldsymbol{W}_2$ 固定时，目标函数可以表示为

$$\min_{\boldsymbol{B}}\|\boldsymbol{B}-\boldsymbol{C}_3\|_F^2 \tag{2-60}$$

式中，$\boldsymbol{C}_3=\boldsymbol{W}_2\boldsymbol{X}$。公式(2-60)等价于 $\max\limits_{\boldsymbol{B}}\sum\limits_{i,j}(\boldsymbol{C}_3)_{ij}\boldsymbol{B}_{ij}$。当$(\boldsymbol{C}_3)_{ij}$ 和 $\boldsymbol{B}_{ij}$ 具有相同符号时，上述公式可以最大化，即

$$\boldsymbol{B}=\operatorname{sgn}(\boldsymbol{W}_2\boldsymbol{X}) \tag{2-61}$$

基于稀疏投影矩阵的二值描述子人脸识别算法的流程如表 2-3 所示。

表 2-3　基于稀疏投影矩阵的二值描述子人脸识别算法流程

算法 3：基于稀疏投影矩阵的二值描述子人脸识别算法
输入：训练图像集 $\boldsymbol{A}=[\boldsymbol{A}_1,\boldsymbol{A}_2,\cdots,\boldsymbol{A}_N]$，算法迭代次数 T，二值特征长度 L，分割误差惩罚项权重 α，稀疏程度 p 和 PDV 采样半径 R。
输出：稀疏投影矩阵 $\boldsymbol{W}_1$ 和二值特征 $\boldsymbol{B}$。
1. **步骤 1** (提取 PDVs)：从训练样本集合 $\boldsymbol{A}$ 中提取采样半径为 R 的 PDVs，从而获得 $\boldsymbol{X}=[\boldsymbol{x}_1,\boldsymbol{x}_2,\cdots,\boldsymbol{x}_{NM}]$；
2. **步骤 2** (预处理)：从 PDVs 集合 $\boldsymbol{X}$ 中减去均值 $\bar{\boldsymbol{X}}$；
3. **步骤 3** (优化)：
4. 　**3.1　初始化**：$\boldsymbol{W}_1^{(0)}=\mathrm{rand}(L,d)$；$\boldsymbol{B}^{(0)}=\operatorname{sgn}(\boldsymbol{W}_1^{(0)}\boldsymbol{X})$
5. 　**3.2　迭代优化**：
6. 　**For t do**：
7. 　　**3.2.1**　利用公式(2-54)计算 $\boldsymbol{W}_1$；
8. 　　**3.2.2**　利用公式(2-59)计算 $\boldsymbol{W}_2$；
9. 　　**3.2.3**　利用公式(2-61)计算 $\boldsymbol{B}$；
10. **end**
11. 输出：稀疏投影矩阵 $\boldsymbol{W}_1^{(T)}$ 和二值特征 $\boldsymbol{B}^{(T)}$；

2.3.5　实验及结果分析

为了验证本节中提出的三种基于二值特征的人脸识别算法(IQBC 算法、SHBC 算法和 SPMBD 算法)能够有效地解决描述能力不足、判别能力不足和易产生过拟合的问题，本节设计了针对单一类内因素极端变化的人脸识别问题的实验，采用了四个具有大量单一类内因素极端变化的数据库(即 FERET、CAS-PEAL-R1、LFW 和 PaSC)，并与现有同类型算法进行性能比较。评测标准为识别/验证准确率。

1. IQBC 算法在 FERET 数据库的实验结果

为了验证 IQBC 算法在面对表情和老化等类内因素极端变化问题时能够有效地提高现有二值特征算法的描述能力，在 FERET 数据库上将 IQBC 算法与同类算法进行比较，如：LBP、LQP、DFD 和 CBFD 等。识别准确率列在表 2-4 中，可作出如下结论。

(1)相比于实数值特征算法，如 LQP 和 DFD，基于学习的二值特征算法获得了更好的准确率。因二值特征在面对类内变化时具有更强的鲁棒性，特征表示不会轻易随类内变化而改变。

(2)由于 IQBC 算法同时考虑了量化误差项、特征表达项和约束项三个方面。其中，量化误差项减少了从实数值特征到二值特征的信息损失。由于 IQBC 特征每位比特上的方差均为最大，在相同维度的情况下，IQBC 能够携带更多的信息量，从而提升了算法的描述能力。而正交约束项使得 IQBC 特征在相同维度的情况下，能够携带更多的信息，同样提升了算法的描述能力。因此，IQBC 算法在面对表情和老化的类内因素极端变化时，获得了更好的准确率。

表 2-4 IQBC 算法与同类算法在标准 FERET 数据库上的识别准确率

方 法	fb	fc	dup1	dup2
LBP	97.0	79.0	66.0	64.0
I-LQP	99.2	69.6	65.8	48.3
PEOM	97.0	95.0	77.6	76.2
DFD	99.2	98.5	85.0	82.9
CBFD	98.2	100.0	86.1	85.5
IQBC	98.6	100.0	86.4	85.5
LBP+WPCA	98.5	84.0	9.4	70.0
I-LQP+WPCA	99.8	94.3	85.5	78.6
PEOM+WPCA	99.6	99.5	88.8	85.0
DFD+WPCA	99.4	100.0	91.8	92.3
CBFD+WPCA	99.8	100.0	93.5	93.2
IQBC +WPCA	99.7	100.0	94.9	95.3

2. IQBC 算法在 CAS-PEAL-R1 数据库的实验结果

为了验证 IQBC 算法在面对光照和遮挡等类内因素极端变化问题时能够有效地提高现有二值特征算法的描述能力，在 CAS-PEAL-R1 数据库上继续将 IQBC 算法与同类算法进行比较。识别准确率列在表 2-5 中。根据实验结果，IQBC 算法在面对光照和遮挡的类内因素极端变化时，获得了最优的准确率。

表 2-5 IQBC 算法与同类算法在标准 CAS-PEAL-R1 数据库上的识别准确率

方 法	Expression	Accessory	Lighting
DT-LBP	98.0	92.0	41.0
DLBP	99.0	92.0	41.0
DFD	99.3	94.4	59.0
CBFD	99.4	94.8	59.5
IQBC	99.5	95.1	70.4
DFD+WPCA	99.6	96.9	63.9
CBFD+WPCA	99.7	97.2	67.4
IQBC+WPCA	99.7	97.2	75.7

3. IQBC 算法在 PaSC 数据库的实验结果

为了验证 IQBC 算法在面对姿态和模糊等类内因素极端变化问题时能够有效地提高现有二值特征算法的描述能力。在 PaSC 数据库上继续将 IQBC 算法与同类算法进行比较。在误接收率(False Acceptance Rate，FAR)等于 0.01 情况下的验证准确率列在表 2-6 中。由于 IQBC 算法是基于二值特征学习的人脸识别算法，相比于其他实数值特征学习算法，它的二值表示方式决定了它在面对姿态和模糊这些类内因素极端变化时，具有较高的鲁棒性。

同时 IQBC 算法还考虑了量化误差项、特征表达项和约束项三个方面，这三个方面均有助于提高了现有二值特征学习算法的描述能力。因此，无论是面对基于实数值特征学习算法还是基于二值特征学习算法，IQBC 算法在面对姿态和模糊的类内因素极端变化时，均获得了更好的准确率。

表 2-6　IQBC 算法与同类算法在 PaSC 数据库上当 FAR=0.01 时的验证准确率

方　法	全部图像	正面人脸
LRPCA	10.0	19.0
CohortLDA	8.0	22.0
LBP	17.6	29.6
RIDMBC	14.9	23.5
CBFD	19.4	36.0
IQBC	21.2	38.8

4. IQBC 算法在 LFW 数据库的实验结果

为了验证 IQBC 算法在使用不同数据分布（即不同源）的训练样本的情况下，依然对单一类内因素极端变化的人脸图像具有优秀的描述能力，在 LFW 数据库上继续将 IQBC 算法与同类算法进行比较。本节中 IQBC 算法在 FERET 和 CAS-PEAL-R1 数据库上进行训练投影矩阵，而将训练得到的投影矩阵在 LFW 数据库上进行测试。当 IQBC 在使用不同数据分布训练样本的情况下，依然能够获得与使用 LFW 训练样本相似的性能，则更能说明本节提出算法具有更为泛化的描述能力。验证准确率和对应的 ROC 曲线分别列在表 2-7 中。其中，IQBC+FERET-based 表示该 IQBC 算法是在 FERET 数据库上训练得到的，其他示例也按照相同的方式进行表示。实验结果表明，尽管 FERET 和 CAS-PEAL-R1 数据库中的样本与 LFW 中的样本分布差距很大。但 IQBC 算法在使用与 LFW 不同源训练样本的情况下，依然获得了优秀的性能，甚至超过了很多利用 LFW 样本进行训练的算法。量化误差项、特征表达项和约束项这三个优化项的引入，不仅提升了 IQBC 算法的描述能力，同时还使得 IQBC 算法能够泛化地学习某个人脸区域的描述方式，并将其应用于不同源的人脸图像上去。

表 2-7　IQBC 算法与同类算法在 LFW 数据库的非监督测试协议下的 AUC 值

方　法	AUC
LBP	75.47
SIFT	54.07
LHS	81.07
MRF-MLBP	89.94
LQP	87.00
DFD	83.70
IQBC+FERET-based	86.73
IQBC+PEAL-based	87.15

5. SHBC 算法在 FERET 数据库的实验结果

为了验证 SHBC 算法和 S-SHBC 算法在面对表情和老化等类内因素极端变化问题时的有效性，并验证 SHBC 类算法能够有效地提高现有二值特征算法的判别能力。在 FERET 数据库上将 SHBC 算法和 S-SHBC 算法与同类算法进行比较，如 LBP、LQP、DFD 和 CBFD 等。识别准确率列在表 2-8 中，可作出如下结论。

(1)由于 SHBC 类算法是基于超球体而不是超平面定义二值特征的，超球体定义的闭合区域拥有更小的面积，即位于相同区域的数据点之间具有较小的距离。因此，SHBC 类算法更有可能为两个同类数据点分配相同的二值编码，SHBC 算法提供了更强的判别能力。

(2)由于 SHBC 算法显式地考虑了高效的特征表达项和有效的约束项，同时隐式地考虑了最小的量化误差项。其中，量化误差项减少了从实数值特征到二值特征的信息损失。而高效的特征表示项使得一个二值特征中所有比特位中-1 元素个数和 1 元素个数大致平衡。从而使得 SHBC 二值特征在相同维度的情况下，能够具有最多种的编码组合，提升了算法的判别能力。而正交约束项使得学习得到的二值特征在拥有更强的判别能力的同时，还能够保留一定的描述能力。因此，SHBC 算法在面对表情和老化的类内因素极端变化时，获得了更好的准确率。

(3)由于在 FERET 数据库中，每个人平均只有不到三个样本。因此，典型的小样本问题使得 S-SHBC 难以提取更具有语义信息的二值特征。因此，其性能在 dup1 测试集上略逊于 SHBC 算法，但仍超过了其他同类算法。

表 2-8　SHBC 和 S-SHBC 算法与同类算法在标准 FERET 数据库上的识别准确率

方　法	fb	fc	dup1	dup2
LBP	97.0	79.0	66.0	64.0
I-LQP	99.2	69.6	65.8	48.3
PEOM	97.0	95.0	77.6	76.2
DFD	99.2	98.5	85.0	82.9
CBFD	98.2	100.0	86.1	85.5
SHBC	98.2	99.5	85.0	83.3
S-SHBC	98.0	99.0	83.7	80.8
LBP+WPCA	98.5	84.0	79.4	70.0
I-LQP+WPCA	99.8	94.3	85.5	78.6
PEOM+WPCA	99.6	99.5	88.8	85.0
DFD+WPCA	99.4	100.0	91.8	92.3
CBFD+WPCA	99.8	100.0	93.5	93.2
SHBC+WPCA	99.8	100.0	94.7	94.9
S-SHBC+WPCA	99.8	100.0	93.4	94.9

6. SHBC 算法在 CAS-PEAL-R1 数据库的实验结果

为了验证 SHBC 算法在面对光照和遮挡等类内因素极端变化问题时的有效性，并验证

SHBC 算法能够有效地提高现有二值特征算法的判别能力。在 CAS-PEAL-R1 数据库上继续将 SHBC 算法与同类算法进行比较。识别准确率在表 2-9 中，SHBC 算法和 S-SHBC 算法在面对光照和遮挡的类内因素极端变化时，获得了最优的准确率。由于 SHBC 算法和 S-SHBC 算法是基于超球体定义哈希函数的，其能够为同类的样本定义更为紧致的闭合区域，即在 SHBC 类算法定义的二值编码中会包含更多的同类的数据点。即使极端变化的光照和遮挡因素会使得类内差异远大于类间差异，SHBC 算法和 S-SHBC 算法还是会倾向于为同类样本分配相同的二值编码。因此，SHBC 算法不仅提升了现有实数值特征学习算法的鲁棒性，同时提升了现有二值特征学习算法的判别能力。

表 2-9　SHBC 算法和 S-SHBC 算法与同类算法在标准 CAS-PEAL-R1 数据库上的识别准确率

方　法	Expression	Accessory	Lighting
DT-LBP	98.0	92.0	41.0
DLBP	99.0	92.0	41.0
DFD	99.3	94.4	59.0
CBFD	99.4	94.8	59.5
SHBC	99.4	95.7	80.3
S-SHBC	99.2	95.2	75.4
DFD+WPCA	99.6	96.9	63.9
CBFD+WPCA	99.7	97.2	67.4
IFL+WPCA	99.3	96.5	64.3
JFL+WPCA	99.7	97.2	67.4
SHBC+WPCA	99.7	97.7	81.1
S-SHBC+WPCA	99.8	97.6	76.5

7. SHBC 算法在 PaSC 数据库的实验结果

为了验证 SHBC 算法在面对姿态和模糊等类内因素极端变化问题时的有效性，并验证这两个算法能够有效地提高现有二值特征算法的判别能力。在 PaSC 数据库上继续测试 SHBC 算法。在误接受率(False Acceptance Rate，FAR)等于 0.01 情况下的验证准确率和对应的 ROC 曲线分别列在表 2-10 和图 2-17 中。SHBC 算法的二值表示方式使得它在面对姿态和模糊这些类内因素极端变化时，具有较高的鲁棒性。由于 SHBC 算法和 S-SHBC 算法是基于超球体定义哈希函数的，因此具有更强的判别能力。SHBC 算法的特征表示项，使得 SHBC 二值特征在相同维度的情况下，能够具有最多种的编码组合，进一步提升了算法的判别能力。而且，SHBC 算法的约束项使得二值特征在拥有更强的判别能力的同时，还能够保留一定的描述能力。量化误差项和特征表达项的引入，使得 SHBC 算法提高了现有二值特征学习算法的判别能力。因此，无论是面对基于实数值特征学习算法还是基于二值特征学习算法，SHBC 算法在面对姿态和模糊的类内因素极端变化时，均获得了更好的准确率。

表 2-10　SHBC 算法与同类算法在 PaSC 数据库上当 FAR=0.01 时的验证准确率

方　　法	全部图像	正面人脸
LRPCA	10.0	19.0
CohortLDA	8.0	22.0
LPQ	13.2	23.1
LBP	17.6	29.6
BSIF	14.3	24.9
RIDMBC	14.9	23.5
CBFD	19.4	36.0
SHBC	23.7	42.6

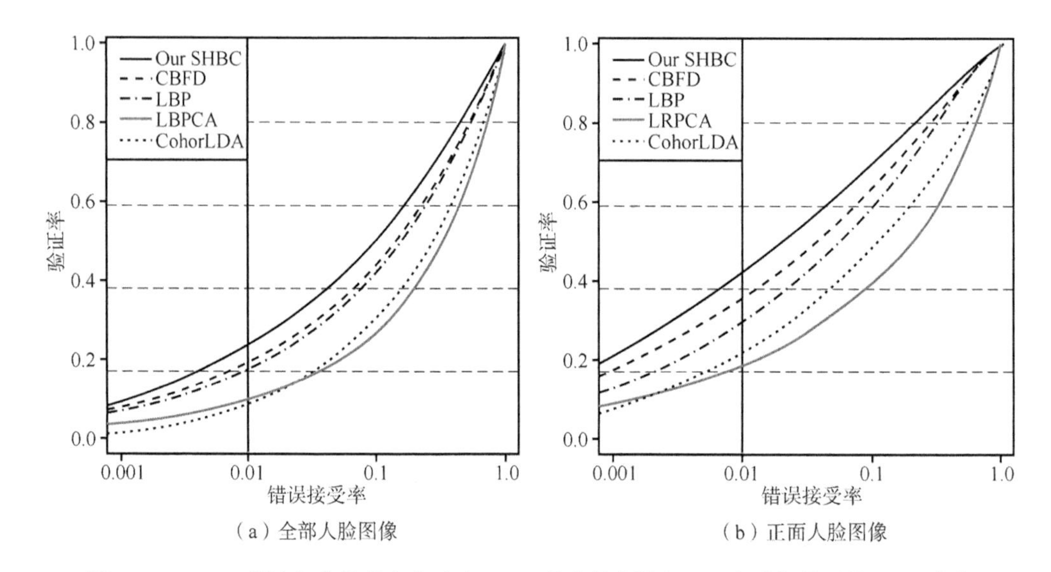

图 2-17　SHBC 算法与其他现有方法在 PaSC 的全部人脸和正面人脸场景下的 ROC 曲线

8. SHBC 算法在 LFW 数据库的实验结果

为了验证 SHBC 算法和 S-SHBC 算法在使用不同数据分布(即不同源)的训练样本的情况下,依然对单一类内因素极端变化的人脸图像具有优秀的描述能力,将 SHBC 算法和 S-SHBC 算法在 LFW 数据库上采用无监督测试协议与同类算法进行比较。SHBC 模型和 S-SHBC 模型在 FERET 和 CAS-PEAL-R1 数据库上进行训练超球体的半径和球心,并在 LFW 数据库上进行测试。验证准确率和对应的 ROC 曲线分别列在表 2-11 中和图 2-18 中。其中,SHBC(a)表示该 SHBC 模型是在 FERET 数据库上训练得到的;SHBC(b)表示该 SHBC 模型是在 CAS-PEAL-R1 数据库上训练得到的;SHBC(c)表示该 SHBC 模型是在 LFW 数据库上训练得到的。实验结果表明,尽管 FERET 和 CAS-PEAL-R1 数据库中的样本与 LFW 中的样本分布差距很大。但 SHBC 算法和 S-SHBC 算法在这种情况下,依然获得了优秀的准确率,甚至超过了很多利用 LFW 样本进行训练的同类算法。量化误差项和特征表达项的引入,使得本节算法在面对类内差异大于类间差异的极端因素时,仍然更倾向于为同类样本分配相同的二值编码,为不同类样本分配不同的二值编码,且二值编码之间的差异尽可能大。而约束项的引入，还提升了 SHBC 算法的描述能力，使得 SHBC 算法和 SSHBC 算法能够泛化地学习某个人脸区域的描述方式，并将其应用于不同源的人脸图像上去。与 IQBC 算法的实验结果类似，基于 PEAL 数据库学习得到的 SHBC 算法的验证准确率略高于基于 FERET 数据库的。这是因为 CAS-PEAL-R1 数据库比 FERET 数据库具有更多更为丰富的极端类内变化。这些极端类内变化迫使 SHBC 算法学习更有判别能力的二值特征表示模型，从而获得了更好的验证准确率。

表 2-11　SHBC 算法和 S-SHBC 算法与同类算法在 LFW 数据库的非监督测试协议下的 AUC 值

方　法	AUC	方　法	AUC
LBP	75.47	SHBC(a)	88.54
SIFT	54.07	SHBC(b)	88.66
LHS	81.07	SHBC(c)	88.68
MRF-MLBP	89.94	S-SHBC(a)	87.96
LQP	87.00	S-SHBC(b)	88.23
DFD	83.70	S-SHBC(c)	88.33
CBFD	88.89		

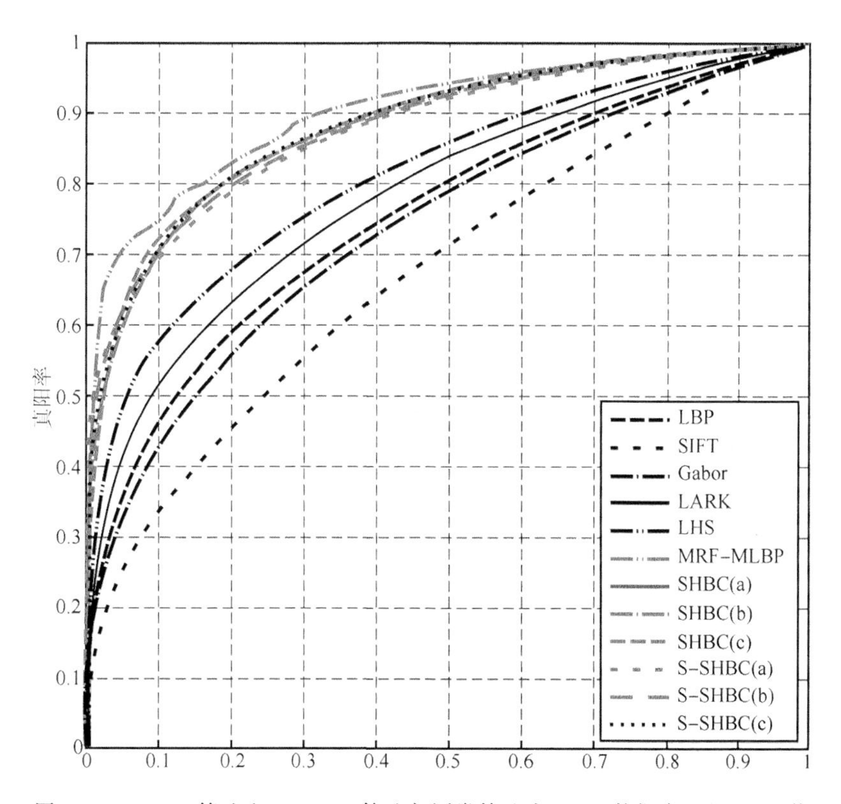

图 2-18　SHBC 算法和 S-SHBC 算法与同类算法在 LFW 数据库上的 AUC 值

9. SPMBD 算法在 FERET 数据库的实验结果

本节中 SPMBD 算法在 FERET 和 CAS-PEAL-R1 上进行测试，以验证具有高维输出的 SPMBD 算法能够有效地解决算法在面对小样本数据库时存在的过拟合问题，并能够有效降低现有基于高维特征的人脸识别算法的运算时间。由于 PaSC 和 LFW 数据库均提供了大规模训练集，在 PaSC 和 LFW 数据库上进行实验，难以说明 SPMBD 算法在解决过拟合方面的有效性。因此，针对 SPMBD 算法的实验，只在 FERET 和 CAS-PEAL-R1 进行。

由于 FERET 数据库中每个类别平均只有不到三个样本，因此它是一个典型的小样本数据库。为了验证 SPMBD 算法在面对表情和老化等类内因素极端变化问题时的有效性，并验证 SPMBD 算法能够有效地提高高维二值特征在面对小样本数据库时存在的过拟合问题。其识别准确率列在表 2-12 中，可作出如下结论。

(1)相比于其他基于低维输出的特征学习算法，拥有更高维输出的 SPMBD 算法获得了更好的识别准确率。相比于低维特征而言，高维特征本身就具有更强的描述能力。

(2)由于稀疏约束项的存在，SPMBD 算法能够在面对小样本数据库时仍然能够“健康”地学习。通过简单地调节稀疏程度，即可避免拥有高维输出的 SPMBD 算法陷入过拟合或欠拟合的状态。

表 2-12　SPMBD 算法与同类算法在标准 FERET 数据库上的识别准确率

方　法	fb	fc	dup1	dup2
LBP	97.0	79.0	66.0	64.0
I-LQP	99.2	69.6	65.8	48.3
PEOM	97.0	95.0	77.6	76.2
DFD	99.2	98.5	85.0	82.9
CBFD	98.2	100.0	86.1	85.5
SPMBD	97.5	99.5	84.5	83.8
LBP+WPCA	98.5	84.0	79.4	70.0
I-LQP+WPCA	99.8	94.3	85.5	78.6
PEOM+WPCA	99.6	99.5	88.8	85.0
DFD+WPCA	99.4	100.0	91.8	92.3
CBFD+WPCA	99.8	100.0	93.5	93.2
SPMBD+WPCA	99.7	100.0	95.7	97.0

10. SPMBD 算法在 CAS-PEAL-R1 数据库的实验结果

由于 CAS-PEAL-R1 数据库的训练集只有 1 200 张图像，因此该数据库也是一个小规模数据库。为了验证 SPMBD 算法在面对光照和遮挡等类内因素极端变化问题时的有效性，并验证 SPMBD 算法能够有效地提高高维二值特征在面对小样本数据库时存在的过拟合问题。在 CAS-PEAL-R1 数据库上继续将 SPMBD 算法与同类算法进行比较。识别准确率在表 2-13 中。高维的输出特征带来了更高的识别准确率，但也存在着过拟合的风险。通过设置投影矩阵中大部分元素均为 0，解决高维特征算法在面对小规模数据库时存在的过拟合问题。

表 2-13　SPMBD 算法与同类算法在 CAS-PEAL-R1 数据库上的识别准确率

方　法	Expression	Accessory	Lighting
DT-LBP	98.0	92.0	41.0
DLBP	99.0	92.0	41.0
DFD	99.3	94.4	59.0
CBFD	99.4	94.8	59.5
SPMBD	99.2	93.4	68.4
DFD+WPCA	99.6	96.9	63.9
CBFD+WPCA	99.7	97.2	67.4
IFL+WPCA	99.3	96.5	64.3
JFL+WPCA	99.7	97.2	67.4
SPMBD+WPCA	99.7	97.3	77.0

2.4　基于子空间学习的深度学习人脸识别算法

在无约束环境下的人脸识别中，常常会出现多重类内因素同时变化的情况。多重类内因素同时变化问题是指：由于拍摄环境的不确定性和拍摄者的不可控性，导致多种类内因素同时出现在一张人脸图像中。如：社交网络中的好友自拍通常会同时涉及表情、光照、遮挡和老化问题。多重类内因素的同时出现，使得从模板集(gallery set)中图像到输入图像的变换过程成为了高度非线性的，从而导致人脸图像的识别难度急剧增加。而深度学习算法则可以通过建立多层网络对非线性变换过程进行建模。近些年，以卷积神经网络(Convolutional Neural Network, CNN)和 PCANet 模型为代表的深度学习模型在计算机视觉领域中，特别是人脸识别领域中取得了较好的效果。因此，本节采用基于深度学习的人脸识别算法来解决多重类内因素的同时变化问题。

本节介绍两种基于子空间学习的深度学习人脸识别算法，它们分别为基于谱回归判别分析深度网络(Spectral Regression Discriminant Analysis Network, SRDANet)和基于多尺度融合的主成分分析网络(Multiple Scale combined Principal Components Analysis Network, MS-PCANet)。针对训练样本量问题，介绍 SRDANet 算法。该算法利用有监督的谱回归判别分析(Spectral Regression Discriminant Analysis)算法学习人脸图像中的主要特征向量(leading eigenvectors)，并将其作为卷积核。从而保证了深度学习网络的主要参数(即卷积层参数)通过一次前向传播即可学习得到，有效地解决了训练样本量问题。针对信息瓶颈和单一尺度池化问题，介绍 MS-PCANet 算法。该算法将低层输出和高层输出进行连接，从而构成了局部信息和全局信息相结合的输出特征，有效地解决了信息瓶颈问题。另外，MS-PCANet 算法还采用了空间金字塔池化的思想，从多种尺度下对特征图进行池化，从而提取得到了兼顾特征图中局部信息和全局信息的输出特征，有效地解决了单一尺度池化问题。

2.4.1 卷积神经网络模型

CNN 是一种由卷积层、非线性处理层、池化层和全连接层组成的深度学习模型，是多层前向网络的一种特例。CNN 模型通过二维卷积运算，充分利用输入图像的二维结构，提取图像中的有效特征。在 CNN 模型的低层结构中，模型主要提取的是边缘、纹理或角点等低级别视觉信息；而在 CNN 模型的高层结构中，模型则可以对低层得到的局部特征进行组合，从而抽象得到含有语义信息的全局特征。一个经典的 CNN 模型结构图如图 2-19 所示。接下来，对 CNN 的四个主要部分进行详细的介绍。

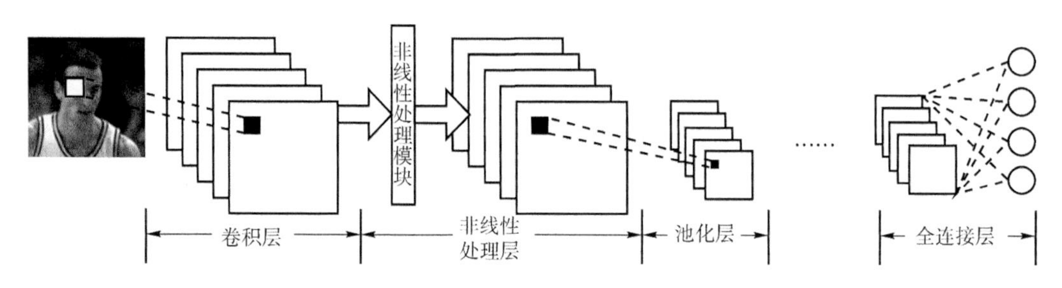

图 2-19 经典的卷积神经网络(CNN)结构图

1. 卷积层

CNN 模型中的卷积层采用二维卷积的形式，并采用了权重共享和局部感受野机制来减小网络模型的计算代价。其中，权重共享机制使得每一层神经元的权重都是共享的，一个卷积核(kernels)中的参数对于所有图像而言都是一样的，即一个卷积核能从图像中提取一种局部模式。通过使用多种卷积核，可以从一幅图像中提取多种局部模式。而局部感受野机制则来源于人脑对外界信息的感知方式是由局部到整体的，比如，对于一幅图像而言，人脑对于相近的区域之间会产生较多的联系，反之，则会产生较少的联系。因此，局部感受野机制的存在使得 CNN 模型的某一层中某个神经元只与该神经元上层的某个局部区域连接，而不是与上层所有神经元连接。随着网络的不断加深，CNN 模型中的高层可以同时感受到低层中不同局部区域的神经元发出的信号，进而可以对不同局部区域的信号抽象得到语义级别的全局特征。

2. 非线性处理层

CNN 模型中的非线性处理层是将卷积后的特征图(feature maps)进行非线性处理。其理论依据为：卷积运算为线性运算，即使是再多层的线性运算后仍为线性运算，描述能力还是比较有限。因此，在 CNN 中引入非线性处理层可使得模型的描述能力得到很大程度上地增强。从理论上讲，当 CNN 模型足够深时，模型可以表示任一函数。

3. 池化层

为了减小特征图的大小，CNN 模型在池化层中对特征图进行降采样运算。现有深度学习模型通常使用最大池化或平均池化对特征图中的局部信息进行数值统计，从而达到减小计算量的目的。池化层的理论依据为：特征图中相邻的局部块之间存在着较大的相似性，若使用一个响应最大的神经元或一系列神经元的平均值来表示某个区域的信息，特征图中的信息并不会丢失，反而还可以防止 CNN 模型产生过拟合问题。

4. 全连接层

全连接层旨在将一系列二维特征图表示为一维向量的形式。其本质仍可理解为卷积，如果某个全连接层的上一层是全连接，则该全连接层可以通过卷积核为 1×1 的卷积实现；如果某个全连接层的上一层是全连接是 $h\times w$ 卷积层，则该全连接层可以通过卷积核为 $h\times w$ 的全局卷积实现。现有 CNN 模型通常将最后一个全连接层或倒数第二全连接层的输出作为整个模型的输出特征。

2.4.2　谱回归判别分析深度网络人脸识别算法

本节介绍谱回归判别分析深度网络(Spectral Regression Discriminant Analysis Network, SRDANet)人脸识别算法，解决现有 CNN 模型在网络参数的学习过程中需要大量标注样本的问题，减小了现有 CNN 模型的训练成本，扩展了 CNN 模型的适用范围。而且，SRDANet 算法通过一次前向传播即可确定整个模型的参数，从而避免了 CNN 模型由于 BP 算法的迭代优化而导致的训练时间过长问题。

SRDANet 模型主要由卷积层、非线性处理层、池化层和输出层这四部分组成。在 SRDANet 模型的卷积层中，利用有监督的 SRDA 算法提取人脸图像块(facial patches)中的主要特征向量(leading eigenvectors)，然后将其变形(reshape)为矩阵的形式并作为卷积层的卷积核。为了配合 SRDANet 模型特殊的卷积核学习方式，SRDANet 模型的非线性处理层只出现于所有卷积层之后，并使用简单的二值哈希作为激活函数。在池化层中，经过非线性处理层后的特征图转化为了一系列二值图像，参考 LBP 算法的编码(encoding)策略，为每个特征图赋以权重。然后对特征图按元素相加，最终得到一幅实数值特征图。最后，通过直方图的形式统计该实数值图像上每个值的出现频率，并将其作为最终的输出特征。以两阶段的 SRDANet 模型为例，图 2-20 展示了 SRDANet 模型的结构框图。

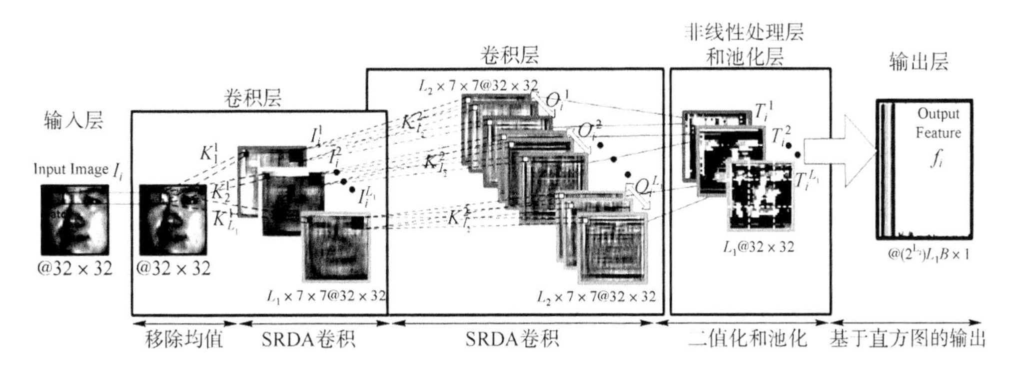

图 2-20　基于两层的 SRDANet 模型结构框图

1. SRDANet 的卷积层

假设训练集提供了一系列属于 c 个类别的 N 个训练样本 $\{\boldsymbol{I}_i\}_{i=1}^{N}$ 每幅人脸图像的大小为 $d_1\times d_2(d_1\times d_2=d)$。由于卷积运算可以提取通过卷积核提取得到局部纹理模式或全局结构信息，因此在本算法中沿用 CNN 模型中的卷积运算。SRDANet 模型在所有卷积层中的卷积核尺寸均为 $j_1\times j_2$，第 i 个卷积层中有 L_i 个卷积核。不同的是，SRDANet 模型采用子空间学习算法确定深度模型的卷积核参数，而不是通过反向传播算法迭代优化得到。

对于第 i 幅人脸图像而言，在每个像素点采样大小为 $j_1 \times j_2$ 的局部图像块，采样步长为 s，从而得到了 M 个大小为 $j_1 \times j_2$ 的局部图像块集合 $\boldsymbol{P}_i = [\boldsymbol{p}_{i,1}, \boldsymbol{p}_{i,2}, \cdots, \boldsymbol{p}_{i,M}]$。为了使学习得到的卷积核能够更有效地描述原始数据的变化情况，对集合 $\boldsymbol{P}_i$ 进行去均值。对所有训练样本（个数为 N）重复上述的局部块提取操作，可以得到：

$$\boldsymbol{P} = [\boldsymbol{P}_1, \boldsymbol{P}_2, \cdots, \boldsymbol{P}_N] \in \mathcal{R}^{j_1 j_2 \times NM} \tag{2-62}$$

接下来，从矩阵 $\boldsymbol{P}$ 中利用谱回归判别分析算法学习第 i 层特征图的主要的特征向量 $\boldsymbol{V}^{(i)}$。谱回归判别分析旨在学习投影方向（即特征向量）使同类数据点之间尽可能接近，而不同类数据点之间则尽可能远离。其目标函数如下所示：

$$\boldsymbol{V}^* = \text{argmax}(\boldsymbol{V}^{\text{T}} \boldsymbol{S}_b \boldsymbol{V} / \boldsymbol{V}^{\text{T}} \boldsymbol{S}_t \boldsymbol{V}) \tag{2-63}$$

式中，$\boldsymbol{S}_b$ 表示类间散布矩阵（between-class scatter matrix），而 $\boldsymbol{S}_t$ 表示整体散布矩阵（total scatter matrix）。为了更清晰地表达 SRDANet 算法卷积层的运算，矩阵 $\boldsymbol{X}$ 通过谱回归判别分析算法得到前 l_2 个特征向量的运算可以被简化为 $\text{SR}_{l_1}(\boldsymbol{X})$。

接下来，将学习得到的一系列一维特征向量变形为一系列二维矩阵，并将这些二维矩阵作为 SRDANet 算法的卷积核。将这些特征向量变形为矩阵并将其作为卷积核，可以提取人脸图像中具有判别力的局部模式。所以，SRDANet 模型通过一次前向传播即可学习得到所有卷积层中的参数（即卷积核）。SRDANet 模型从原始图像块集合 $\boldsymbol{P}$ 中学习得到的卷积核 $\boldsymbol{K}_{l_1}^1$，其数学表达形式如下：

$$\boldsymbol{K}_{l_1}^1 = \text{vec2mat}_{j_1, j_2}(SR_{l_1}(\boldsymbol{P})), l_1 = 1, 2, \cdots, c-1 \tag{2-64}$$

式中，$\text{vec2mat}_{j_1, j_2}(\cdot)$ 表示将长度为 $j_1 j_2$ 的一维向量变形为大小为 $j_1 \times j_2$ 的二维矩阵，而 c 则表示类别数。因此，SRDANet 模型第一层的输出（特征图）可以表示为

$$\boldsymbol{I}_i^{l_1} = \boldsymbol{I}_i * \boldsymbol{K}_{l_1}^1, i = 1, 2, \cdots, N \tag{2-65}$$

式中，$*$ 表示二维卷积运算。将 $\boldsymbol{I}_i$ 的边缘填充 0 元素，从而使 $\boldsymbol{I}_i^{l_1}$ 与 $\boldsymbol{I}_i$ 具有相同的尺寸。

谱回归判别分析可以得到 $(c-1)$ 个非零特征向量，因此，SRDANet 在第一层共有 $(c-1)$ 特征图。而 SRDANet 模型中的第二层会对第一层的每个特征图再分别提取 $(c-1)$ 特征图，因此，SRDANet 模型中的第二层会输出 $(c-1)^2$ 个特征图。一方面，小特征值对应的特征向量描述的是某个人脸图像中包含的特殊信息，而非所有人脸图像中包含的共有信息。因此，用这种特征向量作为卷积核，难以从人脸图像中提取得到具有判别能力的信息；另一方面，当训练样本的类别数 c 比较大时，SRDANet 算法会随着网络层数的不断加深，消耗更多的运算资源。因此，只取特征向量中前 L_1 个特征向量作为卷积核，即 $\{\boldsymbol{K}_{l_1}^1\}_{l_1=1}^{L_1}$。

与第一个卷积层的运算步骤类似，可以提取第一层的特征图 $\boldsymbol{I}_i^{l_1}$ 中的所有图像块并组成矩阵 $\boldsymbol{Q} = [\boldsymbol{Q}_1, \boldsymbol{Q}_2, \cdots, \boldsymbol{Q}_{NL_1}]$。同样利用谱回归判别分析算法计算数据矩阵 $\boldsymbol{Q}$ 的主要特征向量，并将其变形为矩阵形式，作为第二层的卷积核 $\boldsymbol{K}_{l_2}^2$。对于第二层的每个输入 $\boldsymbol{I}_i^{l_1}$（即第一层的特征图），将其与卷积核 $\boldsymbol{K}_{l_2}^2$ 进行卷积，从而得到第二个卷积层的输出（特征图）$\boldsymbol{O}_i^{l_1}$：

$$\boldsymbol{O}_i^{l_1} = \{\boldsymbol{I}_i^{l_1} * \boldsymbol{K}_{l_2}^2\}_{l_2=1}^{L_2}, l_2 = 1, 2, \cdots, L_2 \tag{2-66}$$

式中，$l_1 = 1, 2, \cdots, L_1, i = 1, 2, \cdots, N$。

2. SRDANet 的非线性处理层

当原始输入图像经过所有卷积层得到特征图 $\boldsymbol{O}_i^{l_1}$ 后，SRDANet 算法会将最后一个卷积层的输出 $\boldsymbol{O}_i^{l_1}$ 作为非线性处理层的输入。如果 SRDANet 模型中的神经元对于某个卷积核产生了响应，那么在第二个卷积层的特征图中 $\boldsymbol{O}_i^{l_1}$，这个神经元的卷积结果一定大于 0，否则

将会小于 0。由于 SRDANet 算法关注的是卷积层中的某个神经元是否对特定的卷积核产生了响应，而不是响应的程度（幅度）。因此，使用简单的二值哈希作为 SRDANet 模型的激活函数，只保留特征图中卷积结果的符号信息，而舍弃了卷积结果的幅值信息。

对于最后一个卷积层的输出 $\boldsymbol{O}_i^{l_1}$ 而言，采用二值哈希对其进行二值化，二值哈希的表达形式如下所示：

$$\text{Heaviside}(x)=\begin{cases}1 & \text{if } x\geqslant 0\\ 0 & \text{if } x<0\end{cases} \tag{2-67}$$

因此，第二层特征图的非线性处理结果可以表示为

$$\boldsymbol{H}_i^{l_1}=\text{heaviside}(\boldsymbol{O}_i^{l_1}) \tag{2-68}$$

式中，$\boldsymbol{H}_i^{l_1}$ 表示第 i 个图像与第一个卷积核卷积得到的二值特征图，而 $\boldsymbol{H}_i^{L_1}$ 则表示着第 i 个图像与最后一个卷积核卷积得到的二值特征图。

SRDANet 算法中卷积核的本质可以理解为利用 SRDA 算法学习得到的特征向量，特征值越大的特征向量对应着判别能力越强的卷积核。相比于最后一个卷积核，第一个卷积核的重要程度会高很多。因此，第一个卷积核对应的二值输出会被赋予更大的权重。将一系列二值图像按照 LBP 算法中权重求和的策略，转化为一个实数值图像，上述过程可以表示为如下的数学公式：

$$\boldsymbol{T}_i^{l_1}=\sum_{l_2=1}^{L_2}2^{l_2-1}\boldsymbol{H}_i^{l_1} \tag{2-69}$$

式中，图像 $\boldsymbol{T}_i^{l_1}$ 中像素点的取值范围为$[0,2^{L_2}-1]$。经过加权求和的运算，一系列二值的特征图被转化为了一个实数值特征图，而针对特征图的池化运算也将在实数值的特征图 $\boldsymbol{T}_i^{l_1}$ 上进行。

3. SRDANet 的特征池化层

非线性处理层通过加权求和的方式，将一组二值图像转化为一个实数值图像 $\boldsymbol{T}_i^{l_1}$。而实数值图像 $\boldsymbol{T}_i^{l_1}$ 中每个像素点的数值则表示了该像素点与各个卷积核是否产生了响应。换句话说，$\boldsymbol{T}_i^{l_1}$ 中每个像素点的数值表示了原始图像中对应的像素点对于一系列卷积核的响应效果。通过统计 $\boldsymbol{T}_i^{l_1}$ 中像素点数值出现的频率，可以得到一幅图像中所有像素点对于一系列卷积核的响应效果，从而得到人脸图像中不同特征模式的出现情况，并将其作为人脸图像的有效描述。

由于不同人脸图像区域具有不同的判别能力，将实数值图像 $\boldsymbol{T}_i^{l_1}$ 分割为 B 个区域，然后计算每个区域的直方图特征 Bhist($\boldsymbol{T}_i^{l_1}$)。最后，将基于区域的直方图特征连接起来，组成人脸图像的最终输出特征：

$$\boldsymbol{f}_i=[\text{Bhist}(\boldsymbol{T}_i^{1}),\cdots,\text{Bhist}(\boldsymbol{T}_i^{l_1})]^{\mathrm{T}}\in\mathcal{R}^{(2^{L_2})L_1B} \tag{2-70}$$

4. SRDANet 的计算复杂度

以两层的 SRDANet 模型为例，并采用每秒浮点运算次数（FLoating-point Operations Per Second，FLOPS）作为评价 SRDANet 计算复杂度的指标。在卷积层中，对于每个卷积层构建去均值后的数据矩阵 $\boldsymbol{P}$ 均需要（$j_1j_2+j_1j_2d_1d_2$）FLOPS；而从训练样本集中学习 SRDA 卷积核则需要$[Nd_1d_2(j_1j_2)^2+O(Nd_1d_2j_1j_2)]$ FLOPS；对于每个卷积层中，图像与 SRDA 卷积核卷积运算均需要 $L_1d_1d_2j_1j_2$ FLOPS；在非线性处理层中，将 L_2 个二值图像转化为一个实数值图像则需要 $2L_2d_1d_2j_1j_2$；在池化层中，提取并连接基于图像块的直方图特征的计算复杂度为 $O(d_1d_2BL_2\log 2)$。由于 $d\gg\max(j_1,j_2,L_1,L_2,B)$，因此 SRDANet 模型

的计算复杂度可以近似为

$$O(dj_1j_2(L_1+L_2)+d(j_1j_2)^2) \tag{2-71}$$

2.4.3 多尺度融合的主成分分析网络人脸识别算法

本节介绍基于多尺度融合的主成分分析网络(Multiple Scale combined Principal Components Analysis Network, MS-PCANet)的人脸识别算法,从而解决了现有 CNN 模型中存在的信息瓶颈问题和单一尺度池化的问题,减小了 CNN 模型由于信息瓶颈问题而导致的信息损失,以及池化过程中单一池化尺度所导致的信息损失。

MS-PCANet 是在 PCANet 的基础上,针对 PCANet 和现有卷积神经网络存在的问题提出的。MS-PCANet 模型主要由卷积层、非线性处理层、池化层和输出层这四部分组成。在卷积层中,利用无监督的 PCA 算法提取人脸图像块中的主成分特征向量(leading eigenvectors),然后将其变形(reshape)为矩阵的形式,将其作为卷积层的卷积核。利用 PCA 算法得到的主要特征向量表示的是训练样本中信息量最大的投影方向,即训练样本中最主要的局部模式。将这些特征向量变形为矩阵并将其作为卷积核,可以通过非监督的形式提取人脸图像中出现最重要(即具有最大信息量)的局部模式。在非线性处理层中,MS-PCANet 模型使用简单的二值哈希作为激活函数。由于 MS-PCANet 模型关注的是某个神经元是否对特定卷积核产生了响应,而不是响应的幅度。因此,MS-PCANet 模型只保留卷积结果的符号信息,而舍弃了卷积结果的幅值信息。在池化层中,通过参考 LBP 算法的编码(encoding)策略,为一系列非线性(二值)处理后的二值特征图赋以权重,然后对一系列二值特征图按元素相加,最终得到一幅实数值特征图。为了解决现有 CNN 模型难以兼顾细粒度和粗粒度池化的问题,采用空间金字塔池化技术,从细粒度到粗粒度地对实数值特征图进行池化,从而减小了池化过程中的信息损失。在输出层,为了解决现有 CNN 模型存在的信息瓶颈问题,将多个卷积层的直方图输出进行连接,从而构成了包含有局部信息和全局信息的输出特征,从而避免了信息传播过程中的瓶颈问题。图 2-21 展示了 MS-PCANet 算法的结构框图。

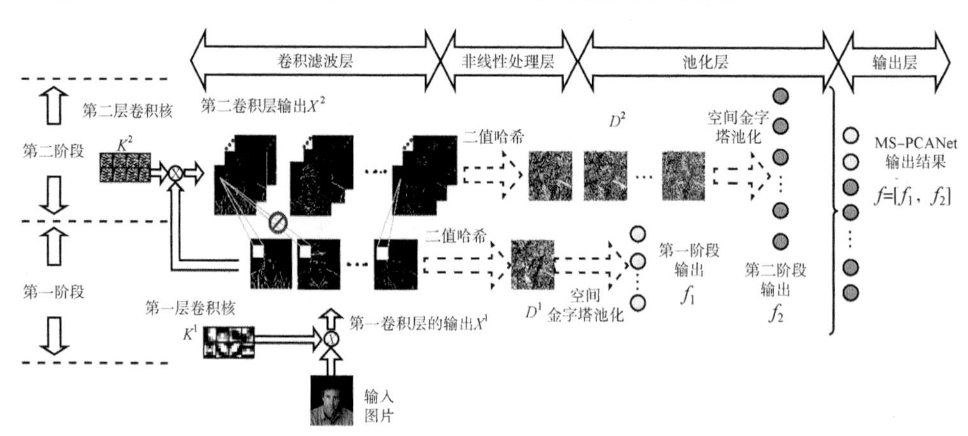

图 2-21 基于两层的 MS-PCANet 模型结构框图

1. MS-PCANet 的卷积层

假设训练集提供了 N 个训练样本$\{\boldsymbol{I}_i\}_{i=1}^N$,每幅人脸图像的大小为 $d_1 \times d_2 (d_1 \times d_2 = d)$。MS-PCANet 模型的第 i 个卷积层中有 L_i 个卷积核,且在所有卷积层中的卷积核尺寸均为

$j_1 \times j_2$。假设从第 i 幅人脸图像的每个像素点采样大小为 $j_1 \times j_2$ 的局部图像块，采样步长为 s。将上述操作应用于所有训练人脸图像中，从而得到去均值后的数据矩阵：

$$\boldsymbol{A}=[\boldsymbol{A}_1,\boldsymbol{A}_2,\cdots,\boldsymbol{A}_N]\in \mathbb{R}^{j_1 j_2 \times NM} \tag{2-72}$$

MS-PCANet 算法从矩阵 $\boldsymbol{A}$ 中利用 PCA 算法学习第 i 层特征图的主要特征向量 $\boldsymbol{V}^{(i)}$。其中，PCA 算法的目标函数为

$$\boldsymbol{v}_{\text{opt}} = \arg\max_{\boldsymbol{v}} \sum_{i}^{N} (\boldsymbol{y}_i - \bar{\boldsymbol{y}})^2 = \arg\max_{\boldsymbol{v}} \boldsymbol{v}^{\text{T}} \boldsymbol{C}_{\boldsymbol{v}} \tag{2-73}$$

将矩阵 $\boldsymbol{A}$ 通过 PCA 算法得到前 l_1 个特征向量的运算简化为 $f_{l_1}(\boldsymbol{A})$。

接下来，将学习得到的一系列一维特征向量变形为一系列二维矩阵，并将这些二维矩阵作为 MS-PCANet 算法的卷积核。将这些特征向量变形为矩阵，并将其作为卷积核，可以提取得到人脸图像中最重要的（即具有最大信息量）的局部模式。MS-PCANet 模型从原始图像块集合 $\boldsymbol{A}$ 中学习得到的卷积核 $\boldsymbol{K}_{l_1}^1$，其数学表达形式如下：

$$\boldsymbol{K}^i=\{\text{vec2mat}_{k_1\times k_2}(f_{l_i}(\boldsymbol{A}))\}_{l_i=1}^{L_i} \tag{2-74}$$

因此，第一个卷积层的输出可以表示为

$$\boldsymbol{X}_i^1(l_1)=\{\boldsymbol{X}_i * \boldsymbol{K}_{l_1}^1\}_{l_1=1}^{L_1},i=1,2,\cdots,N \tag{2-75}$$

与第一个卷积层的运算步骤类似，提取第一层的特征图 $\boldsymbol{X}_i^1(l_1)$ 中的所有图像块并将其组成矩阵 $\boldsymbol{Q}=[\boldsymbol{Q}_1,\boldsymbol{Q}_2,\cdots,\boldsymbol{Q}_{NL_1}]$。利用主成分分析算法计算数据矩阵 $\boldsymbol{Q}$ 的主成分特征向量，并将其变形为矩阵形式，作为第二层的卷积核 $\{\boldsymbol{K}_{l_2}^2\}_{l_2=1}^{L_2}$。对于第二层的每个输入 $\boldsymbol{X}_i^1(l_1)$（即第一层的特征图），将其与卷积核 $\{\boldsymbol{K}_{l_2}^2\}_{l_2=1}^{L_2}$ 进行卷积，从而得到第二个卷积层的输出（特征图）$\boldsymbol{X}_i^2(l_1)$，其数学表达形式如下：

$$\boldsymbol{X}_i^2(l_1)=\{\boldsymbol{X}_i^1(l_1) * \boldsymbol{K}_{l_2}^2\}_{l_2=1}^{L_2},i=1,2,\cdots,N \tag{2-76}$$

式中，$\boldsymbol{K}_{l_2}^1$ 表示利用第一个卷积层的输出 $\{\boldsymbol{X}_i^1(l_1)\}_{l_1=1}^{L_1}$ 学习得到的第二个卷积层的卷积核。

2. MS-PCANet 的非线性处理层

MS-PCANet 模型中的非线性处理层采用二值哈希函数对特征图进行非线性处理。MS-PCANet 模型更关注的是原始图像中某个局部块是否对一系列特定组合的卷积核产生了响应，而不是响应的幅度。因此，MS-PCANet 模型只保留特征图中的符号信息，而舍弃了特征图中的幅值信息。第一个卷积层输出的一系列特征图 $\boldsymbol{X}_i^1$ 经过二值哈希函数 Heaviside(·)，可以得到一系列二值特征图，如下所示：

$$\boldsymbol{X}_i^{l_1}=\text{Heaviside}(\boldsymbol{X}_i^1(l_1)) \tag{2-77}$$

式中，$\boldsymbol{H}_i^1$ 表示原始图像与第一个卷积核卷积得到的二值图像，而 $\boldsymbol{H}_i^{L_1}$ 则表示着图像与最后一个卷积核卷积得到的二值图像。因为卷积核的本质是原始人脸图像中的特征向量，特征值越大的特征向量代表着携带信息量越大、描述能力越强的卷积核。相比于最后一个卷积核，第一个卷积核的重要程度会高很多。因此，第一个卷积核对应的二值图像需要被赋予更大的权重。按照 LBP 算法中权重求和的二值编码策略，将一系列二值图像转化为一个实数值的特征图 $\boldsymbol{D}_i^{l_1}$，上述过程可以简化为如下数学公式：

$$\boldsymbol{D}_i^{l_1} = \sum_{l_1=1}^{L_1} 2^{l_1-1}\text{Heaviside}(\boldsymbol{X}_i^1) \tag{2-78}$$

同理，而第二个卷积层的输出 $\boldsymbol{X}_i^2(l_1)$ 对应的实数值的特征图 $\boldsymbol{D}_{i,l_1}^2$：

$$\boldsymbol{D}_{i,l_1}^2 = \sum_{l_2=1}^{L_2} 2^{l_2-1}\text{Heaviside}(\boldsymbol{X}_i^2(l_1)) \tag{2-79}$$

式中，图像 $\boldsymbol{D}_i^{l_1}$ 中像素点的取值范围为$[0, 2^{L_1}-1]$，而图像 $\boldsymbol{D}_{i,l_1}^2$ 像素点的取值范围为$[0, 2^{L_2}-1]$。$\boldsymbol{D}_{i,l_1}^2$ 表示第 i 个图像的第 l_1 个特征图对应的实数值图像。

3. MS-PCANet 的池化层

非线性处理层通过为每个二值特征图赋予不同的权重，从而将一组二值图像转化为一个实数值特征图 $\boldsymbol{D}_i^{l_1}$。$\boldsymbol{D}_i^{l_1}$ 中每个像素点的数值表示了原始图像中对应的图像块对于一系列卷积核的响应效果。通过统计 $\boldsymbol{D}_i^{l_1}$ 中像素点数值出现的频率，可以得到一幅图像对于一系列卷积核的响应效果，即人脸图像中不同特征模式的出现情况，并将其作为人脸图像的有效描述。为了减小现有 CNN 模型采用固定尺寸的池化操作所导致特征图中的信息损失，采用空间金字塔池化的思想，从多种尺度下对特征图进行最大值池化，同时兼顾了特征图中的细粒度信息和粗粒度信息。最细粒度池化的尺寸类似于卷积核的大小，这种局部池化操作有助于提取局部空间信息；而最粗粒度池化的尺寸则可以覆盖整个特征图，这种池化则类似于词袋模型(Bag-Of-Words，BOWs)的思想，可以提取一幅图像的全局信息。

以第一层的特征图 $\boldsymbol{D}_i^{l_1}$ 为例，假设 $\boldsymbol{D}_i^{l_1}$ 被分解为 $b_1 \times b_2$ 个图像块。其中，$b_1 = \text{floor}(d_1/w)$，$b_2 = \text{floor}(d_2/h)$，而 w 和 h 则表示最细粒度池化的尺寸。利用空间金字塔池化的技术，从不同粒度的图像块中提取直方图特征，如图 2-22 所示。从最细粒度的图像块开始，MS-PCANet 算法统计每个最细粒度图像块中数值出现的频率并将其表示为直方图特征，从而得到了 b_1b_2 个直方图特征；随着池化粒度地不断加大，MS-PCANet 将相邻图像块合并为一个大的图像块，并提取合并后图像块的直方图特征；最粗粒度的池化是对一整幅特征图进行全局池化，得到一个维度为 2^{L_1} 的直方图特征。随着池化粒度地不断加大，直方图特征中包含了越来越多的全局信息。最后，将所有粒度对应的直方图输出特征进行连接，作为 MS-PCANet 第一个池化层的输出特征。同理，对第二层的特征图 $\boldsymbol{D}_{i,l_1}^2$ 采用上述的空间金字塔池化技术，可以获得 MS-PCANet 第二个池化层的输出特征。多尺度池化不仅从尽可能多的角度对特征图 $\boldsymbol{D}_i^{l_1}$ 进行池化，减少了特征图中信息的损失；还为 MS-PCANet 算法引入了足够的不变性，增加了算法的鲁棒性。

4. MS-PCANet 的输出层

为了避免现有 CNN 网络在信息从低层到高层的传播过程中由于瓶颈问题而产生的信息损失，MS-PCANet 将多个卷积层的特征图分别进行非线性处理和多尺度特征池化，并将输出结果进行拼接，最终得到多层级的输出特征。

以两层的 MS-PCANet 算法为例，第一卷积层输出的特征图中主要包含了人脸图像的低层局部信息，而第二卷积层输出的特征图中则包含了人脸图像的高层全局信息。为了得到同时包含有局部信息和全局信息的输出特征，将第一和第二卷积层输出的特征图分别进行非线性处理和多尺度特征池化，非线性处理提升了输出特征的非线性描述能力，而多尺度池化不仅有效地减少了池化过程中信息的损失，还减小了特征输出的维度。最后，将第一卷积层池化后的特征与第二卷积层池化后的特征进行拼接，构成了包含有局部细节信息和全局语义信息的输出特征，即

$$\boldsymbol{f}_i = [\boldsymbol{f}_{i,1}, \boldsymbol{f}_{i,2}] \in \mathcal{R}^{(2^{L_2}+L_1 2^{L_2})\times(b_1\times b_2+\cdots+1)} \tag{2-80}$$

式中，$f_{i,1}$ 表示第 i 个图像的第一卷积层对应的池化后的输出特征，而 $f_{i,2}$ 则表示第 i 个图像的第二卷积层对应的池化后的输出特征，f_i 表示 MS-PCANet 模型对于第 i 个图像的最终输出特征。

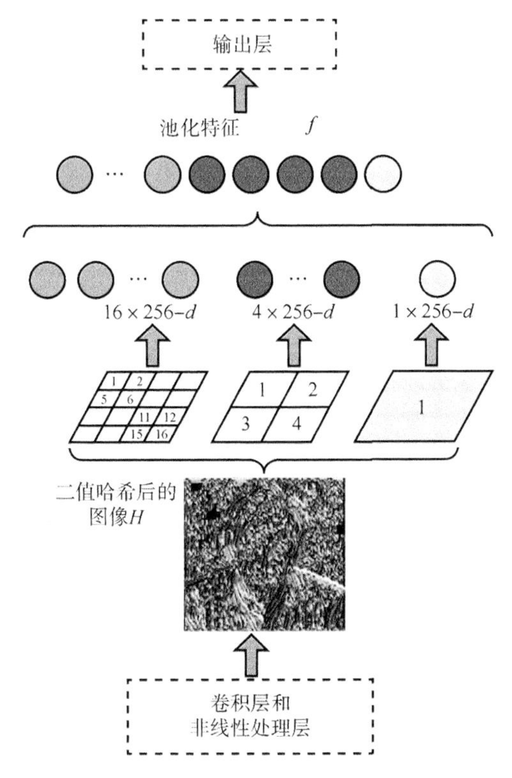

图 2-22　多尺度池化层的结构示意图，本结构图中的空间金字塔尺寸[4×4,2×2,1×1]

2.4.4　实验及结果分析

为了验证本节中提出的两种基于子空间学习的人脸识别算法能够有效地解决训练样本量问题、信息瓶颈问题和单一尺度池化问题，本节设计了针对多重类内因素同时变化人脸识别问题的实验，采用了两个具有大量多重类内因素同时变化的数据库(即 LFW 和 PaSC)进行测试，并与现有的同类型算法进行性能比较。评测标准为识别/验证准确率。

1. SRDANet 算法实验结果及分析

本节中将 SRDANet 在 LFW 数据库中进行测试，以验证本算法能有效地利用监督的谱回归判别分析算法学习得到有判别能力的卷积核，并解决现有 CNN 模型需要在大规模标注训练样本的基础上训练网络参数和训练成本过高的问题。

为了验证 SRDANet 在面对非约束环境下**多重类内因素同时变化**的人脸识别问题，相比于其他现有 CNN 算法在有限训练样本的情况下，能够学习得到更具有判别能力的卷积核，以两层的 SRDANet 算法为例，将 SRDANet 算法与现有 CNN 模型的两层网络结构进行比较，如两层的 AlexNet 和两层的 VGGNet。对于 AlexNet 模型的实现，该模型记为 AlexNet-2，其网络结构参数如表 2-14 所示。为了验证 SRDANet 模型，利用较少的层数即可获得与深度CNN模型相似的性能，将SRDANet模型与完整的7层AlexNet模型进行比较，记为AlexNet-7，即Afonson工作展示的模型结构。对于VGGNet模型的实现，沿用Vu工作前两层的参数，同样利用512维的全连接层作为网络的输出。该模型记为VGGNet-2，其网络结构如表2-15所示。

表2-14　两层AlexNet模型的网络结构

层类型	参数
卷积层-1	96×11×11，LRN
池化层-1	步长为3的最大池化
卷积层-2	256×5×5，LRN
池化层-2	步长为3的最大池化
全连接层-3	512

表2-15　两层VGGNet模型的网络结构

层类型	参数
卷积层-1 卷积层-2	64×3×3 64×3×3
池化层-1	步长为2的最大池化
全连接层-3	512

由于LFW数据库上不同类别之间的样本数量差异巨大，即样本分布极度不均，只有1680个人有拥有超过2张以上的图像。对于现有CNN模型而言，无法使用只包含一张或两张人脸图像的训练样本来训练Softmax分类器。因此，选择在其他数据库(如FERET、CAS-PEAL-R1、CMU Multi-PIE和CASIA WebFace子集)上进行训练，并将训练得到的模型应用于LFW数据库中。一方面，这种实验设置能够公平地将SRDANet算法和其他CNN算法进行比较；另一方面，这种实验设置也能测试SRDANet算法与其他CNN算法的泛化能力，即从不同数据分布的源数据库上学习得到的模型能否成功地应用于LFW数据库。CASIA WebFace拥有10 575个人的494 414张人脸图像，而挑选了其中500个人的37 950张人脸图像作为训练集。对于SRDANet算法的参数，设置卷积核的个数$[L_1,L_2]=[8,8]$卷积核大小$[j_1,j_2]=[7,7]$，池化层分块大小为[7,7]。实验结果如表2-16所示。根据实验结果，可以得出如下结论。

(1)当使用小规模训练样本训练时，如FERET或CAS-PEAL-R1，完整的7层AlexNet模型的准确率远低于其他几种两层模型，这说明了现有CNN模型在只使用小规模标注训练样本的情况下，极易出现了过拟合问题，难以学习得到具有判别能力的卷积核和网络模型。

(2)对于相同的网络结构，如AlexNet-2和RDANet，在网络模型训练过程中使用的训练样本数量越多，训练样本中类内变化越复杂，深度模型学习效果就越好，在面对多重类内因素同时变化的人脸识别问题时性能也就越好。这与人们对于深度学习模型的现有认知一致。

(3)同样为两层的深度网络结构，相比于其他基于BP算法学习卷积核的深度模型(如：

AlexNet-2 和 VGGNet-2)，SRDANet 算法利用有监督的谱回归判别分析算法，在小规模训练集上即可学习得到了具有判别能力的特征向量，并将其表示为有判别能力的卷积核。随着训练样本规模的增加，SRDANet 模型的描述能力和判别能力也随之得到提升。

表 2-16　SRDANet 算法与同类深度学习算法在 LFW 数据库的非监督测试协议下的平均识别准确率(AUC±std)(%)

方法	训练数据库	AUC+std	方法	训练数据库	AUC+std
AlexNet-2	FERET	70.91+1.67	AlexNet-7	FERET	58.68+2.53
	PEAL	73.26+1.55		PEAL	71.21+2.61
	Multi-PIE	74.92+2.00		Multi-PIE	79.67+1.78
	WebFace	79.62+2.41		WebFace	92.74+2.36
VGGNet-2	FERET	73.21+2.45	SRDANet-2	FERET	82.07+3.47
	PEAL	67.98+2.86		PEAL	81.58+3.01
	Multi-PIE	74.87+1.70		Multi-PIE	86.30+3.57
	WebFace	69.41±3.23		WebFace	87.11+3.60

2. MS-PCANet 算法实验结果及分析

本节中将 MS-PCANet 在 CMU Multi-PIE、LFW 和 PaSC 数据库中进行测试，以验证本算法能有效地解决现有 CNN 模型和 PCANet 模型在信息传播过程中的信息瓶颈问题和池化层无多尺度池化能力的问题。

1)LFW 数据库

为了验证 MS-PCANet 算法在面对**多重类内因素同时变化**的人脸识别有效性，并验证该算法能够有效地解决现有 CNN 模型和 PCANet 模型在信息传播过程中存在的信息瓶颈问题和池化层无多尺度编码能力的问题。在 LFW 数据库上对 MS-PCANet 算法与同类算法进行比较，利用 WPCA 算法将输出特征的维度降为 3200，并将其作为最终的输出特征。验证准确率和对应的 ROC 曲线分别列在表 2-17 中和图 2-23 中。

实验结果表明，MS-PCANet 算法在面对**多重类内因素同时变化**的人脸识别问题时获得了优秀的验证准确率。本算法超过了现有的其他算法，特别是超过了各种版本的 CNN 算法和原始的 PCANet 算法。一方面，实验结果证明了多网络层级特征的引入，能够有效地解决了现有深度学习模型在信息播过程中存在的信息瓶颈问题；另一方面，在池化层中采用多尺度池化技术，能够有效地解决了现有 CNN 模型和 PCANet 模型在池化过程中由于只能按照固定尺寸进行池化而导致的信息损失问题。在无监督测试协议的情况下，MS-PCANet 算法的 AUC 仍能够超过 93%，足以说明本算法能够应对无约束环境下多重类内因素同时变化的人脸识别问题。

在本算法提出之时，有一些同时期 Belhumeur、LeCun、Krizhevsky 工作在 LFW 数据库上基于监督的测试协议获得了超过 95%的准确率。但是一方面，这些算法在训练过程中利用了监督信息(即标签信息)训练模型；另一方面，这些算法在训练过程中还引入了大量带有标签的外部数据，如 Belhumeur 工作则使用了超过 400 万社交平台数据，Belhumeur 工作则使用了超过 300 万带有标注的外部数据。实验结果表明，MS-PCANet 算法在使用轻量级网络结构和较小参数规模的情况下，即可获得超过现有 CNN 模型的准确率。MS-PCANet 算法通过子空间学习算法利用较少的训练样本，可以学习得到具有描述能力的卷积核。而且，MS-PCANet 算法能够通过多网络层级的特征联合和池化层中的多尺度池化，解决 CNN 模型存在的信息瓶颈问题和单一尺寸池化所导致的信息损失问题。

表 2-17　MS-PCANet 算法与其他现有算法在 LFW 数据库的非监督测试协议下的平均识别准确率(±std)(%)和 AUC(%)

方　法	准确率＋标准差	AUC
SIFT	64.10＋0.6	54.07
LBP	69.45＋0.5	75.47
POEM	82.70＋0.6	—
G-LQP	82.1＋0.26	—
OCLBP	82.78＋0.4	—
MRF-MLBP	80.08	89.94
High-dim HOG	84.98	—
High-dim LBP	84.08	—
DFD	84.02	—
PCA Network-2	85.20＋1.5	—
AlexNet-2	70.91＋0.9	—
AlexNet-7	58.68＋2.5	—
VGG-2	74.87＋1.7	—
MS-PCANet	86.81±1.5	93.16

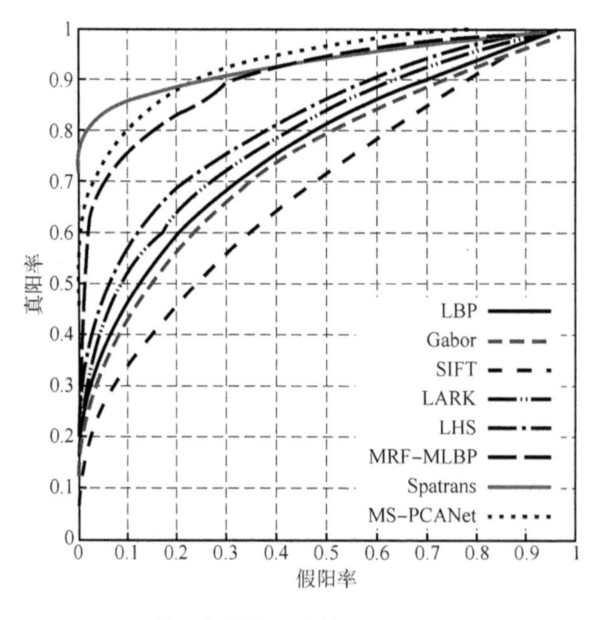

图 2-23　MS-PCANet 算法与其他现有算法在 LFW 数据库上的 ROC 曲线

2)PaSC 数据库

为了验证 MS-PCANet 算法在面对**多重类内因素同时变化**的人脸识别问题时的泛化能力,并验证 MS-PCANet 算法能够有效地解决现有 CNN 模型和 PCANet 模型在信息传播过程中存在的信息瓶颈问题和池化层无多尺度编码能力的问题。在 PaSC 数据库上继续测试 MS-PCANet 算法。不同的是,在本节中 MS-PCANet 模型在 FERET、CMU Multi-PIE 数据库和自身训练集上进行训练,而将训练得到的模型在 PaSC 数据库上进行测试。

MS-PCANet 算法的滤波核大小$[j_1,j_2]=[7,7]$、最细粒度池化尺寸$[w,h]=[8,6]$、空间金字塔池化尺寸为$[16^2,8^2]$,利用 WPCA 算法将输出特征的维度降为 500,并将其作为最终的输出特征。验证准确率和对应的 ROC 曲线分别列在表 2-18 中和图 2-24 中。其中,MS-PCANet (FERET)表示 MS-PCANet 模型是在 FERET 数据库上训练得到的,其他示例也按照相同的方式进行表示。实验结果表明,尽管 FERET 和 CMU Multi-PIE 数据库中的样本与 PaSC 数据库中的样本分布差距很大。但 MS-PCANet 算法在使用了与 PaSC 不同源的训练样本的情况下,依然获得了优秀的性能。多网络层级的联合以及多尺度池化的引入,不仅提升了 MS-PCANet 算法的描述能力,同时还使得 MS-PCANet 算法能够泛化地学习人脸图像中的通用特征描述方式,并将其应用于不同源的人脸图像上去。另外,基于 PaSC 数据库学习得到的 MS-PCANet 算法的验证准确率略高于其他两个数据库。这是因为 PaSC 数据库比其他两个数据库具有更多更为丰富的极端类内变化。因此,利用 PaSC 数据库学习得到的 MS-PCANet 算法自然会具有更强的描述能力。

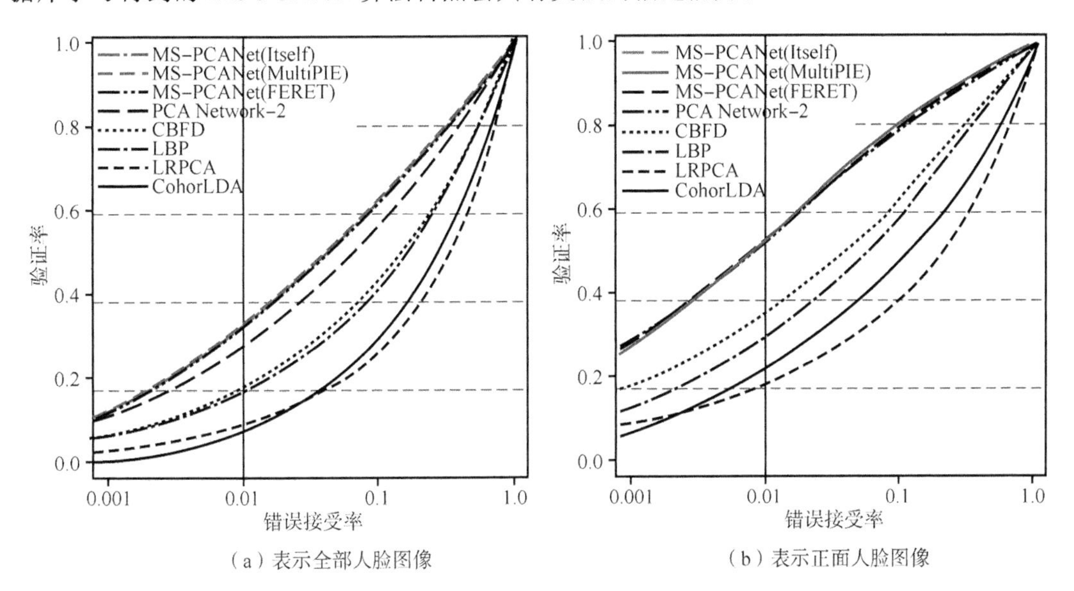

(a) 表示全部人脸图像　　(b) 表示正面人脸图像

图 2-24　MS-PCANet 算法和其他现有方法在 PaSC 的全部人脸和正面人脸场景下的 ROC 曲线

表 2-18　MS-PCANet 算法与现有其他算法在 PaSC 数据库上当 FAR=0.01 时的验证准确率

方　法	全部人脸图像	正面人脸图像
LBP	17.6	29.6
LRPCA	10.0	19.0
CohortLDA	8.0	22.0

续表

方 法	全部人脸图像	正面人脸图像
CBFD	19.4	36.0
JFL	32.6	—
BSIF	14.3	24.9
PCA Network-2	28.6	53.0
MS-PCANet (FERET)	28.6	53.0
MS-PCANet (MultiPIE)	33.2	54.0
MS-PCANet (PaSC)	33.6	54.0

2.5 基于自动编码器的人脸生成与识别算法

近年来，以人脸特征为基础的人脸生成和人脸识别技术，获得迅速发展，并在多种场景中发挥作用，为保障社会安全稳定和人们生活带来便利等做出贡献。在现实场景中，人脸易受到姿态、年龄、表情、采集设备等因素变化的影响，根据影响因素的不同，人脸生成和识别可分为：跨因素的人脸生成和人脸识别、异质人脸生成和人脸识别：跨因素的人脸生成和人脸识别的目的是克服由于人类自身变化，如姿态、年龄、表情、光照、妆容等导致的人脸类内变化问题；异质人脸生成和人脸识别的目的是减少由于传感器设备和照相机设置等人脸采集设备引起的人脸差异，如近红外和可见光下的拍摄人脸图像、人脸的素描和照片、低分辨率和高分辨率人脸图像等。上述的人脸生成和识别问题面临的问题和挑战有：(1)跨因素人脸数据库和异质人脸数据库规模都比较小；(2)人脸的类内差异大，甚至超过人脸类间差异。因此，如何利用有限的数据来有效地降低人脸类内差异，促进人脸生成和识别技术更好应用于现实场景中，是目前亟需解决的问题。

本节在人脸的图像空间和特征空间对跨因素的人脸生成和识别和异质人脸生成和识别进行深入探讨。将自动编码器生成模型作为基础模型，针对不同的影响因素，提出多种有效的人脸生成和人脸识别算法。它们在生成逼真人脸的同时，提取到具有判别能力的人脸特征。

2.5.1 自动编码器原理

虽然监督学习被广泛应用于计算机视觉等领域中，但是如果没有足够的标记数据，在实际应用中会有一定的局限性。自动编码器作为一种无监督学习算法模型，在生成、识别、检测等多个领域中，取得出色效果。最简单的自动编码器由单层的编码器和单层的解码器组成，改进的自动编码器包含更加复杂的结构，如二值自动编码器和变分自动编码器。下面将分别对基础的自动编码器模型、二值自动编码器模型和变分自动编码器模型进行简单概述。

1. 基础的自动编码器模型

自动编码器的每个隐含层都采用无监督预训练方案进行初始化，解决了深度学习网络中大量连接的隐含层容易导致基于随机初始化的梯度优化陷入僵局的问题，并利用反向传播算法进行迭代优化。如图 2-25 所示，是自动编码器模型的图形表示。

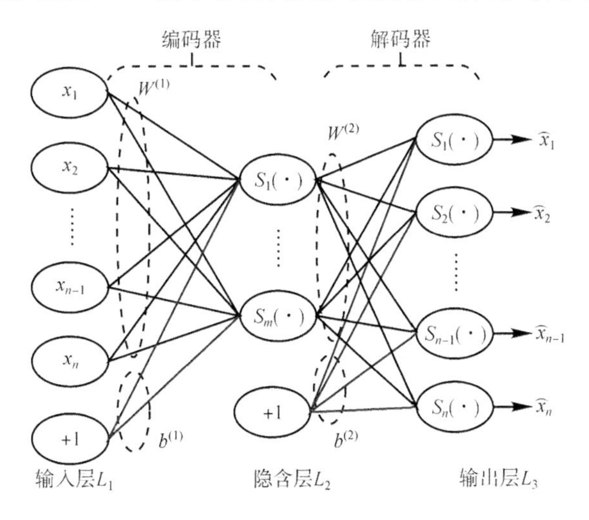

图 2-25　自动编码器模型

在自动编码器编码阶段，隐含层通过学习，得到输入的压缩表示，隐含层中神经元个数表示的是数据压缩的维度。在编码阶段，编码器可以很容易学习到表示输入数据的重要信息。假设模型的输入是 $x\in\mathcal{R}^{(L\times1)}$，其中 L 表示输入数据的维度。编码过程用函数 $h_{\boldsymbol{W},\boldsymbol{b}}(\boldsymbol{x})$ 示，隐含层的输出为 $\boldsymbol{a}\in\mathcal{R}^{(m\times1)}$，其中 m 表示神经元的个数。则编码过程的数学表达式为

$$\boldsymbol{a}=h_{\boldsymbol{W},\boldsymbol{b}}(\boldsymbol{x})=s(\boldsymbol{W}\boldsymbol{x}+\boldsymbol{b}) \tag{2-81}$$

式中，$\boldsymbol{W}\in\mathcal{R}^{(m\times L)}$ 和 $\boldsymbol{b}\in\mathcal{R}^{(m\times1)}$ 是线性变换系数矩阵，即编码器参数。$s(\cdot)$是激活函数，可以是 sigmoid 或 tanh 函数：

$$s(x)=\frac{1}{1+e(-x)}\text{或 } s(x)=\frac{e(x)-e(-x)}{e(x)+e(-x)} \tag{2-82}$$

在自动编码器的解码阶段，解码器解码隐含层的输出 $\boldsymbol{a}\in\mathcal{R}^{(\mathrm{m}\times1)}$，得到重构的数据 $\tilde{\boldsymbol{x}}\in\mathcal{R}^{(L\times1)}$。解码过程用函数 $g_{\tilde{\boldsymbol{W}},\tilde{\boldsymbol{b}}}(\boldsymbol{a})$ 表示，则解码过程的数学表达式可以写作：

$$\tilde{\boldsymbol{x}}=g_{\tilde{\boldsymbol{W}},\tilde{\boldsymbol{b}}}(\boldsymbol{a})=\mathrm{s}(\widetilde{\boldsymbol{W}}\boldsymbol{x}+\tilde{\boldsymbol{b}}) \tag{2-83}$$

式中，$\widetilde{\boldsymbol{W}}\in\mathcal{R}^{(m\times L)}$ 和 $\tilde{\boldsymbol{b}}\in\mathcal{R}^{(m\times L)}$ 是解码器参数。

自动编码器的损失函数是重构误差函数。假设输入数据集含有 n 个样本，即 $\boldsymbol{X}=\{\boldsymbol{x}_1,\boldsymbol{x}_2,\cdots,\boldsymbol{x}_n\}$，通过最小化如下损失函数，学习编码器和解码器参数：

$$\mathcal{F}(\boldsymbol{W},\boldsymbol{b},\widetilde{\boldsymbol{W}},\tilde{\boldsymbol{b}})=\frac{1}{2n}\sum_{i=1}^{n}\|\boldsymbol{x}_i-g_{\tilde{\boldsymbol{W}},\tilde{\boldsymbol{b}}}(h_{\boldsymbol{W},\boldsymbol{b}}(\boldsymbol{x}_i))\|_2^2 \tag{2-84}$$

式中，$\boldsymbol{x}_i$ 表示第 i 个训练样本。损失函数通过梯度下降算法(Gradient Descent Algorithm)进行迭代优化，不断降低重构误差，从而得到最优的参数和最真实的重构样本。

2. 二值自动编码器

在二值自动编码器的优化中，二值编码($\boldsymbol{B}$)的优化和编码器与解码器(h 与 g)的优化是迭代进行的。二值自动编码器的优化函数整体写作：

$$\min_{h,f,\boldsymbol{B}}\sum_{i=1}^{n}\|\boldsymbol{x}_i-g(\boldsymbol{b}_i)\| \tag{2-85}$$

式中，$\boldsymbol{b}_i=h(\boldsymbol{x}_i)\in\{0,1\}^L$，$i=1,2,\cdots,n$。

(1) (h,g)的优化

编码器 h 的优化函数为

$$\min_h \sum_{i=1}^{n} \| \boldsymbol{b}_i - h(\boldsymbol{x}_i) \|^2 = \min_w \sum_{i=1}^{n} \| \boldsymbol{b}_i - \sigma(\boldsymbol{W}\boldsymbol{x}_i) \|^2 = \sum_{l=1}^{L} \min_{\boldsymbol{w}_l} \sum_{i=1}^{n} (\boldsymbol{b}_{il} - \sigma(\boldsymbol{w}_l^{\mathrm{T}}\boldsymbol{x}_i))^2 \tag{2-86}$$

式中,$\sigma(\cdot)$表示二值编码。二值编码的每一位都是独立的,每一位的计算可归为二分类问题。因此,在公式(2-86)中,编码器 h 是分类器,通常用支持向量机(Support Vector Machine,SVM)来实现。公式(2-86)中的汉明表示可以理解为对分类错误的编码个数进行求和。

解码器 g 的优化函数为

$$\min_{\boldsymbol{A}} \sum_{i=1}^{n} \| \boldsymbol{x}_i - \boldsymbol{A}\boldsymbol{b}_i \|^2 \tag{2-87}$$

式中,$\boldsymbol{b}_i = h(\boldsymbol{x}_i) \in \{0,1\}^L, i = 1, 2, \cdots, n$。为简化计算,公式(2-87)中忽略了偏差,则公式(2-87)的解为

$$\boldsymbol{A} = \boldsymbol{X}\boldsymbol{B}^{\mathrm{T}}(\boldsymbol{B}\boldsymbol{B}^{\mathrm{T}})^{-1} \tag{2-88}$$

公式(2-88)的计算复杂度为(nDL)。同时,$\boldsymbol{B}$ 是二值编码,因此,$\boldsymbol{X}\boldsymbol{B}^{\mathrm{T}}$ 的计算只涉及加法运算,极大简化了计算量。

(2) z 的优化

每一个长度为 L 的编码 z 的优化都是独立的。由公式(2-85)可知:

$$\min_b e(\boldsymbol{b}) = \| \boldsymbol{x} - g(\boldsymbol{b}) \|^2, \text{其中 } \boldsymbol{b} \in \{0,1\}^L \tag{2-89}$$

虽然,公式(2-89)的优化是一个 NP-complete 问题,但是,由于 L 的值通常很小(8～32 bit),公式(2-89)可获得一个较为精确的解。

3. 变分自动编码器

变分自动编码器是自动编码器的一种扩展,其编码器的输出是均值和方差。编码器将输入样本进行编码,得到潜在向量,解码器对得到潜在向量进行解码,得到输出。对于变分自动编码器而言,它是通过拟合输入和得到潜在向量的联合输入,间接获得输出。因而,得到潜在向量是输入的一种压缩形式,并包含输入所有的特征信息,可以作为有效的特征,直接用于分类或识别任务。同时,变分自动编码器在隐含层中加入了随机噪声,使得模型对于噪声具有鲁棒性。人脸数据通过变分自动编码器编码,可以得到具有判别性和鲁棒性的压缩特征表示。

假设有样本数据集 $\boldsymbol{X} = \{\boldsymbol{x}_1, \boldsymbol{x}_2, \cdots, \boldsymbol{x}_n\}$,在理想情况下,若能直接获得 $\boldsymbol{X}$ 的数据分布 $P(\boldsymbol{X})$,则直接从 $P(\boldsymbol{X})$中采样,便可生成所有可能的 $\boldsymbol{X}$。然而,随着数据量的增大,$P(\boldsymbol{X})$将越来越难获得,于是引入隐含变量 z,$P(\boldsymbol{X}|z)$表示由 z 生成 $\boldsymbol{X}$。若 $P(z) = N(0, I)$,先从正态分布中采样得到 z,然后由 z 生成 $\boldsymbol{X}$。因此要生成 $\boldsymbol{X}$,只需要最大化公式(2-90):

$$P(\boldsymbol{X}) = \int P(\boldsymbol{X}|z;\theta)P(z)\mathrm{d}z \tag{2-90}$$

式中,$P(\boldsymbol{X}|z;\theta) = \mathcal{N}(\boldsymbol{X}|\mu(z;\theta_\mu), \Sigma(z;\theta_\Sigma))$服从高斯分布,而 μ 均值和方差Σ由神经网络计算得到。

事实上,如果 z 来自随机采样,则绝大多数 z 是无法生成 $\boldsymbol{X}$ 的。因此,模型需要对 z 的采样空间加以限制,即获取能够生成 $\boldsymbol{X}$ 的 z。$Q(z|\boldsymbol{X})$表示由 $\boldsymbol{X}$ 得到能够生成 $\boldsymbol{X}$ 的 z。变分自动编码器用 $Q(z|\boldsymbol{X})$来逼近真实的后验概率 $P(z|\boldsymbol{X})$。KL 散度用来衡量 $P(z|\boldsymbol{X})$和 $Q(z|\boldsymbol{X})$两个分布之间的差别:

$$\mathrm{KL}(Q(z||\boldsymbol{X}))\parallel P(z\parallel \boldsymbol{X})=E_{z\sim Q(z\parallel \boldsymbol{X})}[\log Q(z\parallel \boldsymbol{X})-\log P(z\parallel \boldsymbol{X})]$$
$$=\mathrm{E}_{z\sim Q(z|\boldsymbol{X})}[\log Q(z)-\log P(\boldsymbol{X}|z)-\log P(z)]+\log P(\boldsymbol{X}) \quad (2\text{-}91)$$

移项可得：

$$\log \mathrm{P}(\boldsymbol{X})-\mathrm{KL}(Q(z\parallel \boldsymbol{X})\parallel P(z|\boldsymbol{X}))=E_{z\sim Q(z|\boldsymbol{X})}[\log P(\boldsymbol{X}|z)]-\mathrm{KL}[Q(z|\boldsymbol{X})\parallel P(z)] \quad (2\text{-}92)$$

公式(2-92)等式的右边便是变分自动编码器的目标函数。其中 $P(z|\boldsymbol{X})P(z|\boldsymbol{X})$ 和 $Q(z|\boldsymbol{X})$ 分别由图 2-26 中的编码器和解码器获得。如果直接从编码器编码得到的均值和方差中采样，会导致网络无法回传优化。因此，采用图 2-26 中矩形框所示的方法，从正态分布中采样，并乘以均值和方差，将不可回传的采样操作转移到了回传路径外面。

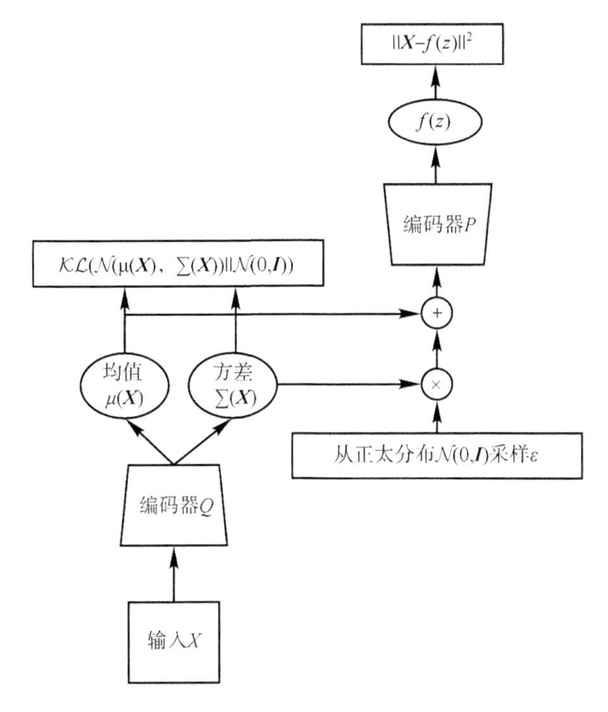

图 2-26　变分自动编码器模型

2.5.2　基于稀疏渐进式堆叠自动编码器的姿态人脸矫正与识别

姿态人脸的矫正和识别存在以下问题和挑战：(1)多解问题。从优化的角度看，由大角度姿态的人脸生成正脸是一个不适定或欠定的问题。如果不考虑先验知识或约束，容易产生模糊结果，则该问题存在多个解；(2)信息丢失。姿态人脸相比于正脸缺少部分人脸结构和细节等判别信息，这导致姿态人脸矫正过程容易丢失判别信息。而生成的正脸在缺少判别信息的情况下，又很难用于人脸识别中。(3)模型过拟合。现有的人脸数据集中，姿态人脸数据量要远小于正脸的数据量。在训练数据量不足的情况下，复杂模型存在过拟合风险。本节介绍基于稀疏渐进式堆叠自动编码器的人脸姿态矫正和识别(Sparse Stacked Processive Stacked Auto-Encoders, Sparse SPSAE)方法，能够一定程度地解决生成人脸模糊和信息丢失问题。

稀疏渐进式堆叠自动编码器包括两个重要组成部分:渐进式堆叠自动编码器和稀疏约束,如图 2-27 所示,是 Sparse SPSAE 算法模型的结构框图。该结构框图中以输入人脸角度变化最大为 45°为例,展示了 Sparse SPSAE 实现渐进式人脸姿态矫正的过程。任意姿态的人脸输入到 Sparse SPSAE 算法模型中,通过多个稀疏堆叠自动编码器的渐进式矫正,解码器输出矫正后的正脸图像,编码器输出对姿态鲁棒的具有判别能力的特征表示。

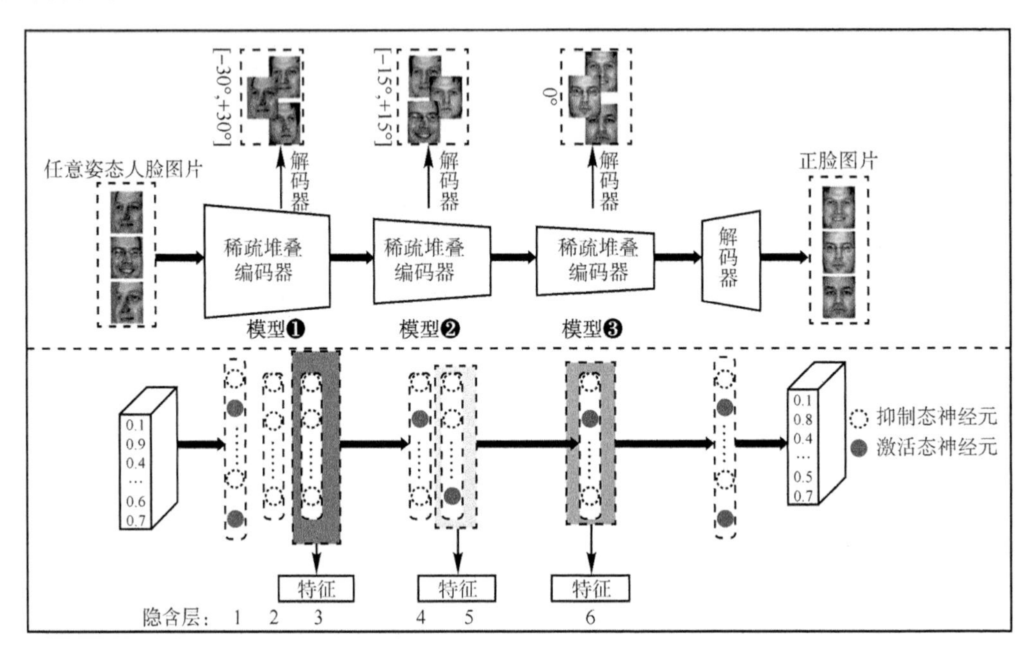

图 2-27　基于稀疏渐进式堆叠自动编码器的人脸姿态矫正和识别方法流程框图

1. 渐进式堆叠自动编码器

姿态矫正是一个高度非线性的变化过程,因此将姿态矫正过程分为多个近似线性的矫正阶段。每个阶段使用堆叠自动编码增强姿态矫正的能力,并将人脸大姿态变化矫正为一个更小的姿态变化。假设输入的人脸的姿态变化范围是[−45°, 45°],则第一个堆叠自动编码器会将人脸姿态矫正为[−30°, 30°],依次类推,第二堆叠自动编码器会将人脸姿态从[−30°, 30°]矫正为[−15°, 15°],第三个堆叠自动编码器会将人脸姿态从[−15°, 15°]矫正为[0°]。相比于直接将[−45°, 45°]的姿态人脸直接矫正为[0°]。通过将目标分解,每个堆叠自动编码器只需完成一个更容易实现的小目标,从而渐进式地实现姿态矫正。因此,每个堆叠自动编码都可以学习到人脸中更多的信息,有利于实现姿态的正确矫正。

因此,相比较直接使用堆叠自动编码器直接进行姿态矫正的方法,本节做出了如下改进:第一,将姿态矫正分解为多个阶段,每个阶段都使用堆叠自动编码进行姿态矫正,将各个阶段的堆叠自动编码器依次堆叠,从而渐进地实现姿态矫正;第二,设置堆叠自动编码的隐含层层数适应于不同阶段的矫正目标,实现使用最少的隐含层达到最好的矫正效果。

2. 稀疏约束

稀疏约束有利于提高深度学习模型的泛化能力,还可以有效地提取人脸图像中最重要的结构信息。因此，在堆叠自动编码中引入稀疏性约束来发现同一个体的不同姿态之间的语义联系。

通过对隐含层输出的激活程度进行限制，从而实现稀疏约束。激活函数可以是 sigmoid 或 tanh 函数，如公式(2-82)所示。若使用 sigmoid 激活函数，则隐含层输出的取值范围是 (0, 1)。因此，当隐含层的输出值大于 0 时，隐藏神经元处于激活状态；当输出值接近 0 时，隐藏神经元处于非激活状态。

假设 $\boldsymbol{a}_k(\boldsymbol{x})$表示输入 $\boldsymbol{x}$ 通过第 k 个神经元的输出，则 $\boldsymbol{a}_k(\boldsymbol{x})$可表示为

$$\boldsymbol{a}_k(\boldsymbol{x})=s(\boldsymbol{Wx}+\boldsymbol{b}) \tag{2-93}$$

隐含层的稀疏性是通过限制隐含层输出的平均激活程度 $\hat{\rho}_k$ 来实现。因此，平均激活程度 $\hat{\rho}_k$ 的大小就是隐含层的稀疏程度的大小。隐含层输出的平均激活程度 $\hat{\rho}_k$ 的表示如下：

$$\hat{\rho}_k=\frac{1}{n}\sum_{i=1}^{n}\boldsymbol{a}_k(\boldsymbol{x}_i) \tag{2-94}$$

式中，n 表示的是样本的数量。

为了获得理想的稀疏性，引入超参数 ρ，ρ 是一个大于 0 并且非常接近 0 的数，并使得隐含层输出的平均激活程度 $\hat{\rho}_k$ 能够尽可能地接近 ρ。为使得隐含层输出的平均激活程度 $\hat{\rho}_k$ 与 ρ 尽可能地接近，使用 ρ 和 $\hat{\rho}_k$ 的 KL 散度作为惩罚项：

$$\sum_{k=1}^{m}\mathrm{KL}(\rho\parallel\hat{\rho}_k)=\sum_{k=1}^{m}\rho\log\frac{\rho}{\hat{\rho}_k}+(1-\rho)\log\frac{1-\rho}{1-\hat{\rho}_k} \tag{2-95}$$

式中，k 表示的是隐含层中第 k 个神经元，m 为隐含层中神经元数量。当 $\hat{\rho}_k=\rho$ 时，$\mathrm{KL}(\hat{\rho}_k\parallel\rho)=0$，其他情况下，$\mathrm{KL}(\hat{\rho}_k\parallel\rho)>0$。因此，通过最小化 $\mathrm{KL}(\hat{\rho}_k\parallel\rho)$，可以使得 $\hat{\rho}_k$ 尽可能的接近 ρ。在稀疏性约束下，隐含层的绝大多数神经元都被限制为非激活状态，能够大大减少隐含层中的参数量，降低模型过拟合风险，有利于促进堆叠自动编码从大姿态人脸图像中提取隐含的重要结构信息，降低噪声干扰。

3. 稀疏渐进式堆叠自动编码器的具体实现

假设 D 表示输入人脸姿态的最大角度。将姿态变化$[-D,D]$划分为$(2\times K+1)$个区间，并表示为集合 D。P 表示的是姿态矫正的各个阶段目标姿态的集合，即 $P=\{-30°, -15°, 0°, 15°, 30°\}$。另外，引入新的变量 $l\in D$ 表示输入样本的姿态角度，变量 $j=1,2,\cdots,K$ 表示第 j 个自动编码。因此，$\boldsymbol{x}_{i,l}^{(j)}$ 表示的是输入到第 j 个堆叠自动编码器的姿态为 l 的第 i 个样本。第 j 个堆叠自动编码的优化函数由重构误差和 KL 散度惩罚两部分组成，由公式(2-84)和公式(2-95)可得，目标函数的表达式为

$$\underset{\boldsymbol{W}^{(j)},\boldsymbol{b}_j,\widetilde{\boldsymbol{W}}^{(j)},\tilde{\boldsymbol{b}}^{(j)}}{\operatorname{argmin}}\ \mathscr{L}(\boldsymbol{W}^{(j)},\boldsymbol{b}^{(j)},\widetilde{\boldsymbol{W}}^{(j)},\tilde{\boldsymbol{b}}^{(j)})+\beta\sum_{k=1}^{m}\mathrm{KL}(\rho^{(j)}\parallel\hat{\rho}_k^{(j)}) \tag{2-96}$$

因此，公式(2-96)的详细表达式为

$$\begin{aligned}\underset{\boldsymbol{W}^{(j)},\boldsymbol{b}_j,\widetilde{\boldsymbol{W}}^{(j)},\tilde{\boldsymbol{b}}^{(j)}}{\operatorname{argmin}}\ &\frac{1}{2n}\sum_{i=1}^{n}\sum_{l\in\boldsymbol{D}}\parallel\boldsymbol{x}_{i,\hat{l}}^{(j)}-g_{\widetilde{\boldsymbol{W}}^{(j)},\tilde{\boldsymbol{b}}^{(j)}}(h_{\boldsymbol{W}^{(j)},\boldsymbol{b}^{(j)}}(\tilde{\boldsymbol{x}}_{i,l}^{(j-1)})\parallel_2^2\\&+\beta\sum_{i=1}^{n}\rho^{(j)}\log\frac{\rho^{(j)}}{\hat{\rho}_k^{(j)}}+(1-\rho^{(j)})\log\frac{1-\rho^{(j)}}{\hat{\rho}_k^{(j)}}\end{aligned} \tag{2-97}$$

式中，$\tilde{\boldsymbol{x}}_{i,l}^{(j-1)}$ 表示的是第$(j-1)$个堆叠自动编码的输出，也就是第 j 个堆叠自动编码的输入。$\boldsymbol{x}_{i,\hat{l}}$ 表示的是第 j 个堆叠自动编码的目标输出人脸，其中 $\hat{l}$ 表示目标人脸的姿态。$\hat{l}$ 的定义

表达式如下：

$$\hat{l}=\begin{cases}-P^{(j)} & l<-P^{(j)} \\ \hat{l} & |l|\leqslant P^{(j)} \\ P^{(j)} & l>P^{(j)}\end{cases} \tag{2-98}$$

式中，$P^{(j)}\in P$，是第 j 个堆叠自动编码合成人脸的最大姿态变化。因此，姿态人脸通过第 j 个堆叠自动编码后，将自动矫正为姿态变化$[-P^{(j)},+P^{(j)}]$，即姿态变化大于 $P^{(j)}$ 的人脸将被矫正为 $P^{(j)}$ 的，而姿态变化小于 $P^{(j)}$ 的人脸，将保持原有姿态变化不变。

为了达到最佳的训练效果，在训练阶段，将模型的训练分为预训练和优化训练两个阶段。在预训练阶段，根据公式(2-97)，每一个堆叠自动编码器，通过最小化目标函数，分别训练得到最佳的参数。在优化训练阶段，将堆叠自动编码器依次堆叠，并进行进一步整体的优化。因此，总的模型中将包含 K 个堆叠自动编码器，并按照如下优化函数对 K 个堆叠自动编码器进行整体优化：

$$\sum_{i=}^{n}\|\boldsymbol{x}_{i,0^{\circ}}-g_{\tilde{W}^{(K)},\tilde{b}^{(K)}}(h_{W^{(K)},b^{(K)}}(\cdots(h_{W^{(1)},b^{(1)}}(\boldsymbol{x}_{i,l}))))\|_2^2 \tag{2-99}$$

在测试阶段，将任意姿态的人脸图像输入到模型中，可以直接获得生成的正脸图像和对姿态鲁棒的人脸特征。将通过可视化的人脸生成图像和量化的图像质量评价对姿态人脸矫正的效果进行验证。由于堆叠自动编码器的隐含层可直接获得压缩人脸的特征表示，将提取每个堆叠自动编码器最后一层隐含层的输出作为姿态不变的人脸特征，并通过人脸识别的准确率验证每个自动编码器输出的特征在姿态不变的人脸识别中的表现。

2.5.3 基于深度二值自动编码器的人脸生成与识别

随着人脸识别技术应用场景的扩大，人脸识别越来越受到光照、年龄、遮挡等因素的影响。研究人员利用包含多种影响因素的人脸数据库和有监督的深度学习方法，来增强模型的性能。但是，有监督的人脸识别算法受到标注数据的限制。数据标注困难、标注数据缺乏等都会影响有监督算法的性能。无监督的人脸识别算法虽然不受数据标注的限制，但是在判别能力上逊色于有监督的算法。为解决这一问题，基于二值编码的无监督人脸识别模型由于具有较强的泛化能力和鲁棒性，能够应对多种因素的影响，受到了广泛的关注。然而，现有的二值人脸识别算法主要基于手工设计特征或基于浅层学习的方法提取二值特征。这些特征缺乏人脸的高层信息表示，在面对极端的光照变化、表情变化、大面积的遮挡时都将失效。因此，本节介绍基于深度二值自动编码器(Deep Binary Auto-Encoder，DBAE)的无监督学习方法来学习具有泛化能力和判别能力的特征，能够提取到兼顾判别性和鲁棒性、性能和效率的深度二值特征，同时实现跨一般因素人脸生成和识别。

为提取到人脸中更高层次的具有判别能力的二值特征，对二值自动编码器进行改进，提出更具表达能力的 DBAE。在原有二值自动编码器的基础上增加了多个隐含层，如图 2-28 所示，隐含层 L_2 和 L_3 使用 sigmoid 激活函数。sigmoid 激活函数能够增强模型的非线性表达能力，有利于提取到包含高层语义信息的压缩特征表示。最后一个隐含层也 L_4 使用恒等函数($d(x)=x$)作为激活函数，从而能够实现二值编码特征的学习。

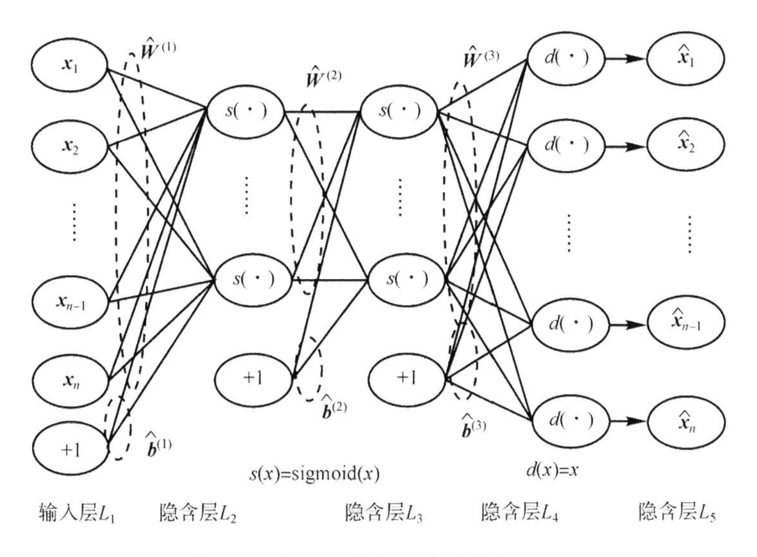

图 2-28　深度二值自动编码器(DBAE)

DBAE 首先通过前 $n-2$ 个隐含层,从低层次的隐含层中逐渐学习到压缩的含有更高层次语义信息的人脸表示。在学习到具有判别信息的实值特征表示的基础上,第 $n-1$ 个隐含层对第 $n-2$ 个隐含层的输出进行二值编码,进而学习到具有判别能力的二值编码。

在实际应用中,二值编码具有如下特性时,将包含更多的信息量,具有更强的表达能力:(1)**相似度保持性**。二值编码保留数据的相似性信息;(2)**独立性**。二值编码的每一位都是独立的;(3)**平衡性**。二值编码中+1 和−1 编码的数量是一样的。

假设 DBAE 的输入人脸数据用 $\boldsymbol{X}\in\mathcal{R}^{D\times m}$ 表示,其中,D 表示输入数据的维度,m 表示输入数据的数量。针对特性(1),DBAE 通过重构原则,从人脸中学习到能够保持身份相似性的特征,并设置如下目标函数:

$$\min_{\hat{\boldsymbol{W}},\hat{\boldsymbol{b}}}\mathscr{L}=\frac{1}{2m}\|\boldsymbol{X}-(\hat{\boldsymbol{W}}^{(n-1)}\boldsymbol{H}^{(n-1)}+\hat{\boldsymbol{b}}^{(n-1)}1_{1\times m})\|^2+\frac{\lambda_1}{2}\sum_{l=1}^{(n-1)}\|\hat{\boldsymbol{W}}^{(l)}\| \tag{2-100}$$

式中,$\boldsymbol{H}^{(n-1)}\in\{-1,\ 1\}^{L\times m}$ 表示二值编码,$\hat{\boldsymbol{W}}^{(n-1)}$ 和 $\hat{\boldsymbol{b}}^{(n-1)}$ 为 DBAE 中第 $n-1$ 层隐含层的参数。公式(2-100)通过重构输入 $\boldsymbol{X}$ 保证了二值编码 $\boldsymbol{H}$ 含有能够表示数据 $\boldsymbol{X}$ 的相似性信息。由于 $\boldsymbol{H}$ 受到二值约束,对 $\boldsymbol{H}$ 的求解是一个 NP-hard 问题。针对这一问题,目标函数中引入辅助变量 $\boldsymbol{B}$,并重写为

$$\min_{\hat{\boldsymbol{W}},\hat{\boldsymbol{b}}}\mathscr{L}=\frac{1}{2m}\|\boldsymbol{X}-(\hat{\boldsymbol{W}}^{(n-1)}\boldsymbol{B}+\hat{\boldsymbol{b}}^{(n-1)}1_{1\times m})\|^2+\frac{\lambda_1}{2}\sum_{l=1}^{(n-1)}\|\hat{\boldsymbol{W}}^{(l)}\|+\frac{\lambda_2}{2m}\|\boldsymbol{H}^{(n-1)}-\boldsymbol{B}\| \tag{2-101}$$

式中,$\boldsymbol{B}=\boldsymbol{H}^{(n-1)}$,$\boldsymbol{B}\in\{-1,\ 1\}^{L\times m}$。通过引入辅助变量 $\boldsymbol{B}$,对于二值编码 $\boldsymbol{H}$ 的优化便分解为了两个子问题,并可通过迭代优化($\hat{\boldsymbol{W}}^{(n-1)}$,$\hat{\boldsymbol{b}}^{(n-1)}$)和 $\boldsymbol{B}$ 求解 $\boldsymbol{H}$。

针对特性(2)和(3),在目标函数中增加两项约束:

$$\frac{1}{2}\left\|\frac{1}{m}\boldsymbol{H}^{(n-1)}(\boldsymbol{H}^{(n-1)})^{\mathrm{T}}-\boldsymbol{I}\right\| \tag{2-102}$$

$$\frac{1}{2m}\|\boldsymbol{H}^{(n-1)}1_{m\times 1}\| \tag{2-103}$$

公式(2-102)和公式(2-103)约束二值编码具有独立性和平衡性,在长度一定的情况下,

能够包含尽可能多的信息，具有更强的判别能力和表达能力。

综上所述，深度二值自动编码器的目标函数由公式(2-101)、公式(2-102)、公式(2-103)共同组成，写作：

$$\min_{\hat{W},\hat{b}} \mathscr{L} = \frac{1}{2m}\|\boldsymbol{X}-(\hat{\boldsymbol{W}}^{(n-1)}\boldsymbol{H}^{(n-1)}+\hat{\boldsymbol{b}}^{(n-1)}1_{1\times m})\|^2+\frac{\lambda_1}{2}\sum_{l=1}^{(n-1)}\|\hat{\boldsymbol{W}}^{(l)}\|$$

$$+\frac{\lambda_2}{2m}\|\boldsymbol{H}^{(n-1)}-\boldsymbol{B}\|+\frac{\lambda_3}{2}\left\|\frac{1}{m}\boldsymbol{H}^{n-1}(\boldsymbol{H}^{(n-1)})^{\mathrm{T}}-\boldsymbol{I}\right\|+\frac{\lambda_4}{2m}\|\boldsymbol{H}^{(n-1)}1_{m\times 1}\| \tag{2-104}$$

式中，λ_1、λ_2、λ_3 和 λ_4 分别是四个约束项的权重系数。

1. 基于深度二值自动编码器的人脸识别模型(DBAEM)的具体实现

如图 2-29 所示的基于深度二值自动编码器的人脸识别模型(DBAEM)框架，通过分块特征提取、二值编码、聚类和池化的方式，极大地提高了特征的泛化能力和判别能力。

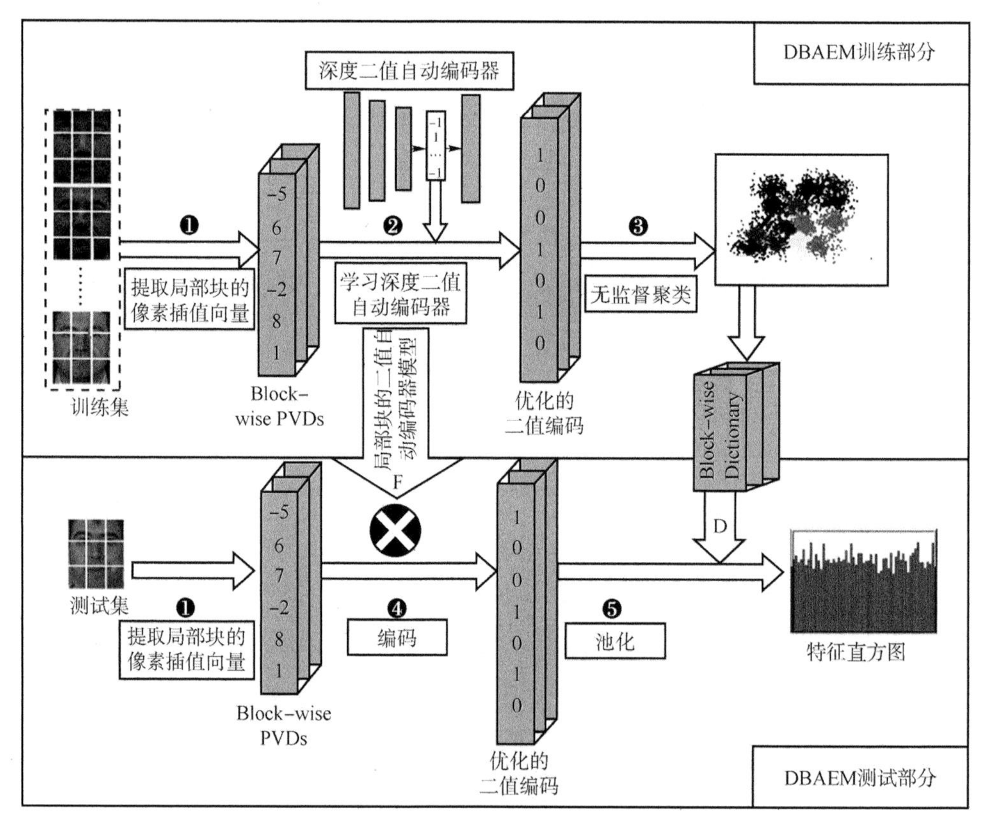

图 2-29　基于深度二值自动编码器的人脸识别模型(DBAEM)流程框图

2. 基于局部块的像素差值向量的提取

若将人脸分成 M 个局部块，对每个局部块提取特征和学习二值编码，则最终人脸可由 M 个二值编码特征进行表示。相比于直接从人脸全局特征中学习一个二值编码对人脸进行表示，将人脸分成 M 个局部块并分别进行特征提取和二值编码的方法，具有更好的局部不变性、灵活性和泛化能力。现有的基于人脸局部块特征提取的算法中，基于图像块的像素差值向量(Pixel Difference Vectors, PDVs)方法具有较为出色的性能，首先对人脸图像进行无重叠的分块，然后计算每一个局部块中每一个像素与其邻域的像素差值。最终每一个局部块都将得到一个维度为 $d\times N$ 的 PVDs，作为该局部块的特征表示。其中 d 表示一个局部块中 PVDs 的维度，N 为一个局部块中 PVDs 的个数。

3. 二值编码

图 2-29 所示的模型在对人脸图像进行分块、提取 PVDs 和二值编码后，将对每一个局部块中 PVDs 的二值编码进行聚类和池化操作。根据数据的统计分布特性，当输入到聚类模型和池化模型的二值编码具有以下性质时，模型能够学习到更具表达能力的特征：(1)二值编码具有大的方差；(2)二值编码聚类后得到的聚类中心需要具有尽可能强的判别能力。这样使用尽可能少的聚类中心就能够充分表示 PVDs。

二值编码具有判别能力通过优化公式(2-104)来保证。因此，为满足二值编码具有大的方差的性质，在 DBAE 中增加能够使二值编码获得最大方差的约束项：

$$-\frac{\lambda_5}{m}\mathrm{tr}[(\boldsymbol{B}-\boldsymbol{U})^{\mathrm{T}}(\boldsymbol{B}-\boldsymbol{U})] \tag{2-105}$$

式中，$\boldsymbol{B}\in\{-1,\ 1\}^{L\times m}$，重复列向量 $\boldsymbol{U}\in\mathcal{R}^{L\times m}$ 是由 $\boldsymbol{H}^{(n-1)}$ 按行求得均值后再重复 m 列构成。

综上所述，DBAE 用于人脸识别总的目标函数为

$$\begin{aligned}\min_{\hat{\boldsymbol{W}},\hat{\boldsymbol{b}}}\mathscr{L}= & \frac{1}{2m}\|\boldsymbol{X}-(\hat{\boldsymbol{W}}^{(n-1)}\boldsymbol{H}^{(n-1)}+\hat{\boldsymbol{b}}^{(n-1)}1_{1\times m})\|^2+\frac{\lambda_1}{2}\sum_{l=1}^{(n-1)}\|\hat{\boldsymbol{W}}^{(l)}\|+\frac{\lambda_2}{2m}\|\boldsymbol{H}^{(n-1)}-\boldsymbol{B}\| \\ & +\frac{\lambda_3}{2}\left\|\frac{1}{m}\boldsymbol{H}^{(n-1)}(\boldsymbol{H}^{(n-1)})^{\mathrm{T}}-\boldsymbol{I}\right\|+\frac{\lambda_4}{2m}\|\boldsymbol{H}^{(n-1)}1_{m\times 1}\|-\frac{\lambda_5}{m}\mathrm{tr}[(\boldsymbol{B}-\boldsymbol{U})^{\mathrm{T}}(\boldsymbol{B}-\boldsymbol{U})]\end{aligned} \tag{2-106}$$

4. 无监督聚类和池化过程

聚类和池化过程能够充分利用人脸二值编码的结构特性，提升模型的数据适应性，学习具有判别能力的人脸特征。在训练阶段，人脸二值编码特征通过无监督聚类得到人脸二值编码特征的字典表示；在测试阶段，通过池化的方式，利用字典对人脸二值编码特征进行重新表示得到统计直方图特征。

(1) 无监督聚类原理

一张人脸图像分成 M 个局部块，再经过提取 PVDs 和进行二值编码，将得到 M 个长度为 $L\times N$ 的二值编码，其中，N 为一个局部块中 PVDs 的个数，L 为二值编码的长度。若是直接将 M 个长度为 $L\times N$ 的二值编码进行拼接，会导致输出特征维度非常大，造成信息冗余。并且，二值特征相比于实值特征存在表达能力不足的缺点。于是，研究人员们研究利用聚类的方式将包含相似结构信息的二值编码进行聚合，去除冗余信息，得到具有判别性的实值聚类中心。聚类中心描述了在 PVDs 的二值编码中对特征表示贡献度较大的二值编码。这些二值编码的信息分布中包含了占主导地位的结构信息和判别信息。在得到聚类中心后，池化过程将利用聚类中心对人脸局部块中 PVDs 的二值编码进行重新表示，能够极大降低输出特征的维度和增强特征的表达能力。本节采用 K-means 无监督聚类方法，聚类中心的个数取为 500。通过随机初始化和迭代优化的方式，得到最佳的聚类中心。

(2) 池化原理

通过无监督聚类，将得到一系列聚类中心。所有的聚类中心构成能够表示人脸局部块的字典。因此，人脸局部块中 PVDs 的二值编码可由距离最小的聚类中心重新表示。在利用聚类中心对人脸局部块进行重新表示的过程中，发现同一个体不同区域的局部块和不同个体同一区域的局部块中聚类中心出现的频次是不同的。因此，只需统计重新表示的人脸

局部块中每个聚类中心出现的频次,便可得到具有判别性的人脸局部特征描述子。由聚类中心对人脸局部块进行重新表示得到统计直方图的过程就是池化过程。经过池化,每一个局部块中 PVDs 的特征维度与聚类中心的个数是一致的,即每一个人脸局部块的特征维度为 500。特征的每一维表示聚类中心出现的频次。最终,将所有局部块的输出特征表示拼接得到维度为 $M\times500$ 的人脸特征表示。

如图 2-29 所示,池化过程最终得到的统计直方图可以直观显示出每一个聚类中心在特征中的贡献程度。池化后得到的输出人脸特征能够去除冗余,对人脸的局部变化非常鲁棒,能够降低噪声对人脸的干扰,提高人脸特征的判别能力和泛化能力。

2.5.4 基于对齐变分自动编码器的异质人脸生成与识别

异质人脸生成和识别的难点在于不同模态的人脸数据分布差异很大,并且不同模态的人脸之间的转化是高度非线性变化。因此,异质人脸生成和识别的关键在于建立不同模态人脸间的语义对应关系,并尽可能的获取人脸中的纹理、结构等具有判别能力细节信息。现有的异质人脸生成和识别方法通常是在图像空间或潜在子空间建立不同模态人脸之间的联系,却忽略了图像空间和潜在子空间之间的内在关联性,容易导致不同模态人脸间跨模态关联信息的丢失。本节介绍基于对齐变分自动编码器的异质人脸生成和识别,在提取到单一模态人脸中具有判别能力的身份信息的基础上,在图像空间和潜在子空间同时获取不同模态人脸的跨模态信息。如图 2-30 所示,是基于对齐变分自动编码器的异质人脸生成和识别的流程框图。CDA-VAE 在潜在高斯分布空间和图像空间实现了不同模态人脸特征的对齐,使得同一个人不同模态人脸的特征尽可能地一致。相比单一空间对齐的方法,在图像空间和分布空间同时进行对齐的 CDA-VAE 方法,能够提取到不同模态人脸间多个空间维度中的不同层次的关联关系,有利于提取到更具判别能力的跨模态关联信息。接下来将详细介绍 CDA-VAE 的原理和具体实现。

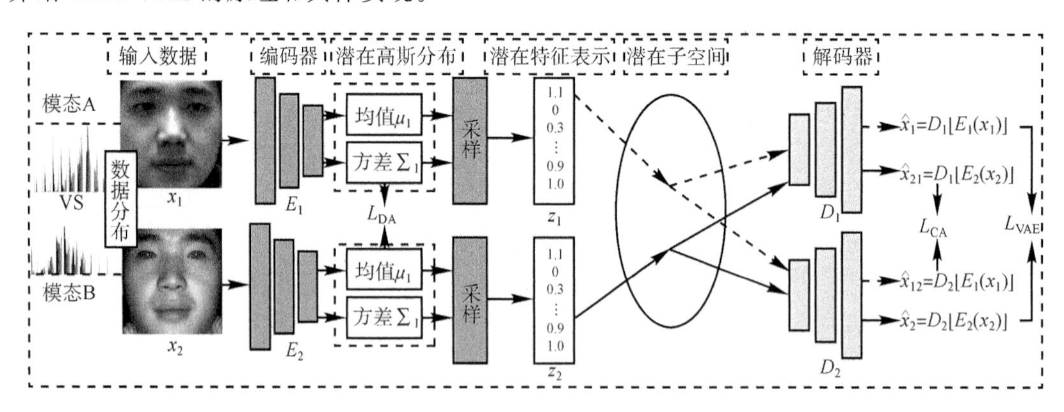

图 2-30 基于对齐变分自动编码器的异质人脸生成和识别(CDA-VAE)方法流程框图

基于对齐变分自动编码器的异质人脸生成和识别(CDA-VAE)方法的关键是将两个模型学习得到的特征进行对齐,构建不同模态人脸特征之间相关联的共同的潜在特征空间。变分自动编码器通过编码器将输入数据编码到潜在高斯分布空间,并用解码器将潜在特征表示解码重建原始数据,因此,变分自动编码器通过最小化重建误差损失能够很容易地获得具有判别性的潜在分布空间和重建图像空间。于是，CDA-VAE 方法能够在潜在分布空间和重建图像空间协同提取到更丰富的跨模态对齐信息。

为减少信息损失和实现更有效的特征对齐，首先通过重建误差损失函数学习单一模态人脸中具有判别能力的信息。基于交叉重建和分布对齐原则，实现特征在图像空间的精准映射和在特征空间不同模态特征的精确匹配。图 2-30 描述了通过跨模态对齐损失函数($\mathscr{L}_{DA}$)和分布对齐损失函数($\mathscr{L}_{DA}$)实现特征对齐的工作。在特征对齐的基础上，不仅可以直接从潜在特征表示空间提取到模态不变的特征，而且可以由解码器解码潜在特征得到相应模态的生成人脸。因此，CDA-VAE 通过融合变分自动编码重建误差损失函数、跨模态对齐损失函数和分布对齐损失函数来实现跨模态人脸生成和识别。

1. 重建误差损失函数

现有的异质人脸数据集通常包含两种模态。因此，模型中包含两个编码器，分别负责人脸的一种模态。为了尽可能地减少特征学习过程中的信息损失，利用重建误差损失函数，将编码器的输出输入到解码器中重建输入人脸图像，并通过最小化变分自动编码重建误差损失，学习到具有判别能力的模态内特征。

针对两个模态的人脸数据设置两个变分自动编码器，则 CDA-VAE 的重建误差损失函数是两个变分自动编码器损失的总和，写作：

$$\mathscr{L}_{\mathrm{VAE}}=\sum_{(i=1)}^{2}E_{z\sim Q(z\boldsymbol{X}^{(i)})}[\log P(\boldsymbol{X}\mid \boldsymbol{z})]-\beta\mathrm{KL}[Q(\mathbf{z}\mid \boldsymbol{X}^{(i)})\parallel P(\boldsymbol{z})] \tag{2-107}$$

式中，$\boldsymbol{X}^{(i)}$ 表示输入数据属于模态 i，$\boldsymbol{z}$ 为潜在向量(潜在特征表示)，β 系数决定 KL 散度项的权重。

2. 跨模态对齐损失函数

跨模态对齐是通过解码重构来自同一个体的另一模态的特征来实现的。也就是说，模态 $\mathcal{A}$的特征编码输入到模态 $\mathcal{B}$的解码器中来重构模态 $\mathcal{B}$的人脸图像，而模态 $\mathcal{B}$的特征编码输入模态 $\mathcal{A}$的解码器中来重构模态 $\mathcal{A}$的人脸图像。因此，每一个模态的解码器除了用于训练对应模态的潜在特征，也将用于训练另一模态的潜在特征。跨模态对齐损失函数通过交叉重建损失来定义：

$$\mathscr{L}_{\mathrm{CA}}=\sum_{i=1}^{2}\sum_{(j\neq i)}^{2}\parallel \boldsymbol{X}^{(j)}-D^{(j)}(E^{(i)}(\boldsymbol{X}^{(i)}))\parallel_2^2 \tag{2-108}$$

式中，$E^{(i)}$ 表示第 i 个模态的样本通过编码器得到编码特征，$D^{(j)}$ 表示特征通过解码器得到第 j 个模态的重建样本。通过跨模态对齐损失函数对模型进行优化，能够在图像空间中学习到不同模态之间的关联信息，并映射到潜在特征表示空间，从而实现将不同模态人脸图像的特征映射到同一特征空间。

3. 分布对齐损失函数

分布对齐通过直接在潜在特征空间最小化同一个体不同模态的潜在高斯分布的 Wasserstein 距离来实现。因此，两个模态人脸数据的高斯分布之间的 2-Wasserstein 距离，可构成封闭解：

$$W_{ij}=[\parallel \mu_i-\mu_j\parallel_2^2+\mathrm{Tr}(\sum\nolimits_i)+\mathrm{Tr}(\sum\nolimits_j)-2(\sum\nolimits_i^{1/2}\sum\nolimits_i\sum\nolimits_j^{1/2})^{1/2})]^{1/2} \tag{2-109}$$

式中，对角协方差矩阵由编码器预测，是可交换的。因此公式(2-109)可以简化为

$$W_{ij}=(\parallel \mu_i-\mu_j\parallel_2^2+\parallel \sum\nolimits_i^{1/2}-\sum\nolimits_j^{1/2}\parallel_F^2)^{1/2} \tag{2-110}$$

式中，F 表示 Frobenius 范数。因此，在 CDA-VAE 模型中，分布对齐损失函数写作：

$$\mathscr{L}_{\mathrm{DA}} = \sum_{i=1}^{2} \sum_{j \neq i}^{2} \boldsymbol{W}_{ij} \tag{2-111}$$

通过分布对齐损失函数对齐不同模态人脸的潜在特征分布，可实现不同模态的特征在共同潜在特征空间的精准对齐。

4. CDA-VAE 损失函数

特征对齐方法的整体损失函数由重建误差损失函数、跨模态对齐损失函数、分布对齐损失函数三部分构成。重建误差损失函数能够减少信息损失，学习模态内具有判别能力的身份信息。跨模态对齐损失函数和分布对齐损失函数能够有效地关联不同模态人脸的图像空间和潜在分布空间，学习跨模态信息。为同时学习具有判别能力的身份信息和跨模态信息，CDA-VAE 算法将三种损失函数有机结合，学习不同模态人脸的共同潜在特征空间和特征表示。

$$\mathscr{L} = \mathscr{L}_{\mathrm{VAE}} + \gamma \mathscr{L}_{\mathrm{CA}} + \delta \mathscr{L}_{\mathrm{DA}} \tag{2-112}$$

式中，γ 和 δ 系数表示交叉对齐损失和分布对齐损失的权重。γ 和 δ 系数在训练的不同阶段将被设置不同的权重值，有利于逐步实现特征对齐。

5. 对齐变分自动编码器的具体实现

在基于对齐变分自动编码的异质人脸生成方法中，选用基于卷积神经网络的变分自动编码器模型学习含有高层语义信息的特征。图 2-31 是基于卷积神经网络的变分自动编码器模型的结构框图。

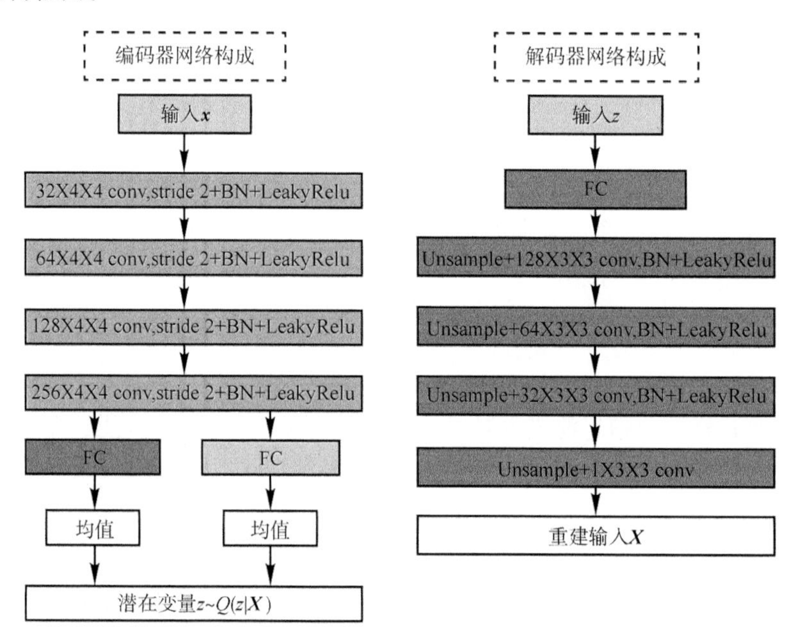

图 2-31 基于卷积神经网络的变分自动编码器模型的结构框图

(1)编码器由 4 个卷积层组成，卷积核为 4×4，通过将步长设置为 2 实现下采样。在每个卷积层后都添加批量归一化(Batch Normalization，BN)来优化网络结构，并使用带泄露修正线性单元(Leaky ReLU)函数作为激活函数。

(2)在编码器中加入两个全连接的输出层,分别用于计算均值和方差,均值和方差将用于计算潜在向量和 KL 散度。

(3)解码器的卷积核设置为 3×3,步长设置为 1,通过最近邻法上采样。

在基于卷积神经网络的变分自动编码器中,编码器和解码器的结构大致对称:编码器实现学习到能够表示输入样本的潜在向量;解码器由潜在向量逐步上采样,实现从低分辨率重构样本中重建出高分辨率的重构样本。

在模型的训练阶段,首先训练变分自动编码器学习特定模态的人脸中具有判别能力的信息。在变分自动编码器学会对特定模态进行编码之后,通过跨模态对齐损失函数和分布对齐损失函数约束模型将不同模态的特征映射到共同的编码空间和实现精确的特征对齐。采用 warm up 策略更新损失函数公式(2-112)中的权重系数:δ 从第 6 个 epoch 开始到第 44 个 epoch 为止,以 0.27 为步长递增;γ 从第 21 个 epoch 开始到第 150 个 epoch 为止,以 0.022 为步长递增;对于 KL 散度损失的 β 系数,从第 0 个 epoch 开始到第 180 个 epoch 为止,以 0.0013 为步长递增。另外,为增强潜在向量的判别能力,在编码器学习得到潜在向量后,增加 softmax 层。softmax 损失函数从第 50 个 epoch 开始起作用。

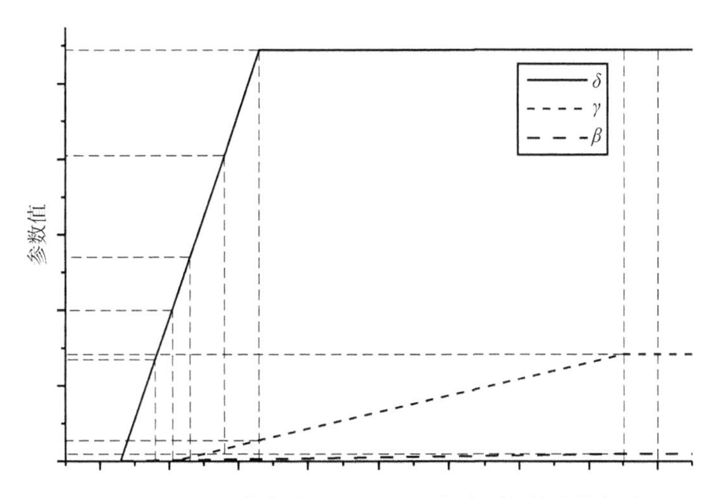

图 2-32　loss 函数中基于 warm up 策略更新的参数权重

在测试阶段,同样通过可视化人脸生成的效果和人脸识别的准确率对异质人脸生成效果和对齐潜在特征的跨模态识别能力进行验证。

(1)在人脸生成实验中,模态 $\mathcal{A}$ 的人脸输入模态 $\mathcal{A}$ 的编码器得到模态 $\mathcal{A}$ 的人脸特征,将该特征输入到模态 $\mathcal{A}$ 的解码器中,则能够重建出模态 $\mathcal{A}$ 的人脸,而输入到模态 $\mathcal{B}$ 的解码器,将重建出模态 $\mathcal{B}$ 的人脸。

(2)在人脸识别实验中,模态 $\mathcal{A}$ 的人脸图像和模态 $\mathcal{B}$ 的人脸图像分别输入到模态 $\mathcal{A}$ 的编码器和模态 $\mathcal{B}$ 的编码器中,模态 $\mathcal{A}$ 的编码器和模态 $\mathcal{B}$ 的编码器将两种模态映射到共享的潜在特征空间,两者的潜在特征将作为最终输出的人脸特征,直接用于人脸识别中。

2.5.5　实验及结果分析

本节将对稀疏渐进式堆叠自动编码器模型(Sparse SPSAE)、深度二值自动编码器

(DBAE)、CDA-VAE 方法的性能进行实验分析和总结，对人脸生成进行可视化和量化实验，并对人脸识别的准确率进行实验。

1. 稀疏渐进式堆叠自动编码器模型(Sparse SPSAE)实验结果

如图 2-33 所示，本文使用自动编码器(Auto-Encoder，AE)、堆叠自动编码器(Stacked Auto-Encoder，SAE)、稀疏堆叠自动编码器(Sparse Stacked Auto-Encoder，Sparse SAE)、堆叠渐进式自动编码器(Stacked Progressive Auto-Encoders，SPAE)和 Sparse SPSAE 进行人脸姿态矫正实验。其中，自动编码器设置一个隐含层，堆叠自动编码器中设置三个隐含层。自动编码器和稀疏堆叠自动编码器分别为 SPAE 和 Sparse SPSAE 的基本组成单元。

通过实验对比发现，相比只含有单个隐含层的 AE，SAE 中的多个隐含层分别能够学习到不同层次的特征表示，进而学习到人脸中更高层次的语义信息，因此，SAE 有着更加灵活的数据表示形式，有利于人脸生成。但是由于 SAE 在姿态矫正的过程中未添加约束，相比 Sparse SAE、SPAE 和 Sparse SPSAE，生成的人脸存在模糊和多解的问题。其中，稀疏约束使得 Sparse SAE 学习到了人脸中重要的细节和判别信息，可以一定程度地缓解 AE 和 SAE 中的模糊和多解问题。Sparse SPSAE 方法，在堆叠多个堆叠自动编码器的基础上还添加了稀疏约束。对比 SPAE 和 Sparse SPSAE 可以发现，Sparse SPSAE 生成的人脸中包含更多的细节信息，这些细节信息中含有能够表示人脸身份的判别信息和纹理信息。这也证明稀疏约束不仅能够降低模型过拟合风险，而且有利于提取到人脸生成过程中所需要的结构和细节等重要信息。

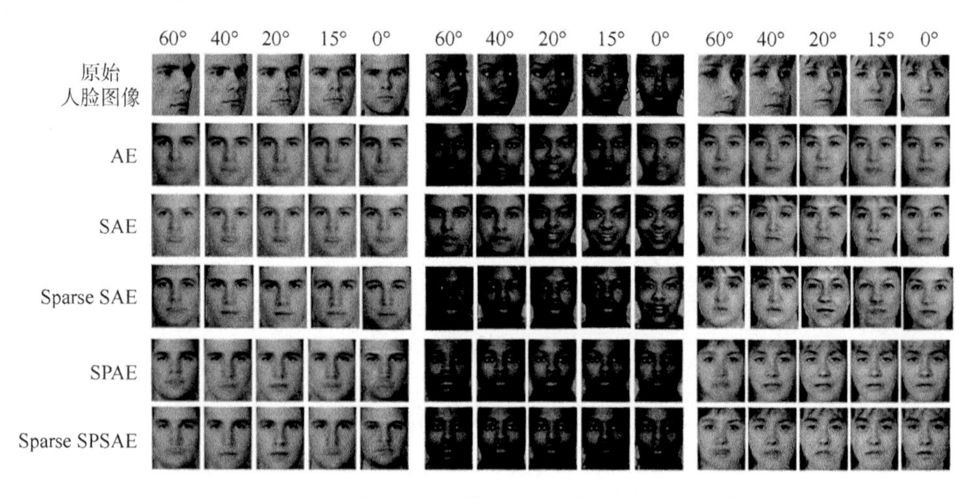

图 2-33　不同人脸生成算法的人脸姿态矫正效果图

在 IJB-A 数据集上测试本节算法的准确率，与现有的性能最好的算法进行对比，并对实验结果进行深入的分析。该数据集是最近发布的一个非常具有挑战性的姿态人脸验证数据集。不同于 MultiPie 和 FERET 两个在受限条件下拍摄得到的人脸数据集，IJB-A 数据集是一个在无约束条件下得到的人脸数据集。为了验证本节算法的泛化能力，首先使用 FERET 数据集来预训练 Sparse SPSAE 算法模型，然后在 CASIA-WebFace 数据集上对训练好的模型进行微调。因此，在该实验的设置中，训练数据和测试数据的分布具有较大差异。如果在这种实验设置下获得优秀的性能，那足以表明本书提出算法具有足够的泛化能力。

实验结果如表 2-19 所示，PAMs、DR-GAN、FNM＋VGG-Face 等现有最好的算法虽然获得了比本节算法稍高的准确率，但它们在训练样本不充足的情况下，难以获得优秀的准确率。DR-GAN 算法在生成阶段利用了编码器-解码器的结构，但并未改变 GAN 模型交替训练的优化过程不稳定的缺点。而在本节算法中，每一个堆叠自动编码器模型中的参数都是通过独立预训练的方式得到的，然后再将所有堆叠自动编码器模型堆叠起来，进行端到端的训练。这种训练方式相比于 CNN 和 GAN 深度学习模型，能够更容易收敛到全局最优解中。另外，在 FAR＝0.001 时，本节算法相比于 Wang et al. 获得了更高的准确率。原因在于：基于稀疏约束和渐进式堆叠自动编码器算法在特征空间中，对于正样本对而言，可以输出置信度很高的特征表达。换句话说，本文提出的算法使得正样本对的输出向量之间的距离很小，从而使得本节算法即使在 FAR 很小的情况下，依然能够获得比较优秀的性能。

实验结果表明，本节算法在无相同分布的训练数据的实验设置下，仍然能够获得与现有最好水平的算法相近的实验结果，证明了本文提出的算法具有优秀的泛化能力和判别能力。

表 2-19　稀疏渐进式堆叠自动编码器算法与其他对比算法在 IJB-A 数据库上的人脸验证实验结果

算　法	TAR		
	FAR ＝0.1	FAR ＝0.01	FAR ＝0.001
GOTS	0.627 ± 0.012	0.406 ± 0.014	0.198 ± 0.008
OpenBR	0.433 ± 0.006	0.236 ± 0.009	0.104 ± 0.014
Wang et al.	0.893± 0.014	0.729 ± 0.035	0.510 ± 0.061
PAMs	—	0.826 ± 0.018	0.652 ± 0.037
DR-GAN	—	0.774± 0.027	0.539 ±0.043
FNM＋VGG-Face	—	0.888±0.019	0.690±0.046
Sparse SPMAE	0.871 ± 0.022	0.694 ± 0.029	0.524± 0.124

2. 深度二值自动编码器(DBAE)在人脸生成和人脸识别上的性能

深度二值自动编码器(DBAE)基于人脸重构来实现二值编码的相似度保持特性。DBAE 在 CAS-PEAL-R1 数据集上进行人脸生成的测试，实验效果如图 2-34 和图 2-35 所示，其中图 2-34 是在包含光线变化的测试集上进行实验，图 2-35 是在包含遮挡的测试集上进行实验。实验结果表明，随着二值编码长度的增加，生成的人脸图像与原始图像的相似程度越高，所包含的细节信息越多。

虽然，相比于实值编码，二值编码在编码过程中会一定程度的丢失部分信息，这使得深度二值自动编码器模型生成的图像存在一定程度的失真。但是，二值编码具有更好的稀疏性和鲁棒性。在图 2-34 的原图中，第二、三、四张图像中光线亮度要更亮一些。通过对比原始图像和生成图像，随着编码长度的增加，由 DBAE 模型生成的人脸图像中光线强度的变化越来越不明显。当编码长度增加到 24bit 之后，生成的图像之间光线差异基本消失。并且，对比图 2-35 中的原始图像和生成的图像，可以看出由 DBAE 模型生成的人脸图像，可以很好地应对眼镜的遮挡。综上所述，DBAE模型生成的人脸图像呈现出对光线和遮挡等影响因素鲁棒的特性，也就是光线不变性和遮挡不变性等。

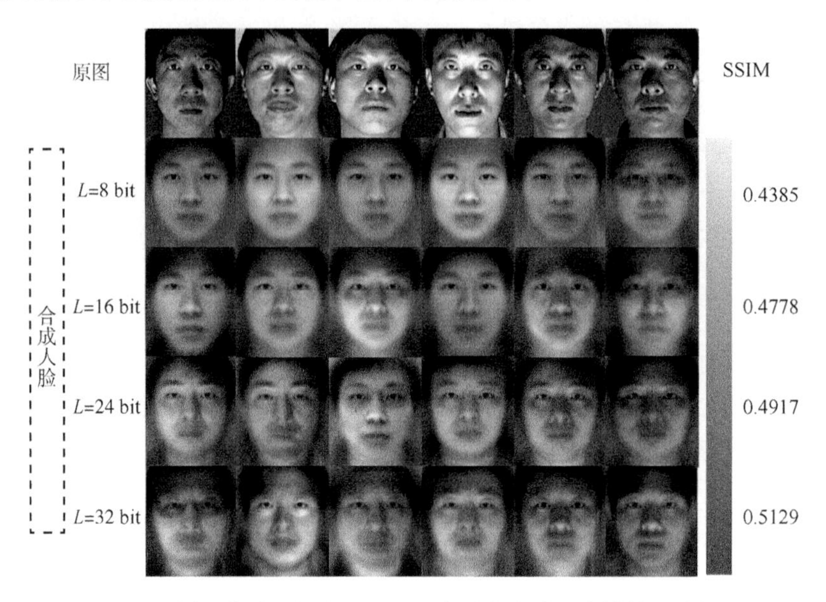

图 2-34　不同二值编码长度下 DBAE 方法的人脸生成效果(不同光照)

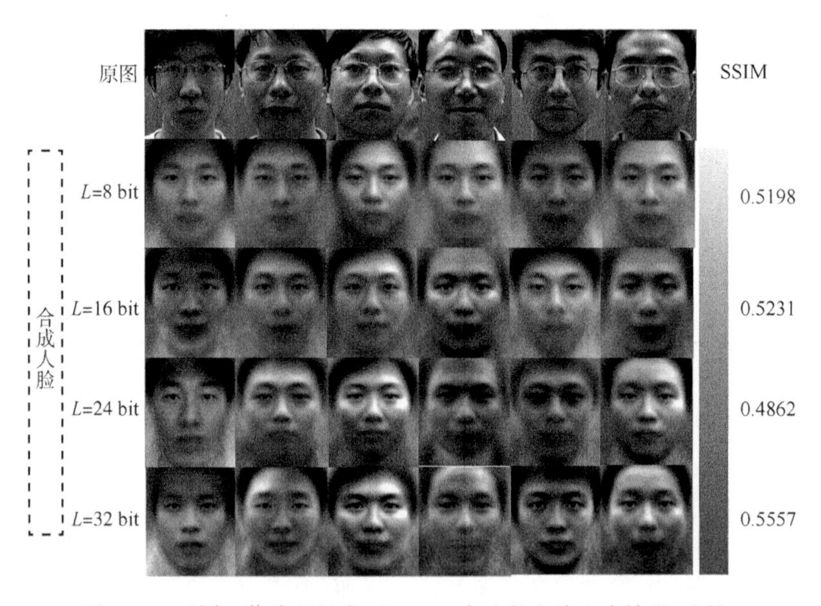

图 2-35　不同二值编码长度下 DBAE 方法的人脸生成效果(遮挡)

为验证DBAE算法的泛化能力，使用与LFW数据集不同数据分布的数据集(FERER、CAS-PEAL-R1)作为训练数据集，LFW数据集作为测试数据集，进行实验。

如表2-20和图2-36所示的实验结果表明，DBAE在训练数据集和测试数据集数据分布差异较大的情况下，仍然能够学习到具有判别能力的数据表示，在同类算法中表现出更为出色的泛化能力。这是因为，深度二值编码器能够从低层编码中学习到人脸的结构表示，并且逐步输入到更高层次的隐含层中，在高层的隐含层中学习得到包含人脸主要成分的压缩特征表示，获得具有更强泛化能力的高层语义信息。另外，以 CAS-PEAL-R1 作为训练数据集的人脸识别效果比以 FERET 作为训练数据集时更好，原因是 CAS-PEAL-R1 含有更多的类内变化，且变化的范围更大，有利于模型充分利用数据，增强模型表达能力，最终提取到更具判别能力的特征表示。

表 2-20　深度二值自动编码器算法与同类对比算法在 LFW 数据库上的 AUC 值

方法（训练数据集）	AUC	方法（训练数据集）	AUC
LBP(LFW)	75.47	IQBC (FERET)	88.54
SIFT(LFW)	54.07	IQBC (CAS-PEAL-R1)	88.66
LHS(LFW)	81.07	S-SHBC (FERET)	87.96
MRF-MLBP(LFW)	89.94	S-SHBC(CAS-PEAL-R1)	88.23
LQP(LFW)	87.00	DBAEM (FERET)	86.86
DFD(LFW)	83.70	DBAEM (CAS-PEAL-R1)	88.75
CBFD(LFW)	88.89		

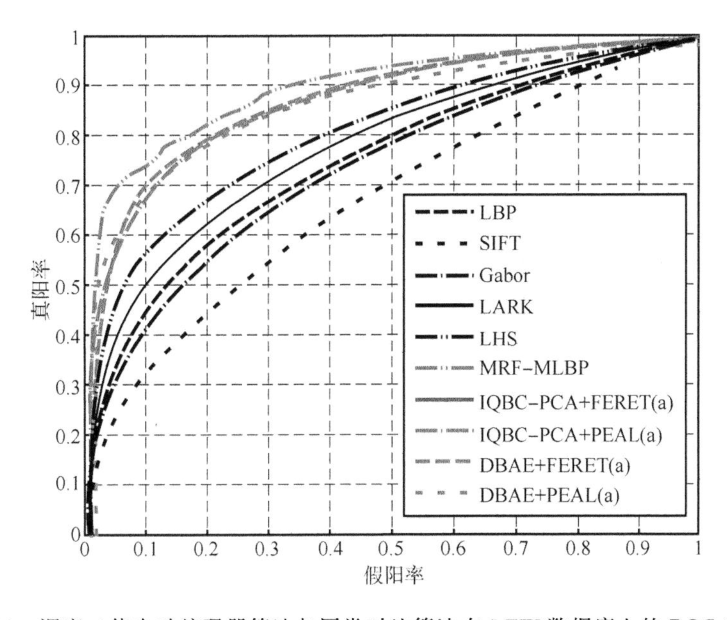

图 2-36　深度二值自动编码器算法与同类对比算法在 LFW 数据库上的 ROC 曲线图

3. 对齐变分自动编码器(CDA-VAE)模型实验结果

CDA-VAE 方法在 CUHK-CUFS 数据集上进行人脸生成的实验。该数据集包含素描人脸和照片人脸，CDA-VAE 模型中的编码器将素描人脸和照片人脸映射到同一潜在特征空间，而解码器将潜在特征解码为照片人脸和素描人脸。因此，CDA-VAE 模型可同时实现由人脸照片和人脸素描画像的互相转换，即由照片生成素描人脸和由素描人脸生成照片。

将 CDA-VAE 方法与非 GAN 类方法和 GAN 类方法的生成人脸进行可视化对比，实现结果如图 2-37 所示。非 GAN 类方法（MWF、SSD、RSLCR、FCN）生成的图像通常呈现较为模糊的效果，而 GAN 类方法（GAN、CycleGAN、DualGAN、CSGAN、EGGAN）生成的图像包含较为丰富的纹理和细节信息。但是非 GAN 类方法生成的图像与原始图像的相似性更高，而 GAN 类方法生成的图像在相似性保持方面表现不足。CDA-VAE 方法更倾向于保持与原始图像的相似性，对于眼睛、鼻子等部分的细节信息生成效果较好，但是头发和衣服部分的生成图像较为粗糙。这是因为变分自动编码器的潜在特征空间是学习人脸的压缩表示，会提取到人脸中结构和五官等重要的信息，忽略不太重要的头发、配饰等信息。

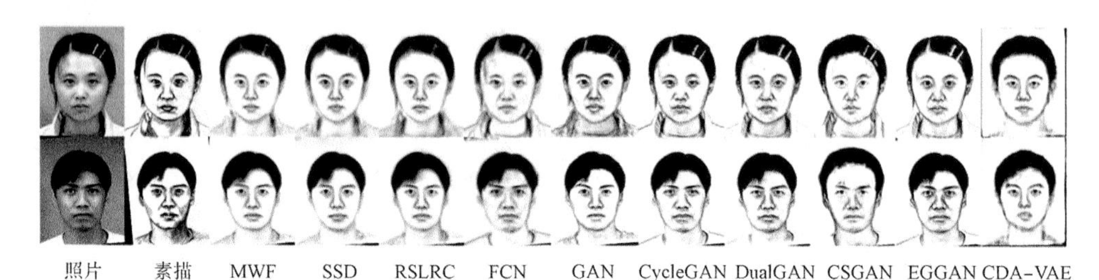

图 2-37　CUHK-CUFS 数据集中由照片生成素描人脸的效果图

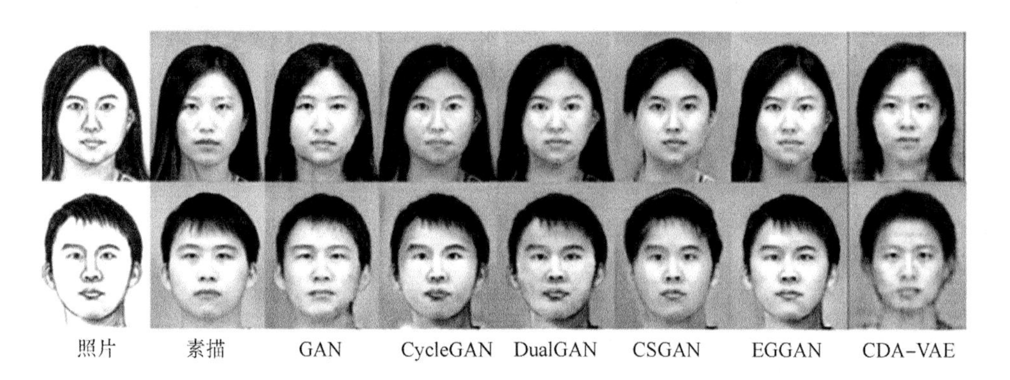

图 2-38　CUHK-CUFS 数据集中由素描生成照片人脸的效果图

对齐变分自动编码器模型（CDA-VAE）在人脸照片和素描数据集 CUHK-CUFS 和 CUHK-CUFSF 上进行人脸识别实验，并与现有的优秀算法进行比较。表 2-21 所示的实验结果表明，CDA-VAE 能够有效地减少不同模态人脸之间的差异，并能够从不同模态的人脸中提取到具有判别能力的特征，在现有的异质人脸识别方法中取得了最佳效果。

GAN 和 CycleGAN 是基础的 GAN 模型，DualGAN 采用两个生成器和判别器来计算重构误差和判别误差。EGGAN 方法基于生成对抗网络模型和自动编码器模型，其中自动编码器对生成图像和原始图像进行特征提取，并通过损失函数约束两者特征尽可能的一样。不同于上述方法，CDA-VAE 方法，不仅在图像空间实现不同模态人脸图像的对齐，还在潜在分布空间实现不同模态特征分布的对齐。因此，CDA-VAE 在不同的维度空间对齐潜在特征分布，能够为不同模态的人脸学习到共同的具有判别性的潜在特征空间和提取到丰富多层次的跨模态信息，并在现有的方法中获得了最高的人脸识别准确率。

表 2-21　对齐变分自动编码器算法与同类对比算法在 CUHK-CUFS 和 CUHK-CUFSF 数据库上的识别准确率

算　法	CUHK-CUFS	CUHK-CUFSF(%)
GAN	96.22%	71.27
CycleGAN	93.19%	100.0
DualGAN	95.96%	99.97
CSGAN	73.64%	99.99
EGGAN	95.34%	100.0
CDA-VAE	96.72%	100.0

2.6 本章小结

本章主要介绍了视觉感知识别中的人脸识别问题。本章首先从人脸识别的框架流程出发,围绕着无约束环境下的人脸识别问题进行研究。为了解决现有非约束环境下的人脸识别问题,从模糊人脸图像的去模糊问题、非约束环境下单一类内因素极端变化的人脸识别问题和非约束环境下多重类内因素同时变化的人脸识别问题三个角度出发,分别提出了基于二值特征的人脸识别算法、基于子空间学习的深度学习人脸识别算法和基于自动编码器的人脸生成和识别算法,并将其应用于非约束环境下的人脸识别问题和多源异构人脸识别问题中,实验结果表明本章提出的算法可以从带噪声的原始数据中恢复出干净的输入数据,使得降维后的特征具有良好的感知识别作用。

本章参考文献

[1] 田雷. 基于特征学习的无约束环境下的人脸识别研究[D]. 北京:北京邮电大学,2018.

[2] 王绍颖. 基于自动编码器的人脸生成与识别研究及系统实现[D]. 北京:北京邮电大学,2020.

[3] Ahonen T, Hadid A, Pietikainen M. Face Description with Local Binary Patterns: Application to Face Recognition[M]. IEEE Computer Society, 2006.

[4] Déniz O, Bueno G, Salido J, et al. Face recognition using Histograms of Oriented Gradients[J]. Pattern Recognition Letter, 2011, 32(12):1598-1603.

[5] Hussain S U, Napoleon T, Jurie F. Face recognition using local quantized patterns[C]. // British machive vision conference. Guildford, UK :BMVA Press, 2012: 11.

[6] Lei Z, Pietikainen M, Li S Z. Learning Discriminant Face Descriptor[J]. IEEE Transactions on Pattern Analysis and Machine Intelligence, 2014, 36(2):289-302.

[7] Lu J W, Liong V E, Zhou X Z, et al. Learning Compact Binary Face Descriptor for Face Recognition [J]. IEEE Transactions on Pattern Analysis and Machine Intelligence, 2015, 37(10):2041-2056.

[8] Ding C X, Choi J, Tao D, et al. Multi-Directional Multi-Level Dual-Cross Patterns for Robust Face Recognition [J]. IEEE Transactions on Pattern Analysis & Machine Intelligence, 2014, 38(3):518-531.

[9] Belhumeur P N, João P. Hespanha, Kriegman D J . Eigenfaces vs. fisher-faces: Recognition using class specific linear projection[J]. IEEE Transactions on Pattern Analysis and Machine Intelligence, 1997, 19 (7):711-720.

[10] Lecun Y, Bottou L. Gradient-based learning applied to document recognition[J]. Proceedings of the IEEE, 1998, 86(11):P. 2278-2324.

[11] Krizhevsky A, Sutskever I, Hinton G. ImageNet Classification with Deep Convolutional Neural Networks[J]. Advances in Neural Information Processing Systems, 2012, 25(2): 1097-1105.

[12] Sun Y, Liang D, Wang X G, et al. DeepID3: Face Recognition with Very Deep Neural Networks[J]. Computer Science, 2015.

[13] Schroff F, Kalenichenko D, Philbin J. Facenet: A unified embedding for face recognition and clustering[C]. //IEEE Conference on Computer Vision and Pattern Recognition. Piscataway, NJ: IEEE, 2015:815-823.

[14] Chen D, Cao X D, Wen F, et al. Blessing of dimensionality: Highdimensional feature and its efficient compression for face verification[C]//IEEE Conference on Computer Vision and Pattern Recognition. Piscataway, NJ: IEEE, 2013: 3025-3032.

[15] Chan T H, Jia Kui, Gao S H, et al. PCANet: A Simple Deep Learning Baseline for Image Classification[J]. IEEE Transactions on Image Processing, 2015, 24(12): 5017-5032.

[16] Beveridge J R, Phillips P J, Bolme D S, et al. The challenge of face recognition from digital point-and-shoot cameras[C]. //International Conference on Biometrics: Theory, Applications and Systems. Piscataway, NJ: IEEE, 2013: 1-8.

[17] Phillips P J, Moon H, Rauss P, et al. The feret evaluation methodology for face-recognition algorithms[J]. IEEE Transactions on Pattern Analysis and Machine Intelligence, 2000, 22 (10):1090-1104.

[18] Gao W, Cao B, Shan S G, et al. The cas-peal large-scale Chinese face database and baseline evaluations[J]. IEEE Transactions on Systems, Man, and Cybernetics-Part A: Systems and Humans, 2008, 38 (1):149-161.

[19] Marszalec E A, Martinkauppi J B, Soriano M N, et al. Physicsbased face database for color research[J]. Journal of Electronic Imaging, 2000, 9 (1):32-39.

[20] Huang G B; Manu R; Tamara B, et al. Labeled faces in the wild: A database for studying face recognition in unconstrained environments, Technical Report 07-49, University of Massachusetts, Amherst, 2007.

[21] Lior W, Hassner T, Maoz I. Face recognition in unconstrained videos with matched background similarity[C]. //IEEE Conference on Computer Vision and Pattern Recognition. Piscataway: IEEE Press, 2011:529-534.

[22] Pan J S, Hu Z, Su Z X, et al. Deblurring face images with exemplars[C]. European Conference on Computer Vision. Berlin: Springer, 2014: 47-62.

[23] Nishiyama M, Hadid A, Takeshima H, et al. Facial deblur inference using subspace analysis for recognition of blurred faces[J]. IEEE Transactions on Pattern Analysis and Machine Intelligence, 2011, 33 (4): 838-845.

[24] Anwar S, Phuoc H, Cong, Porikli F. Class-specific image deblurring[C]. //International Conference on Computer Vision. Piscataway, NJ: IEEE, 2015: 495-503.

[25] Kheradmand A, Milanfar P. A general framework for regularized, similarity-based image restoration[J]. IEEE Transactions on Image Processing, 2014, 23 (12): 5136-5151.

[26] Xu L, Zheng S C, Jia J Y. Unnatural 10 sparse representation for natural image deblurring[C]. //IEEE Conference on Computer Vision and Pattern Recognition. Piscataway, NJ: IEEE,2013: 1107-1114.

[27] Krishnan D, Tay T, Fergus R. Blind deconvolution using a normalized sparsity measure[C]. //IEEE Conference on Computer Vision and Pattern Recognition. Piscataway, NJ: IEEE,2011: 233-240.

[28] Julien M, Michael E, and Guillermo S, Sparse representation for color image restoration, IEEE Transactions on Image Processing, 17 (1), 2008, 53-69.

[29] Mairal J, Bach F, Ponce J, et al. Non-local sparse models for image restoration [C]. //International Conference on Computer Vision. Piscataway, NJ: IEEE, 2009: 2272-2279.

[30] Dong W S, Shi G M, Hu X C, et al. Nonlocal sparse and lowrank regularization for optical flow estimation[J]. IEEE Transactions on Image Processing, 2014, 23 (10): 4527-4538.

[31] Dong W S, Zhang L, Shi G M, et al. Image deblurring and superresolution by adaptive sparse domain selection and adaptive regularization[J]. IEEE Transactions on Image Processing, 2011, 20 (7):1838-1857.

[32] Anil J K. Data clustering: 50 years beyond k-means[J]. Pattern Recognition Letters, 2010, 31 (8):651-666.

[33] Zoran Z. Improved adaptive gaussian mixture model for background subtraction [C]. //International Conference on Pattern Recognition . Piscataway, NJ: IEEE, 2004:28-31.

[34] Fraley C, Raftery, Adrian E. How many clusters? which clustering method? answers via model-based cluster analysis[J]. The Computer Journal, 1998, 41 (8): 578-588.

[35] Comaniciu D, Meer P. Mean shift: A robust approach toward feature space analysis[J]. IEEE Transactions on Pattern Analysis and Machine Intelligence, 2002, 24 (5):603-619.

[36] Ng A Y, Jordan, M I, Weiss Y. On spectral clustering: Analysis and an algorithm [C]. //Advances in Neural Information Processing Systems. Cambridge, MA : MIT Press, 2002: 849-856.

[37] Zhang L, Yang M, Feng X C. Sparse representation or collaborative representation: Which helps face recognition? [C]. //International Conference on Computer Vision. Piscataway, NJ: IEEE, 2011: 471-478.

[38] Wu Q, Ying Y M, Zhou D X. Learning rates of least-square regularized regression [J]. Foundations of Computational Mathematics, 2006, 6 (2):171-192.

[39] Herrity K K; Gilbert A C, Tropp J A, Sparse approximation via iterative thresholding, Acoustics, Speech and Signal Processing[C]. //IEEE International Conference on Acoustics. Piscataway: IEEE,2006.

[40] Daubechies I, DeVore R, Fornasier M, et al. Iteratively reweighted least squares minimization for sparse recovery[J]. Communications on Pure and Applied Mathematics, 2010,63 (1):1-38.

[41] Portilla J. Image restoration through 10 analysis-based sparse optimization in tight frames[C]. //International Conference on Image Processing. Piscataway, NJ: IEEE, 2009:3909-3912.

[42] Cho S, Lee Seungyong. Fast motion deblurring[J], ACM Transactions on Graphics, 2009, 28(5):1-8.

[43] Shan Q, Jia J Y, Agarwala A. High-quality Motion Deblurring From A Single Image[J]. ACM Transactions on Graphics, 2008, 27(3):557-566.

[44] Xu L, Jia J Y. Two-phase kernel estimation for robust motion deblurring[C]. // European Conference on Computer Vision. Berlin: Springer, 2010: 157-170.

[45] Beck A, Teboulle M. Fast gradient-based algorithms for constrained total variation image denoising and deblurring problems[J]. IEEE Transactions on Image Processing, 2009, 18 (11):2419-2434.

[46] Danielyan A, Katkovnik V, Egiazarian K. Bm3d frames and variational image deblurring[J], IEEE Transactions on Image Processing, 2012, 21 (4): 1715-1728.

[47] Lu J W, Erin L V, Zhou J. Simultaneous local binary feature learning and encoding for face recognition [C]. //International Conference on Computer Vision. Piscataway: IEEE, 2015: 3721-3729.

[48] Le Q V, Karpenko A, Ngiam J, et al. Ica with reconstruction cost for efficient overcomplete feature learning[J], Advances in Neural Information Processing Systems, 2011, 1017-1025.

[49] Le Q V, Zou W Y, Yeung S Y, et al. Learning hierarchical invariant spatio-temporal features for action recognition with independent subspace analysis[C]. // IEEE Conference on Computer Vision and Pattern Recognition. Piscataway: IEEE, 2011: 3361-3368.

[50] He K M, Zhang X Y, Ren S Q, et al. Spatial pyramid pooling in deep convolutional networks for visual recognition[C]. //European Conference on Computer Vision. Berlin: Springer, 2014: 346-361.

[51] Gong Y C, Lazebnik S, Gordo A, et al. Iterative quantization: A procrustean approach to learning binary codes for large-scale image retrieval[J]. IEEE Transactions on Pattern Analysis and Machine Intelligence, 2013, 35 (12): 2916-2929.

[52] Schönemann P. A generalized solution of the orthogonal procrustes problem[J]. Psychometrika, 1966, 31(1):1-10.

[53] Vanderbilt D. Soft self-consistent pseudopotentials in a generalized eigenvalue formalism [J]. Physical Review B, 1990,41 (11): 7892.

[54] Stewart G W, Matrix perturbation theory[M]. New York: Academic Press, 1990.

[55] Imakura A, Du L, Sakurai T . Error bounds of Rayleigh-Ritz type contour integral-based eigensolver for solving generalized eigenvalue problems[J]. Numerical Algorithms, 2016, 71(1):103-120.

[56] Ding C X, Choi J, Tao D C, et al. Multi-Directional Multi-Level Dual-Cross Patterns for Robust Face Recognition[J]. IEEE Transactions on Pattern Analysis & Machine Intelligence, 2014, 38(3):518-531.

[57] Aharon M, Elad M, Bruckstein A. K-SVD: An Algorithm for Designing Overcomplete Dictionaries for Sparse Representation[J]. IEEE Transactions on Signal Processing, 2006, 54:4311-4322.

[58] Zhang Q, Li B X. Discriminative k-svd for dictionary learning in face recognition [C]. //IEEE Conference on Computer Vision and Pattern Recognition. Piscataway: IEEE, 2010, 2691-2698.

[59] Xia Y, He K M, Kohli P, et al. Sparse projections for highdimensional binary codes[C]. //IEEE Conference on Computer Vision and Pattern Recognition. Piscataway: IEEE, 2015: 3332-3339.

[60] Afonso M V, José M. Bioucas-Dias, Mário A. T. Figueiredo. An Augmented Lagrangian Approach to the Constrained Optimization Formulation of Imaging Inverse Problems[J]. IEEE Transactions on Image Processing, 2011, 20(3): 681-695.

[61] Horn R A, Johnson C R, Matrix analysis[M]. Cambridge: Cambridge university press, 1990.

[62] Vu N S, Caplier A. Enhanced patterns of oriented edge magnitudes for face recognition and image matching[J]. IEEE Transactions on Image Processing,2012, 21(3):1352-1365.

[63] Maturana D, Mery D, Soto A. Face recognition with decision tree-based local binary patterns[C].//Asian Conference on Computer Vision. Berlin, German: Springer, 2010: 618-629.

[64] Maturana D, Mery D, Soto A. Learning discriminative local binary patterns for face recognition[C].//IEEE International Conference on Automatic Face & Gesture Recognition & Workshops. Piscataway: IEEE, 2011:470-475.

[65] Zhang H, Beveridge J R, Mo Q, et al. Randomized Intraclass-Distance Minimizing Binary Codes for face recognition[C].//IEEE International Joint Conference on Biometrics. Piscataway: IEEE, 2014:1-8.

[66] Verschae R, Ruiz-Del-Solar J, Correa M, Face recognition in unconstrained environments: A comparative study[C].//Workshop on Faces in 'Real-Life' Images: Detection, Alignment, and Recognition. Marseille, France: HAL-Inria, 2008.

[67] Sharma G, ul Hussain S, Jurie F, Local higher-order statistics (lhs) for texture categorization and facial analysis[C].//European Conference on Computer Vision. Berlin, Heidelberg: Springer, 2012: 1-12.

[68] Shervin R A, Josef K. Efficient processing of MRFs for unconstrained-pose face recognition[C].//International Conference on Biometrics: Theory. Piscataway: IEEE, 2013:1-8.

[69] Lu J, Liong V E, Wang G, et al. Joint Feature Learning for Face Recognition[J]. Information Forensics & Security IEEE Transactions on, 2015, 10(7):1371-1383.

[70] Rahtu E, Heikkil J, Ojansivu V, et al. Local phase quantization for blur-insensitive image analysis[J]. Image and Vision Computing, 2012, 30(8):501-512.

[71] Ylioinas J, Hadid A, Kannala J, et al. An in-depth examination of local binary descriptors in unconstrained face recognition[C].//International Conference on Pattern Recognition. Piscataway: IEEE, 2014: 4471-4476.

[72] Krizhevsky A, Sutskever I, Hinton G . ImageNet Classification with Deep Convolutional Neural Networks[J]. Advances in Neural Information Processing Systems, 2012, 25(2).

[73] Cai D, He X F, Han J W. Srda: An efficient algorithm for large-scale discriminant analysis[J]. IEEE Transactions on Knowledge and Data Engineering, 2008, 20(1):1-12.

[74] Simonyan K, Zisserman A. Very Deep Convolutional Networks for Large-Scale Image Recognition[J]. Computer ence, 2014.

[75] Barkan O, Weill, J, Wolf L, et al. Fast high dimensional vector multiplication face recognition [C]. //International Conference on Computer Vision. Piscataway: IEEE, 2013: 1960-1967.

[76] Goodfellow I, Pouget-Abadie J, Mirza M, et al. Generative adversarial nets[C]. // Advances in Neural Information Processing Systems. MA: MIT Press, 2014: 2672-2680.

[77] Liu L, Zhang L, Chen J. Progressive Pose Normalization Generative Adversarial Network for Frontal Face Synthesis and Face Recognition Under Large Pose[C]. // IEEE International Conference on Image Processing (ICIP). Piscataway: IEEE, 2019: 4434-4438.

[78] Tran L, Yin X, Liu X. Disentangled representation learning gan for pose-invariant face recognition [C]. //IEEE Conference on Computer Vision and Pattern Recognition. Piscataway: IEEE, 2017: 1415-1424.

[79] He R, Cao J, Song L X, et al. Cross-spectral face completion for nir-vis heterogeneous face recognition[J]. arXiv preprint arXiv:1902. 03565, 2019.

[80] Kan M, Shan S, Chang H, et al. Stacked progressive auto-encoders (spae) for face recognition across poses[C]. //IEEE Conference on Computer Vision and Pattern Recognition. Piscataway: IEEE, 2014: 1883-1890.

[81] Doersch C. Tutorial on variational autoencoders[J]. arXiv preprint arXiv:1606. 05908,2016.

[82] Wang F, Xiang X, Cheng J, et al. Normface: l2 hypersphere embedding for face verification[C]. //25th ACM International Conference on Multimedia . New York: ACM Press, 2017: 1041-1049.

[83] Liu D C, Gao X B, Wang N N, et al. Coupled Attribute Learning for Heterogeneous Face Recognition [J]. IEEE Transactions on Neural Networks and Learning Systems, 2020.

[84] Xiong X, De la Torre F. Supervised descent method and its applications to face alignment[C]. //IEEE Conference on Computer Vision and Pattern Recognition. Piscataway: IEEE, 2013: 532-539.

[85] Klare B F, Klein B, Taborsky E, et al. Pushing the frontiers of unconstrained face detection and recognition: Iarpa janus benchmark A [C]. //IEEE Conference on Computer Vision and Pattern Recognition, Piscataway: IEEE, 2015: 1931-1939.

[86] Yi D,Lei Z,Liao S C,et al. Learning Face Representation from Scratch[J]. arXiv preprint arXiv:1411. 7923. 2014.

[87] Gao W, Cao B, Shan S, et al. The CAS-PEAL large-scale Chinese face database and baseline evaluations [J]. IEEE Transactions on Systems, Man, and Cybernetics-Part A: Systems and Humans, 2007, 38(1): 149-161.

[88] Huang G B, Mattar M, Berg T, et al. Labeled faces in the wild: A database for studying face recognition in unconstrained environments[C]. //Workshop on Faces

in 'Real-Life' Images: Detection, Alignment, and Recognition. Marseille, France: HAL-Inria, 2008:1-14.

[89] Wang X, Tang X. Face photo-sketch synthesis and recognition[J]. IEEE Transactions on Pattern Analysis and Machine Intelligence, 2008, 31(11): 1955-1967.

[90] Martínez, Benavente R . The AR Face Database[J]. Cvc Technical Report, 1998, 24-30.

[91] Messer K, Kittler J, Sadeghi M, et al. Face verification competition on the XM2VTS database [C]. //International Conference on Audio-and Video-Based Biometric Person Authentication. Berlin, Heidelberg, Springer, 2003: 964-974.

[92] Zhang W, Wang X, Tang X. Coupled information-theoretic encoding for face photo-sketch recognition [C]. //IEEE Conference on Computer Vision and Pattern Recognition. Piscataway: IEEE, 2011: 513-520.

[93] Li S, Yi D, Lei Z, et al. The casia nir-vis 2.0 face database[C]. //IEEE Conference on Computer Vision and Pattern Recognition Workshops. Piscataway: IEEE, 2013: 348-353.

[94] Hoyer P O. Non-negative matrix factorization with sparseness constraints[J]. Journal of Machine Learning Research, 2004, 5(11): 1457-1469.

[95] Sharma A, Kumar A, Daume H, et al. Generalized multiview analysis: A discriminative latent space[C]. //IEEE Conference on Computer Vision and Pattern Recognition. Piscataway: IEEE, 2012: 2160-2167.

[96] Masi I, Rawls S, Medioni G, et al. Pose-aware face recognition in the wild[C]. // IEEE Conference on Computer Vision and Pattern Recognition. Piscataway: IEEE, 2016: 4838-4846.

[97] Wang D, Otto C, Jain A K. Face search at scale[J]. IEEE Transactions on Pattern Analysis and Machine Intelligence, 2016, 39(6): 1122-1136.

[98] Qian Y, Deng W, Hu J. Unsupervised Face Normalization with Extreme Pose and Expression in the Wild[C]. //IEEE Conference on Computer Vision and Pattern Recognition. Piscataway: IEEE, 2019: 9851-9858.

[99] Lu J, Liong V E, Zhou X, et al. Learning compact binary face descriptor for face recognition [J]. IEEE Transactions on Pattern Analysis and Machine Intelligence, 2015, 37(10): 2041-2056.

[100] Ahonen T, Hadid A, Pietikainen M. Face description with local binary patterns: Application to face recognition [J]. IEEE Transactions on Pattern Analysis and Machine Intelligence, 2006, 28(12): 2037-2041.

[101] Hussain S U, Napoléon T, Jurie F. Face recognition using local quantized patterns [C]. // British Machive Vision Conference. UK: British Machine Vision Association, 2012: 1-16.

[102] Vu N S, Caplier A. Enhanced patterns of oriented edge magnitudes for face recognition and image matching [J]. IEEE Transactions on Image Processing, 2012, 21(3): 1352-1365.

[103] Lei Z, Pietikäinen M, Li S Z. Learning discriminant face descriptor [J]. IEEE Transactions on Pattern Analysis and Machine Intelligence, 2014, 36 (2): 289-302.

[104] Lu J, Liong V E, Zhou X, et al. Learning compact binary face descriptor for face recognition [J]. IEEE Transactions on Pattern Analysis and Machine Intelligence, 2015, 37(10): 2041-2056.

[105] Tian L, Fan C, Ming Y. Learning iterative quantization binary codes for face recognition[J]. Neurocomputing, 2016, 214: 629-642.

[106] Tian L, Fan C, Ming Y. Learning spherical hashing based binary codes for face recognition[J]. Multimedia Tools and Applications, 2017, 76(11): 13271-13299.

[107] Chen J, Zu Y. Local Feature Hashing with Graph Regularized Binary Auto-encoder for Face Recognition[C]. //International Conference on Wireless Communications and Signal Processing . Piscataway: IEEE, 2019: 1-7.

[108] Maturana D, Mery D, Soto A. Face recognition with decision tree-based local binary patterns [C]. //Asian Conference on Computer Vision. Berlin, Heidelberg: Springer, 2010: 618-629.

[109] Maturana D, Mery D, Soto A. Learning discriminative local binary patterns for face recognition [C]. //Automatic Face & Gesture Recognition and Workshops (FG 2011) . Piscataway: IEEE, 2011: 470-475.

[110] Sharma G, ul Hussain S, Jurie F. Local higher-order statistics (LHS) for texture categorization and facial analysis [C]. //European Conference on Computer Vision. Berlin, Heidelberg: Springer, 2012: 1-12.

[111] Arashloo S R, Kittler J. Efficient processing of MRFs for unconstrained-pose face recognition[C]. //International Conference on Biometrics: Theory, Applications and Systems . Piscataway, NJ: IEEE, 2013: 1-8.

[112] Hussain S U, Napoléon T, Jurie F. Face recognition using local quantized patterns [C]. //British Machine Vision Conference. UK: British Machine Vision Association, 2012: 1-12.

[113] Givens C R, Shortt R M. A class of Wasserstein metrics for probability distributions [J]. The Michigan Mathematical Journal, 1984, 31(2): 231-240.

[114] Zhang M, Wang N, Gao X, et al. Markov Random Neural Fields for Face Sketch Synthesis[C]. //Enternational Joint Conference on Artificial Intelligence. San Francisco: Margan Kaufmann, 2018: 1142-1148.

[115] Song Y, Bao L, Yang Q, et al. Real-time exemplar-based face sketch synthesis [C]. //European Conference on Computer Vision. Berlin, Heidelberg: Springer, 2014: 800-813.

[116] Wang N, Gao X, Li J. Random sampling for fast face sketch synthesis[J]. Pattern Recognition, 2018, 76: 215-227.

[117] Zhang L, Lin L, Wu X, et al. End-to-end photo-sketch generation via fully convolutional representation learning [C]. //5th ACM on International Conference on Multimedia Retrieval. New York: ACM Press, 2015: 627-634.

[118] Zhu J Y, Park T, Isola P, et al. Unpaired image-to-image translation using cycle-consistent adversarial networks[C]. //IEEE Conference on Computer Vision and Pattern Recognition. Piscataway: IEEE, 2017: 2223-2232.

[119] Yi Z, Zhang H, Tan P, et al. Dualgan: Unsupervised dual learning for image-to-image translation [C]. //IEEE Conference on Computer Vision and Pattern Recognition. Piscataway: IEEE, 2017: 2849-2857.

[120] Kancharagunta K B, Dubey S R. Csgan: cyclic-synthesized generative adversarial networks for image-to-image transformation[J]. arXiv preprint arXiv: 1901. 03554, 2019.

[121] Zheng J, Song W, Wu Y, et al. Feature Encoder Guided Generative Adversarial Network for Face Photo-Sketch Synthesis [J]. IEEE Access, 2019, 7: 154971-154985.

[122] Huang X, Lei Z, Fan M, et al. Regularized discriminative spectral regression method for heterogeneous face matching[J]. IEEE Transactions on Image Processing, 2012, 22(1): 353-362.

[123] Yi D, Lei Z, Li S Z. Shared representation learning for heterogenous face recognition [C]. //IEEE International Conference and Workshops on Automatic Face and Gesture Recognition (FG). Piscataway: IEEE, 2015: 1-7.

[124] Reale C, Nasrabadi N M, Kwon H, et al. Seeing the forest from the trees: A holistic approach to near-infrared heterogeneous face recognition[C]. //IEEE Conference on Computer Vision and Pattern Recognition Workshops. Piscataway: IEEE, 2016: 54-62.

[125] Wu X, Song L, He R, et al. Coupled deep learning for heterogeneous face recognition [C]. //Thirty-Second AAAI Conference on Artificial Intelligence. Menlo Park, CA: AAAI Press, 2018: 1679-1686.

[126] Song L, Zhang M, Wu X, et al. Adversarial discriminative heterogeneous face recognition[C]. //Thirty-Second AAAI Conference on Artificial Intelligence. Menlo Park, CA: AAAI Press, 2018: 7355-7362.

[127] Wu X, Huang H, Patel V M, et al. Disentangled variational representation for heterogeneous face recognition[C]. //AAAI Conference on Artificial Intelligence. Menlo Park, CA: AAAI Press, 2019, 33: 9005-9012.

[128] Peng C, Wang N, Li J, et al. Re-ranking high-dimensional deep local representation for NIR-VIS face recognition[J]. IEEE Transactions on Image Processing, 2019, 28 (9): 4553-4565.

第3章　多源视觉信息感知与识别——运动目标分析

视觉感知的核心是从图像或视频序列中发现存在于外部世界中的目标以及目标所在的空间位置，即what-where模型。What通路主要用于对象或物体识别，对应第2章介绍的内容。而where通路则涉及所处的空间环境和目标所在视觉空间中的具体位置，这就引出了本章主要介绍的内容——运动目标分析。本章结合视觉感知模型机理将运动目标分析分为三个层次分别进行研究。首先介绍运动目标检测方法用于目标定位，作为where通路中传输一级where信息。然后进行运动目标跟踪确定目标位置变化，作为where通路中传输二级where信息。另外，将what通路中传输的目标感知信息作为what信息。重点研究运动目标的时空不变性特征编码和描述，实现二级where信息与what信息共同驱动的自底向上的注意机制，形成目标的检测与跟踪。

3.1　运动目标分析问题

对于目标运动的视觉感知问题，是视觉信息感知与识别中的第二层次问题，不同于第2章中根据静止图像信息进行分析处理，这里主要是指从包括目标时变运动信息的视频中自动地检测出需要分析的运动目标，并对目标的运动轨迹进行持续的跟踪实现运动特征的有效提取和描述，以期完成对运动目标行为的识别和理解。而传统的基于二维视频的分析方法受到遮挡、阴影、光照等方面的制约，使得检测失败和丢失跟踪的情况时有发生，严重影响了感知识别性能的提高。

目标跟踪广泛应用于人类日常生活和工作以及军事安防等各个方面。利用智能监控跟踪系统，通过对目标运动轨迹等信息的分析来判断异常，从而起到预警的作用，充分保障了社会安全，将智能监控系统用于事故频发路段，自动化地跟踪特定车辆，可以有效降低相关工作人员的工作强度并防止因疏忽等原因造成的事故，从而有效地提高工作效率；在医疗诊断中，通过对癌细胞的判断以及癌细胞扩散位置的预测，可以有效地预防和诊断癌症等疾病；通过红绿灯检测、障碍物检测、行人及车辆跟踪并预测轨迹等环境感知的关键技术，辅助自动驾驶技术更好更快的应用落地，影响着人类的出行方式；同时使计算机能够理解人的肢体、手势、表情等动作的不同含义，制作出的体感游戏为人们的生活增添了很多乐趣。因此，具有超越人眼的精度以及实时速度的跟踪算法成为了广大学者追求的目标。

根据跟踪目标数量的不同，目标跟踪算法可分为单目标跟踪(Single Object Tracking,

SOT)与多目标跟踪(Multiple Object Tracking,MOT)。其中,前者的跟踪对象一般只有一个,且假设目标始终在视域内;而后者的目标数量不定,且目标可能频繁进入或者离开视域,因此具有更大的挑战性,本章将分别进行介绍。

真实场景下目标跟踪算法面临着"表观相似目标的干扰""目标交互或遮挡""算法模型参数量大且运算复杂度高"三个较为突出的难点。

(1)表观相似目标干扰问题。表观相似是指相邻的两个或者多个目标具有相似外观的现象,该现象导致了目标之间区分困难。例如:在监控场景下,目标一般较小且表观细节不明显,同时目标背景相对杂乱,当目标的背景中出现与其外观非常相似的其他目标时,容易发生目标与背景无法区分的现象。因此,表观相似目标的干扰问题极大影响了目标跟踪算法的性能。

(2)目标交互或遮挡问题。目标交互问题是指因目标与目标轨迹重叠而导致的目标部分或全部不可见现象,物体遮挡问题是指目标与其他非目标物体位置重叠而导致的目标部分或全部不可见现象,统称为目标交互或遮挡问题。由于行人运动的随机性,该问题在密集场景中更为常见。例如:在自动驾驶场景下,传感器视域中一般会同时出现多个目标行人,场景包含的路灯、建筑物又可能对行人造成遮挡,影响了目标的识别与定位。因此,目标交互或遮挡问题对目标跟踪算法提出了极大挑战。

(3)算法模型参数量大且运算复杂度高问题。现有目标跟踪算法往往采用了深度学习模型,出现了模型参数量大导致存储占用大的现象,以及模型运算复杂度高导致算法实时性差的现象。例如:在无人机追踪等应用场景中,硬件设备的存储空间一般较小且计算资源不足,无法存储过大的模型,同时该场景对算法实时性要求高,运算复杂度过高的模型可能造成不可接受的时延。因此,算法模型参数量大且运算复杂度高问题制约了目标跟踪算法的落地。

本章将从视觉感知的角度出发,重点研究融合时空信息的运动目标分析,包括基于循环神经网络的单目标跟踪算法和融合时空上下文的多目标跟踪算法,既包括单目标的运动检测与跟踪,也包括多目标的量测生成和数据关联,同时包括相关算法的性能对比。

3.2 基于循环神经网络的单目标检测与跟踪

尽管单目标跟踪的理论研究取得了显著的进展,但大多数算法是有前提条件的约束或者目标物体处于比较简单的环境中,如背景处于静止状态下,对不会发生形变的单目标跟踪等。单目标跟踪算法仍面临着复杂场景非约束条件的影响,特别是在实际场景中,如目标自身的姿态变化、尺度变化、平面内外旋转、遮挡等,都会给单目标跟踪技术的研究和应用带来极大的挑战,使得目标跟踪技术很难应用于实际生活中,主要有如下挑战。

(1)遮挡(Occlusion,OCC)。遮挡问题是大部分计算机视觉任务中的一个研究热点。当发生遮挡时,遮挡物会产生错误的信息,影响跟踪器获取目标的有效信息,使得跟踪器的稳定性下降,导致跟踪器在后续帧的跟踪中偏离目标所在位置。针对还留有一部分目标信息的遮挡情况,可以利用这部分信息对目标建模,同时尽量将被遮挡的无用信息滤掉,避免无用信息对跟踪器的干扰;对于全部遮挡的情况,首先要判断目标是否被全部遮挡,如果出现全部遮挡，不再对跟踪器进行更新，将遮挡部分的无用信息全部丢弃，等到目标重新出现时再进行跟踪。

(2)尺度变化(Scale Variation，SV)。尺度变化是指目标与摄像机之间的距离发生变化，即发生相对运动时目标的尺度发生剧烈的变化。当用边界框来描述目标所在位置时，如果边界框的大小未随目标大小的变化而做出相应的改变，会对目标区域特征的提取产生影响，使得提取的特征包含的目标信息不足或背景信息冗余。因此，如何自适应地改变边界框大小，即实现多尺度的跟踪器也是一大挑战。

(3)降低目标跟踪算法性能对目标检测算法性能的依赖性。目前 tracking-by-detection 的跟踪算法是在整张图像上提取特征并进行目标检测，确定目标所在的大致位置，然后使用 bounding box regression(边界框回归)的方法得到目标所在的精准位置。这样目标跟踪的性能很大程度上依赖于目标检测的性能，使得目标检测算法性能的瓶颈限制了目标跟踪算法性能的提升。因此，如何降低目标跟踪算法性能对目标检测算法性能的依赖也是要解决的一大难点。

基于上述研究背景及研究难点，本节将研究重点放在了基于循环神经网络的单目标检测与跟踪算法的精度以及速度的提升上。在给定一个视频帧的情况下，考虑到连续视频帧之间的运动关联关系，首先设计基于循环神经网络的运动方向预测模型，来预测目标下一帧大致的运动方向；然后结合运动方向模型预测得到的目标下一帧的运动方向确定感兴趣区域(Region of Interest，ROI)，为了便于获取更多的上下文信息，设定一个阈值 β，ROI 的大小一般设置为上一帧边界框的 β 倍；接下来在 ROI 内进行目标检测，确定目标下一帧的位置；得到的边界框回传到方向预测模型，作为方向预测模型下一帧的输入，完成整个跟踪系统。同时，为了实现实时的目标检测与跟踪系统，使用了模型压缩的方法，进一步加快了系统跟踪的速度。此外，提出了一种相关滤波与深度学习结合的跟踪算法，用确定的感兴趣区域初始化相关滤波器，设定一个阈值，当得到的预测框与真值框的 IoU 大于阈值，得到的预测框作为方向预测模型下一帧的输入，当 IoU 小于阈值，在确定的感兴趣区域内进行检测。

3.2.1　基于运动方向预测的单目标检测与跟踪

当前大部分的单目标跟踪算法都是以卷积神经网络为基础提出的，卷积神经网络没有很好的时序关联性，对于目标跟踪这个视觉任务来说，目标先前帧的运动状态及位置信息对于预测下一帧目标所在位置，提高跟踪性能有很大的帮助，所以很多学者将能对前面的信息进行记忆并应用于当前输出计算的循环神经网络引入到目标跟踪算法中。然而这些方法中循环神经网络对序列化数据处理的优势没有充分体现出来，同时目标跟踪的性能很大程度上依赖于目标检测的性能，使得目标检测性能提升的瓶颈限制了目标跟踪性能的提升。因此，为了充分利用循环神经网络的时序关联性，减少跟踪算法对于目标检测的依赖，同时实现实时的跟踪系统，本节介绍了一种基于运动方向预测的目标检测与跟踪方法，如图 3-1 所示。

在给定一个视频帧的情况下，首先设计基于循环神经网络的运动方向预测模型，来预测目标下一帧大致的运动方向；然后结合运动方向模型预测得到的目标下一帧的运动方向确定感兴趣区域，为了便于获取更多的上下文信息，设定一个阈值 β，ROI 的大小一般设置为上一帧边界框的 β 倍；接下来在 ROI 内进行目标检测，确定目标下一帧的位置；最后将得到的 bounding box 回传到方向预测模型，作为方向预测模型下一帧的输入，完成整个跟踪系统。下面将对网络框架中的每个模块进行详细阐述。

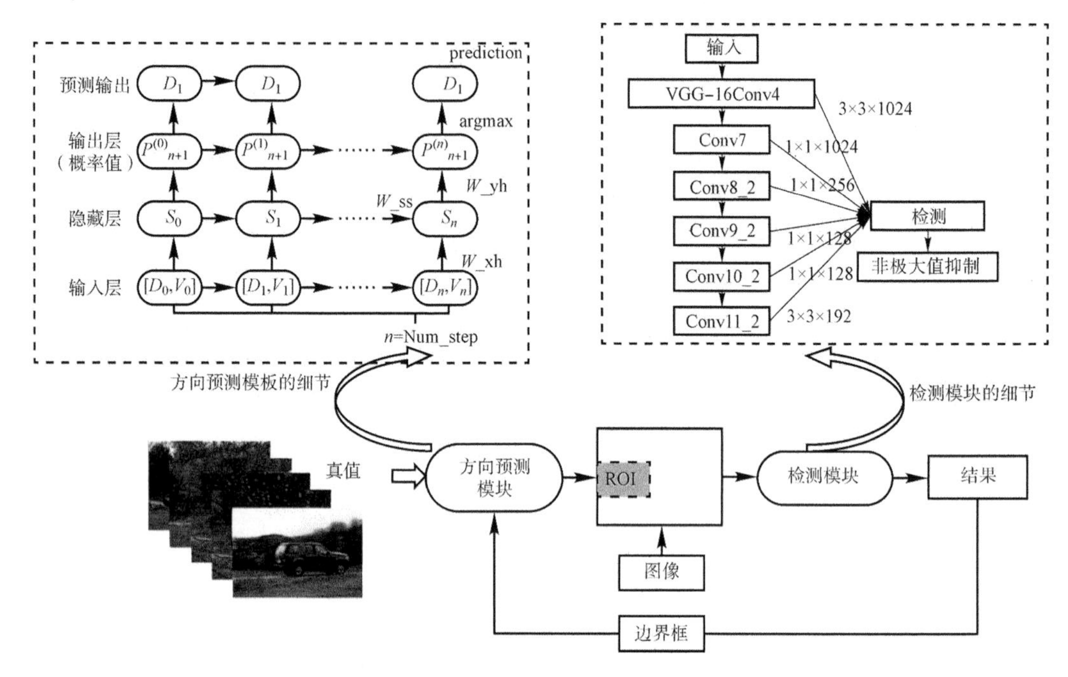

图 3-1　基于运动方向预测的目标检测与跟踪系统流程示意图

1. 运动方向预测模块

Tracking-by-detection 的方法是指在整张输入图像上进行目标检测，这样不仅没有充分利用视频序列的时序信息，还使得跟踪算法的好坏取决于检测器的好坏。因此，基于 LSTM 的运动方向预测模型，首先预测出目标下一帧的运动方向，然后在目标运动方向上确定感兴趣区域，这样可以缩小搜索区域，降低对检测器的依赖性，同时充分利用了视频序列的帧间信息。

视频中目标的运动状态由它本身的运动状态和相机的运动状态组成，如图 3-2 所示。可以被定义为如下形式

$$D = D_t + D_c \tag{3-1}$$

式中，D 表示目标的运动状态，D_t 表示它本身的运动状态，D_c 表示相机的运动状态。

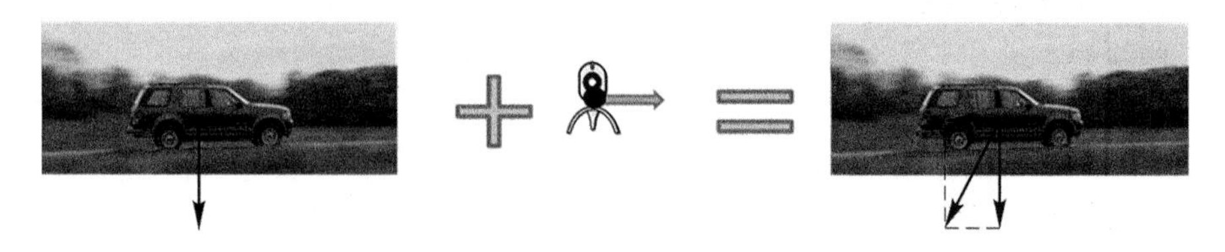

图 3-2　目标的运动状态组成示意图

然而，由于尺度变化、镜头清晰度等原因，目标运动方向本身是无限的，无法标签化，所以需要对其进行量化。首先建立一个简单的模型，确定量化的目标为目标本身运动和镜头运动相叠加的方向，然后将目标的运动方向划分为多个区域，最后对每个区域向量

化或标签化，如图 3-3 所示。这样就可以利用循环神经网络的时序关联性构建运动方向预测模型。

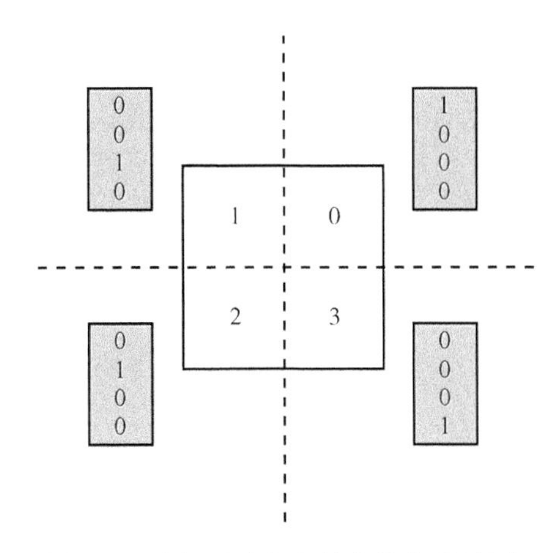

图 3-3　目标运动方向的向量化/标签化

图 3-4 是本文设计的第一个运动方向预测分类模型。在每一个时间步，输入为先前 15 帧的运动方向，将方向向量化后内嵌到与 LSTM 隐藏层单元数相匹配的空间，作为 LSTM 的输入。此时，LSTM 的输出为目标下一帧运动方向可能性的高维表达，最后采用一个全连接层，将高维表达转化为与方向向量同一维度的表达，得到下一帧在每一个方向上的可能性，即可获得当前时间步目标下一帧最大可能的运动方向。

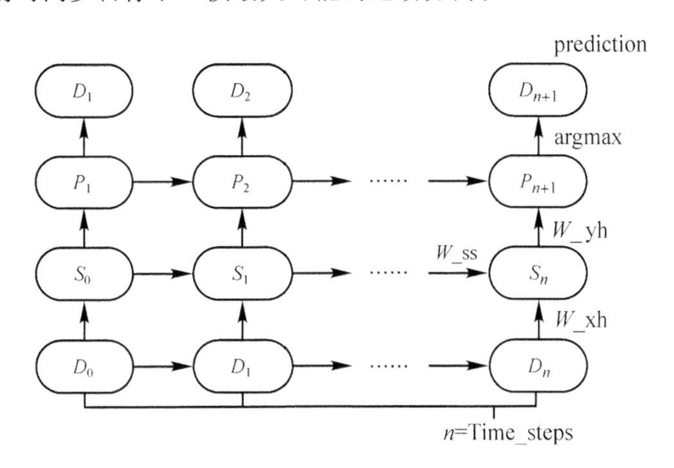

图 3-4　输入 15 帧预测 15 帧的运动方向预测分类模型

同时，为了对比分类模型和回归模型的好坏，将模型换为回归模型，如图 3-5 所示。即输入为标签化的方向，将 LSTM 的高维输出直接通过全连接层获得预测的目标下一帧运动方向的标签，而不是得到各个方向的可能性值。

然而，上述两个模型都是通过历史的 15 帧运动方向信息得到下一个 15 帧的运动方向信息，相对于输入的信息量，输出的信息量过于庞大，造成了数据本身和输入输出信息量的不对称。因此，将模型修改为输入历史多帧方向，输出单帧方向的预测模型，同时在输入中增加帮助运动方向预测的速度信息，相应的分类和回归模型如图 3-6 和图 3-7 所示。

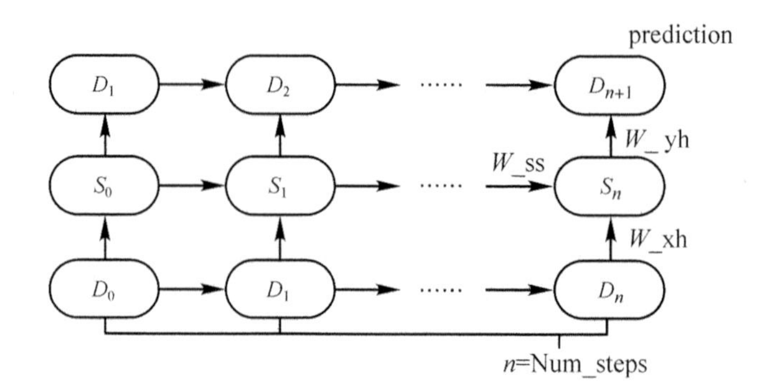

图 3-5　输入 15 帧预测 15 帧的运动方向预测回归模型

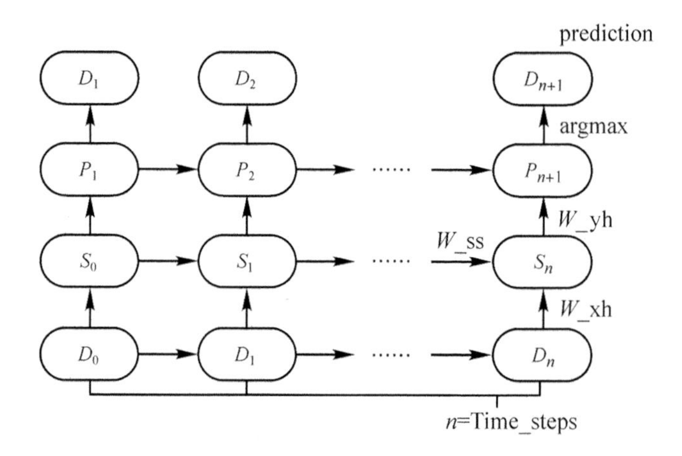

图 3-6　输入 15 帧预测 1 帧的运动方向预测分类模型

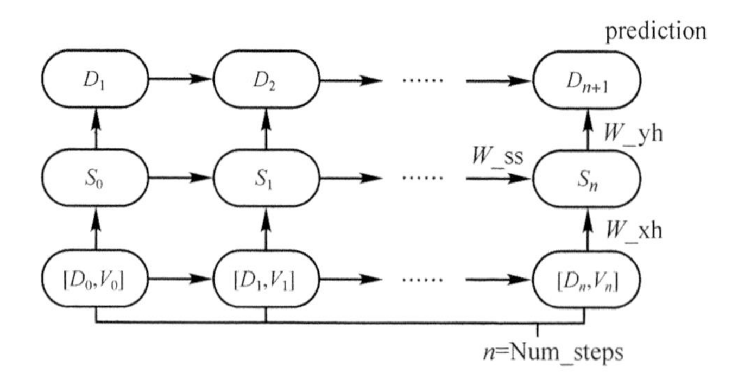

图 3-7　输入 15 帧预测 1 帧的运动方向预测回归模型

为了设计分类和回归两种不同的模型，既采用了目标区域向量化的方法，同时也采用了目标区域标签化的方法，向量化用于分类模型，标签化用于回归模型。分类模型的损失函数为交叉熵损失函数

$$L_{\mathrm{DP}} = -\sum_{i=1}^{N} - y_i \cdot \log(p_i), y \in \{0,1\} \tag{3-2}$$

式中，p_i 表示 N 个类别的概率分布值，y_i 表示目标下一帧的真实方向标签。回归模型的损

失函数为均方误差损失函数(MSE)

$$\mathrm{MSE}(y,y')=\frac{\sum_{i=1}^{N}(y-y')^2}{N} \tag{3-3}$$

式中，y_i 表示真实值，y_i' 表示预测值。

2. 感兴趣区域确定模块

结合运动方向预测模型得到的目标下一帧运动方向确定感兴趣区域，这样做可以缩小搜索范围，从而降低时间成本，使得跟踪算法具有能够适用于连续的视频序列的实时跟踪速度，同时降低对目标检测性能的依赖。目标跟踪中感兴趣区域大多数是由目标检测的结果确定的。输入一张图像，利用目标检测算法预测目标所在的大致位置，选定目标的最小矩形边界为感兴趣区域，然后在原始图像对应的感兴趣区域中进行特征提取等一系列操作。然而，直接在预测的目标下一帧运动方向上，以上一帧目标所在位置边界框的中心为起点向外延伸，延伸的区域大小是上一帧边界框大小的 β 倍，以便获取更多的背景信息。

3. 目标检测模块

Tracking-by-detection 的目标跟踪算法性能依赖于检测器的好坏，同时为了实现实时的目标检测与跟踪系统，选择 SSD 作为目标检测模块。SSD 的网络模型结构如图 3-8 所示。

SSD 是全卷积网络，将 VGGNet 的后面两个全连接层换为卷积层，这样输入图像的大小可以是任意的。同时在 VGGNet 的原网络结构基础上，新增了 conv6_2，conv7_2，conv8_2 和 conv9_2 四个卷积层，结合浅层特征 conv4_3 和 conv7(fc7)，利用特征金字塔结构，在这些不同大小的特征图上同时进行 softmax 分类和边界框回归。这样不仅可以实现多尺度的目标检测，还提升了对小目标的检测效果。然而，如何将不同大小的特征图组合在一起进行预测是一个问题。如图 3-8 中的网络结构用到了 permute 层、flatten 层和 concat 层，原来的 blob 维度为[batch_num, channel, height, weight]，经过 permute 层之后的维度变为[batch_num, height, weight, channel]，再经过 flatten 层之后的维度变为[batch_num, height * weight * channel]，最后经过 concat 层进行通道合并，将不同大小的特征图组合在一起进行预测。

由于 SSD 的网络结构是端到端的，因此损失函数包含分类损失和回归损失两部分，分类损失函数为交叉熵损失加上 softmax 分类，回归损失函数为 smooth_{L1} 损失函数。SSD 的损失函数定义如下

$$L(x,c,l,g)=\frac{1}{N}(L_{\mathrm{conf}}(x,c)+\alpha L_{\mathrm{loc}}(x,l,g)) \tag{3-4}$$

$$L_{\mathrm{loc}}(x,l,g)=\sum_{i\in \mathrm{Pos}}^{N}\sum_{m\in\{cx,cy,w,h\}}x_{ij}^{k}\,\mathrm{smooth}_{L1}(l_i^m-\hat{g}_j^m) \tag{3-5}$$

$$L_{\mathrm{conf}}(x,c)=-\sum_{i\in \mathrm{Pos}}^{N}x_{ij}^{p}\log(\hat{c}_i^p)-\sum_{i\in Neg}\log(\hat{c}_i^0) \tag{3-6}$$

$$\hat{c}_i^p=\frac{\exp(c_i^p)}{\sum_p \exp(c_i^p)} \tag{3-7}$$

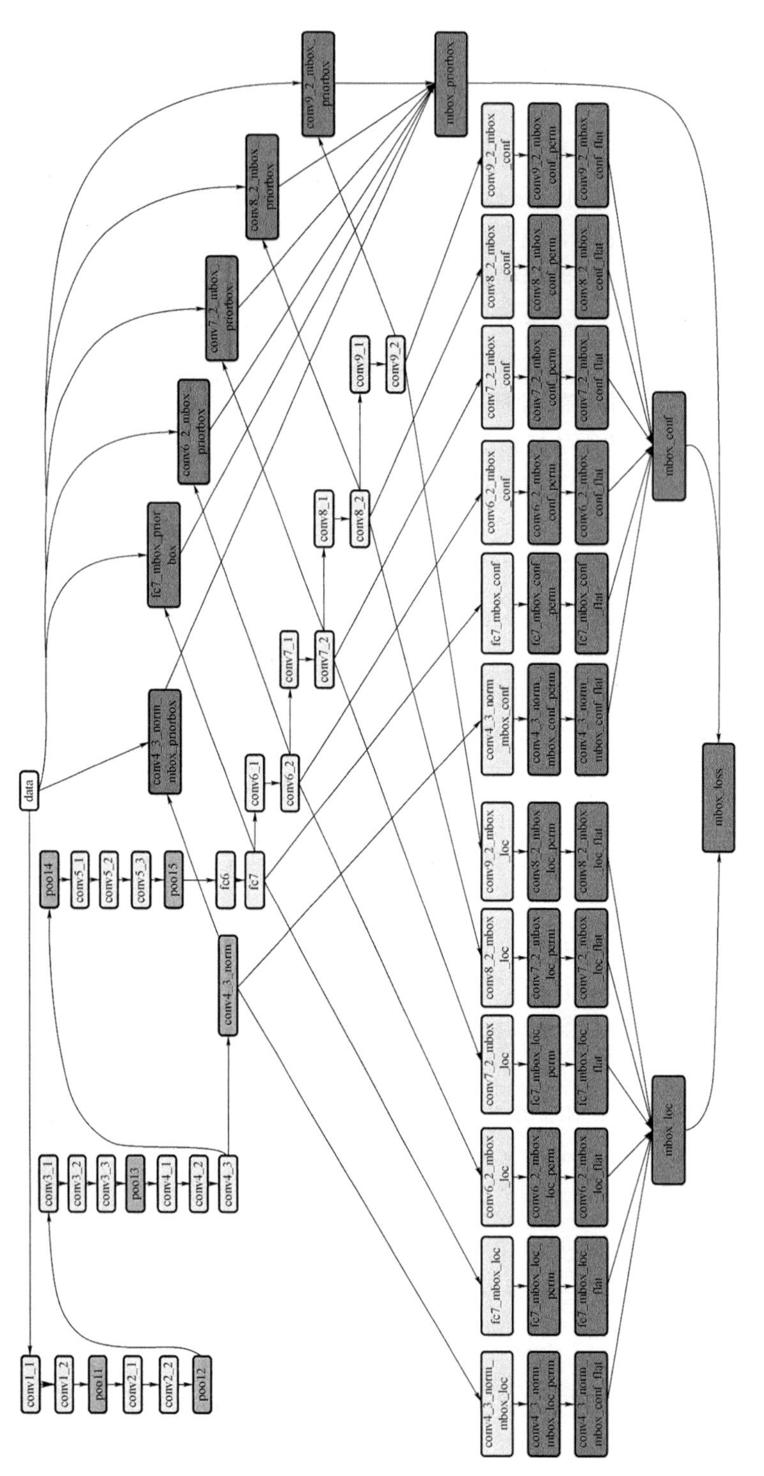

图3-8 SSD检测算法的网络结构示意图

$$\mathrm{smooth}_{L1}(x)=\begin{cases}0.5x^2, \text{if } |x|<1\\ |x|-0.5, \text{otherwise}\end{cases} \tag{3-8}$$

$$\hat{g}_j^{cx}=\frac{(g_j^{cx}-d_i^{cx})}{d_i^w},\hat{g}_j^{cy}=\frac{(g_j^{cy}-d_i^{cy})}{d_i^h},\hat{g}_j^w=\log\left(\frac{g_j^w}{d_i^w}\right),\hat{g}_j^h=\log\left(\frac{g_j^h}{d_i^h}\right) \tag{3-9}$$

式中，$L_{\mathrm{conf}}(x,c)$表示分类损失，$\hat{c}_i^p$ 表示预测框 i 属于各个类别的概率分布，$L_{\mathrm{loc}}(x,l,g)$表示回归损失，l_i^m 表示预测框，$\hat{g}_j^m$ 表示真实框。假设选出了 N 个匹配的先验框，令 i 表示第 i 个先验框，j 表示第 j 个真实框，k 表示第 k 类，则 x_{ij}^k 表示第 i 个先验框和第 j 个真实框关于类别 k 的匹配系数，如果匹配，则为 1，计算回归损失，如果不匹配，则为 0，回归损失函数不计入总损失中。

另外，为了提高检测精度，SSD 使用了难例挖掘和数据增广。将 confidence loss 从高到低排列，选取 loss 最高的 top-k 个先验框，使得正负样本比例在 1∶3 左右，保持正负样本数量均衡；同时数据集不仅仅使用原图，还随机采样 patch，采样后将每一个 patch resize 到固定大小，并且以 0.5 的概率随机水平翻转，这样不仅能够加快网络收敛，还能提升小目标的检测性能。

3.2.2　基于自适应预测的单目标跟踪算法

基于 LSTM 的目标检测与跟踪算法，充分利用了循环神经网络的时序关联性，同时缩小了搜索范围，减小了对检测器性能的依赖性。本节将提升目标检测模块的检测速度，同时将基于相关滤波的跟踪算法结合到上一节提出的跟踪算法中，介绍一种自适应检测机制，实现了不逐帧检测，提升目标物体被遮挡场景下的鲁棒性的同时进一步加快跟踪速度。

1. 自适应检测机制

现有的单目标跟踪算法中，基于相关滤波的跟踪算法由于可以将复杂的矩阵运算转化为向量的 Hadamad 积，使其具备超实时的跟踪速度，同时当目标物体被严重遮挡时，利用 KCF 算法的在线更新机制，在历史模板抽取一帧视频图像帮助确定被遮挡的目标下一帧所在的位置，以便继续对其进行跟踪，使得对目标被严重遮挡的场景更加鲁棒。因此本节将基于相关滤波的跟踪算法与上一节设计的跟踪算法结合，提出了一种自适应的检测机制，用感兴趣区域初始化相关滤波器，设定一个阈值，如果训练得到的相关滤波器预测得到的边界框与真实的边界框的 IoU 大于所设定的阈值，则不进行检测；如果预测得到的边界框与真实的边界框的 IoU 小于所设定的阈值，则在感兴趣区域内进行检测，这样实现了不逐帧检测，在提高目标物体被严重遮挡场景下跟踪精度的同时，进一步提升本节目标检测与跟踪系统的速度，自适应检测模块的流程示意图如图 3-9 所示。

自适应检测模块由感兴趣区域确定模块、相关滤波模块以及目标检测模块三部分组成。原始的基于相关滤波的跟踪算法使用视频序列第一帧中目标所在位置的块初始化相关滤波器，从而进行模型训练，然后对于每一个后续视频帧，将预测的位置更新到响应峰值的位置，在新的位置上训练一个新的相关滤波器。然而，当目标物体发生形变或者快速运动时，更新的模板会出现误差，随着目标物体不断的运动，误差累积，最终导致基于相关滤波的跟踪器产生跟踪漂移，对目标物体的跟踪失败，如图 3-10 所示。因此本节的相关滤波模块增加了模板校正的过程，即每帧用于训练相关滤波器的块不是上一帧特征图响应峰值的位置，而是用上一帧预测的目标位置坐标预测下一帧目标大致的运动方向，然后在这个运动方向上确定感兴趣区域来训练这一帧的相关滤波器，这样目标物体先前帧的运动状态信息会帮助校正跟踪漂移，进而提升跟踪器的跟踪效果，如图 3-11 所示。

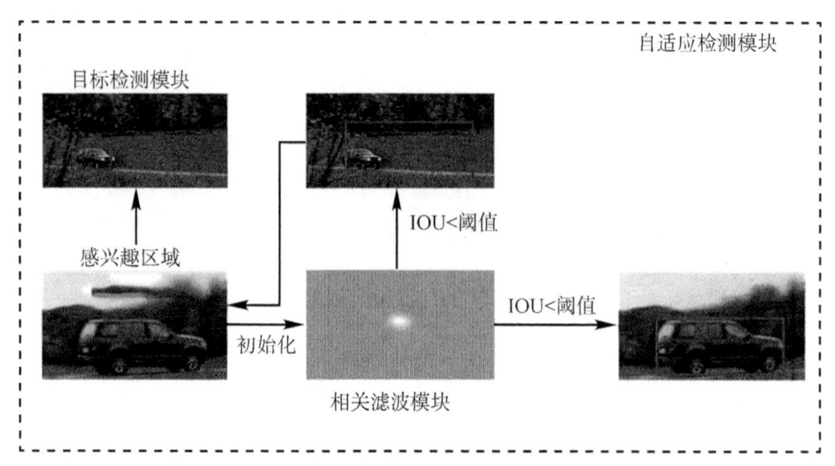

图 3-9　自适应检测模块的流程示意图

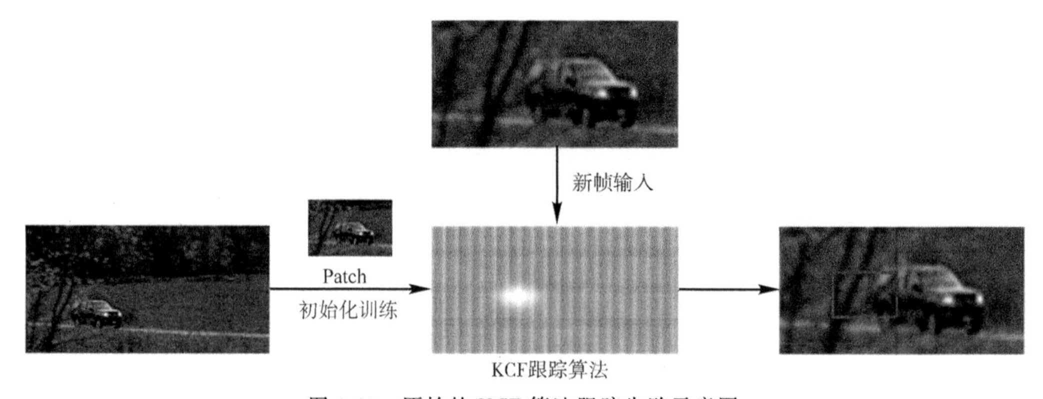

图 3-10　原始的 KCF 算法跟踪失败示意图

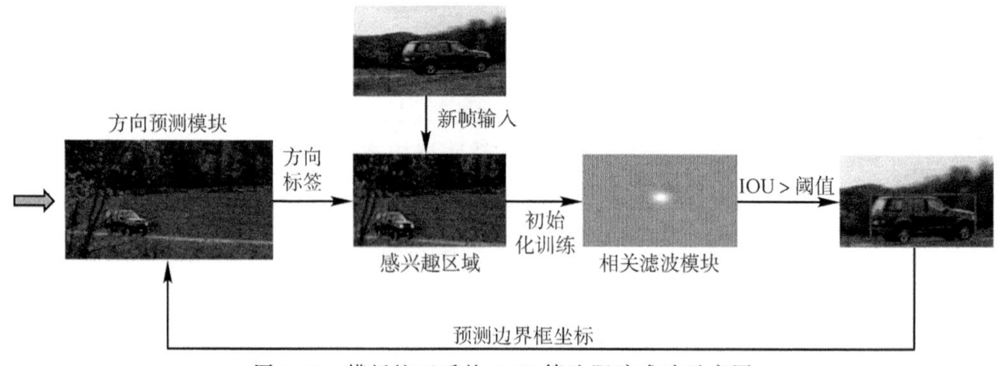

图 3-11　模板校正后的 KCF 算法跟踪成功示意图

另外，结合了相关滤波的跟踪算法对目标物体被遮挡的场景更加鲁棒。视频序列初始帧输入到网络中，经过方向预测模块确定目标的感兴趣区域，然后将这个感兴趣区域作为目标区域，对这个目标区域进行相同的循环移位操作，产生新的训练样本。对于目标物体被遮挡的情况，如果目标被遮挡的部分不超过整个目标大小的 20%，采用当前帧去检测下一帧，

通过在线更新机制对模型参数进行更新，在线更新模型为

$$\boldsymbol{\alpha} = (1-\beta)\boldsymbol{\alpha}_{\text{pre}} + \beta\,\boldsymbol{\alpha}_x \tag{3-10}$$

式中，$\boldsymbol{\alpha}$ 是系数组成的向量，β 是一个固定的常量，$\boldsymbol{\alpha}_{\text{pre}}$ 是前一帧训练得到的，$\boldsymbol{\alpha}_x$ 是当前帧训练得到的，然后将当前帧回传到方向预测模型中，完成整个跟踪系统的流程。如果目标物体被严重遮挡时，选择放弃当前帧，在历史模板中对视频图像进行采样，用采样到的帧去更新模型参数进行下一帧目标位置的预测，然后将采样得到的帧回传到方向预测模型，完成整个跟踪系统，流程如图 3-10 所示。

2. 基于 ShuffleNet 的目标检测模块

通过对模型压缩方法的研究，对各种模型压缩方法的性能进行了总结，如表 3-1 所示。由表 3-1 可以看出，不同的模型压缩算法在相同的复杂度(140MFLOPs)的情况下，分类误差有所不同。其中 ShuffleNet 的分类误差最小，因此选择 ShuffleNet 作为本节使用的模型压缩方法。

表 3-1　不同模型压缩算法在相同复杂度的情况下的分类误差表

复杂度(MFLOPS)	VGG-like	ResNet	Xception-like	ResNeXt	MobileNet	ShuffleNet
140	50.7	37.3	33.6	33.3	36.3	32.4

上一节中使用的 SSD 检测模块的骨干网络是 VGGNet，这个深度神经网络参数量大，并且层与层之间的信息存在大量冗余，使得耗费计算资源的同时，阻碍了速度的提升。因此，本节考虑将检测模块的骨干网络从 VGGNet 换为模型压缩的 ShuffleNet，从而提高目标检测模块的检测速度。

图 3-12 展示了 ShuffleNet 网络结构的组成模块。首先对输入特征图进行分组卷积，然后为了进行通道之间的信息流通，在分组卷积后使用 channel shuffle；接下来，使用 3×3 的 depthwise convolution，主要是为了降低参数量；同时当 stride＝2 时，通道数增加，而特征图大小减小，此时输入与输出维度不匹配，一般情况下可以采用一个 1×1 卷积将输入映射成和输出一样的维度，但是在 ShuffleNet 中，却采用了不一样的策略，对原输入采用 stride＝2 的 3×3 均值池化，这样得到和输出一样大小的特征图，然后将得到特征图与输出进行连接，而不是简单的相加，这样做的目的主要是降低计算量与参数大小。

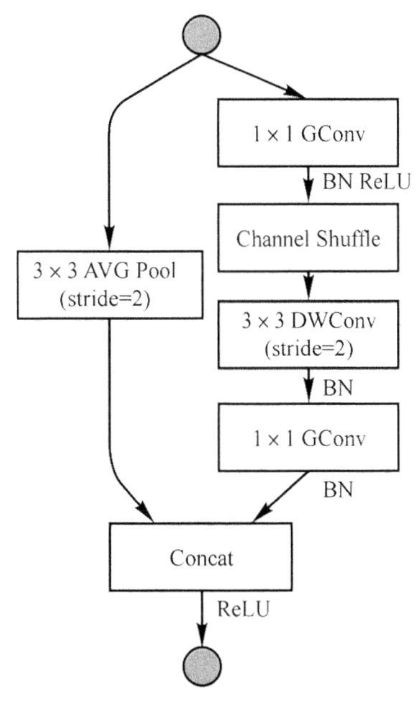

图 3-12　ShuffleNet 网络结构的组成模块示意图

将检测模块的骨干网络换成 ShuffleNet，即将原来的标准卷积＋池化换成图 3-12 所示的模块。另外 SSD-ShuffleNet 也是全卷积网络，在 ShuffleNet 的网络结构后面新增了四个卷积层，同时利用浅层特征和深层特征进行分类和回归，即原来的 conv4_3、conv7(fc7)、conv6_2、conv7_2、conv8_2 和 conv9_2 六个卷积层由 conv12、conv14_2、conv15_2、conv16_2、conv17_和 conv18_2 六个特征层代替，如图 3-13 所示。

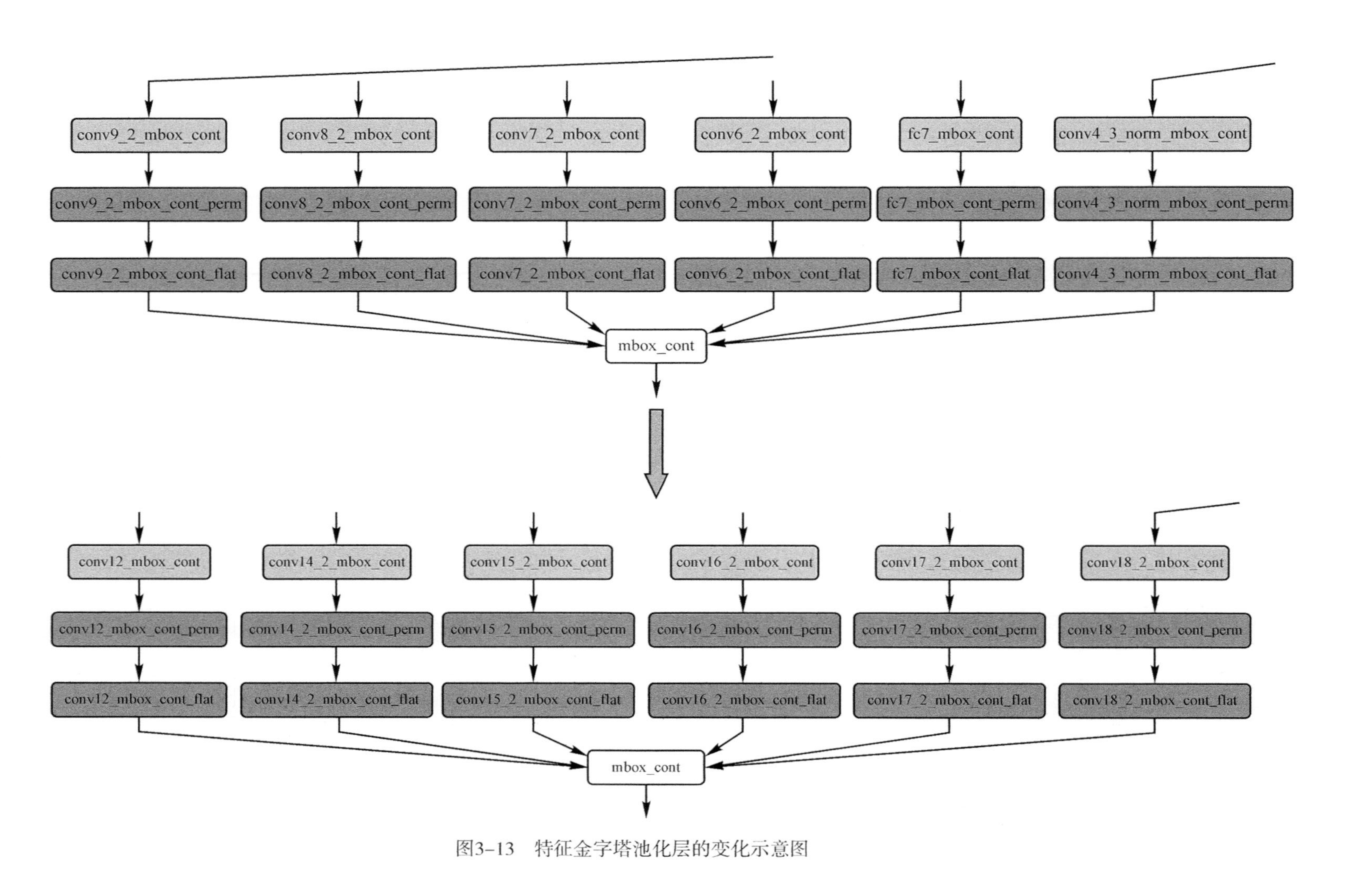

图3-13 特征金字塔池化层的变化示意图

3. 基于自适应检测的跟踪算法

在相关滤波的跟踪算法中，用视频第一帧中目标初始位置的块来训练相关滤波器，通常这个块要比目标区域大一些，以便提供有助于跟踪算法性能的背景信息，在上一章设计的跟踪算法基础上，提出了一种自适应的检测机制。不在确定的感兴趣区域内直接进行检测，而是用感兴趣区域初始化相关滤波器，设定一个阈值，如果训练得到的相关滤波器预测得到的边界框与真实的边界框的 IoU 大于所设定的阈值，则认为跟踪成功，将相关滤波器预测的边界框结果回传到运动方向预测模型，完成整个跟踪系统；如果预测的边界框与真实边界框的 IoU 小于设定的阈值，则在确定的感兴趣区域内进行检测，将检测得到的预测结果回传到运动方向预测模型，完成整个目标检测与跟踪系统，这样可以实现不逐帧检测。本节设计的基于自适应检测的单目标跟踪系统流程示意图如图 3-14 所示。

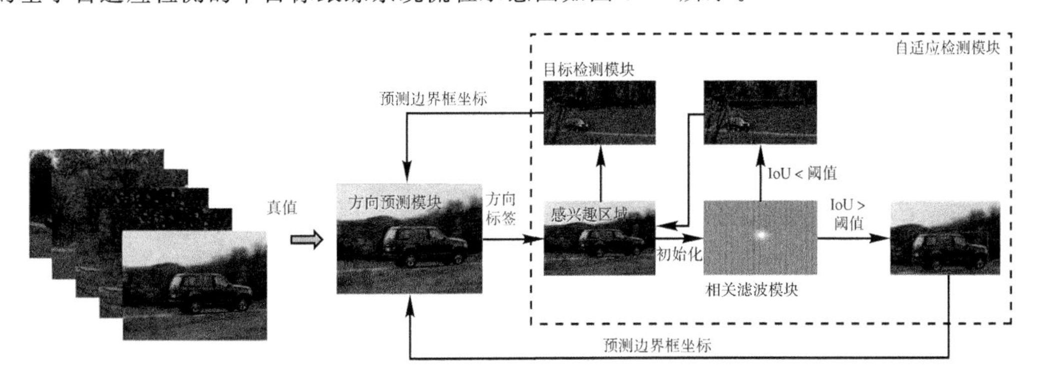

图 3-14 基于自适应检测的目标跟踪系统流程示意图

3.2.3 实验结果分析

本节将基于运动方向预测的目标检测与跟踪以及基于自适应检测的目标跟踪算法模型进行训练和测试，并进行相关的实验结果与分析。为了保证本节设计的网络模型的有效性，选用两个公开的目标跟踪 benchmark 数据集 OTB 和 VOT 进行训练和测试。使用 tensorflow 深度学习框架搭建运动方向预测模型，caffe 深度学习框架搭建目标检测模型，用 8 核 3.4 GHz Inter Core i7-3770 和 NVIDIA TITAN X GPU 进行相关模型的训练及测试。运动方向预测模型中 LSTM 的隐藏层有 128 个节点，学习率初始化为 0.001 并且呈指数衰减，衰减系数是 0.9。运动方向预测模块和目标检测模块分别训练，两个模块的训练及测试数据集如表 3-2 所示。

表 3-2 训练及测试数据集的分配策略

模块类型	运动方向预测模块	目标检测模块
训练集	9032	20931
测试集	9030	20932

1. 运动方向预测模型

使用两层 LSTM 设计的运动方向预测模型，上一节中介绍了设计的四个模型，分别称为模型 1、模型 2、模型 3 和模型 4。模型 1 是输入 15 个先前帧的方向信息输出预测的下一个 15 帧的运动方向的分类模型；模型 2 将模型 1 中的分类模型替换为回归模型；模型 3 是输入 15 个先前帧的方向及速度信息，输出预测的下一帧的运动方向的分类模型；模型 4 是输入 15 个先前帧的方向及速度信息，输出预测的下一帧的运动方向的回归模型。下面分别从精度和速度两个方面对四个模型进行测试，实验对比结果如表 3-3 所示。

从表 3-3 可以看出模型 3 比模型 1 的精度高(0.246)，速度快(67 fps)，由于忽略了冗余信息的预测。与模型 4 相比，虽然速度下降了 7 fps，但是预测精度提高了 0.012，同时模型 3 仍然可以达到实时的速度，因此选择模型 3 用于整个目标检测与跟踪系统的设计。

表 3-3　四个运动方向预测模型的精度与速度对比

对比类型	模型 1	模型 2	模型 3	模型 4
精确度	0.483	0.468	0.729	0.711
速　度	129 fps	135 fps	196 fps	203 fps

2. 基于运动方向预测的目标检测与跟踪

用 OTB 的测试集测试基于运动方向预测的目标检测与跟踪模型，并且与 benchmark 中以及当前的一些跟踪器进行性能对比，其中 TLD、ROLO、TCNN 和 MDNet 是基于深度学习的 tracking-by-detection 算法，其余的是传统的 benchmark 跟踪算法，精确度图及成功率图如图 3-15 所示。其中成功率图(Success plots)括号里的数字表示的是曲线下围成的面积(AUC)，即成功率，精确度图(Precision plots)括号里的数字表示的是分数阈值等于 20 个像素点的精确度。与 KCF、ROLO、Siamese 等跟踪器的精确度和成功率的对比如表 3-4 所示。

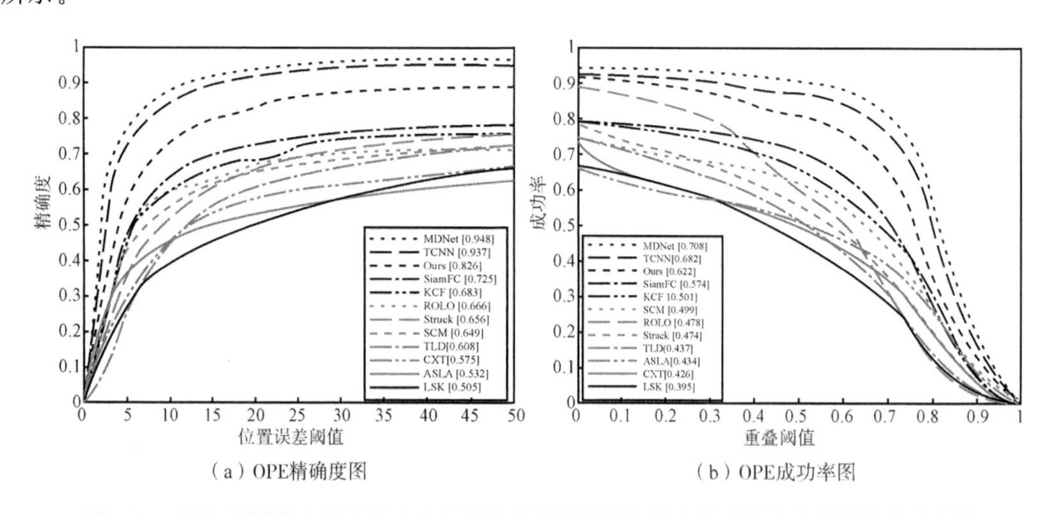

(a) OPE精确度图　　(b) OPE成功率图

图 3-15　OTB 测试集上基于运动方向预测的目标检测与跟踪模型的精确度图及成功率图

表 3-4　基于运动方向预测的目标检测与跟踪模型与其他跟踪模型的精确度和成功率对比

跟踪器	精确度(OPE)	成功率(OPE)
Ours	0.826	0.622
SiamFC	0.725	0.574
KCF	0.683	0.501

续表

跟踪器	精确度(OPE)	成功率(OPE)
ROLO	0.666	0.478
SCM	0.649	0.499
TLD	0.608	0.437
CXT	0.575	0.434
ASLA	0.522	0.426
LSK	0.505	0.395
TCNN	0.937	0.682
MDNet	0.948	0.708

一个好的跟踪器不仅要有好的精度,还要具备实时的跟踪速度。将本节跟踪算法与 Struck、ROLO、KCF、SiamFC、TCNN 和 MDNet 这几种跟踪算法进行运行时间的对比实验,实验结果如表 3-5 所示。其中运行时间只包括算法前向传播的时间。

表 3-5　不同跟踪器的运行时间的对比

跟踪器	Ours	Struck	ROLO	KCF	SiamFC	TCNN	MDNet
运行时间	41 fps	21.4 fps	35 fps	172 fps	58 fps	1.5 fps	1 fps

从图 3-15 和表 3-4 可以看出本节设计的跟踪算法达到了 0.826 的精确度和 0.622 的成功率,在公开的 benchmark 数据集上取得了比较不错的效果,高于 SiamFC 等一些经典的跟踪算法,但是低于 TCNN 和 MDNet 等一些顶尖的跟踪算法,在精度上还有很大的提升空间。然而由表 3-5 可以看出 TCNN、MDNet 等顶尖的跟踪算法只有 1.5 fps 和 1 fps 的跟踪速度,远远达不到实时的要求,本节设计的跟踪算法在具有不错的跟踪精度的同时,可以达到 41 fps 的跟踪速度,满足实时的跟踪系统的要求。因此,综合精度和速度这两个因素考虑,本节设计的基于运动方向预测的目标检测与跟踪算法具有一定的优势。

另外,在 VOT2016 上进行了性能测试,对比实验结果如表 3-6 所示。

表 3-6　VOT2016 测试集上跟踪器性能测试对比

跟踪器	Failure Rate	Acc. Rank	Rob. Rank	Final Rank	Overlap
Struck	3.59	8.70	8.60	8.65	0.40
ROLO	3.42	8.66	8.48	8.57	0.40
KCF	2.51	7.60	7.28	7.44	0.43
SiamFC	2.05	5.65	6.31	5.98	0.47
Ours	1.73	5.61	5.33	5.47	0.48

通过上面实验结果可以看出,不论是失败率(Failure Rate)、准确性排名(Acc. Rank)、鲁棒性排名(Rob. Rank)、最终排名(Final Rank)还是重叠率(Overlap),本节的跟踪算法都取得了优于上述几种跟踪算法的性能。

图 3-16 和图 3-17 是 OTB 数据集和 VOT 数据集上跟踪的可视化结果示例图,其中方框是预测的目标所在位置。

图 3-16　OTB 数据集上跟踪的可视化结果示例图

图 3-17　VOT 数据集上跟踪的可视化结果示例图

3. 基于 ShuffleNet 的目标检测模块

用 OTB 的测试集测试本节中设计的使用模型压缩的检测模块的基于循环神经网络的目标检测与跟踪网络模型的性能，并且与 benchmark 中以及当前的一些跟踪器进行性能对比，精确度图及成功率图如图 3-18 所示。

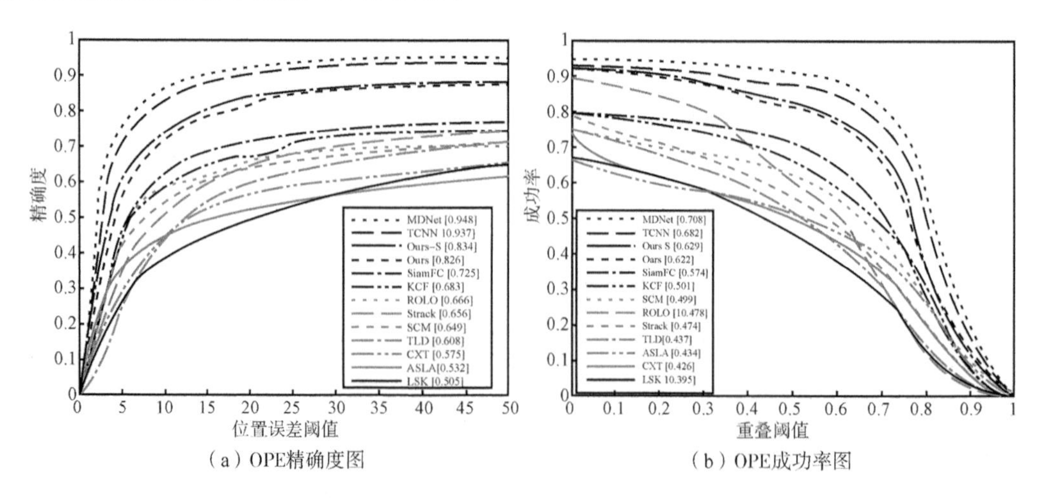

（a）OPE精确度图　　（b）OPE成功率图

图 3-18　OTB 测试集上图 3-11 网络模型的精确度图及成功率图

与 KCF、ROLO、Siamese 等跟踪器的精确度和成功率的对比如表 3-7 所示。

表 3-7　图 3-11 中的跟踪模型与其他跟踪模型的精确度和成功率对比

跟踪器	精确度(OPE)	成功率(OPE)
Ours-S	0.834	0.629
Ours	0.826	0.622
SiamFC	0.725	0.574
KCF	0.683	0.501
ROLO	0.666	0.478
SCM	0.649	0.499
TLD	0.608	0.437
CXT	0.575	0.434
ASLA	0.522	0.426
LSK	0.505	0.395
TCNN	0.937	0.682
MDNet	0.948	0.708

同时，为了测试使用模型压缩的方法是否对减少模型参数以及加快检测速度有所帮助，对系统运行时间进行了对比实验分析，实验结果如表 3-8 所示。

表 3-8　不同跟踪器的运行时间对比

跟踪器	Ours_S	Ours	Struck	ROLO	KCF	SiamFC	TCNN	MDNet
运行时间	47 fps	41 fps	21.4 fps	35 fps	172 fps	58 fps	1.5 fps	1 fps

从图 3-18 和表 3-6 可以看出使用基于 ShuffleNet 的目标检测模块的跟踪算法达到了 0.834 的精确度和 0.629 的成功率，高于使用基于 VGGNet 的目标检测模块的跟踪算法。同时由表 3-7 可以看出，算法的运行速度比上一节设计的算法快了 6 fps，证明使用模型压缩的方法确实对减少模型参数、降低计算量以及提升检测速度有所帮助。

4. 基于自适应检测的目标跟踪算法

由前文介绍的网络框架可知，需要确定一个预测边界框与真实边界框的阈值 α，因此对使用不用大小阈值的跟踪器的精确度进行实验对比分析，其中 α 的取值范围为 0.1～1.0，取值间隔为 0.1，实验对比结果如表 3-9 所示。这里 α 值为 0.0 是指完全由确定的感兴趣区域初始化相关滤波器，得到的响应峰值位置为预测的目标所在位置，而不在感兴趣区域内进行检测，α 值为 1.0 是指预测边界框与真实边界框完全重合，即为直接在感兴趣区域内进行检测的跟踪算法。

表 3-9　不同 α 值的基于自适应检测的目标跟踪算法精度对比

α 值	0.0	0.1	0.2	0.3	0.4	0.5	0.6	0.7	0.8	0.9	1.0
精确度	0.729	0.766	0.802	0.829	0.843	0.858	0.861	0.869	0.857	0.841	0.834

由表 3-9 可以看出，当 α 值小于 0.7 时，随着 α 值的增加，算法精度随着升高，当 β 值

大于 0.7 时，算法精度随着 α 值的增加而降低，当 α 值为 0.7 时，基于自适应检测的目标跟踪算法精确度最高，因此选用 0.7 作为预测边界框与真实边界框的 IoU 的阈值。用 OTB 的测试集测试基于自适应检测的目标跟踪算法的性能，并且与 benchmark 中以及当前的一些跟踪器进行性能对比，其中 TLD、ROLO、TCNN 和 MDNet 是基于深度学习的 tracking-by-detection 算法，其余的是传统的 benchmark 跟踪算法精确度图及成功率图如图 3-19 所示。

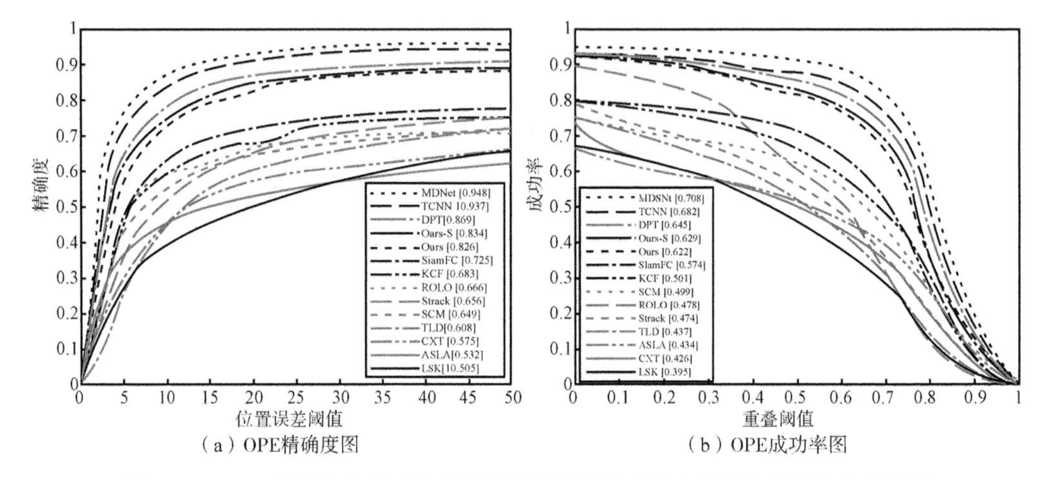

（a）OPE精确度图　（b）OPE成功率图

图 3-19　OTB 测试集上基于自适应检测的目标跟踪算法的精确度图及成功率图

与 ROLO、Siamese、TCNN 及 MDNet 等跟踪器的精确度和成功率的对比如表 3-10 所示。

表 3-10　基于自适应检测的目标跟踪器与其他跟踪器的精确度和成功率对比

跟踪器	精确度(OPE)	成功率(OPE)
Ours-Ada	0.869	0.645
Ours-S	0.834	0.629
Ours	0.826	0.622
SiamFC	0.725	0.574
KCF	0.683	0.501
ROLO	0.666	0.478
SCM	0.649	0.499
TLD	0.608	0.437
CXT	0.575	0.434
ASLA	0.522	0.426
LSK	0.505	0.395
TCNN	0.937	0.682
MDNet	0.948	0.708

另外，为了测试加入相关滤波的思想对于提高跟踪算法的速度是否有所帮助，系统运行时间进行了对比实验分析，实验结果如表 3-11 所示。

表 3-11　基于自适应检测的目标跟踪器与其他跟踪器的系统运行时间对比

跟踪器	Ours-Ada	Ours-S	Struck	ROLO	KCF	SiamFC	TCNN	MDNet
运行时间	89 fps	47 fps	21.4 fps	35 fps	172 fps	58 fps	1.5 fps	1 fps

由图 3-19 和表 3-10 可以看出使用相关滤波思想的跟踪算法达到了 0.869 的精确度和 0.645 的成功率，明显高于基于循环神经网络的只依赖于检测的跟踪算法。同时由表 3-11 可以看出，算法的运行速度比之前的算法快了 42 fps。虽然基于自适应检测的目标跟踪算法精度仍低于 TCNN 和 MDNet 等一些顶尖的跟踪算法，在精度上还有很大的提升空间，但是 TCNN、MDNet 等顶尖的跟踪算法只有 1.5 fps 和 1 fps 的跟踪速度，远远达不到实时的要求，然而使用相关滤波思想的 PDT 跟踪算法可以达到超实时的跟踪速度，因此证明使用相关滤波思想的方法对提升跟踪性能、减小对目标检测的依赖以及提升跟踪速度有所帮助。

同时，对未使用方向预测模型做时序预测的 KCF 跟踪算法和使用方向预测模型做时序预测的 KCF 跟踪算法做了性能对比测试。其中未使用方向预测模型做时序预测的 KCF 跟踪算法是用视频序列第一帧初始化，后续每一帧将位置更新到响应峰值处，使用方向预测模型做时序预测的 KCF 跟踪算法用确定的感兴趣区域初始化相关滤波器，后续每一帧将位置更新到下一帧通过方向预测模型确定的感兴趣区域处。实验结果如图 3-20 所示。

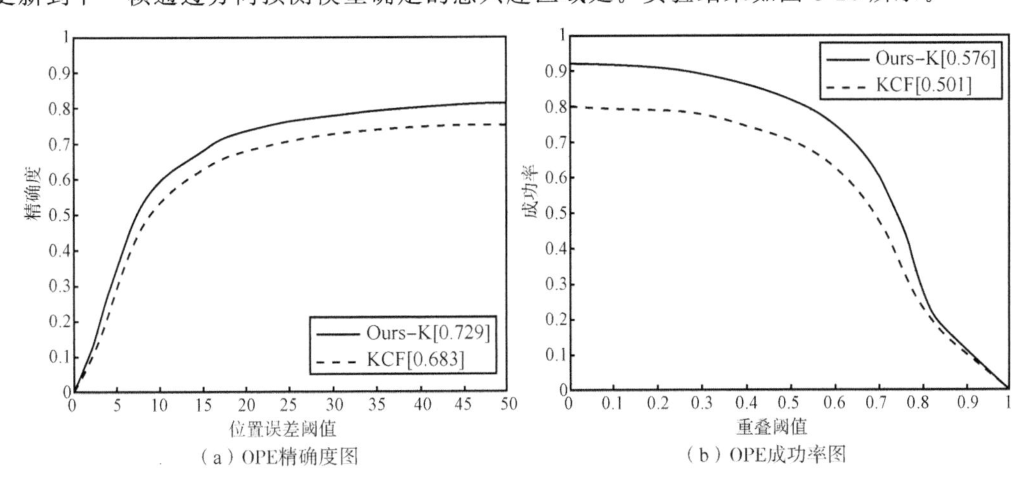

图 3-20　使用与未使用方向预测模型的 KCF 算法的精确度图及成功率图

从图 3-20 可以看出，使用方向预测模型确定的感兴趣区域初始化的 KCF 跟踪算法达到了 0.729 的精确度和 0.576 的成功率，均高于原始的 KCF 跟踪算法，即证明了利用 LSTM 做时序预测的重要性和有效性。

3.3　融合时空上下文的多目标跟踪

多目标跟踪算法在视频序列中同时对多个目标进行定位，并连续维持各自的身份标识(Identity，ID)，最终的跟踪结果如图 3-21 所示。现有的大部分多目标跟踪算法基本遵循了基于检测的跟踪(tracking by detection)的范式，采用两步骤的流程：第一步骤生成感兴趣目标的量测；下一步骤实现跨帧的量测关联，分别对应量测生成步骤与数据关联步骤，如图 3-22 所示。

图 3-21　多目标跟踪算法结果示例

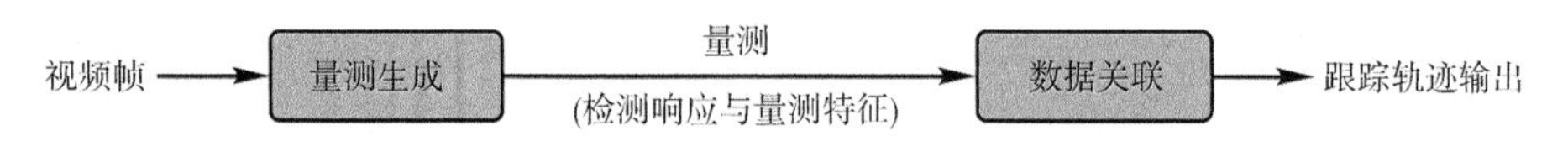

图 3-22　基于检测的多目标跟踪算法示意图

给定视频帧(1)量测生成步骤：获得感兴趣目标的量测；(2)数据关联步骤：计算出两个量测属于同一目标的概率，并为每个目标分配 ID，最终获得每个目标的完整轨迹

本节将分别以量测生成步骤与数据关联步骤为主线，介绍多目标跟踪算法研究的发展路线，并侧重介绍现有研究方法对复杂场景中表观相似目标的干扰、目标交互或遮挡、算法模型参数量大且运算复杂度高等问题的解决思路。

3.3.1　多目标跟踪算法原理

多目标跟踪任务需要在图像序列中同时跟踪多个指定类别的目标，并用不同的 ID 区分目标实例。该任务一般被转化为多变量估计问题求解，即给定一个图像序列，同时估计 M 个目标在 N 个视频帧内的状态。目标 i 在第 t 帧的状态(state)记作 s_t^i，则目标 i 的轨迹可以表示为 $T^i=\{s_t^i|1<t<N\}$，第 t 帧对应的状态序列为 $S_t=\{s_t^1,s_t^2,\cdots,s_t^i,\cdots,s_t^{M_t}\}$，其中，$M_t$ 表示第 t 帧中的目标个数，因此到第 t 帧为止的状态集合表示为 $S_{1:t}=\{S_1,S_2,\cdots,S_t\}$，所有目标的轨迹集合表示为 $T_{1:t}$。状态是无法直接感知的，多目标跟踪算法在视频所有的时空位置(用 $V_{1:t}$表示)中进行搜索，即求解如下最大后验概率(maximal a posteriori，MAP)问题。

$$\widehat{T_{1:t}}^{\mathrm{MAP}}=\underset{T_{1:t}}{\operatorname{argmax}}P(T_{1:t}\mid V_{1:t})\tag{3-11}$$

但是，所有可能的目标轨迹集合 $T_{1:t}$和视频中的时空位置 $V_{1:t}$组合无法枚举，因此现有的量测生成算法一般采用目标检测算法获取状态的检测响应，利用特征提取算法提取对应的特征，由检测响应与特征构成最终的量测(measurement)。

本文使用 z_t^i 表示第 i 个目标在第 t 帧中的检测响应，用 e_t^i 表示对应的量测特征，可以得到检测响应集合 $Z_{1:t}$、量测特征集合 $E_{1:t}$，则公式(3-11)的最大化目标转换为如下形式：

$$P(T_{1:t}\mid V_{1:t})=\iint P(T_{1:t}\mid Z_{1:t},E_{1:t})P(E_{1:t}\mid Z_{1:t};\Phi_2)P(Z_{1:t}\mid V_{1:t};\Phi_1)\mathrm{d}Z_{1:t}\mathrm{d}E_{1:t}\tag{3-12}$$

公式(3-12)描述了基于检测的多目标跟踪算法的经典多阶段流程：(1)目标检测阶段，通过目标检测模型 Φ_1 从所有时空位置集合 $V_{1:t}$中生成检测响应集合 $Z_{1:t}$；(2)特征提取阶段，对检测响应集合 $Z_{1:t}$利用特征提取模型 Φ_2 提取特征集合 $E_{1:t}$，由检测响应集合 $Z_{1:t}$与

特征集合 $E_{1:t}$ 构成量测集合 $\{Z_{1:t}, E_{1:t}\}$；(3)数据关联阶段，$P(T_{1:t} | Z_{1:t}, E_{1:t})$ 实现量测与轨迹的关联，从而实现了多目标跟踪过程。

3.3.2 融合空间上下文的多目标跟踪量测生成方法

现有多目标跟踪量测生成算法采用了多阶段的量测生成流程，忽略了空间上下文信息，影响了表观相似场景下量测特征的区分度。因此，本节提出了基于多任务模型的量测生成方法，从而将现有的多阶段方法转为单阶段方法以充分融合空间上下文信息。多任务模型设计如图 3-23 所示。

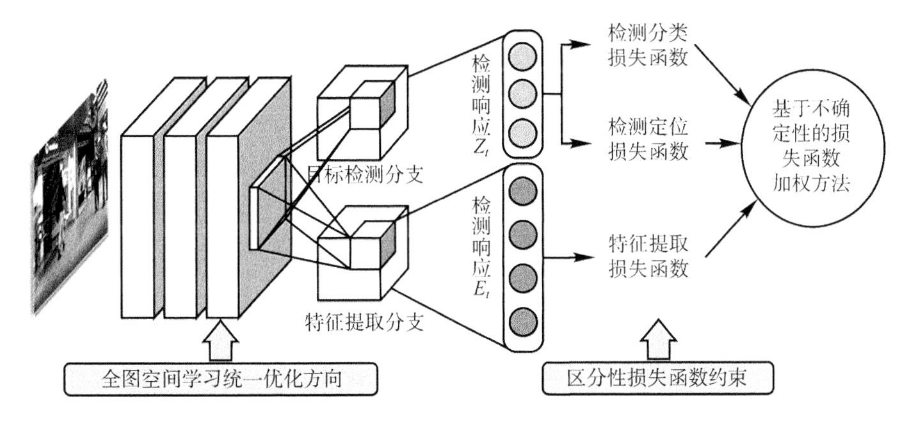

图 3-23　多任务模型结构

本节所提的量测生成方法采用的多任务模型包含了两路分支，分别用于优化目标检测任务与特征提取任务。具体地，完整图像被输入到主干网络输出了特征图，特征图被分别送至目标检测分支与特征提取分支，其中目标检测分支输出检测响应(包括目标的边界框与类别概率)并计算得到检测分类损失与检测定位损失，同时特征提取分支提取量测特征并计算得到特征提取损失，最后利用基于不确定性的加权方法结合两个分支中的三个损失函数。在这种模型设计中，两个任务都是基于完整图像进行的，隐式地编码了目标的空间上下文信息，缓解了现有多阶段量测生成方法的不足。

基于多任务模型的量测生成方法采用多任务模型直接在完整空间位置 $V_{1:t}$ 上进行搜索，即实现了公式(3-12)、公式(3-13)的转换。

$$P(T_{1:t} \mid V_{1:t}) = \iint P(T_{1:t} \mid Z_{1:t}, E_{1:t}) P(Z_{1:t}, E_{1:t} \mid V_{1:t}) \mathrm{d}Z_{1:t} \mathrm{d}E_{1:t} \tag{3-13}$$

对于每一个输入帧 t，目标检测分支的输出为检测响应 Z_t，包括检测框坐标 p_t 与置信度 c_t，特征提取分支的输出为量测特征 E_t。接下来将分别从目标检测分支、特征提取分支以及分支之间损失函数的结合方法角度描述所提方法如何融合空间上下文实现区分性量测特征的提取。

1. 目标检测分支

多任务模型中的目标检测分支用于实现目标检测任务，该任务在视频帧序列中确定感兴趣目标的检测框坐标 p_t 并对目标进行分类(检测置信度 c_t)，输出为检测响应 $Z_t = \{p_t, c_t\}$。对于存在表观相似目标的场景，如图 3-24 所示，实线框 A 标识检测框，虚线框 B 标识目标真值框，由于目标周围出现了外观非常相似的目标，导致检测框 A 与真值框 B 出现了空间位置上的漂移，因此需要损失函数反馈出这种空间位置上的偏差。

图 3-24　表观相似场景下的检测框偏移现象与定位损失函数 DIoU 计算示意图

d(A,B)表示检测框 A 和真值框 B 的中心点距离，l_C 表示 C 的对角线长度

目标检测分支的损失函数包括目标分类损失函数 $L_{\text{classification}}$ 以及目标定位损失函数 L_{location}，表示为公式(3-14)。

$$L_{\text{detection}} = L_{\text{classification}} + L_{\text{location}} \tag{3-14}$$

本节仅关注行人这单一类目标，因此采用交叉熵(Cross Entropy)损失函数作为检测分类损失函数，如公式(3-15)所示，y 表示真值标签。

$$L_{\text{classification}} = -[y \cdot \log(c_t) + (1-y) \cdot \log(1-c_t)] \tag{3-15}$$

对于检测定位损失函数，常用基于回归思想的均方误差损失、平均绝对值损失或是经过平滑处理的 Smooth L1 损失，但是上述损失函数优化目标都是使得检测框坐标从数值上与真值框坐标更为接近，却未能充分反映出检测框与真值框之间的空间位置关系，也与基于 IoU 的评价指标并不完全对等。因此考虑从优化 IoU 的角度设计损失函数，但是仅基于 IoU 的损失函数在两个框无重叠或者完全包含时无法优化，而 DIoU 损失函数能够克服以上问题，充分描述检测框与真值框的空间位置偏差，因此本节以 DIoU 损失函数计算检测定位损失。

DIoU 的计算公式如公式(3-16)、公式(3-17)所示，其中，C 是包含 A、B 的最小封闭形状，$p_{gt}(\cdot)$表示真值框的坐标，$d(p_t(A), p_{gt}(B))$用于度量检测框 A 和真值框 B 之间的距离。相对于 C 的对角线长度 l_C 进行归一化，缓解框尺度不同带来的影响。

$$L_{\text{location}} = L_{\text{DIoU}} = 1 - \text{IoU}(p_t(A), p_{gt}(B)) + \frac{d^2(p_t(A), p_{gt}(B))}{l_C^2} \tag{3-16}$$

$$\text{IoU}(p_t(A), p_{gt}(B)) = \frac{p_t(A) \cap p_{gt}(B)}{p_t(A) \cup p_{gt}(B)} \tag{3-17}$$

由以上定义过程可见，定位损失函数在优化的过程中充分考虑了检测框与真值框的在空间位置上的重叠程度 IoU，并引入了中心点距离保证两个框无重叠或完全包含时仍能优化。该损失函数能更好地学习目标之间的空间位置关系，也与实际评价指标更为一致，从而加强了训练过程中对目标空间上下文的学习，获得更准确的定位效果。

2. 特征提取分支

特征提取分支主要是用于建模目标的空间表观上下文，提高特征向量的区分性。分支的输出是目标在当前尺度特征图上的特征向量集合 $\boldsymbol{E}_t$，特征向量 $\boldsymbol{E}_t$ 与检测响应 $\boldsymbol{Z}_t$ 一一对应。随着检测框在特征图上的移动，框内部的图像内容也在不断调整，通过损失函数约束可以更好地学习目标的空间表观上下文。如图 3-25 所示，特征提取模型在原始输入图像中得到了多个可能的检测候选框，包括：正确的检测框（用黄色框标识）以及包含了背景或包含了相似表观目标的检测候选框（用蓝色框标识），这些候选框表征了目标的空间上下文，分类器则用于将正确的目标与其他上下文对应的检测候选框区分开，模型训练时根据分类结果计算对应的损失值。为了提高不同目标表观特征向量的区分性，分支损失函数的设计旨在减小特征向量与类中心权重向量的角度距离，增加特征向量的类内紧凑性，从而拉大不同目标特征向量间的区分性。本节采用加性角间隔损失函数（Additive Angular Margin Loss）作为特征提取损失函数。

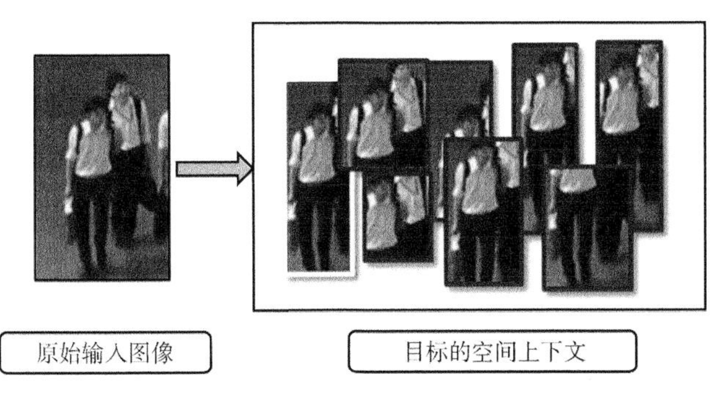

图 3-25　空间上下文示意图

本节将特征提取视为分类任务，根据每个检测框内的空间表观信息提取特征向量 e_t，e_t 被输入至分类器区分该检测框对应的目标 ID，在模型训练时根据分类结果计算对应的损失值。对于包含目标的检测框 i，y_i 是检测框 i 内目标的标签，$e_i \in \mathcal{R}^d$ 是检测框对应的特征向量，$\boldsymbol{W}_k$ 是分类器的权重 $\boldsymbol{W} \in \mathcal{R}^{d \times n}$ 的第 k 列，表示类中心向量，b_k 是偏移项，e_i 经过分类器得到的未归一化的激活输出（logit）表示为 a_k，且有 $a_k = \boldsymbol{W}_k^T x_i$，在欧式空间中有 $a_k = \|\boldsymbol{W}_k\| \|\boldsymbol{e}_i\| \cos(\theta_k) + b_k$，$\theta_k$ 表示类中心向量 $\boldsymbol{W}_k$ 与特征向量 $\boldsymbol{e}_i$ 的夹角，$\|\cdot\|$ 表示取范数，本节利用 L2 范数对类中心向量与特征向量进行长度归一化，使得模型专注于角度差异的学习。归一化后特征分布在单位球面上，并增加比例系数 s 用于缓解不收敛问题，在实际训练过程中将 s 固定为足够大的值，本节设为 30。最终得到特征 $\boldsymbol{e}_i$ 与类中心向量 $\boldsymbol{W}_{y_i}$ 之间的角度距离作为特征提取损失 L_{feature}，最终的特征损失函数如下：

$$L_{\text{feature}} = -\frac{1}{N}\sum_i \log\left(\frac{e^{s\frac{\boldsymbol{W}_{y_i}}{\|\boldsymbol{W}_{y_i}\|}\cdot\frac{\boldsymbol{e}_i}{\|\boldsymbol{e}_i\|}\cos(\theta_{y_i}+m)}}{e^{s\frac{\boldsymbol{W}_{y_i}}{\|\boldsymbol{W}_{y_i}\|}\cdot\frac{\boldsymbol{e}_i}{\|\boldsymbol{e}_i\|}\cos(\theta_{y_i}+m)} + \sum_{k\neq y_i} e^{s\frac{\boldsymbol{W}_k}{\|\boldsymbol{W}_k\|}\cdot\frac{\boldsymbol{e}_i}{\|\boldsymbol{e}_i\|}\cos(\theta_k)}}\right) \tag{3-18}$$

式中，N 是当前批次（batch）中样本数量，i 的取值范围是 C，C 是类别的数量，m 为特征向量与类中心向量之间的角度间隔惩罚，用于进一步约束相同类别检测框提取的特征能尽量接近类中心向量，从而提高同一个目标特征向量的类内紧凑性，如图 3-26 所示。

由以上推导可以看出，特征提取损失函数的定义紧紧围绕着特征向量的区分性展开，图 3-26 对比了改进后的损失函数与原始损失函数约束下的样本特征分布。可以看出，原始的 Softmax 函数能够将样本区分开，但是不同类别之间的样本没有强制的角度与距离约束，同一类样本的距离也比较松散。而特征提取损失函数显式地约束了类内、类间的角度距离，能够减少类内间距并拉大类间间距，从而提升了量测特征的区分性。

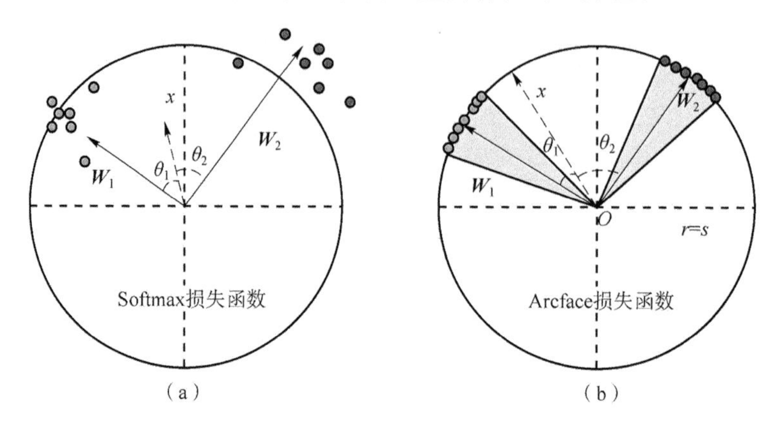

图 3-26　不同损失函数下样本特征分布的二维可视化

(a)Softmax 损失函数，(b)ArcFace 损失函数，不同点分别表示不同类别样本对应的特征向量

3. 多任务融合

本节使用多任务学习中的基于不确定性的多损失融合方法，加权融合目标检测、量测特征提取分支的三个损失函数，最终的损失函数用公式(3-19)表示。

$$L_{\text{total}} = \sum_i \frac{1}{2\sigma_i^2}L_i + \log(\sigma_i^2) = \frac{1}{2\sigma_1^2}L_{\text{classification}} + \log(\sigma_1^2) + \frac{1}{2\sigma_2^2}L_{\text{location}} + \log(\sigma_2^2) + \frac{1}{2\sigma_3^2}L_{\text{feature}} + \log(\sigma_3^2) \tag{3-19}$$

式中，σ_i 表示损失函数 i 的观测噪声参数，即估计了该任务输出有多少噪声，从而使得训练过程同时对模型参数和观测噪声参数 σ_i 进行拟合，该方法可以通过训练自动平衡多任务损失的相对权重，简化了调参过程。

综上所述，基于多任务模型的量测生成算法，充分融合空间上下文信息，增强了量测特征区分性：(1)采用了多任务模型将目标检测任务与量测特征提取任务作为两个并行的任务在全图像(而非经过裁剪的检测响应)学习，避免了多阶段方法忽略空间上下文的问题；(2)在多任务模型的不同分支设计损失函数进行约束与学习，改进后的定位损失函数引导模型在训练过程充分学习空间位置信息，特征提取损失函数则显式约束了特征向量角度距离，有利于提升量测特征的区分性。

3.3.3　融合时间上下文的多目标跟踪数据关联方法

多目标跟踪算法在量测生成步骤生成了当前帧的最新量测，数据关联步骤则实现了新量测与轨迹的匹配关联。理想情况下，量测能表示目标的真实状态，但是量测过程中，实际跟踪环境存在强不确定性，使得量测往往带有较大的噪声，特别对于目标交互或遮挡的情况，仅仅依赖空间信息的算法容易出现漏检(把目标区域识别为背景)问题，将直接导致跟踪失败，因此，多目标跟踪算法在目标交互或遮挡场景下的鲁棒性不足问题亟待解决。

事实上,目标在过去帧中的运动情况可以为目标在当前帧的量测提供丰富的时间上下文信息,如图 3-27 所示,人眼可以轻松根据时间上下文估计目标或者轨迹位置,捕捉到被遮挡的目标,充分说明了时间上下文信息能够弥补交互或遮挡情况下空间信息的不足。

图 3-27　时间上下文示意图

现有数据关联方法一般采用线性或者非线性运动模型预测轨迹在当前帧的位置,然后利用余弦距离、欧式距离、交并比等度量准则计算新量测与轨迹预测结果之间的相似度,并设计利用匈牙利算法(the Hungarian algorithm)等匹配算法的关联策略进行匹配优化,如图 3-28 所示。

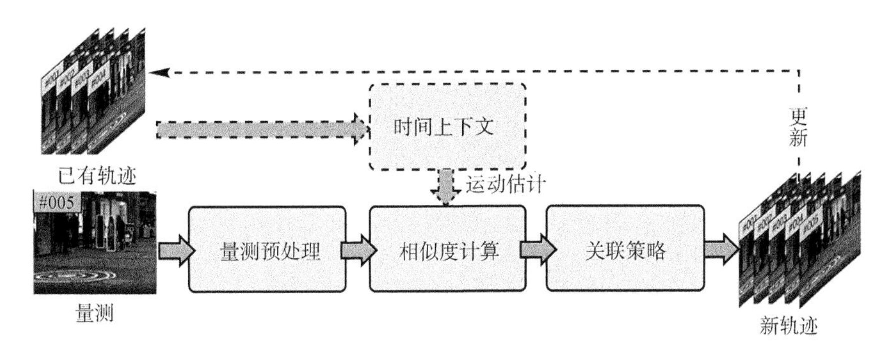

图 3-28　现有数据关联方法示意图

融合时间上下文的数据关联方法包括:基于运动估计的量测抑制方法与基于时间确定性的分层关联策略。结合 3.3.1 节的定义,多目标跟踪的数据关联问题可以转换为给定量测序列推理出状态序列的最大后验概率估计问题,表示如下。

$$\widehat{T}_{1:t}{}^{\mathrm{MAP}} = \underset{T_{1:t}}{\operatorname{argmax}} P(T_{1:t} \mid Z_t, E_t, T_{1:t-1}) \tag{3-20}$$

一方面,量测生成阶段获得的检测响应 Z_t 与量测特征集合 E_t 构成量测集合 $O_t=\{Z_t, E_t\}$,本节提出基于运动估计的量测抑制方法,利用运动模型建模时间上下文信息对候选量测 O_t 进行预处理,移除部分冗余量测并保留被遮挡量测,保证最终量测集合 O_t^* 的完备性;另一方面,$T_{1:t-1}=\{T^i \mid 1<i<M\}$表示已有轨迹集合,轨迹 T^i 是目标 i 对应的状态集合,即有 $T^i=\{s_k^i \mid 1<k<t-1\}$,本节提出基于时间确定性的分层关联策略,根据轨迹的时间确定性分层匹配量测 O_t^* 与轨迹 T^i,计算轨迹预测与量测之间的相似性,进一步缓解遮挡带来

的轨迹不确定性问题,有效提高多目标跟踪算法在目标遮挡场景下的鲁棒性。总体思路如图 3-29 所示。

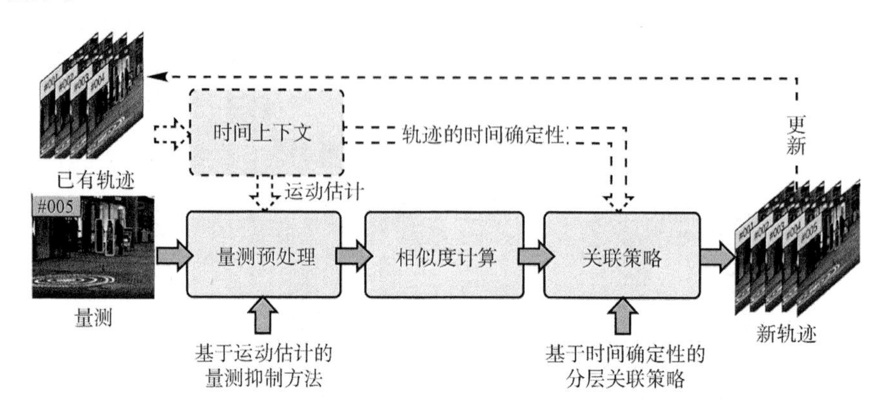

图 3-29　融合时间上下文的数据关联方法总体思路

以下将分别对基于运动估计的量测抑制方法、基于时间确定性的分层关联策略进行介绍。

1. 基于运动估计的量测抑制方法

针对原来量测预处理阶段忽略时间上下文的问题,本节通过融合时间上下文改进原有的量测置信度计算方式,介绍基于运动估计的量测抑制方法,具体流程如图 3-30 所示。

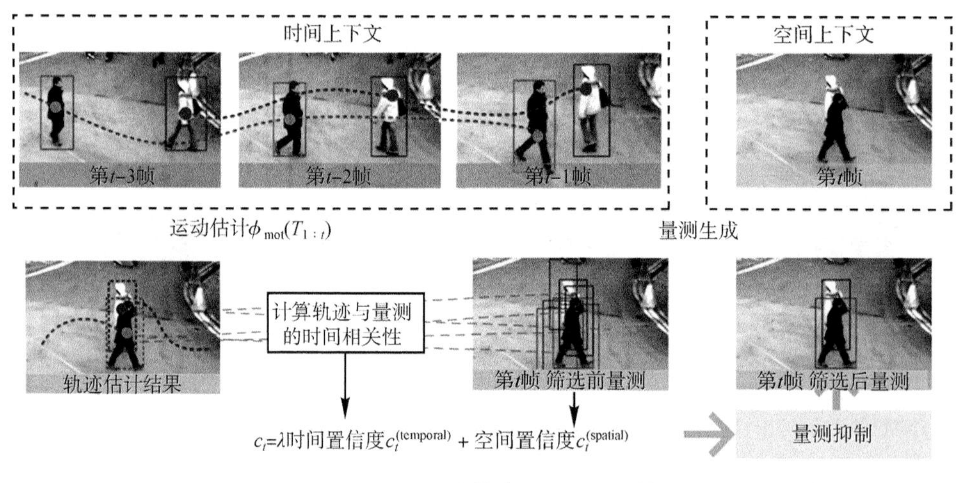

图 3-30　基于运动估计的量测抑制算法

多目标跟踪的数据关联问题可以转换为给定量测序列推理出状态序列的最大后验概率估计问题,表示为公式(3-21)。

$$\widehat{T}_{1:t}^{\mathrm{MAP}} = \underset{T_{1:t}}{\mathrm{argmax}} P(T_{1:t} \mid \widetilde{O}_t, T_{1:t-1}) \tag{3-21}$$

式中,$T_{1:t-1}$表示已有轨迹集合,$\widetilde{O}_t=\{Z_t,E_t\}$表示量测生成阶段获得的量测集合,包括检测响应 Z_t 与量测特征集合 E_t,此时的量测集合包含了冗余量测,基于运动估计的量测抑制方法正是用于抑制冗余量测。

量测的完备性是鲁棒性数据关联的前提。量测生成阶段获得的量测集合 O_t 存在较多的冗余量测。本节方法在相似性计算步骤前，增加数据关联预处理步骤处理候选量测 O_t。当遮挡发生时，被遮挡的目标仅部分可见，为缓解发生仅依赖空间信息容易导致错误抑制有效量测的问题，影响了量测的完备性，本节提出的基于运动估计的量测抑制方法利用帧间的时间上下文信息，增加了被遮挡量测的时间置信度，通过融合时间上下文提升了被遮挡量测的置信度。基于运动估计的量测抑制方法旨在减少被遮挡量测由于空间置信度过低而导致的错误抑制的情况，方法的步骤流程如算法 1 所示。

算法 1　基于运动估计的量测抑制算法

算法	基于运动估计的量测抑制算法
输入：	O_t：新到达的候选量测，包含检测空间置信度 c_{spatial}
	τ_{NMS}：NMS 的置信度阈值
	$T_{1:t}$：已经跟踪到的轨迹
输出：	O_t^*：抑制后的量测集合
1：	/＊ 1. 利用运动模型估计现有跟踪轨迹在当前帧的位置 ＊/
2：	$\bar{s}_t^i = \phi_{\text{mot}}(T^i)$
3：	/＊ 2. 计算量测在 t 帧的时间置信度 ＊/
4：	$c_t^{i,(\text{temporal})} = F(z_t^i, \bar{s}_t^i)$
5：	/＊ 3. 融合时空上下文计算量测在 t 帧的置信度 ＊/
6：	$c_t = c_t^{(\text{spatial})} + \lambda c_t^{(\text{temporal})}$
7：	/＊4. 基于置信度进行量测非极大值抑制＊/
8：	$O_t^* \leftarrow \phi$
9：	while $O_t \neq \phi$ do
10：	$m \leftarrow \text{argmax} c_t^i$/＊ 找到最大置信度量测的索引 m＊/
11：	$O_t^* \leftarrow O_t^* - o_t^m$；$O_t \leftarrow O_t - o_t^m$
12：	for o_t^i in O_t do
13：	if $\text{IoU}(o_t^m, o_t^i) \geqslant \tau_{\text{NMS}}$ then
14：	$O_t \leftarrow O_t - o_t^i$　/＊ 对于高于阈值的量测进行抑制(不限于移除)＊/
15：	end
16：	end
17：	end
18：	return O_t

一方面，对于第 t 帧的第 i 个检测候选量测 o_t^i，其置信度为 c_t，此时量测置信度主要指检测置信度，仅包含单帧图像的空间信息，记为 $c_t^{(\text{spatial})}$。本节通过运动模型建模目标的时间上下文信息，对于目标 i 的已有运动轨迹 T^i，$T^i=\{s_k^i \mid 1<k<t-1\}$。目标 i 在 k 帧状态 s_k^i 表示用八维向量表示为

$$s_k^i = (p_k^i, v_k^i) = (x_k^i, y_k^i, r_k^i, h_k^i, \dot{x}_k^i, \dot{y}_k^i, \dot{r}_k^i, \dot{h}_k^i) \tag{3-22}$$

式中，$p_k^i=(x_k^i, y_k^i, r_k^i, h_k^i)$ 表示目标 i 历史状态的位置坐标，x_k^i 和 y_k^i 分别表示目标的中心点横、纵坐标，r_k^i 和 h_k^i 分别表示目标的长宽比与高度，其余四维分别表示它们对应的速度向量

(velocity),记为 $v_k^i=(\dot{x}_k^i,\dot{y}_k^i,\dot{r}_k^i,\dot{h}_k^i)$。利用 Kalman 滤波建模轨迹的时间上下文信息,构建运动模型 Φ_{mot},估计新状态 $\tilde{s}_t^i$,则轨迹的预测状态(predicted state)为

$$\tilde{s}_t^i = \Phi_{\text{mot}}(T^i) \tag{3-23}$$

轨迹预测状态 $\tilde{s}_t^i$ 是基于目标 i 的时序运动情况估计的,包含了时间上下文信息。

另一方面,对于新到达的候选量测 $o_t^i=\{z_t^i,e_t^i\}$,$z_t^i=(x_k^i,y_k^i,r_k^i,h_k^i,c_t^i)$是第 i 个量测的检测响应,则量测 o_t^i 的时间置信度可通过公式(3-24)计算。

$$c_t^{i,(\text{temporal})} = F(z_t^i,\tilde{s}_t^j),j \in \text{所有已跟踪的目标轨迹} \tag{3-24}$$

式中,$F(\cdot)$计算轨迹与量测的时间相关性,本节中用 IoU 衡量,即 z_t^i 会与每个已有轨迹的预测状态计算相关性,如果该量测与轨迹预测状态相关,则提高量测的时间置信度。第 t 帧的所有量测置信度 c_t 用公式(3-25)更新。

$$C_t = C_t^{(\text{spatial})} + \lambda C_t^{(\text{temporal})} \tag{3-25}$$

公式(3-25)得到更新后的量测置信度,后续将基于置信度进行非极大值抑制。过程如算法 1 的行 9 至行 17 所示:在集合 O_t 中选择置信度最高的量测 o_t^m,将其添加到最终量测集合 O_t^* 中,并从集合 O_t 中移除;然后,将与量测 o_t^m 的重叠度 IoU 高于阈值 τ_{NMS}的量测进行抑制处理,此过程以递归方式应用于剩余的量测。最终,得到抑制后的量测集合 O_t^*。

综上基于运动估计的量测抑制算法,通过运动模型学习时间上下文信息,保留了更可信、完整的量测候选,本算法改进了量测置信度的计算,适用于各种不同的 NMS 变体。

2. 基于时间确定性的分层关联策略

本节采用基于时间确定性的分层关联策略将抑制后的新量测 O_t^* 与已有跟踪轨迹 T^i 进行关联。当目标被长时间遮挡后,基于 Kalman 滤波的轨迹预测的时间不确定性增加,时间不确定性将影响关联的可靠性。在进行匹配优化时,本节提出基于时间确定性的分层关联策略优先考虑高确定性轨迹的优先级,代替常用的全局优化思想,并对每个子问题分层次结合多种相似性计算方法。本节中采用轨迹距离上一次成功关联的时间间隔(interval)衡量轨迹的时间确定性,记为轨迹关联间隔 I,且设置 $I_{\max}$表示最大有效间隔,超过该间隔则视为轨迹终止。轨迹关联间隔可以反映一条轨迹的时间上下文信息,即轨迹的在时间维度上的确定性,如果间隔 I 小,则说明该轨迹确定性高。基于时间确定性的分层关联策略按照 I 递增顺序进行迭代关联,每次解决对应 $I=n$ 构成的轨迹子集合中的分配子问题。

在每一个子问题中,从已有轨迹 T^i 中按照轨迹关联间隔 $I=n$ 选取轨迹子集记为 T^n。则 T^n 与新到达的量测 O_t^* 之间的相似性用公式(3-26)表示。

$$\Lambda(O_t^*,T^n) \tag{3-26}$$

式中,$\Lambda(\cdot,\cdot)$表示相似性度量函数,O_t^* 和 T^n 分别表示当前帧的量测结果与已跟踪轨迹。对于每个量测 $O_t^*=\{Z_t,E_t\}$都有检测响应 Z_t 与量测特征 E_t;对于已有轨迹,用预测状态 $\widetilde{S}_t$ 表示轨迹在当前帧状态的位置信息,上节中已用运动模型估计了 $\tilde{s}_t^i$,且有 $\widetilde{S}_t=\{\tilde{s}_t^i \mid j\in$ 所有已跟踪的目标轨迹$\}$,本节用 F_t 表示轨迹的表观特征。

轨迹预测能够缓解遮挡导致的漏检问题,但是类内遮挡可能导致该轨迹状态被其他邻近目标关联,为了减少无用目标或者背景可能混入轨迹的表观特征中,本节采用了分层关联匹配的策略。

第一层关联时,主要利用量测与轨迹的表观特征进行关联。本节利用余弦距离计算第 i 个量测的表观特征向量 e_t^i 与第 j 条轨迹的表观特征向量 $\boldsymbol{F}^j$ 之间的距离。

$$\Lambda_1(O_t^*, T^n) = 1 - \frac{e_t^i \cdot F^j}{\| e_t^i \| \cdot \| F^j \|} \tag{3-27}$$

同时利用马氏距离门限(Mahalanobis distance gate),移除因 Kalman 滤波引入的不合理关联结果(assignment)。

对于关联后的部分剩余轨迹或者量测进行第二层关联,本节采用第二种相似性指标 Λ_2 从量测与轨迹的位置关系用于剩余轨迹与量测的关联。

$$\Lambda_2(O_t^*, T^n) = \text{IoU}(Z_t, \widetilde{S}_t) \tag{3-28}$$

计算相似性矩阵后,采用匈牙利算法(Hungarian Algorithm)完成量测与轨迹之间的匹配,关联之后利用量测的位置信息更新轨迹状态,并利用量测的表观特征更新轨迹的表观特征。

对于迭代结束还未关联的轨迹的状态标记为丢失,如果关联间隔 I 超过阈值 $I_{\max}$,则视为轨迹终止,则重置跟踪器;对于尚未分配的量测结果,认为出现了新的目标,初始化新的轨迹跟踪器。最终实现了新量测 O_t^* 与已有跟踪轨迹 T^i 之间的关联匹配。

3.3.4　融合压缩描述的多目标跟踪算法

受益于深度学习的强大表征能力,现有多目标跟踪算法大大改善了任务准确率,例如:在量测生成阶段常采用卷积神经网络(Convolutional Neural Network,CNN)进行目标检测与特征提取,一些算法还在数据关联时引入了循环神经网络(Recurrent Neural Network,RNN)。但是基于深度学习模型的多目标跟踪算法在实际应用中仍存在一些制约因素:

- 深度学习模型存在参数量大问题,例如:经典卷积神经网络模型 AlexNet 约有 0.6 亿参数和 VGG16 大约有 1.3 亿的参数量,分别消耗超过 200 MB 和 500 MB 的存储空间。而在自动驾驶、机器人导航等应用场景中,多目标跟踪算法需要部署在低资源设备上,参数冗余可能造成设备的存储空间紧张,阻碍了算法的应用。
- 深度学习模型存在运算复杂度高问题,现有的多目标跟踪算法推理时间的计算一般仅考虑数据关联步骤的耗时,而不考虑量测生成部分的耗时,而实际应用中生成量测的时间占了算法总耗时的很大比例,因此不可忽略。在设备的计算能力不足时,量测生成与数据关联步骤的过高运算复杂度将造成推理时间过长,影响算法在高实时性要求场景中的应用。

近年来,以上问题引起了工业界与学术界研究人员的重视,现有多目标跟踪压缩与加速方法的压缩对象可以大致划分为三类:输入、输出、模型,对应方法的算法流程如图 3-31 所示。

其中,对输入压缩的方法,如图 3-31(a)所示,主要思路是利用压缩域视频中的运动向量,从而减少视频解码运算量以及提取运动信息的运算量,但是该方法仅能加速推理过程而无法压缩模型大小。对输出压缩的方法,如图 3-31(b)所示,一般通过压缩感知等降维方法压缩输出特征图,主要减少了运行时内存的占用。以上方法能够一定程度上减少算法推理的运算量,但是都无法缓解参数量冗余情况,制约了算法在低资源设备上的部署。对模型压缩的方法,如图 3-31(c)所示,主要思路是通过合并多目标跟踪算法的若干个阶段来实现多个模型的参数共享,这类方法取得了显著的速度提升,且一定程度上减少了模型的参数量,但是共享模型仍然存在参数冗余的情况,还有很大的压缩空间。

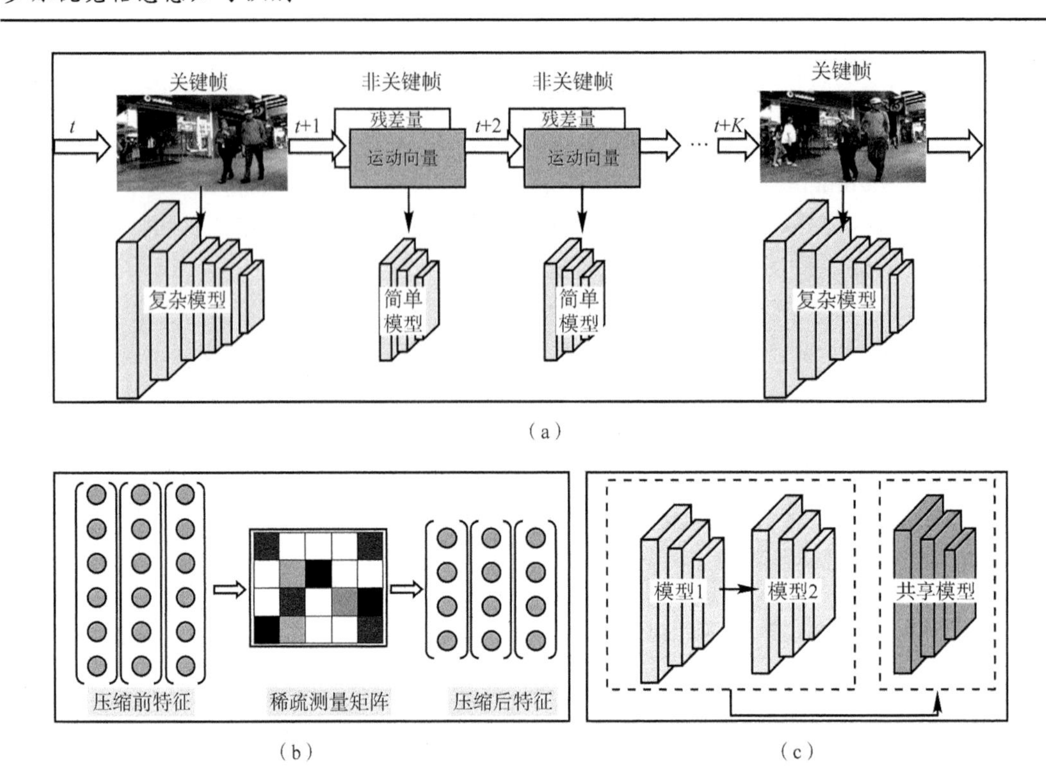

图 3-31 现有多目标跟踪模型压缩与加速方法，三个子图分别表示对输入压缩的方法、对输出压缩的方法、模型共享的压缩方法

综上所述，多目标跟踪算法的应用还存在模型参数量大与运算复杂度高等问题，本节引入模型压缩描述技术以压缩与加速多目标跟踪算法的模型，结合对所提算法模型与现有压缩描述技术的分析，设计适用于本文算法的稀疏化通道剪枝方法。

稀疏化通道剪枝方法如下。

通道级别的稀疏有助于识别模型中不重要的通道，这些通道将在后续的剪枝阶段被移除。基于原始多目标跟踪模型在卷积层后置批正则化层的结构特点，本节利用批正则化层以通道激活的特性，稀疏化通道剪枝方法控制原始多目标跟踪模型的通道稀疏度，在训练中识别通道的重要性，训练流程如图 3-32 所示。

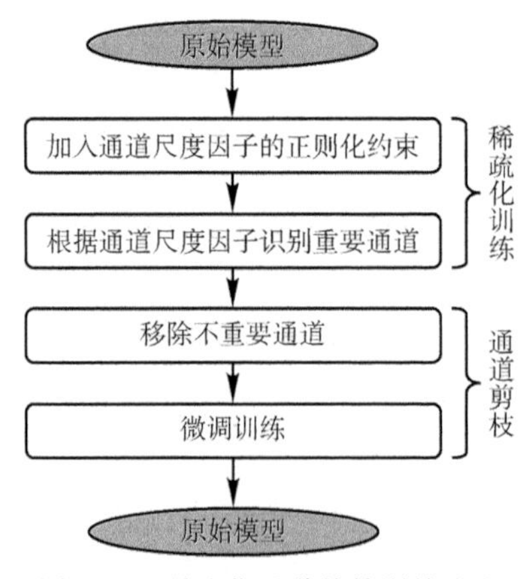

图 3-32 稀疏化通道剪枝训练流程

BN 层根据当前批次(mini-batch)的统计信息对内部激活进行标准化(normalization)。假设 z_{in} 和 z_{out} 是 BN 层的输入和输出,B 表示当前的小批次(mini-batch),BN 层执行以下转换:

$$\hat{z} = \frac{(z_{\text{in}} - \mu_B)}{\sqrt{\sigma_B^2 + \varepsilon}} \tag{3-29}$$

$$z_{\text{out}} = \gamma \hat{z} + \beta \tag{3-30}$$

式中,μ_B 和 σ_B^2 是当前输入批次的均值和方差值,γ 表示仿射系数,用于放缩输入的分布,又称为通道尺度因子,β 表示仿射偏移量。注意到 BN 层以通道激活的特性,用 $\gamma^{(k)}$ 表示卷积层的第 k 个通道的通道尺度因子,若当前卷积层有 d 个通道,通道尺度因子可以表示为 $\gamma=\{\gamma^{(1)},\gamma^{(2)},\cdots,\gamma^{(d)}\}$。可见,一个通道尺度因子 $\gamma^{(k)}$ 可以控制卷积层的一个通道的权重分布,本节正是利用了这个特性控制对应通道的稀疏度。

通道尺度因子 γ 是可训练的变量,本文在训练对其施加 L1 正则化约束。加上正则化项后的损失函数如公式(3-31)所示。

$$L'_{\text{total}} = L_{\text{total}} + \delta g(\gamma) \tag{3-31}$$

式中,L_{total} 在公式(3-14)中定义,δ 是正则化项的稀疏加权系数,$g(\gamma)$ 为引导稀疏(sparsity-induced)的正则化函数,本文中有 $g(\gamma)=|\gamma|$。L1 正则化项约束 γ 产生稀疏的分布,在模型训练时会将 γ 值推向零,从而在训练中让网络自动进行通道选择,这个过程称为稀疏化训练,如图 3-33 所示。因为通道尺度因子是基于通道级别的稀疏,相比直接在权重上施加正则化项,可以获得更加规整的稀疏结果,无论在压缩性能上还是应用部署上都要突出的优势。

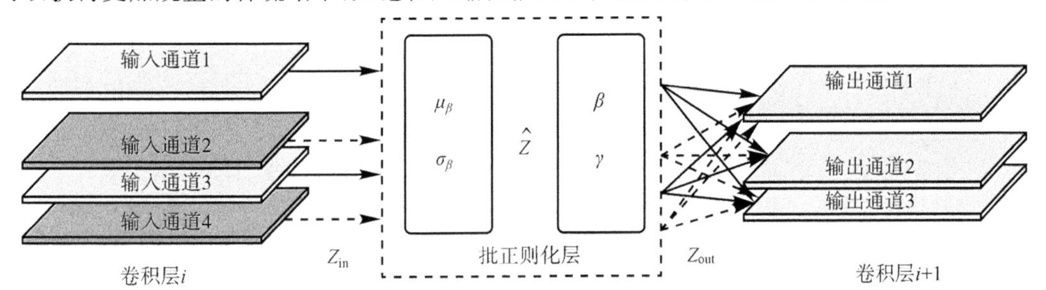

图 3-33　稀疏化通道剪枝压缩方法示意图

其中 γ 为通道尺度因子,不同的通道由不同 γ 值控制通道的稀疏度。
虚线表示对应的通道连接被移除,实线表示保留的通道连接

对于稀疏化训练获得的模型通过剪枝实现模型的剪枝压缩。稀疏化训练后的模型中包含了许多通道尺度因子接近零的通道,剪枝操作将通过删除通道的所有传入和传出连接以及相应的权重来修剪对应通道。降低操作的复杂度,本节对所有层使用了相同的阈值 τ_{sparsity},而且阈值代表着所有通道尺度因子值的移除百分比(对应通道数比例)。移除不重要的通道有时可能会暂时降低性能,因此需要对修剪的网络进行微调重训练(finetune)调整剩余参数,以恢复模型压缩导致的性能损失。该模型压缩描述方法具有易于实现、对模型精度损伤小的优点,在本文前两章提出的目标跟踪算法模型上得到了应用,最终可以获得在模型大小、运行时内存和计算操作方面都更具优势的多目标跟踪算法。

3.3.5　实验结果分析

本节使用 JDE 联合数据集进行模型训练,在包含目标边界框的 CalTech、CityPersons

数据集上采用检测准确性(mAP)指标验证检测响应的精准度,在包含行人边界框与ID的CalTech、CUHK-SYSU、PRW数据集上采用TAR@FAR=0.1指标验证量测特征的区分性,并在MOT15的训练集上利用多目标跟踪准确率(MOTA)等指标验证多目标跟踪算法的综合性能,最后在MOT16数据集上与现有方法进行对比。

本节采用的多任务模型以YOLO v3网络作为基础结构适应多目标跟踪场景中行人目标的尺度变化。实验中采用的图像分辨率为864×480,输入图像会被重新调整为此大小,并应用了随机缩放和颜色抖动的数据增强方法。网络的训练使用标准SGD优化器,学习率初始化为0.01,微调时使用的学习率为0.001,采用了默认参数和迭代次数。算法使用Pytorch作为训练深度神经网络模型和系统的实现工具,训练过程使用了包含4块NVIDIA GeForce GTX 1080显卡与高性能的CPU(Intel(R) Xeon(R) CPU E5-2678 v3,2.5G主频12核心48线程)。

1. 损失函数及加权方法有效性实验

本节将分别对基于多任务模型的量测生成方法中改进的定位损失函数、特征提取损失函数以及多任务学习损失函数加权方法在相应任务上的指标结果进行对比验证。

1)定位损失函数有效性分析

定位损失函数影响了检测的准确度,因此对比了不同定位损失函数对检测性能的影响,使用平均准确率(mAP)指标衡量。这里对比的是常用的Smooth L1损失函数。在mAP的计算过程中,需要对预测结果区分真假正例,常用的区分标准为预测框与真值框的IoU,记为mAP@IoU;以预测框与真值框的GIoU为准则,提出了mAP@GIoU度量方法,以更好衡量预测框与真值框的位置关系。同时,不同的阈值设置直接影响了mAP指标的计算,因此本节在不同的IoU及GIoU阈值下进行了测试,表3-12总结了对比结果。

表3-12 不同定位损失函数的检测平均精度对比,分类损失函数与特征提取损失函数都为交叉熵损失函数,统一使用手动调优的加权方法

	Smooth L1		DIoU loss	
阈 值	mAP@IoU↑	mAP@GIoU↑	mAP@IoU↑	mAP@GIoU↑
0.5	80.05%	79.44%	80.26%	79.74%
0.75	43.84%	42.39%	44.81%	42.53%

由表3-12的结果可以看出,DIoU损失函数在两种不同正负例区分标准下都获得了比Smooth L1损失函数更高的mAP分数。阈值为0.5时,在常用的mAP@IoU指标下,通过改进定位损失函数为DIoU损失函数可以获得0.2%的指标改善,而在GIoU准则下,mAP指标改进了0.3%。这是由于DIoU函数考虑到了预测框与真值框的空间重叠度(用IoU表示)的关系,所以可以更好地学习空间维度上的信息,有效提升了多目标跟踪中的检测定位准确度。特别随着阈值的提高,DIoU损失函数的模型结果还能保持相对高的mAP值,DIoU损失函数的设计保证了预测框与真值框在重叠、包含、不相交情况下都能继续优化,因此对空间关系的约束也更为严格,对应的检测结果也有更好的重叠度。综上所述,说明DIoU损失函数的引入提高了预测框的定位准确度,充分学习了空间上下文。

2)特征提取损失函数有效性分析

在特征提取分支引入ArcFace损失函数的目标是改善特征的区分性,实验中使用TPR

@FAR=0.1 来衡量特征的区分能力。本节分别对 Softmax 损失、ArcFace 损失以及考虑乘性角度间隔的 SphereFace 损失函数进行训练与对比。表 3-13 总结了这些损失函数在验证集上的比较结果。

表 3-13　不同的特征提取损失函数性能对比，统一使用手动调优的加权方法

目标检测分支		特征提取分支	检　测	特　征	多目标跟踪	
分类损失函数	框定位损失函数	区分性特征损失函数	mAP@IoU=0.5↑	TAR@FAR=0.1↑	MOTA↑	IDs↓
CE	Smooth L1	Softmax	80.05	85.18	64.3%	223
CE	Smooth L1	SphereFace	79.66	86.70	66.7%	218
CE	Smooth L1	ArcFace	79.80	88.56	67.8%	214

由实验结果可以看出，SphereFace 与 ArcFace 损失函数都能显著提升特征的区分性，虽然在检测精度上有微弱的损失，但是在特征区分性指标上分别取得了约 1.5%和 3.3%的提升，而且从多目标跟踪的 MOTA 与 IDs 指标也可以看出，对特征施加距离约束的思路的正确性，该思路可以帮助多目标算法提取到更加有区分性的特征，显著提高了算法关联准确度。而相比于 SphereFace 损失函数，ArcFace 增加了对特征向量的归一化，同时引入了加性角间隔约束，取得了更佳的检测精度与特征区分度指标，分别提升约 0.1%，1.8%，最后 ArcFace 损失函数的训练结果在多目标跟踪任务上也呈现出了最佳的效果，充分验证了本文使用的特征提取损失函数能够有效提升量测特征的区分性。

3）损失函数加权方法有效性分析

融合空间上下文的量测生成方法将检测与特征提取结合到一个多任务模型中，本节将对比不同的加权方法对多个任务性能指标的影响，并且对整体算法基于多目标跟踪指标 MOTA 进行评估。这里将本节引入的基于不确定性的多任务损失函数加权方法与另外两种常用的加权方法进行对比，包括：直接相加法、手动调优法。表 3-14 展示了不同这些加权策略的比较结果。

表 3-14　比较不同的损失加权策略

	检　测	特　征	多目标跟踪	
加权方法	AP↑	TAR↑	MOTA↑	IDs↓
直接相加	70.08	89.75	59.7%	492
手动寻优	80.01	88.27	67.9%	216
不确定性加权（本章）	80.88	89.05	68.8%	209

如表 3-14 所示，对于损失函数直接相加的方法，特征提取的性能指标（TAR@FAR=0.1）达到较好的水平，但是另一个检测任务表现（mAP）却下降很多，最后导致跟踪准确率（MOTA）不佳。通过分析实验中的训练损失函数数值可以发现，三个损失函数的量级不一致，而特征提取任务由于对应的损失函数数值较高，所以在训练的反向传播过程中占用了较大的梯度，导致共享网络的检测任务的学习被影响，这个是多任务学习中常见的“梯度倾斜”现象。而在手动调优方法中，本节通过观察不同损失函数收敛时的损失值，人为估计不同损

失函数的权重，从而使得不同损失函数的量级相近，这种调整使得多任务之间达到了较好的平衡，但是这个过程需要较多的先验知识与人为调整。而由表格可以看出，本节引入的基于不确定性的加权方法通过自动学习权重系数，达到了与手动调优方法相似的效果，而且权重参数在网络训练中直接优化，无须人为干预。

本节还在图 3-34、图 3-35 中可视化了训练过程中的各个损失函数数值变化以及对应的加权系数变化情况，其中图 3-34 可视化的是加权系数 $s_i=\log(\sigma_i^2)$（i 指示损失函数）的变化情况。由图 3-34(a)(b)(c)可以发现，纵向比较三个尺度上同一损失函数对应的变化趋势是相同的；横向对比来看，刚开始变化时检测分类损失、检测定位损失的加权系数为负数，因此两者的初始权重较高，而特征损失的加权系数为正数，初始权重较低，符合手动调参时的经验。从每个损失函数加权系数的趋势上看，检测分类置信度的加权系数在不断减小，检测分类损失对应的权重缓慢增加；检测定位系数则保持相对稳定的比重；在训练过程中量测特征提取任务的本身的数值较大，初始权重较小，但是随着训练的进行其权重也在不断增加。最后，不同的损失函数加权后都能够收敛，可以看出不确定性策略对于基于多任务模型的量测生成方法是可行的。

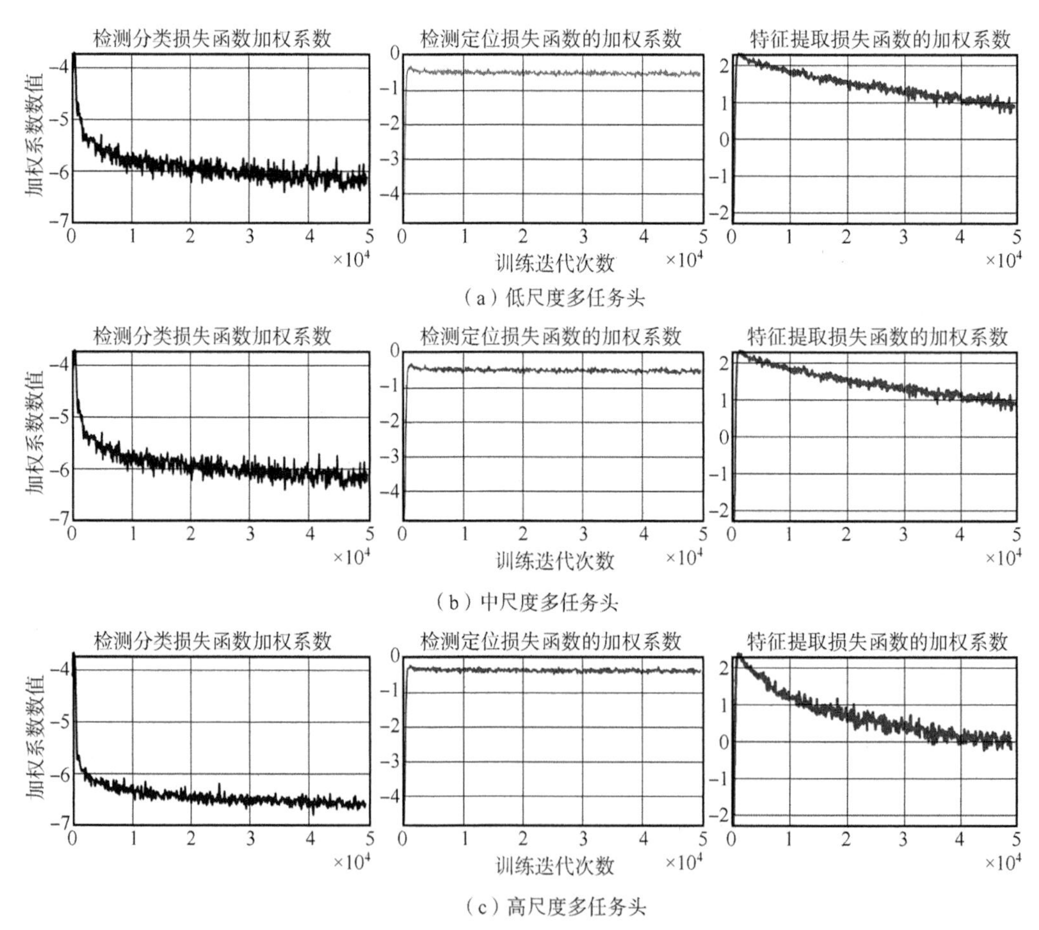

图 3-34　训练过程中不确定性策略的损失函数加权系数数值的变化曲线图

图(a)(b)(c)分别为不同尺度多任务头中的损失函数加权系数情况，第一列为检测分类损失函数加权系数，第二列为检测定位损失函数加权系数，第三列为特征提取损失函数加权系数

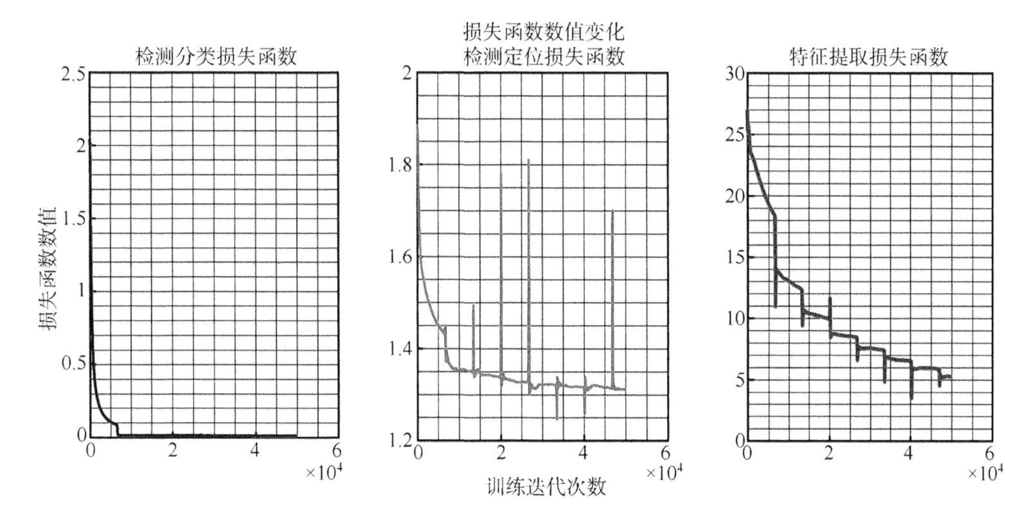

图 3-35　训练过程中不确定性策略的损失加权系数的变化曲线图

2. 融合时间上下文的数据关联方法性能分析

本文通过改进量测生成步骤提高了多目标跟踪的精确度，本节将通过数值指标比较本文算法与现有算法的性能，同时通过可视化技术验证本文算法对目标频繁交互或遮挡问题的解决情况。

本文将算法运行的结果提交至 MOTChallenge 评测网站，在 MOT16 测试集上进行了测试，并与现有算法进行了比较，测试结果如表 3-15 所示。

表 3-15　MOT16 测试集上与其他方法对比结果。最佳结果用加粗体标识，次佳结果用下划线标识，recall 指标缩写为 Rcll，precision 指标缩写为 Prcn

	跟踪算法	年份	IDF1↑	IDP↑	IDR↑	Rcll↑	Prcn↑	MOTA↑
离	LMP_p[75]	2017	**70.70**	**78.90**	**63.02**	**75.56**	94.59	**71.00**
线	FWT[76]	2017	46.90	59.76	38.59	61.45	**95.16**	47.8
方	STRN[77]	2019	53.90	72.80	42.80	53.83	91.57	48.5
法	LM_CNN[78]	2019	61.21	69.36	54.78	73.43	92.98	67.4
	SORTwHPD16[26]	2017	50.05	71.53	38.49	50.02	92.97	46.0
	DeepSORT_2[23]	2017	47.17	68.95	34.84	49.07	97.09	47.1
	DMAN[41]	2018	54.82	**77.21**	42.50	50.71	92.12	46.0
在	CNNMTT[30]	2018	**62.19**	73.73	53.78	69.34	95.05	**65.2**
线	Vmaxx[79]	2018	49.19	57.38	43.04	69.19	92.25	62.6
方	Tracktor++[80]	2019	54.91	73.85	43.70	57.85	**97.78**	56.2
法	JDE[52]	2019	55.76	64.89	48.88	70.30	93.32	64.4
	JCSTD[81]	2019	41.10	56.66	32.25	52.48	92.22	47.4
	第 3.3.2 节算法		61.26	71.50	53.60	70.20	93.60	64.5
	本节算法		61.35	71.30	**53.80**	**70.70**	93.60	65.0

表 3-15 同时展示了现有公开的相关最优 MOT 算法，包括离线与在线算法。如表 3-15 所示，离线的方法可以利用未来帧的信息而且可以修正过去的结果，因此表现相对与在线算法较优。本文的算法属于在线算法，但是在指标上与在线算法的差距不大。考虑到总体跟踪精度，例如 MOTA 度量，本节的方法相比最新的算法都取得了明显的优势，相比同样使用多任务学习方法的 JDE 算法高 0.6%，相比私有协议下的最佳算法 CNNMTT 仅低了 0.2%。值得注意的是，本节的算法在召回率上有着相对明显的优势，在 IDR 与 Rcll 两项指标上均取得了最佳结果。也充分证明了，与现有方法相比，本节方法充分利用了时间上下文，减少了因为遮挡导致的空间置信度低而被漏报的情况发生，提升了召回率，有效地缓解了目标遮挡的问题。在运行速度方面，前文达到了 22.82 fps 的处理速度(包括量测生成与数据关联)，本节对数据关联步骤进行了改进，可以达到 21.86 fps 的速度，导致了微弱的处理时间损失。

3. 遮挡问题可视化分析

为了验证数据关联算法在目标表观相似情况下的效果，通过可视化技术查看本节方法在 MOT16 测试集合上得到的跟踪效果图，图 3-36 可视化了目标交互场景下的目标召回情况，并在图 3-36 可视化了目标遮挡场景下目标在遮挡前、后的跟踪情况。

(a) (b) (c)

图 3-36 目标交互或遮挡场景下的实验结果图可视化(目标交互)

图(a)、图(b)、图(c)分别展示 SORTwHPD16、3.2.2 节算法与 3.3.3 节算法的结果图

图 3-36 对比了 SORTwHPD16、本节对目标交互情况的鲁棒性。SORTwHPD16 在数据关联时采用了多阶段的量测生成方法与简单的 IoU 进行匹配，对空间、时间上下文利用

不足，而前文方法虽然融合空间上下文改进了量测质量，但是在目标交互这种空间信息少的情况，目标量测会因遮挡导致空间置信度低而被错误抑制，造成召回不足。由实验结果可以看出，融合时间上下文的数据关联通过增加量测的时间置信度，有效地保留了有用量测，即使在目标可见部分很少的情况下仍实现有效的量测召回。

图 3-37 可视化了目标遮挡情况下的算法跟踪效果，完整展现了目标在遮挡前、后的跟踪情况，并与 SORTwHPD16、DeepSORT_2 进行了对比。由图 3-37(a)的 SORTwHPD16 的跟踪效果图可以看出，在目标被遮挡情况下该算法基本失效。DeepSORT_2 方法采用了多级数据关联方法，考虑了轨迹的时间确定性，相比 SORTwHPD16 取得了一定改进，图 3-37(a)展示了该算法的跟踪结果，可见该算法仍然受到量测抑制算法的影响，存在召回不足的问题。而本节的算法有效保留了遮挡导致的空间置信度低的量测，并采用了基于时间确定性的分层关联策略以更充分利用时间上下文，由图 3-37(c)可以看出即使在遮挡情况下，本节算法依旧能在连续时间上跟踪目标，改进效果显著。综上所述，融合时间上下文的数据关联方法有效利用了时空上下文互补的特点，缓解了严重交互或遮挡问题。

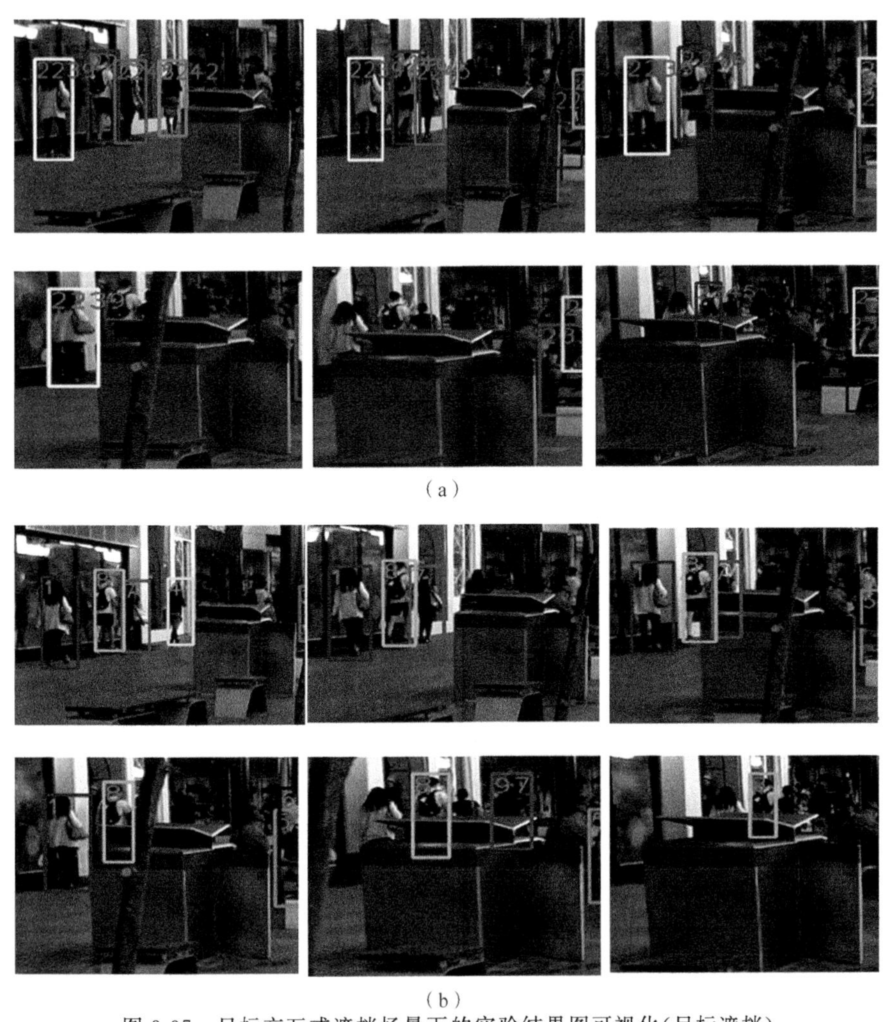

(a)

(b)

图 3-37　目标交互或遮挡场景下的实验结果图可视化(目标遮挡)

图(a)、图(b)、图(c)分别展示 SORTwHPD16、DeepSORT_2 与本节算法的结果图

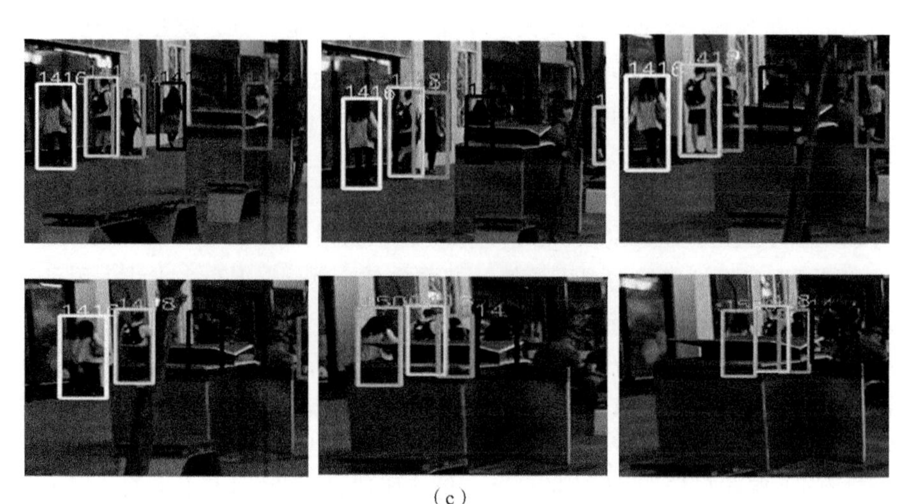

(c)

图 3-37　目标交互或遮挡场景下的实验结果图可视化(目标遮挡)(续)

图(a)、图(b)、图(c)分别展示 SORTwHPD16、DeepSORT_2 与本节算法的结果图

4. 基于稀疏化通道剪枝的多目标跟踪压缩方法实验性能分析

本节实验的整体训练流程是:(1)稀疏化训练,设置稀疏加权系数并训练;(2)模型剪枝,训练完成后根据通道尺度因子进行剪枝;(3)模型微调,最终得到压缩后的模型。其中,为简单起见,本节使用相同的全局剪枝阈值($\tau_{sparsity}$,即控制剪枝百分比),修剪后的模型是通过构建新的压缩模型并复制原始稀疏模型的权重来实现的。修剪后,获得了一个压缩后的模型,一般来说修剪后的模型精度损失较小,如果遇到损失较大的情况,可以通过微调来恢复性能。在微调时,使用了与训练相同的优化设置。由于稀疏化训练后的模型已经处于一个较佳的最优点,所以微调时一般将学习率设为较小值,本节使用了学习速率 10^{-3} 进行微调。在参数敏感性分析实验中,采用从头训练的方式进行对比分析;在模型压缩性能分析实验中,采用前两个小节正常训练得到的多目标跟踪算法模型作为初始模型。

表 3-16　本文算法模型的网络结构　注:主干网路为 Darknet-53

个数	结构	卷积核参数	输出大小	支路连接
1×	Conv-BN	32×[3,3]/1	864×480×32	—
1×	Conv-BN	64×[3,3]/2	432×240×64	—
1×	Conv-BN	32×[1,1]/1	—	—
	Conv-BN	64×[3,3]/1	—	—
	残差连接	—	432×240×64	—
1×	Conv-BN	128×[3,3]/2	216×120×128	—
2×	Conv-BN	64×[1,1]/1	—	—
	Conv-BN	128×[3,3]/1	—	—
	残差连接	—	216×120×128	—
1×	Conv-BN	256×[3,3]/2	108×60×256	—
8×	Conv-BN	128×[1,1]/1	—	—
	Conv-BN	256×[3,3]/1	—	—
	残差连接	—	108×60×256	多任务头支路

续表

个数	结构	卷积核参数	输出大小	支路连接
1×	Conv-BN	512×[3,3]/2	54×30×512	—
8×	Conv-BN	256×[1,1]/1	—	—
	Conv-BN	512×[3,3]/1	—	—
	残差连接	—	54×30×512	多任务头支路
1×	Conv-BN	1024×[3,3]/2	27×15×1024	—
4×	Conv-BN	512×[1,1]/1	—	—
	Conv-BN	1024×[3,3]/1	—	—
	残差连接	—	27×15×1024	多任务头支路

注：卷积核参数包括卷积核个数、卷积核长度、卷积核宽度、卷积步长，Conv-BN 表示卷积层后置 BN 层的结构，多任务头支路的结构在第 2 章中说明。

在本文的算法模型中有一些特殊结构需要特殊处理，包括残差连接结构（shortcut）与路由结构（route），如图 3-38 所示。其中残差连接结构要求两路合并分支的通道数量相同，因此对于残差结构本节采取了保守的不裁剪方式，简化压缩难度。而对于路由结构，虽然也有通道合并的操作，但是此时通道是以相连（concatenate）方式合并，因此可以进行剪枝。

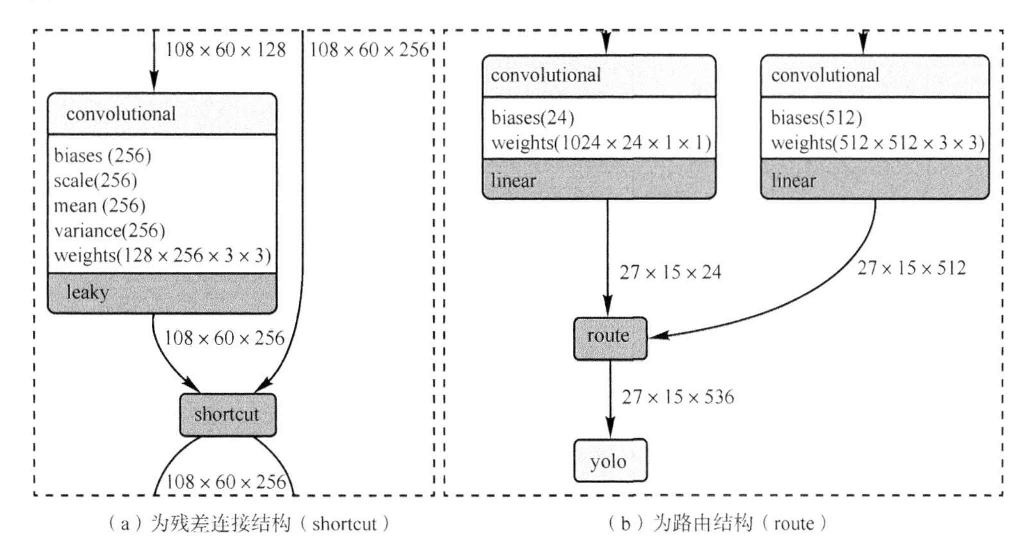

图 3-38　模型中的特殊结构

5. 速度对比

本小节中将通道剪枝压缩技术应用于本节提出的多目标跟踪算法中，表 3-17 展示了对比情况。

从表 3-17 中可以看出，通过模型压缩技术，本节移除了约 52.68％的通道，明显地降低了模型大小。同时从 FLOPs 指标可以看出，模型压缩描述方法同时降低了所需的计算量，FLOPs 约为原来的 50％，但是却仍能保持与基线相近的精度，仅有 1％的精度损失。

表 3-17　压缩前后模型性能对比结果

模　型	mAP	参数量*	模型体积**	压缩率	FLOPs($\times 10^{10}$)
基线(正常模型)	80.88	65.66M	250.49MB	—	8.52
剪枝模型	45.48	31.04M	118.55MB	52.68%	4.12
剪枝模型(微调后)	79.83	31.04M	118.55MB	52.68%	4.12

注：* $M=10^6$

　　** 假设所有模型参数用 float 类型存储，每个参数占 4 B，1024^2 B=1024 KB=1 MB

表 3-18 展现了本节算法与现有算法在运行时间、跟踪性能指标上的对比。这里的运行时间包括了量测生成以及数据关联两个部分的总体耗时，可见本节算法在多模型转为单模型时已经取得了较好的运行速度(22.82 fps)。数据关联阶段，由于在数据关联预处理时保留了较多量测因此造成了一定处理耗时，损失了约 1 fps。而模型压缩方法，对多目标跟踪中参数量较大的量测生成模型进行了压缩，从表 3-18 最后一行可以看出，速度有近 3.5 fps 的提升，相比于现有最佳算法，在任务精度 MOTA 上仅有可以接受的微弱损失。由此本节实验结果验证了本节模型在速度和任务性能上达到了较好的平衡。

表 3-18　现有算法与本文算法的运行时间、跟踪性能对比

方　法	是否压缩	MOTA	推理时间(fps)
DeepSORT_2	—	61.4	<8.1*
TAP	—	64.8	<8.2
CNNMTT	—	65.2	<6.4*
RAR16wVGG	—	63.0	<1.5*
JDE-864	—	62.1	24.1
JDE	—	64.4	18.8
3.3.2 节	否	64.5	22.82
3.3.3 节	否	65.0	21.86
3.3.4 节	是	64.2	25.12

注：* 基准上仅公开了算法的数据关联速度，量测生成速度统一估计为<15。

6. 与现有算法对比

将算法运行的结果提交至 MOTChallenge 评测网站，结果展示如表 3-19 所示，列出了本算法与现有其他算法比较的结果。

表 3-19　MOT16 测试集上与其他方法对比结果，最佳结果用黑体标识，次佳结果用下划线标识

	方　法	年份	MOTA↑	IDF1↑	MT↑	ML↓	IDSW↓	fps↓*
离	LMP_p[75]	2017	**71**	70.1	**0.469**	0.219	434	0.5
线	FWT[76]	2018	47.8	47.8	0.191	0.382	852	0.6
方	STRN[77]	2019	48.5	53.9	0.17	0.349	747	13.5
法	LM_CNN[78]	2019	67.4	**79.1**	0.382	**0.192**	931	1.7

续表

	方　法	年份	MOTA↑	IDF1↑	MT↑	ML↓	IDSW↓	fps↓ *
在线方法	SORTwHPD16[26]	2017	46	50	0.15	0.436	**473**	0.2
	DeepSORT_2[23]	2017	47.2	46.3	0.14	0.416	774	1.0
	DMAN[41]	2018	46.1	54.8	0.17	0.427	532	0.3
	CNNMTT[30]	2018	**65.2**	**62.2**	0.32	0.213	946	11.2
	Vmaxx[79]	2018	62.6	49.2	0.33	0.211	1389	6.5
	Tracktor++[80]	2019	54.4	52.5	0.19	0.369	682	1.5
	JDE[52]	2019	62.1	56.9	**0.34**	**0.167**	1608	24.1
	JCSTD[81]	2019	47.4	41.1	0.14	0.364	1266	8.8
	本文方法		64.2	59.06	0.30	0.227	1569	**25.12**

注：* 该数据为网站上的公开数据(不包括量测生成部分的耗时)，模型推理的设备不同，该结果仅供参考。

从表 3-19 可以看出本节方法对比其他方法在多目标跟踪任务的多个性能指标上都取得了显著的改进，MT、ML 指示了跟踪算法对轨迹的跟踪能力，本节算法在 MT 指标上取得了 0.30 的结果，排名第三；ML 为 0.227，与最佳算法仅差 0.06。同时在整体指标 MOTA 和 IDF1 上本节方法取得了次佳的结果。从速度上本节算法比其他算法取得了绝对的优势。由以上的实验分析可以看出，本节方法在取得多目标跟踪任务性能提升的同时，也保证了模型推理的速度，取得了两者较好的平衡。

3.4　本章小结

本章介绍了视觉感知识别中的另一个问题，即运动目标分析问题。首先介绍基于循环神经网络的单目标检测与跟踪算法，通过先前帧目标的运动方向和速度信息，预测出目标下一帧运动的大致方向并确定感兴趣区域，将检测得到的预测边界框结果回传到前面的方向预测模型，完成整个单目标跟踪过程。然后，介绍融合时空上下文与压缩描述的多目标跟踪算法，针对目标量测不可靠问题，介绍基于多任务量测生成的多目标跟踪算法；针对目标遮挡不鲁棒问题，介绍基于融合时序关联的多目标跟踪算法。最后，针对算法模型参量过大且运算复杂度过高问题，设计基于通道剪枝的跟踪模型压缩方法，根据模型结构特点，对通道尺度因子施加了 L1 正则化项约束，实现了通道级别的稀疏。通过实验验证了所提方法能够提升目标检测精度以及量测特征的区分性、减少有效量测的误抑制、提高数据关联的正确性，从而提升了目标跟踪算法在目标表观相似、遮挡等场景下的鲁棒性。

本章参考文献

[1]　Hinton G E，Osindero S. A fast learning algorithm for deep belief nets[J]. Neural Computation，2006，18(7)：1527-1554.

[2] Choudhary T, Mishra V, Goswami A, et al. A comprehensive survey on model compression and acceleration[J]. Artificial Intelligence Review, 2020: 1-43.

[3] 傅豪. 融合时空上下文与压缩描述的多目标跟踪算法研究 [D]. 北京:北京邮电大学,2020.

[4] 张雅姝. 基于循环神经网络的目标检测与跟踪系统研究与实现[D]. 北京:北京邮电大学,2019.

[5] Singer R A. Estimating optimal tracking filter performance for manned maneuvering Targets[J]. IEEE Transactions on Aerospace and Electronic Systems,1970, AES-6(4):473-483.

[6] 丁进勇,丁鹏程,王超. 卷积神经网络在目标检测中的应用综述[J]. 计算机科学,2018,45(11):17-26.

[7] Girshick R, Donahue J, Darrell T, et al. Rich Feature Hierarchies for Accurate Object Detection and Semantic Segmentation[J]. IEEE Conference on Computer Vision and Pattern Recognition, 2014:580-587.

[8] Girshick R. Fast R-CNN[J]. Computer Science, 2015.

[9] Ren S, He K, Girshick R, et al. Faster R-CNN: towards real-time object detection with region proposal networks[C]//International Conference on Neural Information Processing Systems. Cambridge, MA:MIT Press, 2015:91-99.

[10] Redmon J, Divvala S, Girshick R, et al. You Only Look Once: Unified, Real-Time Object Detection [J]. IEEE Conference on Computer Vision and Pattern Recognition, 2015:779-788.

[11] Liu W, Anguelov D, Erhan D, et al. SSD: Single Shot MultiBox Detector[M]. Computer Vision - ECCV 2016. Berlin: Springer Publishing, 2016:21-37.

[12] Shen Z, Liu Z, Li J, et al. DSOD: Learning Deeply Supervised Object Detectors from Scratch[C] //International Conference on Computer Vision. Piscataway, NJ: IEEE,2017:1937-1945.

[13] He K, Zhang X, Ren S, et al. Spatial Pyramid Pooling in Deep Convolutional Networks for Visual Recognition[J]. IEEE Transactions on Pattern Analysis and Machine Intelligence, 2015, 37(9):1904.

[14] Redmon J, Farhadi A. YOLO9000: better, faster, stronger[C]//IEEE Conference on Computer Vision and Pattern Recognition. Piscataway. NJ: IEEE,2017: 7263-7271.

[15] Redmon J, Farhadi A. Yolov3: An incremental improvement[J]. arXiv preprint arXiv:1804.02767, 2018.

[16] Wax N. Singal-to-noise improvement and the statistics of tracking populations[J]. Journal of Applied Physics,1955,26(5):586-595.

[17] Sittler R W. An optimal data association problem in surveillance theory[J]. IEEE Transactions on Military Electronics,1964,8(2):125-139.

[18] Yaakov B S. Tracking methods in a multi-target environment[J]. IEEE Transactions on Automatic Control, 1978,23(4):618-626.

[19] Singer R A. Estimating optimal tracking filter performance for manned maneuvering Targets [J]. IEEE Transactions on Aerospace and Electronic Systems, 1970, AES-6(4): 473-483.

[20] Isard M, Blake A. Condensation-conditional density propagation for visual tracking [J]. International Journal of Computer Vision, 1998, 29(1): 5-28.

[21] Henriques J F, Rui C, Martins P, et al. High-Speed Tracking with Kernelized Correlation Filters [J]. IEEE Transactions on Pattern Analysis & Machine Intelligence, 2014, 37(3): 583-596.

[22] Danelljan M, Hager G, Shahbaz Khan F, et al. Learning spatially regularized correlation filters for visual tracking [C]//IEEE International Conference on Computer Vision. Piscataway. NJ: IEEE, 2015: 4310-4318.

[23] Danelljan M, Hager G, Khan F S, et al. Convolutional Features for Correlation Filter Based Visual Tracking[C]//IEEE International Conference on Computer Vision Workshop. Piscataway. NJ: IEEE, 2015: 621-629.

[24] Danelljan M, Robinson A, Khan F S, et al. Beyond Correlation Filters: Learning Continuous Convolution Operators for Visual Tracking[C]//European Conference on Computer Vision. Berlin: Springer, 2016: 472- 488.

[25] Danelljan M, Bhat G, Khan F S, et al. ECO: Efficient Convolution Operators for Tracking[C]//IEEE Conference on Computer Vision and Pattern Recognition, Piscataway. NJ: IEEE, 2016: 6931-6939.

[26] Henriques J F, Caseiro R, Martins P, et al. Exploiting the circulant structure of tracking-by-detection with kernels[C]//European Conference on Computer Vision. Berlin: Springer, 2012: 702-715.

[27] Bertinetto L, Valmadre J, Golodetz S, et al. Staple: Complementary learners for real-time tracking [C]//IEEE Conference on Computer Vision and Pattern Recognition. Piscataway. NJ: IEEE, 2016: 1401-1409.

[28] Wang N, Yeung D Y. Learning a deep compact image representation for visual tracking[C]//International Conference on Neural Information Processing Systems. Canada: Neural information processing systems foundation, 2013: 809-817.

[29] Nam H, Han B. Learning Multi-domain Convolutional Neural Networks for Visual Tracking[C]//IEEE Conference on Computer Vision and Pattern Recognition. Piscataway. NJ: IEEE, 2016: 4293-4302.

[30] Nam H, Baek M, Han B. Modeling and Propagating CNNs in a Tree Structure for Visual Tracking[J]. arXiv preprint arXiv: 1608.07242, 2016.

[31] Tao R, Gavves E, Smeulders A W M. Siamese Instance Search for Tracking[C] //IEEE Conference on Computer Vision and Pattern Recognition, Piscataway. NJ: IEEE, 2016: 1420-1429.

[32] Bertinetto L, Valmadre J, Henriques J F, et al. Fully-Convolutional Siamese Networks for Object Tracking[C]// European Conference on Computer Vision, Berlin: Springer,2016:850-865.

[33] Cui Z, Xiao S, Feng J, et al. Recurrently Target-Attending Tracking[C]//IEEE Conference on Computer Vision and Pattern Recognition. Piscataway. NJ: IEEE, 2016:1449-1458.

[34] Ning G, Zhang Z, Huang C, et al. Spatially supervised recurrent convolutional neural networks for visual object tracking[J]. IEEE International Symposium on Circuits and Systems (ISCAS), 2017:1-4.

[35] Fan H, Ling H. SANet: Structure-Aware Network for Visual Tracking[J]. IEEE Conference on Computer Vision and Pattern Recognition Workshops (CVPRW), 2016:2217-2224.

[36] Hochreiter S, Schmidhuber J. Long short-term memory. [J]. Neural Computation, 1997, 9(8):1735-1780.

[37] Wu Y,Lim J, and Yang M H. Object tracking benchmark[J]. IEEE Transactions on Pattern Analysis and Machine Intelligence, 37(9):1834-1848, 2015.

[38] Kristan M, Pflugfelder R, Leonardis A, et al. The visual object tracking VOT2013 challenge results [C]//IEEE Conference on Computer Vision and Pattern Recognition, Piscataway. NJ: IEEE, 2013, 98-111.

[39] Howard A G, Zhu M, Chen B, et al. Mobilenets: Efficient convolutional neural networks for mobile vision applications[J]. arXiv preprint arXiv:1704.04861, 2017.

[40] Zhang X, Zhou X, Lin M, and Sun J. Shufflenet: an extremely efficient convolutional neural network for mobile devices. arXiv preprint arXiv:1707.01083. 2017.

[41] Wang R J, Li X, Ao S, et al. Pelee: A Real-Time Object Detection System on Mobile Devices[J]. arXiv preprint arXiv:1804.06882, 2018.

[42] Feng W, Ji D, Wang Y, et al. Challenges on large scale surveillance video analysis [C]//IEEE Conference on Computer Vision and Pattern Recognition . Piscataway. NJ: IEEE,2018: 69-76.

[43] Doellinger J, Prabhakaran V S, Fu L, et al. Environment-Aware Multi-Target Tracking of Pedestrians[J]. IEEE Robotics and Automation Letters, 2019, 4(2): 1831-1837.

[44] Song X, Wang P, Zhou D, et al. Apollocar3d: A large 3d car instance understanding benchmark for autonomous driving[C]//IEEE Conference on Computer Vision and Pattern Recognition. Piscataway. NJ: IEEE,2019: 5452-5462.

[45] Hu H N, Cai Q Z, Wang D, et al. Joint Monocular 3D Vehicle Detection and Tracking [C]//IEEE International Conference on Computer Vision. Piscataway. NJ: IEEE, 2019: 5390-5399.

[46] 储琪. 基于深度学习的视频多目标跟踪算法研究[D]. 合肥:中国科学技术大学,2019.

[47] Wax N. Signal-to-Noise Improvement and the Statistics of Track Populations[J]. Journal of Applied Physics, 1955, 26(5):586-595.

[48] Ciaparrone G, Sánchez F L, Tabik S, et al. Deep learning in video multi-object tracking: A survey[J]. Neurocomputing, 2020, 381: 61-88.

[49] Sun S, Akhtar N, Song H, et al. Deep Affinity Network for Multiple Object Tracking[J]. IEEE Transactions on Pattern Analysis and Machine Intelligence, 2019: 1-1.

[50] Ren S, He K, Girshick R, et al. Faster r-cnn: Towards real-time object detection with region proposal networks[C]// Advances in Neural Information Processing Systems, Canada: Neural information processing systems foundation, 2015: 91-99.

[51] Bae S H, Yoon K J. Confidence-based data association and discriminative deep appearance learning for robust online multi-object tracking[J]. IEEE Transactions on Pattern Analysis and Machine Intelligence, 2017, 40(3): 595-610.

[52] Feng W, Hu Z, Wu W, et al. Multi-Object Tracking with Multiple Cues and Switcher-Aware Classification [DB/OL]. arXiv: Computer Vision and Pattern Recognition, 2019.

[53] Yu F, Li W, Li Q, et al. POI: Multiple Object Tracking with High Performance Detection and Appearance Feature[C] //European Conference on Computer Vision, Berlin: Springer,2016: 36-42.

[54] Chen L, Ai H, Zhuang Z, et al. Real-Time Multiple People Tracking with Deeply Learned Candidate Selection and Person Re-Identification [C] // International Conference on Multimedia and Expo, Piscataway. NJ: IEEE, 2018: 1-6.

[55] Wojke N, Bewley A, Paulus D. Simple online and realtime tracking with a deep association metric [C]//IEEE International Conference on Image Processing (ICIP). Piscataway. NJ: IEEE, 2017: 3645-3649.

[56] Tang S, Andriluka M, Andres B, et al. Multiple People Tracking by Lifted Multicut and Person Re-identification [C]// Computer Vision and Pattern Recognition, Piscataway. NJ: IEEE, 2017: 3701-3710.

[57] Yang M, Wu Y, Jia Y. A hybrid data association framework for robust online multi-object tracking[J]. IEEE Transactions on Image Processing, 2017, 26(12): 5667-5679.

[58] Breitenstein M D, Reichlin F, Leibe B, et al. Online multiperson tracking-by-detection from a single, uncalibrated camera[J]. IEEE Transactions on Pattern Analysis and Machine Intelligence, 2010, 33(9): 1820-1833.

[59] Mahmoudi N, Ahadi S M, Rahmati M. Multi-target tracking using CNN-based features: CNNMTT [J]. Multimedia Tools and Applications, 2019, 78 (6): 7077-7096.

[60] Yoon K, Kim D Y, Yoon Y C, et al. Data association for multi-object tracking via deep neural networks[J]. Sensors, 2019, 19(3): 559.

[61] Zhu J, Yang H, Liu N, et al. Online multi-object tracking with dual matching attention networks [C]// European Conference on Computer Vision. Berlin: Springer,2018: 366-382.

[62] Fang K, Xiang Y, Li X, et al. Recurrent autoregressive networks for online multi-object tracking[C]//IEEE Winter Conference on Applications of Computer Vision. Piscataway. NJ: IEEE, 2018: 466-475.

[63] Liu Q, Liu B, Wu Y, et al. Real-time online multi-object tracking in compressed domain[J]. IEEE Access, 2019, 7: 76489-76499.

[64] Ujiie T, Hiromoto M, Sato T. Interpolation-based object detection using motion vectors for embedded real-time tracking systems [C]//IEEE Conference on Computer Vision and Pattern Recognition Workshops. Piscataway. NJ: IEEE, 2018: 616-624.

[65] Alvar S R, Bajić I V. MV-YOLO: Motion vector-aided tracking by semantic object detection[C]//IEEE International Workshop on Multimedia Signal Processing (MMSP). Piscataway. NJ: IEEE, 2018: 1-5.

[66] Ma D, Yu J, Yu Z, et al. A novel object tracking algorithm based on compressed sensing and entropy of information [J]. Mathematical Problems in Engineering, 2015.

[67] Choi J, Jin Chang H, Fischer T, et al. Context-aware deep feature compression for high-speed visual tracking[C]//IEEE Conference on Computer Vision and Pattern Recognition. Piscataway. NJ: IEEE, 2018: 479-488.

[68] Zhu Z, Huang G, Zou W, et al. Uct: Learning unified convolutional networks for real-time visual tracking[C]//IEEE International Conference on Computer Vision Workshops. Piscataway. NJ: IEEE, 2017: 1973-1982.

[69] Dai K, Wang Y, Song Q. Real-Time Object Tracking with Template Tracking and Foreground Detection Network[J]. Sensors, 2019, 19(18): 3945.

[70] Voigtlaender P, Krause M, Osep A, et al. MOTS: Multi-object tracking and segmentation[C]//IEEE Conference on Computer Vision and Pattern Recognition. Piscataway. NJ: IEEE, 2019: 7942-7951.

[71] Wang Z, Zheng L, Liu Y, et al. Towards Real-Time Multi-Object Tracking[DB/OL]. arXiv: Computer Vision and Pattern Recognition, 2019.

[72] Wu B, Nevatia R. Tracking of multiple, partially occluded humans based on static body part detection[C]//IEEE Conference on Computer Vision and Pattern Recognition, Piscataway. NJ: IEEE,2006, 1: 951-958.

[73] Bernardin K, Stiefelhagen R. Evaluating multiple object tracking performance: the

CLEAR MOT metrics[J]. EURASIP Journal on Image and Video Processing, 2008, 2008: 1-10.

[74] Ristani E, Solera F, Zou R, et al. Performance measures and a data set for multi-target, multi-camera tracking[C]//European Conference on Computer Vision. Berlin: Springer,2016: 17-35.

[75] Ferryman J, Shahrokni A. Pets2009: Dataset and challenge[C]//IEEE international workshop on performance evaluation of tracking and surveillance. Piscataway. NJ: IEEE, 2009: 1-6.

[76] Geiger A, Lenz P, Urtasun R. Are we ready for autonomous driving? the kitti vision benchmark suite[C]//IEEE Conference on Computer Vision and Pattern Recognition. Piscataway. NJ: IEEE, 2012: 3354-3361.

[77] Lealtaixe L, Milan A, Reid I, et al. MOTChallenge 2015: Towards a Benchmark for Multi-Target Tracking [DB/OL]. arXiv: Computer Vision and Pattern Recognition, 2015.

[78] Milan A, Lealtaixe L, Reid I, et al. MOT16: A Benchmark for Multi-Object Tracking [DB/OL]. arXiv: Computer Vision and Pattern Recognition, 2016.

[79] Ess A, Leibe B, Schindler K, et al. A mobile vision system for robust multi-person tracking[C]//IEEE Conference on Computer Vision and Pattern Recognition. Piscataway. NJ: IEEE, 2008: 1-8.

[80] Zhang S, Benenson R, Schiele B. Citypersons: A diverse dataset for pedestrian detection[C]//IEEE Conference on Computer Vision and Pattern Recognition. Piscataway. NJ: IEEE, 2017: 3213-3221.

[81] Dollár P, Wojek C, Schiele B, et al. Pedestrian detection: A benchmark[C]//IEEE Conference on Computer Vision and Pattern Recognition. Piscataway. NJ: IEEE, 2009: 304-311.

[82] Xiao T, Li S, Wang B, et al. Joint detection and identification feature learning for person search[C]//IEEE Conference on Computer Vision and Pattern Recognition. Piscataway. NJ: IEEE, 2017: 3415-3424.

[83] Zheng L, Zhang H, Sun S, et al. Person re-identification in the wild[C]//IEEE Conference on Computer Vision and Pattern Recognition. Piscataway. NJ: IEEE, 2017: 1367-1376.

[84] Zheng Z, Wang P, Liu W, et al. Distance-IoU Loss: Faster and Better Learning for Bounding Box Regression [DB/OL]. arXiv: Computer Vision and Pattern Recognition, 2019.

[85] Deng J, Guo J, Xue N, et al. ArcFace: Additive angular margin loss for deep face recognition[C]//IEEE Conference on Computer Vision and Pattern Recognition. Piscataway. NJ: IEEE, 2019: 4690-4699.

[86] Kendall A, Gal Y, Cipolla R. Multi-task learning using uncertainty to weigh losses for scene geometry and semantics[C]//IEEE Conference on Computer Vision and Pattern Recognition. Piscataway. NJ: IEEE, 2018: 7482-7491.

[87] Redmon J, Farhadi A. YOLOv3: An Incremental Improvement[DB/OL]. arXiv: Computer Vision and Pattern Recognition, 2018.

[88] Rezatofighi H, Tsoi N, Gwak J Y, et al. Generalized intersection over union: A metric and a loss for bounding box regression[C]//IEEE Conference on Computer Vision and Pattern Recognition. Piscataway. NJ: IEEE, 2019: 658-666.

[89] Liu W, Wen Y, Yu Z, et al. SphereFace: Deep hypersphere embedding for face recognition[C]//IEEE Conference on Computer Vision and Pattern Recognition. Piscataway. NJ: IEEE, 2017: 6738-6746.

[90] Sun Y, Zheng L, Yang Y, et al. Beyond part models: Person retrieval with refined part pooling (and a strong convolutional baseline)[C]// European Conference on Computer Vision. Berlin: Springer,2018: 480-496.

[91] Henschel R, Leal-Taixé L, Cremers D, et al. Fusion of head and full-body detectors for multi-object tracking[C]//IEEE Conference on Computer Vision and Pattern Recognition Workshops. Piscataway. NJ: IEEE, 2018: 1428-1437.

[92] Xu J, Cao Y, Zhang Z, et al. Spatial-temporal relation networks for multi-object tracking[C]//IEEE International Conference on Computer Vision. Piscataway. NJ: IEEE, 2019: 3988-3998.

[93] Babaee M, Li Z, Rigoll G. A dual CNN-RNN for multiple people tracking[J]. Neurocomputing, 2019, 368: 69-83.

[94] Wan X, Wang J, Kong Z, et al. Multi-Object Tracking Using Online Metric Learning with Long Short-Term Memory[C]//IEEE International Conference on Image Processing. Piscataway. NJ: IEEE, 2018: 788-792.

[95] Bergmann P, Meinhardt T, Leal-Taixe L. Tracking without bells and whistles [C]//IEEE International Conference on Computer Vision. Piscataway. NJ: IEEE, 2019: 941-951.

[96] Tian W, Lauer M, Chen L. Online multi-object tracking using joint domain information in traffic scenarios[J]. IEEE Transactions on Intelligent Transportation Systems, 2019.

[97] Bodla N, Singh B, Chellappa R, et al. Soft-NMS—improving object detection with one line of code[C]//IEEE International Conference on Computer Vision. Piscataway. NJ: IEEE, 2017: 5561-5569.

[98] Liu Z, Li J, Shen Z, et al. Learning efficient convolutional networks through network slimming[C]//IEEE International Conference on Computer Vision. Piscataway. NJ: IEEE, 2017: 2736-2744.

第 4 章　多源视觉信息感知与识别——行为识别

行为识别是在计算机视觉和模式识别研究领域都备受关注且具挑战性的一个研究课题，它是运动视觉分析和理解的高级处理环节，属于更高一层的视觉任务。基于视频的行为识别是在实现运动跟踪和特征提取的基础上，对动作行为相关的特征进行分析，智能地完成人体行为的识别。本章主要用我们的理解和经验来研究基于视觉感知的多源视频人体行为识别的机理，重点研究多源视频的预处理方法、基于耦合二值特征学习与关联约束的 RGB-D 行为识别特征、基于图约束的 RGB-D 多模态特征联合表达和基于 Siamese 网络和中心对比损失的 RGB-D 行为识别，并通过实验验证所提方法的性能。基于视觉感知的多源视频人体行为识别还有许多独立应用的前景，可以用于远程教育、医疗辅助、安全防范等，也可以用于军事和民用重要场所的监控。

4.1　行为识别问题

人体行为识别是由计算机对视频帧序列进行处理与分析，自动得到视频中的人体目标正在执行的行为。它是一个涉及计算机视觉、图像处理、机器学习、模式识别、人工智能等多学科交叉融合的研究方向。人体行为识别研究既涵盖了单个的人体动作、手势识别，也包括人与物，人与人的交互行为识别以及群体动作识别，是计算机视觉领域中最具发展潜力和活跃的研究方向之一。

早期的人体行为识别主要以普通摄像机提供的可见光或者灰度图像序列为研究对象。随着视频采集传感器的不断进步，尤其是近年来出现的彩色-深度（RGB-D）传感器，使得人体行为识别发展到一个新的阶段。图 4-1 给出了一个由 Kinect 深度摄像机采集的可见光、深度图像以及可视化的人体骨骼结构。在融合 RGB 和深度图像序列进行人体行为识别时，除了会面对传统行为识别过程中的各种类内差异性挑战，如光照、尺度、执行方式等的变化。在进行特征提取与表达时，还会面临 RGB 与深度图像在表现形式上的差异，多模态数据的语义一致性，同一模态和异质模态数据上的类内变化、类间模糊问题等。

(1)光照、尺度、执行方式等的变化：人体行为采集过程中，可能会受到光照条件变化，拍摄视角变化、部分遮挡、复杂动态背景等的影响。同时由于人体运动具有高度的自由度，使得同一行为表现形式多样化。此外，每个人的动作执行习惯、动作执行速率、动作执行顺序、动作执行时的姿态等也可能会不同。以上这些因素都会给人体的检测、跟踪以及姿态估计带来困难，从而直接影响人体行为识别的精确性和高效性。因此，研究对这些外部变化因素鲁棒的 RGB-D 行为识别算法，提高人体行为识别方法的泛化能力就是首要解决的问题。

图 4-1 由 Kinect 采集的 MSR Daily Activity 3D 数据集中的 RGB 和深度图像示例

(2)不同模态图像的表现差异:RGB 图像表现了图像的颜色、纹理信息,而深度图像具有比较低的分辨率,缺少颜色、纹理、外观等信息。这就导致很多 RGB 图像上的底层特征如二值特征,在深度图像上描述能力不足。同时由于 RGB 图像与深度图像的像素点之间具有一对一的对应关系,而使得相同的局部时空特征具有一定的关联性。因此,针对两种模态图像的显著性差异和局部信息的相关性,如何同时完成对 RGB 和深度图像提取紧致、有效的局部时空特征,充分挖掘它们之间相似的统计特性,便成为 RGB-D 行为识别过程中的一个关键问题。

(3)多模态特征的语义一致与复杂流形结构:多模态特征数据从不同角度描述了人体行为模式,具有不同的统计特性和表达能力。但是它们所表达的行为在语义上是一致的,从而使得不同模态特征之间存在较强关联性。同时,在多模态特征数据间也存在多种复杂的流形结构,如样本之间在同一模态特征内和不同模态特征上的空间分布结构。这些空间分布结构能够更好地描述数据间的关联关系。因此,如何在保持多模态特征数据的流形结构前提下,从原始的多模态底层特征中学习具有语义一致性的高层特征表达是需要解决的一个关键问题。

为了克服以上挑战,国内外许多一流的学术机构围绕深度摄像机提供的多源多模态数据在人体行为识别方面开展了一系列的研究。其中,比较有代表性的国内外研究机构和实验室有:美国东北大学协同多媒体实验室、美国佛罗里达大学计算机视觉研究中心、Facebook 人工智能研究院、苏黎世联邦理工大学计算机视觉实验室、澳大利亚伍伦岗大学高级多媒体研究实验室、新加坡南洋理工大学博云搜索实验室、微软亚洲研究院、中国科学院计算技术研究所智能信息处理重点实验室、清华大学国家智能技术与系统重点实验室、北京大学深圳研究院机器感知重点实验室、浙江大学数字媒体计算与设计实验室、中山大学计算科学重点实验室等。在实际应用方面,RGB-D 人体行为识别在现实生活中很多领域有着重要应用,例如,在游戏领域,可以用来识别人体的肢体动作和手势,从而能够和虚拟现实技术结合来提高玩家的游戏体验；在人机交互领域，可以用来识别语言障碍人士的手语，从而更加智能和便捷的实现他们与普通人的沟通交流；在智能交通和无人驾驶领域，可以用来检测和识别道路上的行人、车辆以及它们的行为，实现车辆的车道偏离预警、碰撞预警、自动泊车等，提升车辆行驶的安全性；在智能监护领域，可以用来检测和识别独居老人的跌倒行为，从而在老人发生危险的时候，及时地发出警报，以免错过最佳抢救时间；此外，还可以利用深度摄像机提供的 RGB-D 数据实现手势的分割和识别，从而在智能家居、商务办公、自动驾驶、在线教育等手势系统中有重要应用。

4.2　行为视频输入处理

针对行为视频的特征提取和长时行为的高效识别，当前视频行为识别算法面临诸多层面的挑战，包括视频输入特征的处理方法、关键片段的选取和时空特征的提取等。相关难点分析如下。

(1)输入特征处理。行为视频在输入到识别网络前，会将原始的 RGB-D 图像序列进行预处理得到输入特征。当前典型的输入特征为光流图序列，然而光流图的提取需要耗费大量时间，导致视频预处理阶段的时间损耗过大，直接影响了行为识别算法的实际应用部署。因此，需要探索时间损耗更低的时域输入特征方法代替光流图，同时也能显性地突出行为的运动特征。另外，由于一般视频的时间范围超过识别网络的输入上限，所以实际识别中需要将视频拆成片段进行分段识别，这导致了相对于整个视频而言，识别网络的输入视野受限，难以直接获得整个视频范围内的信息输入网络，由此需要进一步探索结合视频级全局信息的输入形式，从输入层面优化对动作时域的覆盖。因此，探索高效的视频输入特征处理方法，同时优化全局时域的信息聚合，成为行为视频输入处理的一大难点。

(2)关键片段的选取。对于输入包含行为的视频而言，在转换为图像序列时往往存在大量包含相似信息的冗余帧，而真正决定识别性能的输入则是视频中相对少数的关键帧。同时由于动作时间跨度的不确定性和网络输入的限制，动作识别框架需要在输入方面进一步优化来适应不同时间跨度的动作输入。目前的训练方法普遍是从视频中随机抽取一个时间连续的视频片段，或者人为地对视频进行分段后作为片段输入，这些方法都没有效地挖掘和利用关键帧信息。因此，如何高效地从视频序列中选取决定识别性能的关键片段，是行为视频输入处理的又一难点。

4.2.1　基于片段—视频级特征融合的输入算法

深度卷积框架在处理视频数据时，由于视频时域长度的不确定性，输入识别网络的是行为视频的一个局部片段，即框架对连续的局部时域行为特征进行判别，缺少视频的全局时域信息。同时光流图作为主要的时域辅助输入特征，其提取需要耗费大量的计算资源。针对以上问题，本节在引入基于背景剪除的时域输入特征序列基础上，构建视频-片段不同时域尺度输入采样处理的算法，提出基于片段-视频级特征融合输入的行为识别框架，如图 4-2

所示。框架从原始RGB序列和时域输入特征序列两个数据上，采样生成不同时域尺度的输入片段：局部空域纹理特征（RGB视频帧/片段）、局部时域运动特征（时域输入特征序列片段）和全局时域运动特征（历史轮廓图像），以此在输入层面聚合不同时域尺度的信息。识别框架一方面有细粒度的片段级行为时空特征提取分支，另一方面有包含全局时域信息的粗粒度视频级时域识别分支。识别网络方面，局部分支采用三维残差卷积网络；由于全局时域信息聚合后为二维图像，该分支采取轻量级的二维卷积网络。

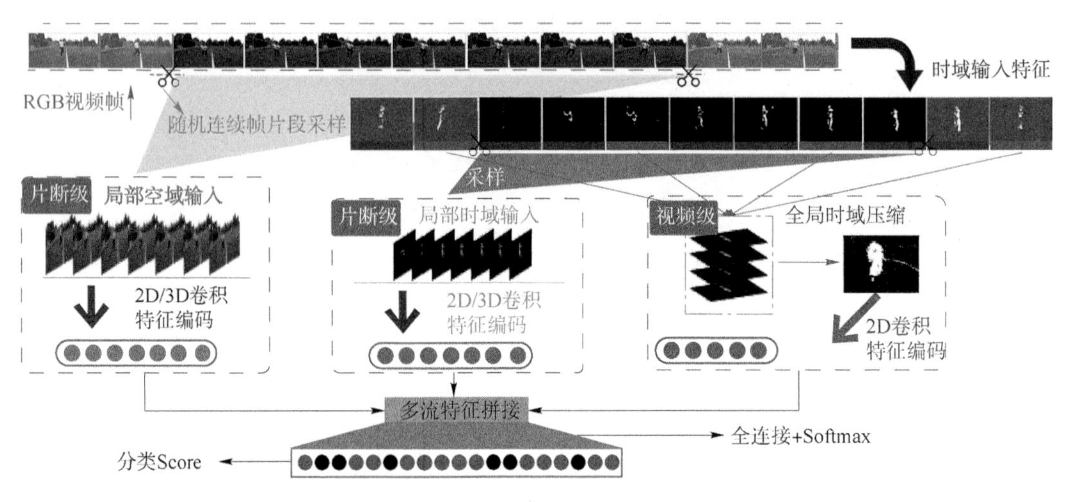

图 4-2　基于片段-视频级特征融合输入的行为识别框架图

1. 视频时空输入分析

双流行为识别框架中，一般分为视频输入阶段和网络识别阶段，其中视频输入阶段生成各类输入特征，即在进入识别网络前，提前对输入视频数据进行选择和处理。当识别模型为卷积网络时，原始的视频帧序列难以快速表达动作显性的时域运动特征，因此一般在输入阶段将原始的视频数据 $I_{3D}\in\mathcal{R}^{w\times h\times m}$ 按照时空拆分为：时域运动输入特征 $I_T\in\mathcal{R}^{w'\times h'\times m}$ 和空域纹理输入特征 $I_s\in\mathcal{R}^{w\times h\times m'}$。其中 m 为视频序列的总帧数，$w\times h$ 为原始视频图像的空间尺寸，$w'\times h'$ 为时域输入特征的空间尺寸，m' 为空域纹理输入特征的时间尺寸（帧数）。空域纹理输入特征 I_s 会对时域信息进行压缩或弱表达，如从视频片段中抽取一帧图像等。而时域运动输入特征 I_T 表示对原始视频数据进行运动信息的抽取，典型为光流，但是光流处理时对全图进行了密集运动信息计算，导致计算量和时间损耗较大，因此本节引入非密集的基于背景减除的时域输入特征，以此节省识别时间。

在时域采样时，完整的时域输入特征 $I_T(x,y,t)\in\mathcal{R}^{w'\times h'\times m}$ 覆盖整个视频时间 $t\in\mathcal{R}^{1\times m}$，由于不同视频的时长具有不确定性，因此在输入卷积网络时，需要对时域进行分段处理，按照固定长度的局部时域分段得到 $s_{n\tau}\in\mathcal{R}^{1\times\tau}$：

$$t=(t_1,t_2,\cdots,t_m)^{\mathrm{T}}=(s_\tau,s_{2\tau},\cdots,s_{n\tau}) \tag{4-1}$$

式中，$s_\tau=(t_1,t_2,\cdots,t_\tau)^{\mathrm{T}}$，$s_{2\tau}=(t_{\tau+1},t_{\tau+2},\cdots,t_{2\tau})^{\mathrm{T}}$，…，$s_{n\tau}=(t_{n\tau+1},t_{n\tau+2},\cdots,t_m)^{\mathrm{T}}$，$n$ 为视频对应的分段数，τ 为视频片段的固定时域长度（$\tau<m$），基于该时域分段后的完整时域输入特征 $I_T(:,:,t)\in\mathcal{R}^{w'\times h'\times m}$ 表示为

$$I_T(:,:,:,t)=I_T(:,:,:,(t_1,t_2,\cdots,t_m)^{\mathrm{T}})=\begin{bmatrix} I_T(:,:,:,(t_1,t_2,\cdots,t_\tau)^{\mathrm{T}}) \\ I_T(:,:,:,(t_{\tau+1},t_{\tau+2},\cdots,t_{2\tau})^{\mathrm{T}}) \\ \vdots \\ I_T(:,:,:,(t_{n\tau+1},t_{n\tau+2},\cdots,t_m)^{\mathrm{T}}) \end{bmatrix}=\begin{bmatrix} I_T(:,:,:,s_\tau) \\ I_T(:,:,:,s_{2\tau}) \\ \vdots \\ I_T(:,:,:,s_{n\tau}) \end{bmatrix} \tag{4-2}$$

式中，$I_T(:,:,:,s_{n\tau})\in\mathcal{R}^{w'\times h'\times\tau}$ 为基于局部时域片段的时域输入特征。卷积网络难以将视频的全部时域直接覆盖，而是将多个局部时域编码 f^{ConvNet} 后生成的置信向量 $\mathrm{score}_n\in\mathcal{R}^{1\times \mathrm{class}}$（其中 class 为分类结果中的类别数）通过向量的叠加平均融合，来逼近全局时域编码的结果。融合后获得视频识别的置信向量 $\mathrm{score}\in\mathcal{R}^{1\times \mathrm{class}}$ 即

$$\begin{aligned} \mathrm{score}_1 &= f^{\mathrm{ConvNet}}(I_T(:,:,:,s_\tau)) \\ \mathrm{score}_2 &= f^{\mathrm{ConvNet}}(I_T(:,:,:,s_{2\tau})) \\ &\vdots \\ \mathrm{score}_n &= f^{\mathrm{ConvNet}}(I_T(:,:,:,s_{n\tau})) \end{aligned}$$

$$\mathrm{score}=\frac{\left(\sum_{n=1}^{m/\tau}\mathrm{score}_n\right)}{\dfrac{m}{\tau}} \tag{4-3}$$

局部时域分段 $I_T(:,:,:,s_{n\tau})$ 对时域分段后，全局时域输入变为局部时域的拼接，缺少直接的全局时域信息和片段之间的编码，增加了学习时样本的类内学习难度。因此，为了进一步优化对于全局时域编码的近似，本节引入全局时域的辅助输入特征 $I'\in\mathcal{R}^{w'}\times h'$，由全局时域特征算法合并而成，经由单独的卷积网络进行编码 f^{ConvNet2}，输出的置信向量进一步融合后得到 $\mathrm{score}'\in\mathcal{R}^{1\times \mathrm{class}}$ 为

$$\mathrm{score}'=\frac{\left(\sum_{n=1}^{m/\tau}\mathrm{score}_n\right)}{m/\tau}+f^{\mathrm{ConvNet2}}(I') \tag{4-4}$$

即在局部时域输入的基础上，进一步融合基于全局时域的输入特征。

2. 时域输入特征生成

对于二维卷积网络，空域输入特征一般从视频中随机抽选一帧作为输入，而对于三维卷积网络而言，则输入视频片段的 RGB 图像序列。当前典型的时域运动输入特征主要为光流图，但是光流本身的提取时间复杂度较高，即使在 GPU 上进行计算也难以达到实时部署的要求。由于时序运动输入特征要显性地突出视频中目标的运动变化，即突出运动本身，弱化背景的干扰。因此基于提取复杂度更低的背景剪除方法，通过算法生成时域输入特征来代替光流图。

3. 输入特征提取时耗对比

引入基于背景剪除算法的时域特征，主要目的是为了降低识别在输入阶段提取时间的损耗，以此来代替双流框架中的光流图。在图像处理的速度方面，将提取光流和背景剪除的算法在 CPU 和 GPU 上进行对比实验。使用当前应用较为广泛的 MOG、MOG2、GMG 和 KNN 的背景剪除算法，与其他目前典型的光流提取方法 Flownet 等进行速度对比，结果如表 4-1 所示。对于矩阵计算，GPU(GTX-645)的计算速度远高于 CPU，而表 4-1 可以看出在 CPU 上进行的背景剪除速度远高于 GPU 上的光流提取，由此验证了引入背景剪除方法代替光流在提取速度上的优势，可以为识别框架在输入阶段的特征提取节省时间。

表 4-1 背景剪除和光流提取速度对比实验结果

特　征	方　法	CPU/fps	GPU/fps
背景剪除	MOG2	167	—
	KNN	83	
	MOG	43	—
	GMG	40	—
光流图	Flownet	—	1.12
	Epicflow	0.063	—
	Deepflow	0.058	—
	EPPM	—	5
	LDOF	0.015	0.4

4. 时域输入特征生成

生成时域输入特征时，利用背景剪除来弱化背景噪声对识别的干扰，突出运动目标本身。首先，将原始视频转换为 RGB 图像序列。其次，利用背景剪除的算法来处理 RGB 原始序列得到背景剪除后的图像序列，如图 4-3 所示。背景剪除算法方面，使用基于混合高斯模型 MOG2 的背景建模方法来完成背景剪除。经背景剪除处理后的图像仍有一定程度的散点噪声，为了最大程度地消除散点噪声对识别的影响，将去噪过程扩展到背景剪除后的图像序列，并进行二值化处理，以此得到最终的时域输入特征序列。

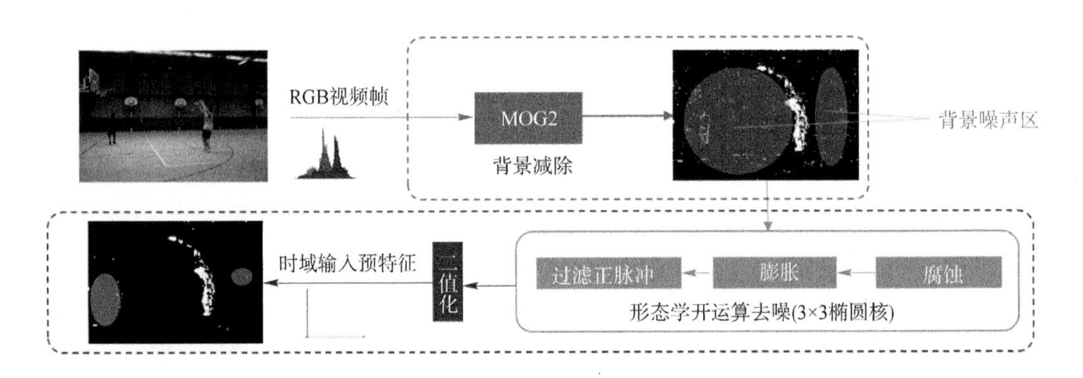

图 4-3 时域特征生成算法框架

卷积网络对单帧静止图像的空域纹理特征具有很好的特征提取能力，但难以直接从多帧图像中提取时域和空域组合的特征。因此在输入层面，需要降低特征的学习难度，即显性突出关键的运动信息，减少背景等噪声的干扰。经过时域输入特征算法处理后的特征序列，对于背景相对稳定的动作，可以有效地去除背景干扰和不相关的纹理特征，只保留动作目标的运动和轮廓信息，如图 4-4 所示，以此减弱时域运动特征的学习难度。

时域输入特征处理后（图 4-4），视频帧间固定的背景和静态的物体部分被弱化，去除彩色空间，重点保留视频中发生运动漂移部分的二值化轮廓，以此突出时域上行为运动的变化。视频中背景变化越小，特征对运动模态的突出越清晰。

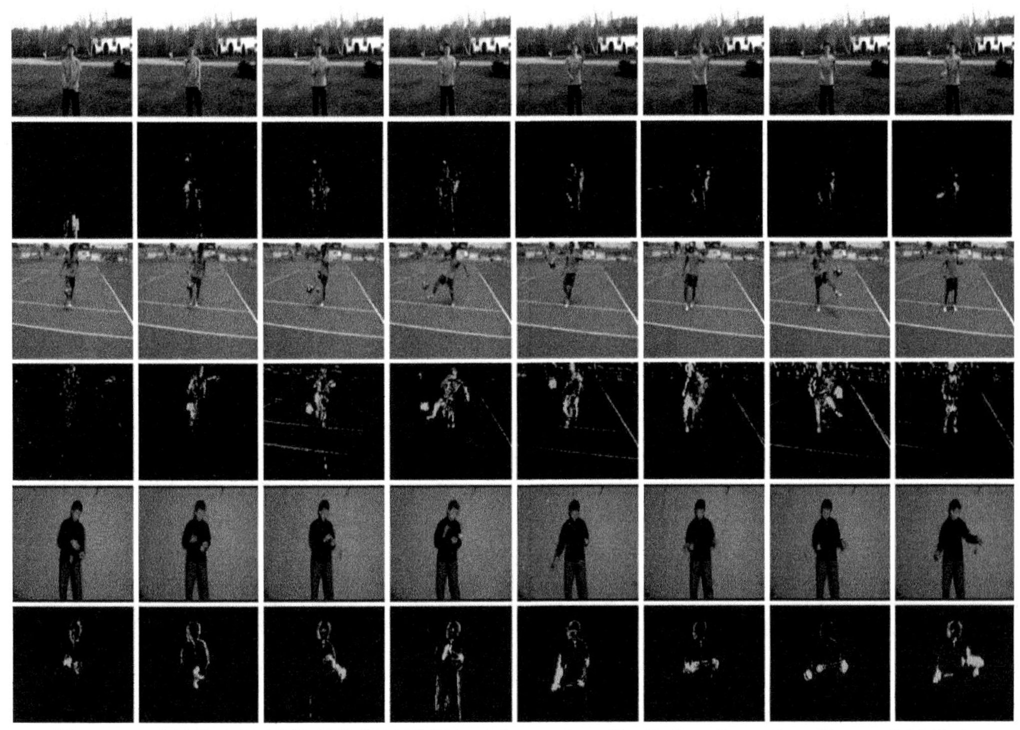

图 4-4　时域输入特征处理效果示例图(UCF-101:JugglingBalls, SoccerJuggling and YoYo)

5. 视频级全局时域特征

由于卷积网络的输入维度是固定的,网络单次识别的输入是一个动作的视频片段而非整个视频,所以动作由连续的短时局部片段来描述时,会损失全局时域的长时信息。同时,如果直接提升卷积网络的输入时长至整个视频范围,一方面会引发模型计算量的剧增,另一方面也难以对所有时间跨度的动作进行覆盖识别,不具有通用性。因此,为了更好地描述动作整体的类间差异并聚合视频的全局时域运动信息,按照一定的时间跨度对时域输入特征序列进行全视频范围的采样聚合,通过迭加计算视频帧上对应的空间像素值,来生成历史轮廓图像。

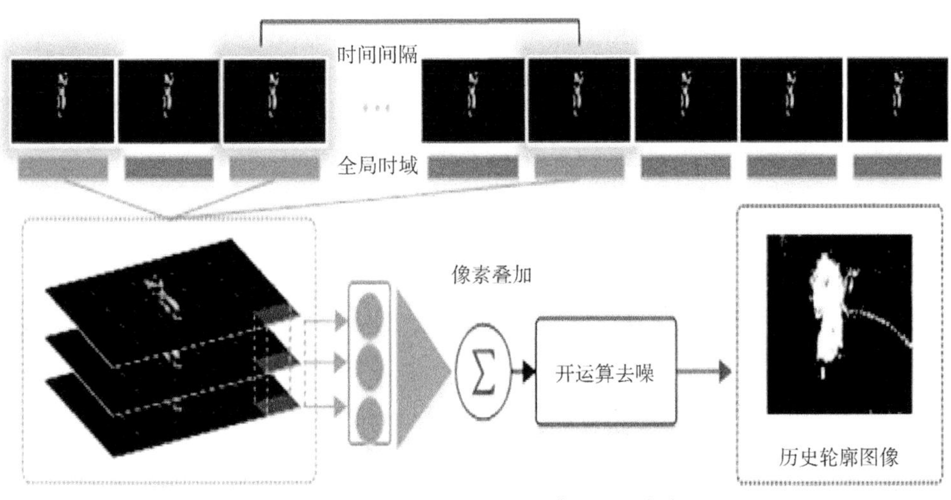

图 4-5　全局时域生成历史轮廓图流程框架

最后，对历史轮廓图像进行二值化处理，获得更为简洁的特征表达，具体框架如图 4-5 所示。同时由于历史轮廓图像可以被任意数量的图像叠加，卷积网络可以借此粗粒度地学习任何时间尺度的信息，从而利用视频级尺度的信息提升整体识别的性能。由于视频转换为图像序列后，存在大量的相似冗余帧，为了提升历史轮廓图像的清晰程度和辨别性，设置不同的时间间隔进行采样叠加。由于每个视频的时长不确定，因此对应生成的视频帧数也不同。为了保证生成的历史轮廓图像可以覆盖整个视频时间范围，首先获得整个行为视频的总帧数，再按照要合成的帧数计算对应的采样时间间隔。即某视频的总帧数为 n_{frame}，设定将视频内的 S 帧合并生成历史轮廓图像，则采样时的时间间隔 Interval：

$$\text{Interval} = \frac{(n_{\text{frame}} - e)}{S} \tag{4-5}$$

为保证去除视频末端部分无效帧，实际计算时将总帧数 n_{frame} 减去 e 帧（本节取 e 为 2）。根据该采样方法，对 UCF-101 数据集进行采样将不同视频帧合并生成历史轮廓图像，效果如图 4-6 所示。

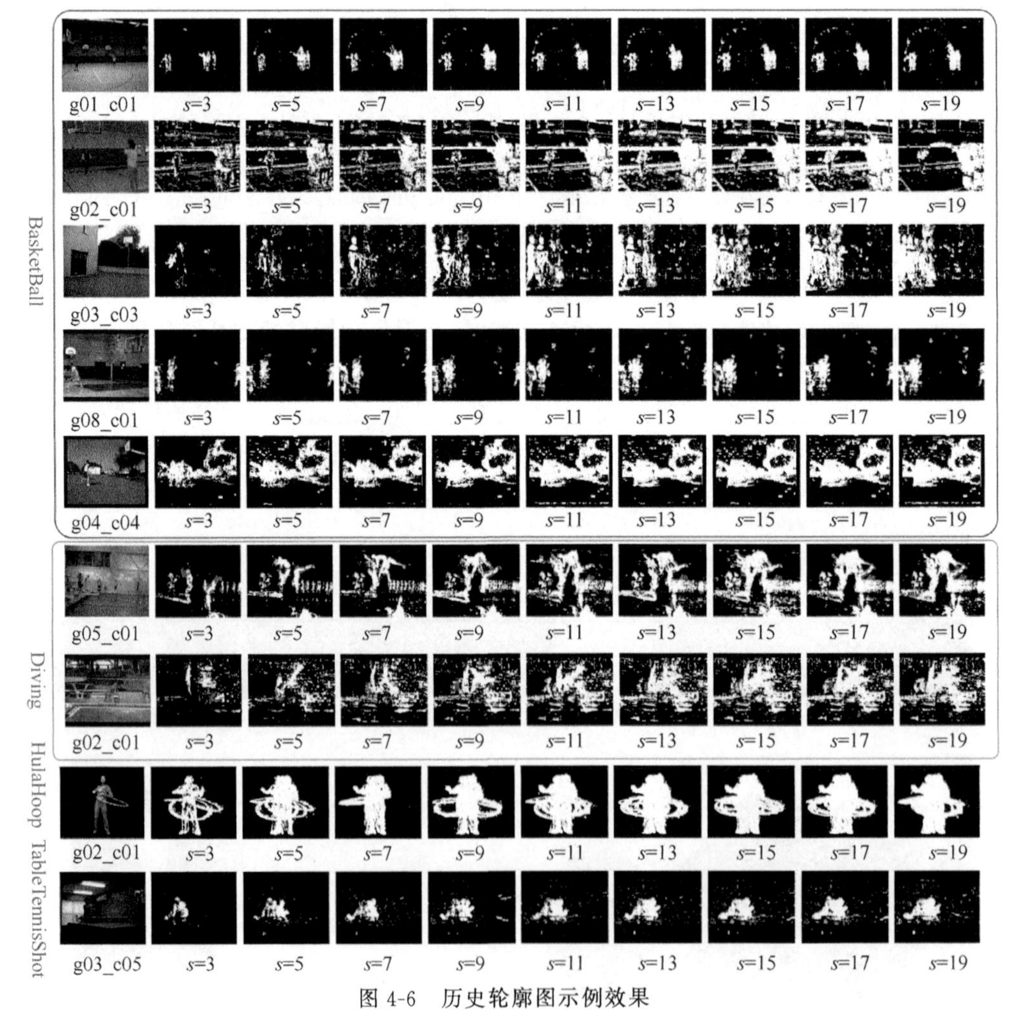

图 4-6 历史轮廓图示例效果

S 为合成历史轮廓图像的帧数，样例来自

UCF-101：Basketball、Diving、HulaHoop、TableTennisSwing

由图4-6所示,生成的历史轮廓图像随着合成帧数 S 的增加,图像上叠加的信息也逐渐增加,将不同时序下的动作合并显示到一张图像中。同时,观察到当 S 较小时,历史轮廓图像上的信息叠加较为稀疏,但是当 S 较大时,有限的空间里有更多的动作信息被同时叠加,导致历史轮廓图像效果比较模糊。因此,选择合适的叠加帧数,对历史轮廓图像的效果至关重要。当合成的帧数到达一定数量后,历史轮廓图像的变化开始减小。同时对于同一动作而言,例如Basketball:g01_c01片段由于背景相对稳定,经过背景剪除的图像质量较为稳定,历史轮廓图像的效果也较好。而片段g04_c04的背景不稳定,导致历史轮廓图像的叠加显示效果不佳,因此历史轮廓图像对于背景变化较小的视频有更好的叠加效果。

4.2.2　基于时域梯度的关键帧选取算法

由于参数量和计算资源的限制,同时视频时域范围的大小具有不确定性,训练中首先将视频转换为图像序列,保证时序的前提下从中多次抽取固定帧数的视频片段,作为识别模型的单次输入。此方式虽然保证了输入视频的时序稳定,但是由于视频中存在大量的相似冗余帧,导致部分的视频片段难以包含动作的关键信息。识别中真正对识别效果起关键判别作用的帧可能处在视频的不同时域位置,即关键时域。因此,当从视频片段中抽取关键帧时,需要根据视频帧对于整体视频判别的重要程度来抽取,尽可能抽取对识别关键性更高的视频帧作为输入,即在时域引入注意力机制,使得后续的特征提取和辨别模型获取更为显著的关键信息。在时域输入特征的基础上,本节提出基于时序梯度分析的快速关键帧选取算法,如图4-7所示。

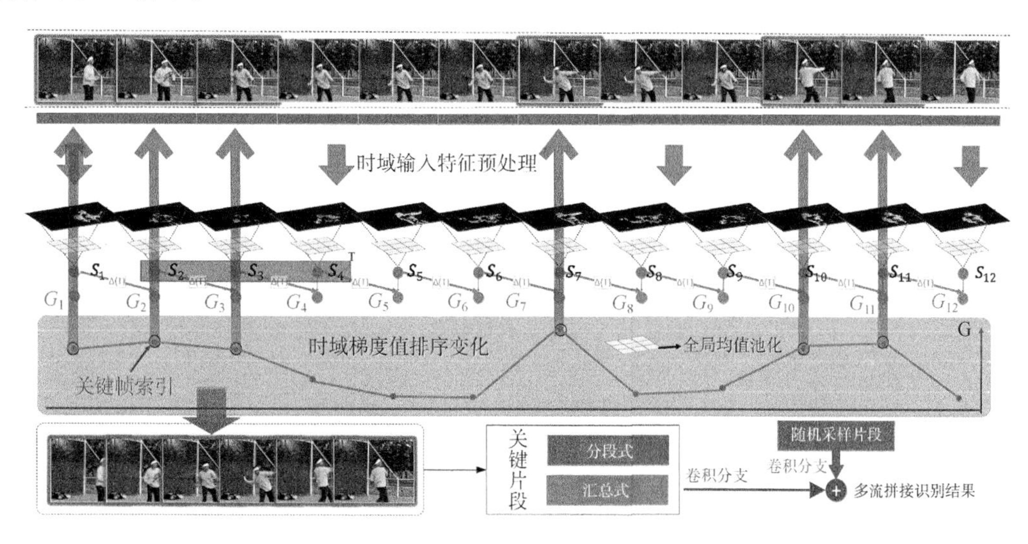

图4-7　基于时序梯度分析的快速关键帧选取算法框架

关键帧的标准为:帧间运动目标区域相较于历史帧有较大变化的视频帧,在时域引入快速注意力机制,来获取视频全局时域范围的关键帧排序索引。由于当前行为识别的深度框架在输入阶段和识别阶段的时间消耗都较大,因此本节算法旨在探索时间损耗较低的时域注意力机制来选取关键帧。

关键帧选取框架分为输入特征层、池化层和历史梯度层。原始的视频序列（$F_1,F_2,F_3,\cdots,F_m$），其中 $F_m\in\mathcal{R}^{w\times h}$ 表示输入的视频帧图像，$w\times h$ 为视频帧图像的空间尺寸，m 为视频帧序列的总帧数。输入特征层采用第 3 章的时域输入特征处理方法 Subs，得到的时域输入特征（$B_1,B_2,B_3,\cdots,B_m$），$B_m\in\mathcal{R}^{w\times h}$，去除了部分背景干扰，保留运动目标区域。当相邻帧间变化较为剧烈时，输入特征的运动相关区域相应地也有较大的面积变化。在此基础上，利用全局均值池化 AVGpooling 可以将视频帧序列上运动区域的面积映射为一个响应值（$P_1,P_2,P_3,\cdots,P_m$），以此粗粒度地度量每个视频帧的运动区域大小。对于每一帧生成的响应值进行历史梯度连接，获取当前帧相对于前向时域响应值的梯度差（$G_1,G_2,G_3,\cdots,G_m$），称之为时域梯度值。计算时域梯度值时，考虑时域运动变化的两种情况：(1)动作在一段时间内帧间变化较慢，但持续时间较长。体现在池化响应值上为缓慢上升或下降趋势，两帧间差异较小，但是当时域扩大时，变化的累积较大。(2)动作在极短的时间内变化较大，即相邻两帧间的池化响应值差异较大。因此计算时域梯度值时，计算与前向时域片段内 ρ 帧池化相应值的差值（$\rho<m$），选取最大梯度值作为该帧的时域梯度值（前向时域内不够 ρ 帧的，计算其前向时域内所有对应的梯度值并选取最大值）。最后，算法将整个视频时域内所有视频帧对应的时域梯度值从大到小排序后得到响应值序列为（$G_{k_1},G_{k_2},G_{k_3},\cdots,G_{k_m}$），其中 $G_{k_{m-1}}\geqslant G_{k_m}$。最后获得对应视频的索引（$k_1,k_2,k_3,\cdots,k_m$），由此基于该算法筛选出与前向时域变化最大的前 q 个（$q<m$）关键帧（$F_{k_1},F_{k_2},F_{k_3},\cdots,F_{k_q}$），如表 4-2 所示。

表 4-2　基于背景剪除的关键帧挑选策略流程

基于背景剪除的关键帧挑选策略
输入：　视频帧序列　($F_1,F_2,F_3,\cdots,F_m$)，$F_m\in\mathcal{R}^{w\times h}$
输出：　关键帧序列　($F_{k_1},F_{k_2},F_{k_3},\cdots,F_{k_q}$)
1. **for** 未处理的原始视频帧序列　do
2.　输入特征层输出　$(B_1,B_2,B_3,\cdots,B_m)=\text{Subs}(F_1,F_2,F_3,\cdots,F_m)$
3.　全局均值池化　$(P_1,P_2,P_3,\cdots,P_m)=\text{AVGpooling}(B_1,B_2,B_3,\cdots,B_m)$
4.　时域梯度计算($\rho<m$) $(G_1,G_2,G_3,\cdots,G_m)=$ $(P_1,P_2-P_1,\cdots,Max(P_m-P_{m-1}P_m-P_{m-2},\cdots,P_m-P_{m-\rho}))$
5.　从大到小排序($G_{k_{m-1}}\geqslant G_{k_m}$) $(G_{k_1},G_{k_2},G_{k_3},\cdots,G_{k_m})=\text{max\_order}(G_1,G_2,G_3,\cdots,G_m)$
6.　索引对应帧 $(k_1,k_2,k_3,\cdots,k_m)=\text{Index}(G_{k_1},G_{k_2},G_{k_3},\cdots,G_{k_m})$
7.　关键帧序列(前 q 帧，$q<m$)$(F_{k_1},F_{k_2},F_{k_3},\cdots,F_{k_q})$
8. **end**

视频关键片段生成

基于时序梯度分析的快速关键帧选取算法，从原始行为视频中获取对应的关键帧索引，以此进一步生成训练和测试过程中使用的视频关键片段，并构建并行的关键识别分支。算法获取的关键帧索引离散地位于视频时域的不同时间点。基于这些关键帧生成关键片段时，考虑不同时域的输入尺度，即不同粒度的输入特征。结合局部时域和全局时域两种尺度生成关键片段，以充分利用所选关键帧的信息，即分段式和汇总式，如图 4-8 所示。

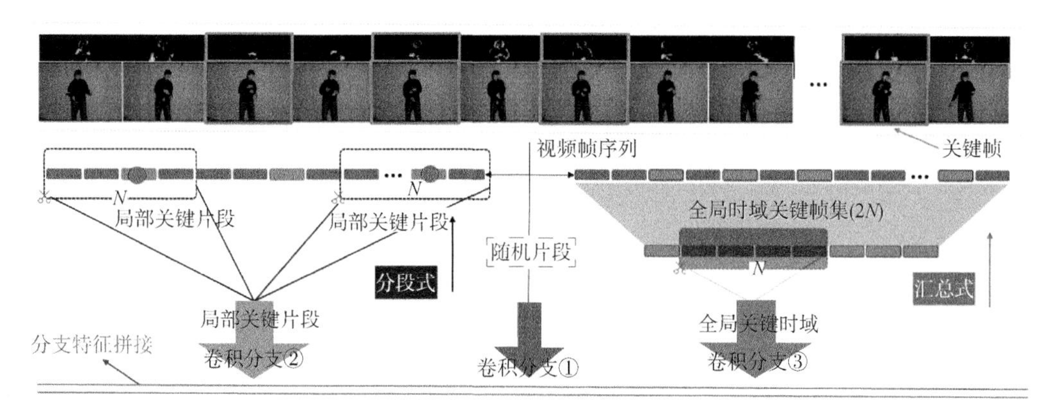

图 4-8　分段式和汇总式关键视频片段生成框架图

分段式为：针对生成的每一个关键帧时域节点，分别以关键帧所在的时间点为中心，截取该时间点前后连续的 N 个视频图像帧(根据网络输入片段输入长度决定为 16/64)，即每个关键帧对应生成一个关键片段用于融合训练。由于在常规的训练中，训练的视频片段是随机生成的，而分段式关键片段可以直接将包含关键帧的片段，强化关键时域部分对网络的训练调整。汇总式为：将索引排序靠前的 N 个关键帧直接按照实际各视频帧的真实时序关系，生成一个单独的关键帧片段，即将全局时域范围内的关键帧合并为一个汇总式片段。具体算法如图 4-8 所示，从排序前 $2N$ 个关键帧内，随机抽取 N 个关键帧组成汇总式关键片段用于训练，以此强化对于全局时域信息的输入。

4.2.3　实验及结果分析

本节对片段-视频级特征融合算法和视频关键帧选取算法在当前公开的行为数据集 UCF-101 和 HMDB-51 上，进行相关的实验验证和分析，包括自身有效性验证和整体识别方法的对比，具体的实验结果和分析如下。

1. 时域输入特征有效性实验

时域输入特征基于背景剪除算法，一方面在提取时间损耗的优势在 4.2.1 中已经通过实验阐述，另一方面为识别框架引入显性的时域运动描述。因此，为验证时域输入特征序列对于整体识别准确率的影响，使用双流卷积的识别框架对其性能进行分析。实验测试了双路二维卷积网络和双路三维卷积网络两种框架。其中，双路二维卷积网络的局部空域分支输入为从视频帧序列中随机抽选的一帧，时域分支的输入为随机抽取的视频片段、光流图和本节时域输入特征片段。而双路三维卷积网络的局部空域分支输入为视频帧片段，且两路均为三维卷积网络，两种框架的网络结构均为残差结构，分别测试了在不同深度网络(18，34，50，101)上的识别准确率差异，结果如表 4-3 所示。

表 4-3 时域输入特征有效性验证实验结果

RGB输入	层数	网络	RGB(top1/top5)	光流图+RGB(top1/top5)	本章时域特征+RGB(top1/top5)
单帧	18	2D+2D	70.71% / 91.41%	82.65% / 95.45%	79.65% / 94.45%
	34	2D+2D	74.94% / 91.67%	83.39% / 96.29%	81.39% / 95.29%
	50	2D+2D	76.13% / 93.81%	86.24% / 96.68%	82.24% / 95.98%
	101	2D+2D	78.48% / 94.50%	87.76% / 97.03%	84.56% / 96.83%
多帧	18	3D+3D	84.21% / 95.41%	88.97% / 96.41%	86.97% / 97.01%
	34	3D+3D	87.53% / 95.67%	89.23% / 97.87%	88.25% / 97.57%
	50	3D+3D	89.20% / 96.81%	91.95% / 98.22%	89.95% / 97.83%
	101	3D+3D	90.09% / 96.89%	93.03% / 98.88%	90.32% / 98.01%

由表 4-3 的结果可以看出，首先对于每一种框架而言，随着网络的深度增加，各类输入下框架的识别性能(top1 准确率和 top5 准确率)均呈现增加的趋势，同时双流三维卷积的框架性能整体识别性能均优于二维卷积网络，一方面由于三维卷积网络本身的参数量更大，其理论上的拟合能力更强。另一方面，三维卷积网络的输入均为视频帧序列，结合三维卷积结构在时序特征提取的优势，能更好地挖掘视频数据中的时空特征，因此其性能高于二维卷积网络。其中，重点观察到相比单独的 RGB 输入，同等深度网络下，RGB+时域输入特征的识别准确率均有明显的提升，可以推断出时域输入特征序列引入的显性轮廓和运动信息，对于提升识别准确率的有效性。同时，对比 RGB+光流和 RGB+时域输入特征两种输入的性能差异，RGB+光流的方法在 top1 准确率和 top5 均有一定的优势。原因主要在于光流图的计算为稠密计算，对于运动的捕捉粒度更细，同时时域输入特征侧重于对背景相对稳定的动作类别。但是光流图带来的计算负担过重(表 4-1)，结合时域输入特征 top5 准确率与光流图较为接近，且在提取时间损耗较小这两个因素，时域输入特征为有效的快速时域运动辅助特征，验证了其对于提升视频行为框架识别准确率的有效性。

2. 视频级全局时域特征分析

在对全局时域信息聚合生成历史轮廓图像时，对时域输入特征序列进行时序抽样实验。设置了不同的时间间隔来进行抽样，不同的时间采样间隔决定了全局时域特征描述的稀疏性。时间间隔过大会导致动作的关键信息缺失严重，而过小的时间间隔则难以抽象动作的历史轮廓，造成历史轮廓图像的模糊或信息不足。因此，合适的时间采样间隔成为历史轮廓图像提升识别性能的关键。基于此，构建实验评估不同时间采样间隔的效果差异，将历史轮廓图像、原始的 RGB 图像和时域输入特征序列分别输入到各自的分支卷积网络进行训练，采样使用 4.2.1 节中提出的全视频范围内均分的算法，在 UCF101 数据集上不同网络深度的结果如图 4-9 所示。

图 4-9 中 S 为合成历史轮廓图像的帧数，即从每个动作的全视频范围内等间隔抽取对应的帧数，以此保证采样的时间跨度可以覆盖不同时长的视频。由图 4-9 可以看出，不同深度网络下的识别框架均呈现出相似的识别性能变化趋势，即在合成帧数为 11～12 时识别准确率达到最高，以此为界限合成的帧数较少或较多时，框架整体的识别准确率均有下降。为了最大程度减少在聚合时的计算资源消耗和时间，全局时域信息聚合的方法从视频范围内

快速聚合为一张图像时，聚合信息的密度直接由叠加帧数决定，过于稀疏的采样导致补充的全局信息不足，性能提升有限。对于过于稠密的采样，由于单张图像空间的有限和部分动作背景变化较大，对全局信息的叠加干扰较为严重，影响全局信息的准确表达。因此，综合该实验结果，后续实验采用的历史轮廓图像均由 11 个视频帧合成。

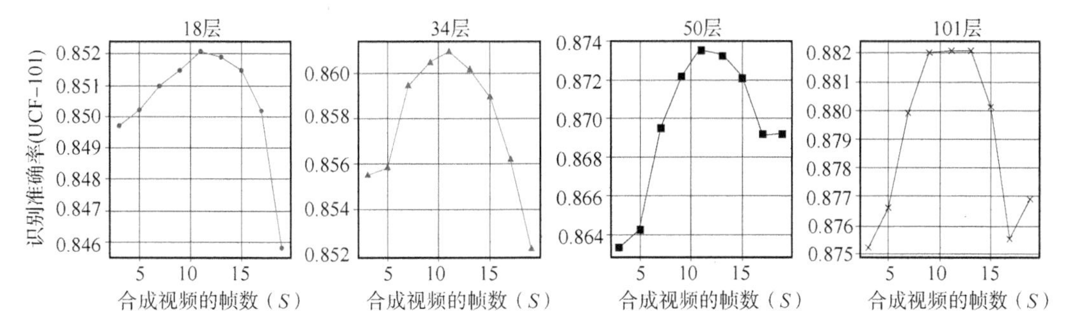

图 4-9　历史轮廓时间间隔选取对比实验结果

为了进一步分析历史轮廓图像对于识别性能的影响，在不同深度(18、34、50、101)的三维卷积网络框架下，分别实验全局时域分支、局部空域分支＋局部时域分支和融合三个分支，其在 UCF-101 和 HMDB-51 数据集上的视频级准确率结果如表 4-4 所示。首先在各个处理分支识别准确率均随着卷积网络的深度增加而提升，验证了各类输入特征输入在不同深度网络下的性能稳定。由于时域输入特征方法在背景变化较小的行为视频上有更好的辅助效果，且历史轮廓图像的全局时域信息本身是作为时空分支的全局时空信息补充，因此只输入历史轮廓图像的全局时域分支识别准确率相对较低，但是在结合了局部空域分支和局部时域分支后，相比单独的各个分支，在 UCF-101 和 HMDB-51 两个数据集上，整体的识别准确率都有明显的提升，说明历史轮廓图像带来了局部时域和空域分支缺少的全局信息，通过补充更大时域视野的信息可以提升对行为的辨别能力，也验证了全局的时域特征聚合对于提升行为框架识别准确率的有效性。

表 4-4　历史轮廓图像有效性验证实验结果

网络分支	网络深度	UCF101	HMDB51
①全局时域分支	18	55.21%	31.25%
	34	56.12%	32.25%
	50	56.91%	32.57%
	101	59.92%	33.11%
②局部空域分支＋局部时域分支	18	86.97%	56.72%
	34	88.25%	61.25%
	50	89.95%	61.93%
	101	90.32%	65.78%
①＋②	18	87.31%	57.29%
	34	88.95%	61.79%
	50	90.21%	62.10%
	101	92.55%	66.98%

3. 关键片段有效性实验

为了验证基于时序梯度分析关键帧选取算法的有效性，首先分析算法选取关键帧的时域关键性。对于UCF-101数据集中的视频进行关键帧输入减帧实验，即将本节算法生成的关键帧索引作为采样锚点和随机非关键帧索引作为采样锚点，分别从原视频帧序列中裁去以锚点为中心的前后时域片段(16帧)，生成原视频序列的子序列作为输入，如图4-10所示。因此，处理后可以获得三种输入序列：原始视频帧序列、去除关键帧片段视频帧序列和去除非关键帧片段视频帧序列，在三维卷积网络上实验其识别准确率的衰减差异，如图4-11所示。

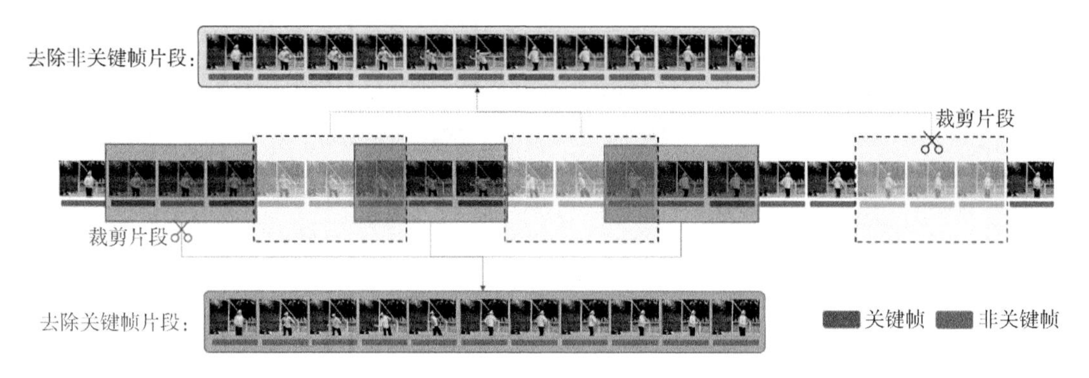

图4-10　关键帧有效性验证实验关键帧处理图

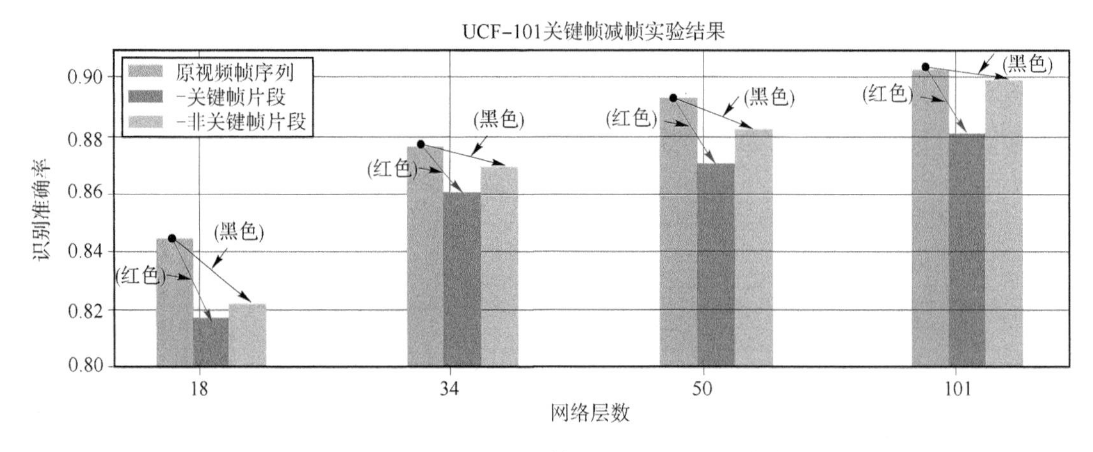

图4-11　关键帧减帧实验结果图(UCF-101数据集)

关键帧中的关键信息对于识别起到更重要作用，即在输入层面具有更多时空特征编码与判别时的关键信息，因此理论上去除关键信息后，识别性能应该有明显的下降。由图4-11可以看出，在对原视频帧序列中去除掉一部分数据后，在不同深度的网络上识别准确率均有不同程度的下降(图中的红色和黑色箭头)，其中去除关键帧片段的准确率下降比去除非关键帧片段更为显著，即关键时域对识别准确率的贡献更大，由此验证了算法选取的关键帧中包含有更为显著的辨别性时域信息。进一步使用关键帧选取算法生成的两种关键视频片段和单纯输入随机抽取的视频片段的方法，在UCF-10与HMDB-51数据集上进行识别准确率的实验对比。主体识别网络均使用不同深度的三维残差网络(18,34,50,101)，在基础分支上单独融合分段式关键分支、单独融合汇总式关键分支和同时融合两种分支的识别准确率，结果如图4-12所示。

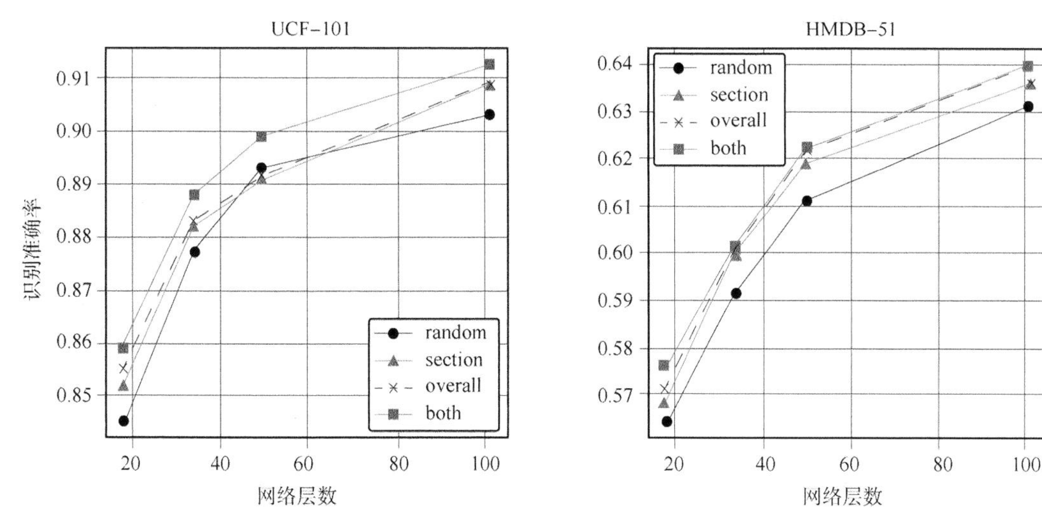

图4-12 输入随机片段和关键片段对比实验结果

(random:随机片段;section:融合分段式分支; overall:融合汇总式分支;
both:同时叠加分段式分支和汇总式分支)

由图4-12中可以看出，随着三维卷积网络深度的增加，在两个数据集上四类输入方式(随机片段、分段式关键片段、汇总式关键片段和同时融合两种片段)的识别准确率都逐步上升。同时在同等深度的三维网络上，相比只输入随机抽取生成的视频片段，分别融合输入算法生成的分段式关键片段和汇总式关键片段的准确率均有提升，且汇总式比分段式整体上更高。原因在于，随机训练过程中使用随机离散的采样锚点结合连续片段的方法，即时域输入为随机局部时域，分段式关键片段为关键局部时域，而汇总式关键片段为关键全局时域。相较于关键局部时域，全局时域引入的信息差更大，强化关键帧信息的同时补充了更大时域视野的信息。由此验证了关键片段对于提升整体识别准确率的有效性。进一步观察，同时叠加两种关键片段训练时，整体识别准确率的提升可以最大化。

通过对深度网络中浅层网络和深层网络特征可视化的样例结果进行分析(图4-13)，由浅层特征图可以看出，对于空间纹理的可描述性比较强，而深层的特征图在经过逐层的卷积拟合后，不具备直观的空间描述性，推断其时空信息通过网络完成融合。非关键片段的深层特征图在不同片段输入时，有相似的可视化分布，而关键片段训练后的深层特征图的分布有显著差别，表明网络深层拟合后的时空特征有一定程度的差异。为了验证对于行为判别时置信度的确定性，在识别正确的前提下，观察识别结果的置信分数中，最高置信度打分与次高、第三高的置信分差($\Delta1 = \max_1 - \max_2$，$\Delta2 = \max_1 - \max_3$)。分差越大，即判别时，网络对于不同行为类间差异的辨别能力越强。由图4-13结果可以看出，对应的关键片段训练后，不同类别上置信分差都有进一步的提升，因此网络对于动作的时空辨别能力得到增强。

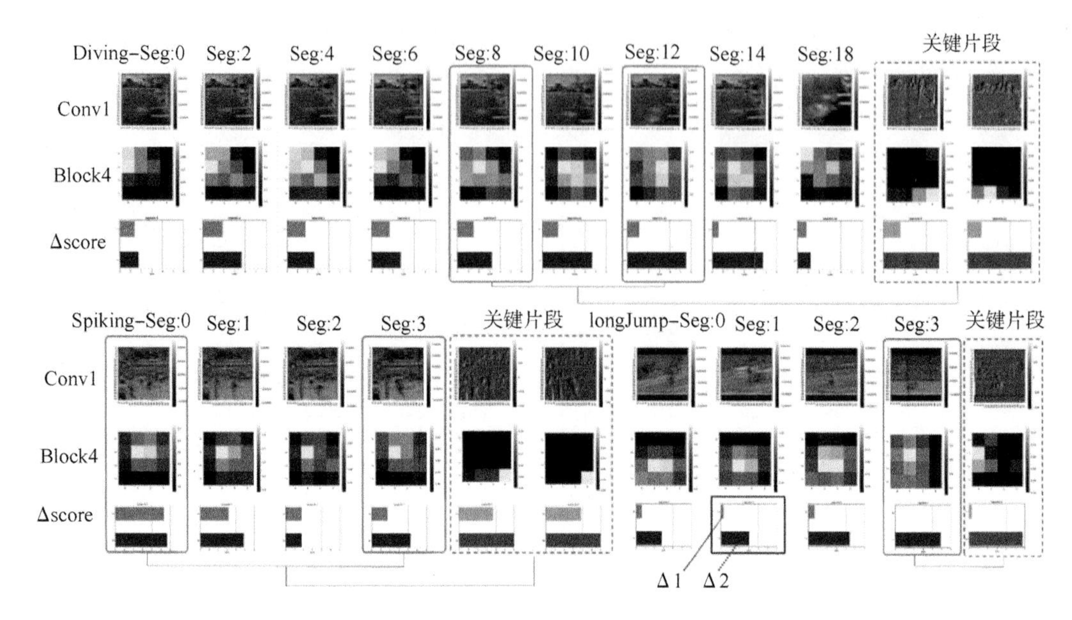

图 4-13 深度网络层间特征可视化分析

Seg 为各个视频片段；Conv1 为网络浅层卷积后的特征图；Block4 为网络深层特征图；Δscore＝（Δ1，Δ2）中 $\Delta1 = max_1 - max_2$ 为每个片段识别后最高置信度和次高置信度的差值，Δ2 同理。（UCF 视频样例：Diving，VolleyballSpiking，long Jump）

4.3 基于耦合二值特征学习与关联约束的 RGB-D 行为识别特征

在人体行为识别研究中，融合 RGB 和深度图像上的底层特征，如梯度-光流特征 HOG/HOF，三维梯度直方图特征 HOG3D，三维运动-尺度特征 3D MoSIFT 等，是提升人体行为识别性能的一种有效途径。其中，由纹理谱演变而来的局部二值模式（LBP）凭借其原理简单、计算方式简洁、容易实现和对图像旋转、尺度的不变性等优点，在图像分类、人脸识别、行为识别等领域受到研究者的广泛关注。作为 LBP 在三维视频上的推广，时空局部二值模式能够描述人体运动过程中纹理信息在空间和时间上的变化，是一种可用的时空纹理特征描述子。本节研究融合 RGB 图像和深度图像的时空局部二值模式来提高人体行为的识别性能。

受紧致二值人脸描述子（Compact Binary Face Descriptor，CBFD）算法的启示，将二值学习方法拓展到三维的 RGB 和深度图像序列（视频）上。首先针对已有时空局部二值或三值模式的描述能力不足问题，研究基于相邻帧邻域的三维像素差向量（3D PDV）、深度差向量（3D DDV）计算方法，更好地捕捉人体运动过程中颜色（深度）信息在时间和空间上的变化。然后针对人工设计时空局部二值或三值模式导致得到的特征区分性不足问题，在提取的三维像素差和深度差向量基础上，采用耦合二值特征学习算法同时从局部 RGB 视频块和深度视频块中自动地学习适用于描述不同行为的二值特征，并将其作为人体行为的局部特征表示。对于二值特征在深度图像上的描述能力有限问题，在耦合二值特征学习的过程中加入时空局部关联约束提升局部二值特征在深度图像上的表达能力。最后在视频的整体描述上，通过 VLAD 编码方法对耦合二值特征学习到的局部二值特征实现整合，同时结合空间金字塔池化和 Rank Pooling 操作保持局部二值特征在空间和时间上的关系，从而得到用于人体行为识别的时空纹理特征描述子，即 3D Compact LBP(3D-CLBP)，3D Compact Local Depth Pattern(3D-CLDP)描述子。通过在公开的数据集 ORGBD、MSRDaily-Activity3D 以及 UTD-MHAD 上的实验，验证了所提出方法的可行性和优越性。此外，通过不同融合策略，验证了结合 RGB 和深度图像的信息能够有效提升单一模态下人体行为识别的性能。

4.3.1　基于耦合二值特征学习与关联约束的 RGB-D 行为特征

如图 4-14 所示，局部二值模式的行为特征提取是基于耦合二值特征学习的 RGB-D 行为识别中一个最关键的阶段，由两个重要的部分组成：一是设计高效的 3D 像素差向量计算方法，二是根据计算得到的像素差向量进行无监督二值编码学习。下面分别从 3D 像素差向量、耦合二值特征学习的目标函数建立以及求解三个方面对本节内容进行介绍。

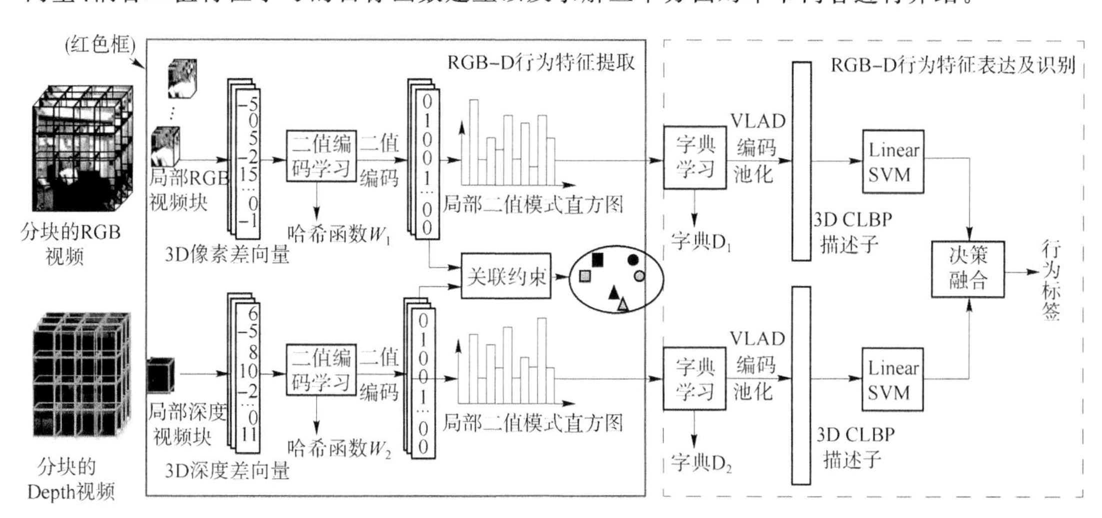

图 4-14　基于耦合二值特征学习的 RGB-D 行为识别框架(实线框部分为本文创新部分)

1. 3D 像素差向量

基于运动过程中像素值的变化规律，对 3D LTP 进行改进，提出 3D 像素差向量计算方法。如图 4-15 所示，在计算 3D 像素差的过程中，充分考虑不同时间上的中心像素点与相邻帧的邻域像素点的像素差值。为了研究后续 RGB 视频块与深度视频块的相关性，需要通过一些图像对齐技术保证 RGB 与深度视频在分块前在时间尺度上是一致的。在提取视频的 3D 像素差向量之前，需要将整个视频划分成若干个视频块$\{\boldsymbol{V}_{ijk}^{R}\}$。对于一个给定的大小为 $30\times30\times15$ 的 RGB 视频块 $\boldsymbol{V}_{ijk}^{R}$，具体 3D 像素差向量计算过程如下：

(1)取视频块中的某一帧为时间 t 以及若干个相邻帧$[t-T,\cdots,t-\Delta t,\cdots,t+\Delta t,\cdots,t+T]$。当 $\Delta t=1$ 时，对 t 和 $t-1$，$t+1$ 时刻的视频帧分别取某个中心像素点 n_c 和与其相邻的

8 个像素点 n_i，$i=0,\cdots,7$。首先计算 t 时刻的中心点 n_c 和 $t-1$ 时刻像素点 n_i 的像素差如下：

$$d_{i1}=I_t(n_c)-I_{t-1}(n_i),i=0,1,\cdots,7 \tag{4-6}$$

式中，$I_t(n_c)$表示 t 时刻中心点 n_c 的像素值。然后计算 t 时刻的像素点 n_i 和 $t-1$ 时刻中心点 n_c 的像素差如公式(4-7)。

$$d_{i2}=I_t(n_i)-I_{t-1}(n_c),i=0,1,\cdots,7 \tag{4-7}$$

最后将 $D_i(t-1)=|d_{i1}|+|d_{i2}|$作为 t 时刻中心点 n_c 在后向相邻帧的像素变化响应值。对于 $t+1$ 时刻的视频帧，按照公式(4-6)和公式(4-7)得到当前帧的中心点 n_c 在前向相邻帧的两个像素差$\bar{d}_{i1}$，$\bar{d}_{i2}$以及响应值 $\bar{D}_i(t+1)$。

(2)当 $\Delta t=2,\cdots,T$ 时，重复上述步骤，计算 t 时刻中心点n_c 在$t-\Delta t$，$t+\Delta t$ 时刻的像素差及响应值 $D_i(t-\Delta t)$，$\bar{D}_i(t+\Delta t)$，$i=0,\cdots,7$。

(3)将所有 $t-\Delta t$ 和$t+\Delta t$ 时刻响应值的差累加作为t 时刻中心点n_c 在相邻点 n_i 上的最终响应值 D_i，其计算公式如下：

$$D_i=\sum_{\Delta t=1}^{T}(D_i(t-\Delta t)-\bar{D}_i(t+\Delta t)),i=0,1,\cdots,7 \tag{4-8}$$

(4)计算视频块内所有像素点在其 8 个邻域点上的响应值，并将其 resize 成整个视频块的像素差向量。当邻域值设为 1 以及 $T=7$ 时，该视频块的像素差向量长度为 28×28×9×8。

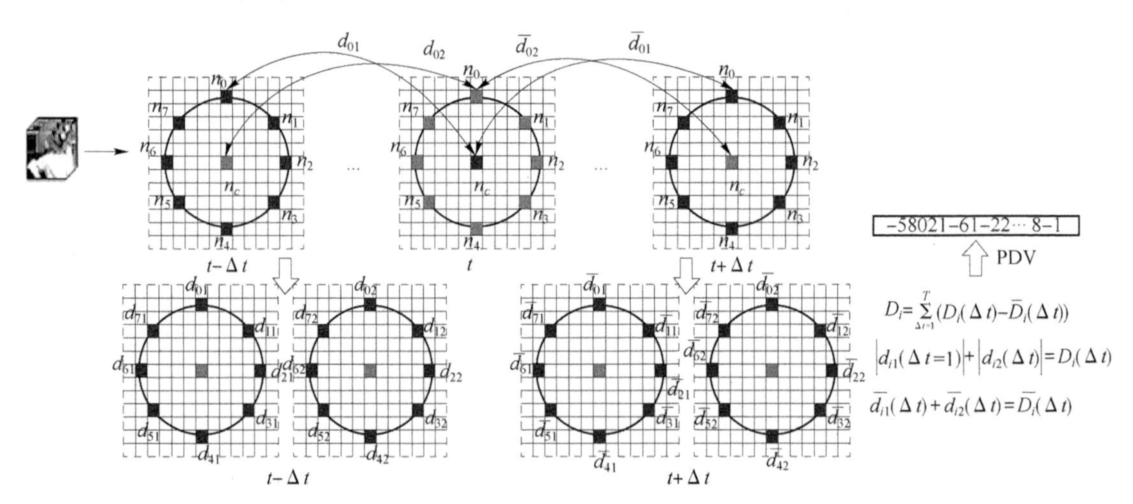

图 4-15　3D 像素差计算过程

由公式 (4-6)和公式(4-7)可以看出，当 d_{i1}，d_{i2}均大于或小于 0 时，有 $D_i(t-\Delta t)=\pm(I_t(n_c)-I_{t-\Delta t}(n_c)+I_t(n_i)-I_{t-\Delta t}(n_i))$，这反映了同一像素点在不同时刻上的像素变化。而当 d_{i1}，d_{i2}不同时大于或小于 0 时，有 $D_i(t-\Delta t)=\pm(I_t(n_c)+I_{t-\Delta t}(n_c)-I_t(n_i)-I_{t-\Delta t}(n_i))$，此时 $D_i(t-\Delta t)$表现为 t 和 $t-\Delta t$ 时刻上不同空间像素点的变化。由此可见，$D_i(t-\Delta t)$，$\bar{D}_i(t+\Delta t)$能充分反映像素点 n_c 在前向和后向相邻帧的空间、时间变化。因此，D_i 的值可以作为 t 时刻中心点 n_c 的最终响应。

对于相同位置的深度视频块 $\mathbf{V}_{ijk}^{D}$，可按照上述同样的方式计算该视频块的深度差向量。3D PDVs 计算流程如表 4-5 所示。

表 4-5　基于前后帧像素差的 3D PDVs 计算流程

算法 4.2　基于前后帧像素差的 3D PDVs 提取算法
输入：N_0 个 RGB 和 Depth 训练视频对$\{\text{rgb}_n, \text{depth}_n\}$，视频块大小 $k_1 \times k_2 \times k_3$，3D PDVs 采样的空间尺度 R 和时间尺度 T。
输出：N 个像素差(或深度差)向量 $\boldsymbol{X}^R = [x_1^R, \cdots, x_N^R]$(或 $\boldsymbol{X}^D = [x_1^D, \cdots, x_N^D]$)
1. 将每个 RGB 视频 rgb_n 划分成若干个大小为 $k_1 \times k_2 \times k_3$ 的视频块$\{\text{vol}_{n_0}\}$；
2. 对每个视频块 vol_{n_0} 和尺度 R，T，按照公式(4-6)、公式(4-7)和公式(4-8)计算视频块内每个像素的响应值 D_i；
3. 将每个视频块内所有像素的响应 resize 成像素差向量，并得到所有视频块的像素差向量 $\boldsymbol{X}^R = [x_1^R, \cdots, x_N^R]$；
4. 重复步骤 1,2,3 计算所有深度视频上的深度差向量 $\boldsymbol{X}^D = [x_1^D, \cdots, x_N^D]$。

2. 目标函数建立

在提取的像素差和深度差向量基础上，本节从量化误差项、二值特征表达项和约束项三个方面建立耦合二值学习的目标函数，在保证二值特征量化误差最小的前提下，学习 $2K$ 个哈希函数，减小输出特征在 RGB 和深度图像的差异，从而提升二值特征在两种不同模态图像上的描述能力。给定 N 个 RGB 和深度视频块的像素差(深度差)向量 $\boldsymbol{X}^R = [x_1^R, x_2^R, \cdots, x_N^R]$和$\boldsymbol{X}^D = [x_1^D, x_2^D, \cdots, x_N^D]$，其中 x_n^R 和 x_n^D 分别表示同一个样本且相同时空位置视频块的像素差和深度差向量，耦合二值学习算法的目的在于寻找 K 个哈希函数将 x_n^R 和 x_n^D 量化成两个二值向量 $\boldsymbol{b}_n^R = [b_{n1}^R, \cdots, b_{nK}^R] \in \{0,1\}^{1\times K}$ 和 $\boldsymbol{b}_n^D = [b_{n1}^D, \cdots, b_{nK}^D] \in \{0,1\}^{1\times K}$。具体的计算过程如下：

$$b_{nk}^R = 0.5 \times (\text{sgn}(\omega_{kR}^{\mathrm{T}} x_n^R) + 1) \tag{4-9}$$

$$b_{nk}^D = 0.5 \times (\text{sgn}(\omega_{kD}^{\mathrm{T}} x_n^D) + 1) \tag{4-10}$$

式中，$\omega_{kR} \in \mathcal{R}^d$，$\omega_{kD} \in \mathcal{R}^d$ 分别代表两个模态下的第 k 个哈希函数。

耦合二值学习过程的特征表达项和量化误差项可以分别表示为公式(4-11)、公式(4-12)和公式(4-13)。

$$\min_{\omega_{kR}, \omega_{kD}} J_1(\omega_{kR}, \omega_{kD}) = -\left(\sum_{n=1}^{N} \left| b_{nk}^R - \mu_k^R \right|^2 + \sum_{n=1}^{N} \left| b_{nk}^D - \mu_k^D \right|^2\right) \tag{4-11}$$

$$\min_{\omega_{kR}, \omega_{kD}} J_2(\omega_{kR}, \omega_{kD}) = \left| \sum_{n=1}^{N} (b_{nk}^R - 0.5) \right|^2 + \left| \sum_{n=1}^{N} (b_{nk}^D - 0.5) \right|^2 \tag{4-12}$$

$$\begin{aligned} \min_{\omega_{kR}, \omega_{kD}} J_3(\omega_{kR}, \omega_{kD}) = & \sum_{n=1}^{N} \left| (b_{nk}^R - 0.5) - \omega_{kR}^{\mathrm{T}} x_n^R \right|^2 + \\ & \sum_{n=1}^{N} \left| (b_{nk}^D - 0.5) - \omega_{kD}^{\mathrm{T}} x_n^D \right|^2 \end{aligned} \tag{4-13}$$

由于 b_{nk}^R，b_{nk}^D 可以通过公式(4-9)和公式(4-10)转化为 ω_{kR}，ω_{kD} 的表达，因此公式(4-11)和公式(4-12)都可以看作是对 ω_{kR}，ω_{kD} 的优化。除了以上损失项，还引入二值特征的 CCA 关联约束 $\text{corr}(b_n^R, b_n^D)$来提高二值特征在不同模态上的描述能力。然而，CCA 关联约束需要计算所有二值特征的协方差矩阵。为了降低计算成本，引入关联约束项。由于 x_n^R 和 x_n^D 来自同一个样本的同一个视频块，它们的二值特征向量上每位元素应该具有较小的欧式距离，即最小化 $\sum_{n=1}^{N} \left| b_{nk}^R - b_{nk}^D \right|^2 = \sum_{n=1}^{N} \left| \omega_{kR}^{\mathrm{T}} x_n^R - \omega_{kD}^{\mathrm{T}} x_n^D \right|^2$，所以该关联约束可以表示成公式(4-14)。

$$\min_{\omega_{kR}, \omega_{kD}} J_4(\omega_{kR}, \omega_{kD}) = \sum_{n=1}^{N} \left| \omega_{kR}^{\mathrm{T}} x_n^R - \omega_{kD}^{\mathrm{T}} x_n^D \right|^2 \tag{4-14}$$

令 $\boldsymbol{W}_R=[\omega_{1R},\cdots,\omega_{KR}]$，$\boldsymbol{W}_D=[\omega_{1D},\cdots,\omega_{KD}]$，则有

$$b_n^R = 0.5\times(\mathrm{sgn}(\boldsymbol{W}_R^{\mathrm{T}}x_n^R)+1) \tag{4-15}$$

$$b_n^D = 0.5\times(\mathrm{sgn}(\boldsymbol{W}_D^{\mathrm{T}}x_n^D)+1) \tag{4-16}$$

进一步上述特征表达项，量化误差项和关联约束项的矩阵形式可以表示如下：

$$\min_{\boldsymbol{W}_R,\boldsymbol{W}_D} J_1(W_R,W_D) = -\frac{1}{N}\times(\mathrm{tr}((\boldsymbol{B}^R-\boldsymbol{U}^R)^{\mathrm{T}}(\boldsymbol{B}^R-\boldsymbol{U}^R))+ \mathrm{tr}((\boldsymbol{B}^D-\boldsymbol{U}^D)^{\mathrm{T}}(\boldsymbol{B}^D-\boldsymbol{U}^D))) \tag{4-17}$$

$$\min_{\boldsymbol{W}_R,\boldsymbol{W}_D} J_2(\boldsymbol{W}_R,\boldsymbol{W}_D) = \|(\boldsymbol{B}^R-0.5)\times 1^{N\times 1}\|_F^2 + \|(\boldsymbol{B}^D-0.5)\times 1^{N\times 1}\|_F^2 \tag{4-18}$$

$$\min_{\boldsymbol{W}_R,\boldsymbol{W}_D} J_3(\boldsymbol{W}_R,\boldsymbol{W}_D) = \|(\boldsymbol{B}^R-0.5)-\boldsymbol{W}_R^{\mathrm{T}}\boldsymbol{X}^R\|_F^2 + \|(\boldsymbol{B}^D-0.5)-\boldsymbol{W}_D^{\mathrm{T}}\boldsymbol{X}^D\|_F^2 \tag{4-19}$$

$$\min_{\boldsymbol{W}_R,\boldsymbol{W}_D} J_4(\boldsymbol{W}_R,\boldsymbol{W}_D) = \|\boldsymbol{W}_R^{\mathrm{T}}\boldsymbol{X}^R-\boldsymbol{W}_D^{\mathrm{T}}\boldsymbol{X}^D\|_F^2 \tag{4-20}$$

综合公式(4-17)～公式(4-20)，耦合二值学习的目标函数表示如下：

$$\min_{\boldsymbol{W}_R,\boldsymbol{W}_D} J(\boldsymbol{W}_R,W_D) = J_1(\boldsymbol{W}_R,\boldsymbol{W}_D)+\sum_{i=2}^{4}\alpha_{i-1}J_i(\boldsymbol{W}_R,\boldsymbol{W}_D) \quad \text{s. t. } \boldsymbol{W}_R\boldsymbol{W}_R^{\mathrm{T}}=I,\boldsymbol{W}_D\boldsymbol{W}_D^{\mathrm{T}}=I \tag{4-21}$$

式中，$\alpha_1,\alpha_2,\alpha_3$ 为不同损失项的平衡参数。

3. 目标函数优化

基于建立的耦合二值学习目标函数，重点描述如何对该目标函数进行优化。在公式(4-21)中，$\boldsymbol{W}_R$ 和 $\boldsymbol{W}_D$ 是同时变化的，导致目标函数是非凸的。只有当其中一个变量是固定的，该目标函数才是凸的。因此，采用迭代优化的思想，固定其中一个变量，然后再求解更新另一个变量。

首先固定 $\boldsymbol{W}_D$，更新 $\boldsymbol{W}_R$：当 $\boldsymbol{W}_D$ 的值固定时，公式(4-21)中的目标函数经过转化和化简后，可以表示成如下形式：

$$\begin{aligned}\min_{\boldsymbol{W}_R} J(\boldsymbol{W}_R) = {} & \mathrm{tr}(\boldsymbol{W}_R^{\mathrm{T}}\boldsymbol{Q}_R\boldsymbol{W}_R)-N\alpha_1\mathrm{tr}(1^{1\times K}\boldsymbol{W}_R^{\mathrm{T}}\boldsymbol{X}^R 1^{N\times 1}) \\ & +\alpha_2\mathrm{tr}(\boldsymbol{W}_R^{\mathrm{T}}\boldsymbol{X}^R\boldsymbol{X}^{R^{\mathrm{T}}}\boldsymbol{W}_R)-2\alpha_2\mathrm{tr}((\boldsymbol{B}^R-0.5)\boldsymbol{X}^{R^{\mathrm{T}}}\boldsymbol{W}_R) \\ & +\alpha_3\mathrm{tr}(\boldsymbol{W}_R^{\mathrm{T}}\boldsymbol{X}^R\boldsymbol{X}^{R^{\mathrm{T}}}\boldsymbol{W}_R)-2\alpha_3\mathrm{tr}(\boldsymbol{W}_D^{\mathrm{T}}\boldsymbol{X}^D\boldsymbol{X}^{R^{\mathrm{T}}}\boldsymbol{W}_R) \\ & \text{s. t. } \boldsymbol{W}_R^{\mathrm{T}}\boldsymbol{W}_R=\boldsymbol{I}\end{aligned} \tag{4-22}$$

式中，tr(·)表示矩阵的迹，$\boldsymbol{Q}_R$ 是和像素差矩阵 $\boldsymbol{X}^R$ 以及它的均值矩阵 $\boldsymbol{M}^R\in\mathcal{R}^{N\times d}$ 相关的矩阵，其表示形式如公式(4-23)。

$$Q_R=-\frac{1}{N}\times(\boldsymbol{X}^R\boldsymbol{X}^{R^{\mathrm{T}}}-2\boldsymbol{X}^R\boldsymbol{M}^{R^{\mathrm{T}}}+\boldsymbol{M}^R\boldsymbol{M}^{R^{\mathrm{T}}})+\alpha_1\boldsymbol{X}^R 1^{N\times 1}1^{1\times N}\boldsymbol{X}^{R^{\mathrm{T}}} \tag{4-23}$$

当 $\boldsymbol{B}^R$ 以及 $\boldsymbol{W}_D$ 的值固定时，公式(4-22)中的目标函数是典型正交约束条件下的最小化问题。该类问题已经有比较系统的求解方法。首先该问题的拉格朗日函数表示如下：

$$\begin{aligned}L = {} & \mathrm{tr}(\boldsymbol{W}_R^{\mathrm{T}}\boldsymbol{Q}_R\boldsymbol{W}_R)-N\alpha_1\mathrm{tr}(1^{1\times K}\boldsymbol{W}_R^{\mathrm{T}}\boldsymbol{X}^R 1^{N\times 1})-\frac{1}{2}\mathrm{tr}(\boldsymbol{\Lambda}(\boldsymbol{W}_R^{\mathrm{T}}\boldsymbol{W}_R-I)) \\ & +\alpha_2\mathrm{tr}(\boldsymbol{W}_R^{\mathrm{T}}\boldsymbol{X}^R\boldsymbol{X}^{R^{\mathrm{T}}}\boldsymbol{W}_R)-2\alpha_2\mathrm{tr}((\boldsymbol{B}^R-0.5)\boldsymbol{X}^{R^{\mathrm{T}}}\boldsymbol{W}_R) \\ & +\alpha_3\mathrm{tr}(\boldsymbol{W}_R^{\mathrm{T}}\boldsymbol{X}^R\boldsymbol{X}^{R^{\mathrm{T}}}\boldsymbol{W}_R)-2\alpha_3\mathrm{tr}(\boldsymbol{W}_D^{\mathrm{T}}\boldsymbol{X}^D\boldsymbol{X}^{R^{\mathrm{T}}}\boldsymbol{W}_R)\end{aligned} \tag{4-24}$$

式中，$\boldsymbol{\Lambda}$ 为 $K\times K$ 阶 Lagrangian 乘数矩阵。令 $\boldsymbol{\Lambda}=\boldsymbol{W}_R^{\mathrm{T}}\boldsymbol{P}_1\boldsymbol{W}_R-\boldsymbol{W}_R^{\mathrm{T}}\boldsymbol{P}_R$，$\boldsymbol{P}_1$、$\boldsymbol{P}_R$ 的表示形式如公式(4-25)和公式(4-26)，由于 $\boldsymbol{\Lambda}$、$\boldsymbol{P}_1$ 均为对称矩阵，则此时有 $\boldsymbol{W}_R^{\mathrm{T}}\boldsymbol{P}_R=\boldsymbol{P}_R^{\mathrm{T}}\boldsymbol{W}_R$。根据矩阵迹的求导法则，将 L 对 $\boldsymbol{W}_R$ 求导可得公式(4-27)。

$$\boldsymbol{P}_1=(\boldsymbol{Q}_R+\boldsymbol{Q}_R^{\mathrm{T}})+(2\alpha_2+2\alpha_3)\boldsymbol{X}^R\boldsymbol{X}^{R^{\mathrm{T}}} \tag{4-25}$$

$$\boldsymbol{P}_R=N\alpha_1\boldsymbol{X}^R1^{N\times1}1^{1\times K}+2\alpha_2\boldsymbol{X}^R(\boldsymbol{B}^R-0.5)^{\mathrm{T}}+2\alpha_3\boldsymbol{X}^R\boldsymbol{X}^{D^{\mathrm{T}}}\boldsymbol{W}_D \tag{4-26}$$

$$\begin{aligned}\frac{\delta L}{\delta W_R}&=P_1\boldsymbol{W}_R-\boldsymbol{W}_R\boldsymbol{\Lambda}-\boldsymbol{P}_R\\&=\boldsymbol{P}_1\boldsymbol{W}_R-\boldsymbol{W}_R(\boldsymbol{W}_R^{\mathrm{T}}\boldsymbol{P}_1\boldsymbol{W}_R-\boldsymbol{W}_R^{\mathrm{T}}\boldsymbol{P}_R)-\boldsymbol{P}_R\\&=\boldsymbol{P}_1\boldsymbol{W}_R-\boldsymbol{W}_R\boldsymbol{W}_R^{\mathrm{T}}\boldsymbol{P}_1\boldsymbol{W}_R+\boldsymbol{W}_R\boldsymbol{P}_R^{\mathrm{T}}\boldsymbol{W}_R-\boldsymbol{P}_R\\&=\boldsymbol{P}_R-\boldsymbol{W}_R\boldsymbol{P}_R^{\mathrm{T}}\boldsymbol{W}_R\\&=\boldsymbol{W}_R^{\mathrm{T}}\boldsymbol{P}_R-\boldsymbol{W}_R^{\mathrm{T}}\boldsymbol{W}_R\boldsymbol{P}_R^{\mathrm{T}}\boldsymbol{W}_R=0\end{aligned} \tag{4-27}$$

因此，令 $\boldsymbol{A}_R=\boldsymbol{P}_R\boldsymbol{W}_R^{\mathrm{T}}-\boldsymbol{W}_R\boldsymbol{P}_R^{\mathrm{T}}$ 时，可以根据 Crank-Nicolson 方案对 $\boldsymbol{W}_R$ 进行更新，具体的更新方式如下：

$$\boldsymbol{W}_R(t+1,\tau)=\left(I+\frac{\tau}{2}\boldsymbol{A}_R\right)^{-1}\left(I-\frac{\tau}{2}\boldsymbol{A}_R\right)\boldsymbol{W}_R(t,\tau) \tag{4-28}$$

式中，τ 是更新步长，$\boldsymbol{W}_R(t,\tau)$是第 t 次更新后得到的 $\boldsymbol{W}_R$ 值，然后对 $\boldsymbol{B}^R$ 更新如下：

$$\boldsymbol{B}^R=\frac{1}{2}(\mathrm{sgn}(\boldsymbol{W}_R\boldsymbol{X}^R)+1) \tag{4-29}$$

其次固定 $\boldsymbol{W}_R$，$\boldsymbol{B}^D$ 的值，更新 $\boldsymbol{W}_D$：按照上述更新方式，得到第 t 次的 $\boldsymbol{W}_D(t,\tau)$后，根据公式(4-29)、公式(4-30)和公式(4-31)计算第 $t+1$ 次的 $\boldsymbol{W}_D(t+1,\tau)$。

$$\boldsymbol{P}_D=N\alpha_1\boldsymbol{X}^D1^{N\times1}1^{1\times K}+2\alpha_2\boldsymbol{X}^D(\boldsymbol{B}^D-0.5)^{\mathrm{T}}+2\alpha_3\boldsymbol{X}^D\boldsymbol{X}^{R^{\mathrm{T}}}\boldsymbol{W}_R \tag{4-30}$$

$$\boldsymbol{A}_D=\boldsymbol{P}_D\boldsymbol{W}_D^{\mathrm{T}}-\boldsymbol{W}_D\boldsymbol{P}_D^{\mathrm{T}} \tag{4-31}$$

$$\boldsymbol{W}_D(t+1,\tau)=\left(I+\frac{\tau}{2}\boldsymbol{A}_D\right)^{-1}\left(I-\frac{\tau}{2}\boldsymbol{A}_D\right)\boldsymbol{W}_D(t,\tau) \tag{4-32}$$

$$\boldsymbol{B}^D=\frac{1}{2}(\mathrm{sgn}(\boldsymbol{W}_D\boldsymbol{X}^D)+1) \tag{4-33}$$

基于关联约束的耦合二值特征学习算法流程如表 4-6 所示。

表 4-6　基于关联约束的耦合二值特征学习流程

算法 4.3　基于关联约束的耦合二值特征表达算法
输入：N 个像素差和深度差向量 $\boldsymbol{X}^R=[x_1^R,\cdots,x_N^R]$，$\boldsymbol{X}^D=[x_1^D,\cdots,x_N^D]$，二值特征长度 K，平衡参数 $\alpha_1,\alpha_2,\alpha_3$，更新步长 τ 和迭代次数 T。
输出：二值向量 $\boldsymbol{B}^R=[b_1^R,\cdots,b_N^R]$和 $\boldsymbol{B}^D=[b_1^D,\cdots,b_N^D]$。
1. 从所有像素差向量 $\boldsymbol{X}^R$ 和深度差向量 $\boldsymbol{X}^D$ 减去相对应的均值$\bar{\boldsymbol{X}}^R$和$\bar{\boldsymbol{X}}^D$；
2. 迭代更新投影矩阵 $\boldsymbol{W}^R$ 和 $\boldsymbol{W}^D$；
3. (1) 初始化：投影矩阵 $\boldsymbol{W}^R\in\mathcal{R}^{K\times d}$初始化为 $\boldsymbol{Q}_R+\boldsymbol{X}^R\boldsymbol{X}^{R^{\mathrm{T}}}$ 中 K 个最大特征值所对应的特征向量，按照公式(4-16)计算得到 $\boldsymbol{B}^R$，并以同样的方式初始化 $\boldsymbol{W}^D$ 和 $\boldsymbol{B}^D$；
4. (2) 固定 $\boldsymbol{W}^D$，$\boldsymbol{B}^R$，更新 $\boldsymbol{W}^R$：利用公式(4-28)更新每次迭代后的 $\boldsymbol{W}^R$；
5. (3) 固定 $\boldsymbol{W}^R$，$\boldsymbol{B}^D$，更新 $\boldsymbol{W}^D$：利用公式(4-32)更新每次迭代后的 $\boldsymbol{W}^D$；
6. (4) 当迭代次数大于 T，停止对 $\boldsymbol{W}^R$，$\boldsymbol{W}^D$ 的更新；
7. 获得最终的 $\boldsymbol{W}^R$、$\boldsymbol{W}^D$ 后，利用公式(4-29)和公式(4-33)计算最终的 $\boldsymbol{B}^R$ 和 $\boldsymbol{B}^D$。

4.3.2 基于局部二值特征的行为特征表达及识别

在得到每个视频块的二值特征向量后,重点介绍如何基于已有的字典学习方法和池化方法得到整个 RGB 或者深度视频的时空纹理特征描述子,即 3D-CLBP 和 3D-CLDP 描述子。同时基于以上两种不同模态特征描述子以及不同的融合策略实现最终的行为分类。

1. 时空纹理特征表达

对于每一个视频块的二值特征 b_n,依据 LBP 编码的等价模式可以将 b_n 转化成长度为 $l=K(K-1)+2$ 的局部二值特征描述符 p_n。在获得每个视频块的描述符 p_n 后,采用字典编码和池化方法,将某个时间段内所有视频块 $\text{slice}_t=\{V_{*,*,t}\}$ 的描述符串联形成该时刻视频片段的特征描述。为了避免 K-means 聚类算法对局部特征会产生较大的误差问题,采用稀疏编码算法和 VLAD 编码将视频块的局部二值描述符转化为结构化特征表达。而对于 N 个局部二值描述符 $P=(p_1,\cdots,p_N)\in\mathcal{R}^{L\times N}$,稀疏编码过程可以通过以下公式进行求解:

$$\min_{C,q_1,\cdots,q_N}\sum_{n=1}^{N}(\|p_n-Cq_n\|^2+\lambda\|q_n\|_1)$$
$$\text{s.t.}\quad \|c_k\|^2\leqslant 1,\forall k=1,\cdots,K_1 \tag{4-34}$$

式中,$C=(c_1,c_2,\cdots,c_{K_1})\in\mathcal{R}^{L\times K_1}$ 表示 K_1 个学习到的字典,这里每个字典的原子 c_k 都可由长度为 L 维的列矢量表示;$q_n\in\mathcal{R}^{K_1\times 1}$ 为第 n 个二值描述符 p_n 在所有字典上的稀疏编码系数。λ 为局部稀疏约束的平衡参数。在得到二值描述符 p_n 在第 k 个字典上的稀疏系数 q_{nk} 后,按照 VLAD 编码方式可得该二值特征描述符的稀疏表达为 $q_{nk}(p_n-c_k)$。值得注意的是,这里的字典原子 c_k 是表示离 p_n 最近的原子。同时为了获得对于空间尺度鲁棒的特征表达,采用空间金字塔方法得到每个视频片段的多尺度特征表达。具体地,在 3 个金字塔水平上将整个视频片段划分成若干个空间网格 $\{\text{ST}_s\}$,然后在每个空间网格内对所有视频块的特征表达进行平均池化如公式(4-35)。

$$f_{sj}=\frac{1}{|\text{ST}_s|}\sum_{V_n\subseteq\text{ST}_s,k_n=j}q_{nk_n}(p_n-c_{k_n}) \tag{4-35}$$

式中,$|\text{ST}_s|$ 表示该空间网格所包含的视频块数量,V_n 表示划分后第 n 个视频块,c_{k_n} 和 q_{nk_n} 分别表示离视频块特征表达 p_n 最近的字典原子和对应的稀疏表达系数。最后每个空间网格 ST_s 和视频片段 slice_t 的特征表达为公式(4-36)和公式(4-37)。

$$f_s=(f_{s1},f_{s2},\cdots,f_{sK_1}) \tag{4-36}$$

$$v_t=(f_1,f_2,\cdots,f_S) \tag{4-37}$$

在公式(4-37)中,当金字塔的水平为 3 时,$\{\text{ST}_s\}$ 中的空间网格数量 $S=1+4+16$。需要说明的是公式(4-37)中的特征表达只是视频中部分片段上的特征表达,并不能代表整个视频的内容表达。为了能够获得整个视频有效的特征表达,在获得所有视频片段的特征表达 $\{v_t\}$ 后,通过 Rank pooling 方法获得整个视频的有效特征表达 $u^*=(u_1,\cdots,u_L)$,$L=l\times K_1\times S$,即视频的 3D-CLBP 或 3D-CLDP 特征描述子。

2. RGB-D 行为识别

对于行为分类,采用 SVM 分类器实现行为的识别。SVM 分类器是一种比较简单和有效的分类器，由于获得的视频特征表达具有较大的稀疏性，采用广泛使用的线性核，并使用 LIBLINEAR 工具作为线性 SVM 的求解方法。为了验证 RGB 和深度信息的融合对于行为识别的性能提升，采用两种不同的融合策略实现两种模态的数据融合：特征融合和决策融合。特征融合简单地将降维后的 3D-CLBP 和 3D-CLDP 特征描述子进行拼接，然后输入到线性 SVM 分类器。与直接的特征融合不同，决策融合分别将降维后的 3D-CLBP 和 3D-CLDP 描述子输入到线性 SVM 分类器，然后将两个单独 SVM 分类器生成的一致性评分结果进行合并。具体地，假定两个分类器输出中第 k 个类别标签的置信分数为 $f_q(x)_k$，$q=1,2$，则相应的后验概率可以表示成公式(4-38)。

$$p_q(y_k \mid x) = \frac{1}{1+\exp(-f_q(x)_k)} \tag{4-38}$$

当获得每个分类器对第 k 个类别的预测概率 $p_q(y_k|x)$ 后，选择使用加权求和的方式对两个分类器的预测结果进行融合如下：

$$P(y_k \mid x) = \sum_{q=1}^{2} \alpha_q p_q(y_k \mid x) \tag{4-39}$$

式中，α_q 为每个分类器的加权权重。最后通过对所有类别融合结果取最大值得到最终的分类标签 y^* 如公式(4-40)。

$$y^* = \underset{k=1,2,\cdots,C}{\operatorname{argmax}} P(y_k \mid x) \tag{4-40}$$

4.3.3　实验结果分析

为了基于关联约束的耦合二值特征学习算法能够有效地解决三维二值特征判别能力不足和在深度图像上的描述能力不足问题，设计了针对同一样本数据在 RGB 和深度模态上局部相关性问题的实验，采用了三个具有大量类内和类间变化的多模态行为识别数据库，即 ORGBD，MSRDailyActivity3D(MSRdaily)和 UTD-MHAD，并与现有的相关算法进行性能比较。评测标准为平均识别准确率 $\text{Accuracy}=\frac{\text{正确分类的样本数量}}{\text{所有测试样本的数量}}$。实验结果表明，本节算法能够解决同一样本数据在不同模态上的局部表达相似问题，提升了现有三维二值特征在不同模态图像上的描述能力和判别能力。

在计算三维像素差的过程中，首先将所有模态(RGB 和 Depth 模态)下的视频划分成了多个视频块，所以在实验阶段首先采用不同的视频块大小测试在不同数据集上的性能，并用最佳的视频块大小对其他实验参数进行调试，视频块的大小的参数值从{20×20×3，20×20×5，20×20×7，40×40×3，40×40×5，40×40×7}中进行调试。对于相邻像素差采样的空间尺度 R 和时间尺度 T，由于 R 的值对于二值特征的计算影响不大，同时三维像素差的计算过程主要是考察像素值在时间上的变化信息，因此实验过程中将空间尺度 R 的值设为 1。而对于时间尺度 T，则采取与视频块的时间维度相同的参数，即 $T=3,5,7$。对于二值特征长度 K，选择从{8,16,24,32}中通过交叉验证的方式确定其值。由于公式(3-15)中的特征表达项和量化误差项对整个耦合二值表达过程具有相同的作用，所以实验过程中将平衡参数 α_1、α_2 的值设为同一个值，并从{0.0001，0.001，0.01，0.1}选择最佳参数值。而对于关联损失项的平衡参数 α_3，则选择从{0，0.001，0.01，0.1}中调试最优参数值以验证关联损失项的加入对于深度模态上识别性能的提升效果。特征编码过程中字典 K_1 的大小，从{100，

200,300,400}中通过10轮的交叉验证确定最佳的参数值。而对于稀疏编码的正则参数λ,将其设置为0.15。此外,在二值投影矩阵$\boldsymbol{W}^R$、$\boldsymbol{W}^D$更新过程中将更新步长τ和迭代次数分别设为0.1和1000。

1. 不同像素差计算方法的性能评估

为了验证3D像素差计算方法的识别性能效果。本节在MSRdaily数据集上分别将CS-Mltp、3D LTP、VLBP中的计算方式以及像素差计算方式与人工设计和二值特征学习方法相结合并进行识别性能的对比。需要说明的是,这里的对比性能是将RGB和深度模态上的识别结果融合后而得到的最后结果。如表4-7所示,在人工设计和二值特征学习方式中,像素差计算方法的性能要高于已有的CS-Mltp和3D LTP模式,但是要低于VLBP计算模式的性能。其主要原因在于VLBP模式计算单帧上的像素差,并将所有帧的像素差进行拼接。这种方式能捕捉更多的像素变化,但是从后续的分析可知这种模式需要大量的计算成本。

在表4-7中,除了对不同的像素差计算模式做性能对比,还加入了像素差计算过程中对计算成本的对比。当给定一个大小为20×20×5的视频块,空间和时间的采样尺度为1以及采样点数量为P时,每种计算模式的计算成本如表4-7所示。从中可以看出,本节方法和CS-Mltp模式具有较小的计算成本,而3D LTP和VLBP模式具有较大的计算成本。值得注意的是本节方法的计算成本与视频块的时间维度无关,从而大大降低了像素差计算过程中的计算成本。

表4-7 三维二值特征中不同计算模式的识别性能和计算成本(视频块大小为20×20×5,采样空间和时间尺度均为1,采样点数为P)对比

像素差计算方法	人工设计方式	二值特征学习	计算成本
CS-Mltp	65.63%	92.50%	$18\times18\times3\times P/2$
3D LTP	64.37%	90.62%	$18\times18\times3\times P$
VLBP	70.63%	94.37%	$18\times18\times3\times(3P+2)$
本节所提方法	66.25%	93.75%	18×18×P

2. 不同关联损失项的性能评估

在这一部分,主要是对加入CCA关联约束项的耦合二值特征学习算法性能作评估。图4-16展示了未加入关联约束和两种不同的关联约束下耦合二值特征学习算法学习到的3D-CLBP和3D-CLDP描述子在三个数据集上的性能对比。与未加入关联约束的耦合二值学习算法相比,在RGB和深度模态数据上,当加入CCA关联约束和本文所提的关联约束项后耦合二值学习算法学习到的3D-CLBP和3D-CLDP描述子普遍具有较高的识别性能。同时在深度数据上,加入两种关联约束项后算法的性能较RGB数据有更大的提升。这充分说明在耦合二值特征学习过程中加入关联约束项后,能够使得算法更有效地学习两种模态数据的局部关联,从而增强深度模态上二值特征的表达能力。此外,与CCA关联约束项相比,在耦合二值特征学习过程中加入关联约束项后算法在深度模态数据上具有更好的性能,从而在一定程度上表明了本节算法的优越性。

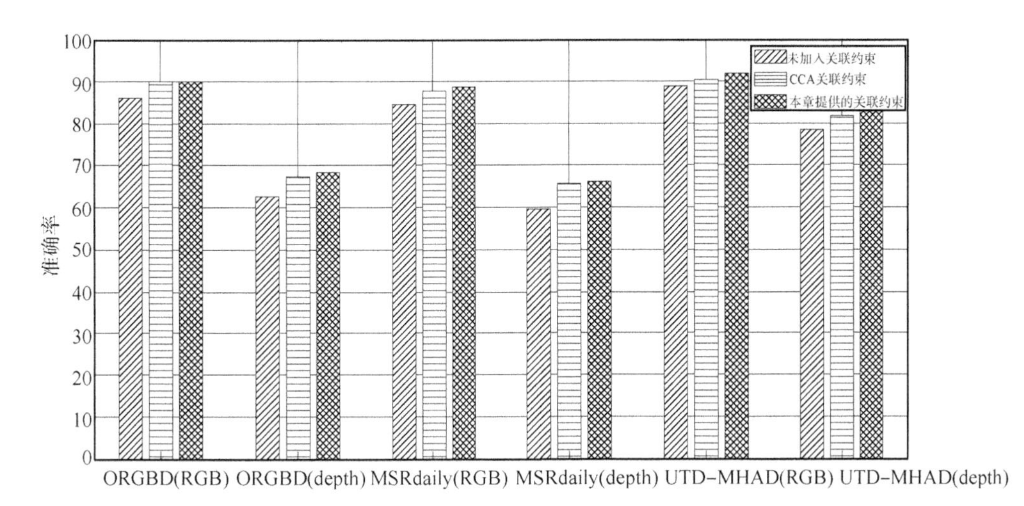

图 4-16　未加入和分别加入两种不同的关联约束项后，耦合二值特征学习算法在数据集 ORGBD、MSRdaily 和 UTD-MHAD 上的性能对比

4.4　基于图约束的 RGB-D 多模态特征联合表达

基于 RGB 和深度图像的中底层特征研究保持语义信息的多模态特征关联表达，是融合 RGB-D 数据进行人体行为识别的研究热点。因此，联合特征表达模型也可以视为是一种多模态特征的联合表达模型。而已有的子空间学习方法大都缺乏对上述两种空间结构关系的嵌套，使得学习的多模态特征表达不能充分保持原始数据中蕴含的几何结构，从而降低了多模态特征联合表达后的描述能力。

本节将稀疏图表示技术与非负矩阵分解算法相结合，介绍基于多个稀疏图正则约束与双层非负矩阵分解模型（Multiple Sparse Graph Regularized Double Nonegative Matrix Factorization，MSG-DNMF）的多模态特征联合表达方法。该算法的框架图如图 4-17 所示。MSG-DNMF 结合使用三种样本数据信息：样本的类别信息，同一模态数据下样本的相似度，不同模态数据之间样本的相似度，来构建样本之间不同的图结构。具体地，首先在每个模态特征空间中，将每个样本数据看成是剩余所有样本的稀疏表示，并基于得到的稀疏表示系数和样本的类别关系信息构建样本之间的图邻接矩阵；其次，根据任意两个模态特征空间下图的结构相似度建立样本在它们之间的语义关系图；同时对各模态特征下的邻接矩阵进行整合得到样本在所有模态数据上的邻接关系图。然后将上述构造的图邻接矩阵作为正则项加入多模态特征数据的双层非负矩阵分解模型中，得到既能保持各模态数据原始几何结构又能保持多模态特征语义一致性的联合表达。最后基于获得的联合表达用于 RGB-D 人体行为识别。实验证明，该方法不仅能有效学习不同模态特征的联合表达，也能学习单一模态下多个视觉特征的融合表达。

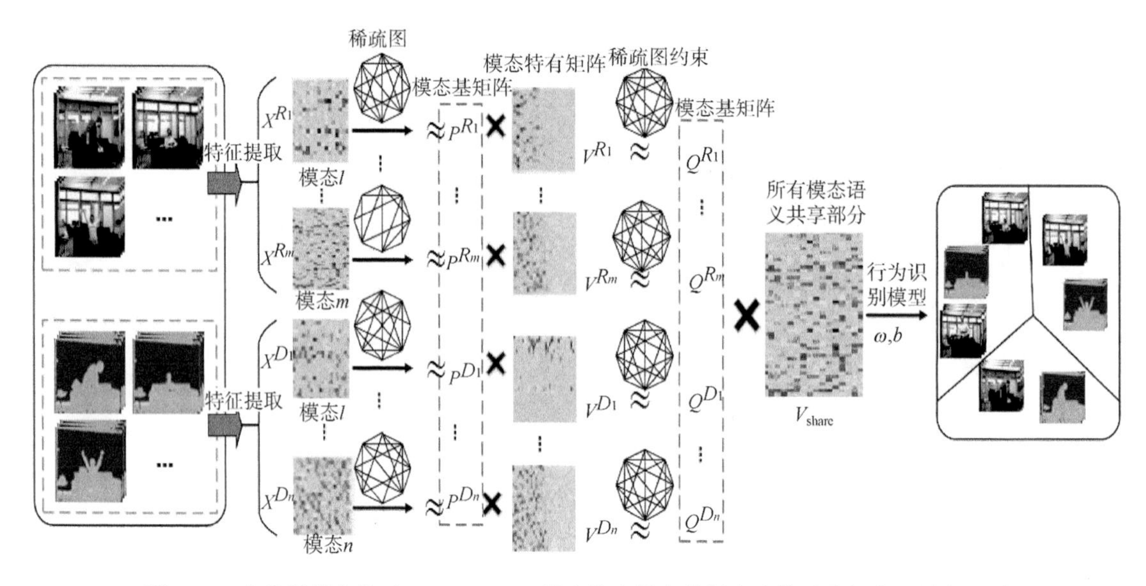

图 4-17 本节所提的基于 MSG-DNMF 算法的多模态特征表达模型及行为识别流程图

4.4.1 稀疏图构造原理

Cai 等人最早提出一种 GNMF 方法，其通过构建最近邻图来编码原始数据中的几何信息，并在构建的图邻接矩阵上实现非负矩阵分解。GNMF 模型的目标函数表示如下：

$$
\begin{aligned}
D(X \mid UV) &= \min_{U,V} \frac{1}{2}\left\| X - UV^{\mathrm{T}} \right\|_F^2 + \frac{\lambda}{2}\sum_{i,j=1}^{n}\left\| v_i - v_j \right\|_F^2 w_{ij} \\
&= \min_{U,V} \frac{1}{2}\left\| X - UV^{\mathrm{T}} \right\|_F^2 + \lambda\sum_{i=1}^{n} v_i^{\mathrm{T}} v_i D_{ii} - \lambda\sum_{i,j=1}^{n} v_i^{\mathrm{T}} v_j w_{ij} \\
&= \min_{U,V} \frac{1}{2}\left\| X - UV^{\mathrm{T}} \right\|_F^2 + \lambda \mathrm{tr}(V^{\mathrm{T}}DV) - \lambda \mathrm{tr}(V^{\mathrm{T}}WV) \\
&= \min_{U,V} \frac{1}{2}\left\| X - UV^{\mathrm{T}} \right\|_F^2 + \lambda \mathrm{tr}(V^{\mathrm{T}}LV)
\end{aligned} \tag{4-41}
$$

式中，$v_i=[v_{i1},v_{i2},\cdots,v_{ir}]$表示第 i 个样本特征 x_i 在低维空间上的表示，w_{ij} 表示邻接图矩阵 $\boldsymbol{W}$ 中的某个元素，$\boldsymbol{D}$ 为对角矩阵且有 $\boldsymbol{D}_{ii} = \sum_j w_{ij}$，$\boldsymbol{L}=\boldsymbol{D}-\boldsymbol{W}$ 表示图拉普拉斯矩阵。显然，GNMF 过程是一个典型的流形学习问题。因此，图邻接矩阵的建立对于具有潜在流形结构的数据非负分解问题是非常重要的。流形结构意味着原始数据分布在一个潜在的流形空间中，所以原始数据矩阵在分解后应该仍能保持分解前的拓扑结构，即当两个样本的数据在原始空间中具有相邻关系时，在经过非负矩阵分解后这两个样本数据在基矩阵下的系数也应该保持这种近邻关系。因此，流形结构信息能够为分解后的基系数提供更好的判别能力。

大量的 GNMF 算法均利用了流形结构这一先验知识建立样本之间的图邻接矩阵，其首先利用距离度量确立两个样本之间的连接关系，如 K 近邻图，ε 邻域图等，然后根据热核函数或者欧式距离函数确立两个样本之间的连接权重 w_{ij}。热核函数和欧式距离函数的表达形式如公式(4-42)和公式(4-43)。

$$w_{ij}=\begin{cases} e^{-\frac{\|x_i-x_j\|_2^2}{t}}, x_i \in NN(x_j) \text{ 或 } x_j \in NN(x_i) \\ 0, x_i \notin NN(x_j) \text{ 且 } x_j \notin NN(x_i) \end{cases} \tag{4-42}$$

$$w_{ij}=\frac{1}{\|x_i-x_j\|_2^2}, x_i \in NN(x_j) \text{ 或 } x_j \in NN(x_i) \tag{4-43}$$

式中，t 表示热核参数，$NN(x_i)$表示 x_i 的 K 近邻或 ε 邻域。但是，这些图邻接矩阵的构造方法都是基于最近邻关系和欧式距离函数，对参数的选择具有比较大的依赖性，使得构造的邻接矩阵不具备稀疏性和对噪声的鲁棒性，也导致构造的图邻接矩阵不能体现样本之间的类别关系。

为了解决传统基于欧式距离的图邻接矩阵构造缺陷，Cheng 等人率先将稀疏表示理论引入到图构建过程，提出一种稀疏图构造方法。这类方法将每一个样本看成是剩余所有样本的稀疏表示，即每个样本都是其他所有样本的线性组合，得到该样本的稀疏表示系数，然后根据稀疏表示系数确定两个顶点之间的权重，最后基于构建的稀疏图进行各种算法的学习。利用稀疏表示模型进行图邻接矩阵的构建，不仅省去了大量的欧式距离计算，还能够得到更加稀疏的图结构。

接下来，简单介绍如何利用稀疏表示模型进行图邻接矩阵的建立。对于一个给定的样本集 $X=[x_1,x_2,\cdots,x_n]$，稀疏图有如下的构建过程。

(1)首先求解每个 x_i 关于 $X_i=[x_1,\cdots,x_{i-1},x_{i+1},\cdots,x_n]$，$i=1,\cdots,n$ 的稀疏表示：

$$\min_{\alpha_i}\|x_i-X_i\alpha_i\|^2+\|\alpha_i\|_1 \tag{4-44}$$

式中，$\alpha_i=[\alpha_{i1},\cdots,\alpha_{ij},\cdots,\alpha_n]^{\mathrm{T}}$，$i=1,..n,j\neq i$ 表示 x_i 的稀疏表示系数，$\|\cdot\|_1$ 表示向量的 1 范数，即非零元素的绝对值之和。

(2)然后根据步骤(1)中的稀疏表示系数绝对值计算稀疏图的权重。将构造的稀疏图记为 $G=(V,E)$，则图中两个顶点的连接权重 w_{ij} 计算方式为公式(4-45)。

$$w_{ij}=w_{ji}=\frac{|\alpha_{ij}|+|\alpha_{ji}|}{2} \tag{4-45}$$

公式(4-44)中的优化问题是一个典型的凸优化问题，该问题存在唯一的全局最优解，可通过 Least Absolute Shrinkage and Selection Operator (LASSO)算法进行求解。对于 5 个行为类别以及 50 个样本的 IDT-HOG-HOF-MBH 特征，图 4-18 展示了由公式(4-44)和公式(4-45)得到的稀疏图与传统的 K 近邻图以及 ε 邻域图的邻接矩阵对比。从图中可以看出用稀疏表示方法得到的图邻接矩阵具有更加稀疏的结构，也更能表示同类别样本数据之间的关系，即每 10 个样本之间有更多的连接权重。但是，由于没有考虑到样本之间距离关系，使得稀疏图中存在一些不相关的连接关系，即图 4-18(c)中的离散区域。因此，本节使用样本的相似关系来约束公式(4-44)中的目标函数，从而得到更能描述样本语义关系的稀疏图结构。

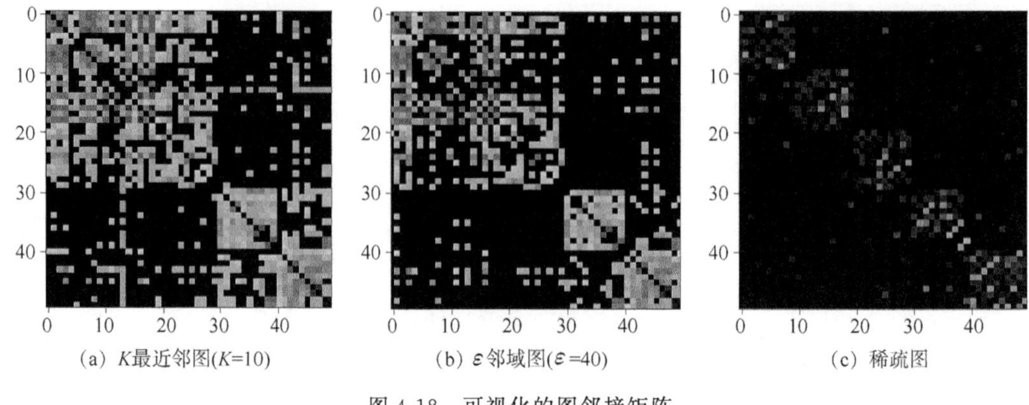

图 4-18 可视化的图邻接矩阵

4.4.2 MSG-DNMF 算法的设计与实现

本节介绍基于多模态稀疏图约束的非负矩阵分解算法，记为 MSG-DNMF 算法，并通过 MSG-DNMF 算法实现了多模态特征的联合表达。该算法通过研究多模态数据中潜在的几何结构，创新性地将相同模态和不同模态数据下的稀疏图引入到非负矩阵分解的过程中。从非负矩阵分解项和图正则约束项两个方面出发，对现有 GNMF 算法进行改进。MSG-DNMF 算法既能学习到多模态数据的共享语义子空间，也能保持样本在原有模态数据上的流形结构，从而有效地解决了现有基于图约束的多模态特征联合表达过程中所存在的问题。

1. 多模态联合非负矩阵分解项

假定训练集提供了 N 个训练样本的 RGB 和深度视频对，每个训练样本共提取了 M 种模态特征，每种模态特征都来自 RGB 或深度图像序列，用 $\boldsymbol{X}^m \in \mathcal{R}^{d_m \times N}, m=1,\cdots,M$ 表示第 m 种模态特征的数据矩阵，d_m 为第 m 种模态特征的维度。用 $x_i^m \in \mathcal{R}^{d_m}, i=1,\cdots,N$ 表示第 i 个样本的第 m 种模态特征，则对于该样本的所有模态特征 $\boldsymbol{X}_i=\{x_i^1,\cdots,x_i^M\}$，它们具有相同的语义或类别标签 y_i。$\boldsymbol{A}^m, m=1,\cdots,M$ 表示第 m 种模态特征数据中图结构的邻接矩阵，$\boldsymbol{A}^{mn}, m,n=1,\cdots,M, m\neq n$ 代表第 m 种模态特征数据和第 n 种模态特征数据之间的邻接矩阵。

虽然不同模态特征数据在表达上有着一定的差异，但是同一类样本的不同模态特征却有着相同的语义概念。因此，研究人员普遍假设各模态原始特征数据之间存在潜在公共因子，然后采取联合矩阵分解技术获得这些模态特征的公共因子。由于对不同的底层视觉特征进行池化和特征量化后得到的各种模态特征数据都是非负的，所以采取 NMF 算法对各种模态的特征数据 $\boldsymbol{X}^m, m=1,\cdots,M$ 进行非负分解，从而得到这些模态特征数据的共享因子 $\boldsymbol{V}\in\mathcal{R}^{d\times N}$，$d$ 表示分解后得到的共享空间维度。由于每种模态特征数据的特殊性，不能简单地用 $\boldsymbol{X}^m \approx \boldsymbol{P}^m\boldsymbol{V}$ 来表示整个分解过程。其主要原因在于某些模态特征数据的维度可能比较低，从而在对 $\boldsymbol{X}^m$ 进行聚类过程中可能会得到不同的聚类字典数量，直接将聚类字典数量和系数空间维度约束为相同的数值，可能会引入比较大的误差。改进的多模态非负矩阵三分解模型，目标函数表示如下：

$$\min_{\boldsymbol{P}^m,\boldsymbol{Q}^m|_{m=1}^{M},\boldsymbol{V}} \sum_{m=1}^{M} \| \boldsymbol{X}^m - \boldsymbol{P}^m\boldsymbol{Q}^m\boldsymbol{V} \|_F^2$$

$$\text{s.t. } (\boldsymbol{P}^m)^{\mathrm{T}}\boldsymbol{P}^m = \boldsymbol{I}_{c_m}, (\boldsymbol{Q}^m)^{\mathrm{T}}\boldsymbol{Q}^m = \boldsymbol{I}_d \tag{4-46}$$

式中，$\boldsymbol{P}^m \in \mathcal{R}^{d_m \times c_m}$ 表示第 m 种模态特征数据的 c_m 个基本语义概念字典，而 V 表示所有模态数据的共享语义主题系数，$\boldsymbol{Q}^m \in \mathcal{R}^{c_m \times d}$ 表示从基本的语义字典到共享主题系数之间的连接矩阵。事实上，$\boldsymbol{V}^m = \boldsymbol{Q}^m\boldsymbol{V}$ 也可以整体上看成是每个模态特征数据的语义字典系数，从而可将多模态的非负矩阵三分解模型用两个多模态 NMF 模型来代替，即公式(4-46)中的目标函数可以转化成如下形式：

$$\min_{\boldsymbol{P}^m, \boldsymbol{Q}^m, \boldsymbol{V}^m|_{m=1}^{M}, \boldsymbol{V}} \sum_{m=1}^{M} (\| \boldsymbol{X}^m - \boldsymbol{P}^m\boldsymbol{V}^m \|_F^2 + \| \boldsymbol{V}^m - \boldsymbol{Q}^m\boldsymbol{V} \|_F^2)$$
$$\text{s.t. } (\boldsymbol{P}^m)^{\mathrm{T}}\boldsymbol{P}^m = \boldsymbol{I}_{c_m}, (\boldsymbol{Q}^m)^{\mathrm{T}}\boldsymbol{Q}^m = \boldsymbol{I}_d, \boldsymbol{P}^m \geqslant 0, \boldsymbol{V}^m \geqslant 0, \boldsymbol{Q}^m \geqslant 0, \boldsymbol{V} \geqslant 0 \tag{4-47}$$

式中，$\boldsymbol{I}_{c_m}$ 表示 c_m 阶的单位矩阵。对比公式(4-46)和公式(4-47)，改进后的目标函数具有以下两个优势：(1) 在第一层分解中，可以得到不同模态特征数据所特有的字典系数 $\boldsymbol{V}^m$，从而能够对 $\boldsymbol{V}^m$ 进行图正则化约束，使得各模态特征矩阵分解后能够保持原始数据中的几何结构；(2) 保证每个模态特征数据的字典矩阵 $\boldsymbol{P}^m$ 更加接近最理想的聚类字典矩阵，也能减少各种模态特征原始数据分解过程中的误差。

2. 多模态稀疏图构造

样本数据在多个模态特征空间中存在一些复杂的低维流形嵌套。首先，在每个模态特征空间上，样本之间存在特定的几何结构关系；其次，在两个不同的模态特征空间上，样本之间存在一定的语义关联关系；而就所有模态特征数据而言，样本之间也会存在一种几何结构关系。为了更好地表达和使用这些隐含的结构关系，本节构造了三种不同类型的图结构，即三种图邻接矩阵，以用于后续图正则约束的学习。

定义 4.1　邻接矩阵：表示图 $G=(\bar{V},E)$ 中顶点 $\bar{V}=\{v_1,v_2,\cdots,v_n\}$ 之间相邻关系的矩阵 $\boldsymbol{A}=(a_{ij})_{n\times n}$，其中对角线上的元素 $a_{ii}=0, i=1,\cdots,n$。

对于一个无向图 G，其对应的邻接矩阵为对称矩阵即 $\boldsymbol{A}^{\mathrm{T}}=\boldsymbol{A}$，图 4-19 给出了一个无向图结构及其对应的邻接矩阵。每个样本可以看作是一个图的顶点，而样本模态特征数据之间的相似度或语义关系可以看作是两个顶点之间连接权重，从而构造样本数据的邻接矩阵。与热核函数和欧式距离函数相比，稀疏表示方法得到的图邻接矩阵更能反映原始数据中的几何结构。因此，本节选择使用改进的稀疏表达方法构造样本在单一模态数据和两种不同模态数据下的图邻接矩阵。

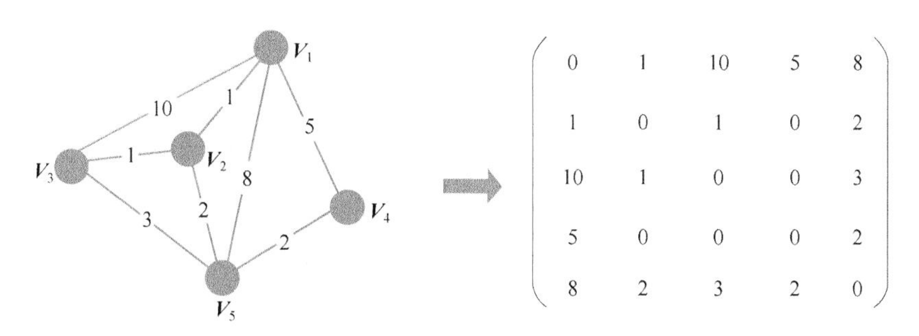

图 4-19　图及其对应的邻接矩阵

(1) 单一模态数据下的图邻接矩阵构造

对于每种模态的特征数据 $\boldsymbol{X}^m, m=1,\cdots,M$,根据稀疏表达方法构造相对应的邻接矩阵 $\boldsymbol{A}^m$ 以及拉普拉斯图矩阵 $\boldsymbol{L}^m, m=1,\cdots,M$。由于公式(4-44)中仅仅在稀疏表达的过程中加入稀疏约束,而可能使得相似的特征数据在经过稀疏表达后得到误差较大的表达系数。基于局部约束线性编码(Locality-constrained linear coding, LLC)的思想,本节将样本之间的类别信息代替样本之间的距离信息作为一种局部约束加入稀疏表达过程,从而使得同一类别的样本模态特征具有相似的编码系数。改进后的稀疏表达目标函数如下:

$$\begin{cases}\min\limits_{\boldsymbol{w}^m}\sum\limits_{i=1}^{N}(\|\boldsymbol{x}_i^m-\boldsymbol{X}^m\boldsymbol{w}_i^m\|_F^2+\|\boldsymbol{w}_i^m\|_1+\|\boldsymbol{d}_i^m-\boldsymbol{w}_i^m\|_F^2)\\ \text{s. t. }\ \boldsymbol{1}^{\mathrm{T}}\boldsymbol{w}_i^m=1,\boldsymbol{w}_{ii}^m=0\end{cases}\tag{4-48}$$

式中,$\boldsymbol{W}^m=[w_1^m,\cdots,w_i^m,\cdots,w_N^m]$,$\boldsymbol{w}_i^m=[w_{i1}^m,\cdots,w_{ii}^m,\cdots,w_{iN}^m]^{\mathrm{T}}\in\mathcal{R}^{N\times1}$表示模态特征向量 $\boldsymbol{x}_i^m$ 的稀疏表达系数;$\boldsymbol{1}\in\mathcal{R}^{N\times1}$ 表示向量元素全为 1 的列向量,约束项 $\boldsymbol{1}^{\mathrm{T}}\boldsymbol{w}_i^m=1$ 能够保证稀疏表达过程具有平移不变性;$\boldsymbol{d}_i^m=[d_{i1}^m,\cdots,d_{ij}^m,\cdots,d_{iN}^m]^{\mathrm{T}}\in\mathcal{R}^{N\times1}$,$\boldsymbol{d}_{ij}^m=0$ 或 1,当且仅当该样本数据 $\boldsymbol{x}_i^m$ 与 $\boldsymbol{x}_j^m$ 具有相同的类别信息时,有 $\boldsymbol{d}_{ij}^m=1$。因此,最小化惩罚项 $\|\boldsymbol{d}_i^m-\boldsymbol{w}_i^m\|_F^2$ 可使得与 $\boldsymbol{x}_i^m$ 具有相同类别的样本稀疏表达系数不为 0,而不相同类别的样本稀疏表达系数趋于 0。公式(4-48)中的求解可以采取 MATLAB 工具包的 Fmincon 函数进行求解。

通过公式(4-48)求得每个模态特征向量 $\boldsymbol{x}_i^m, i=1,\cdots,N$ 的稀疏表达系数 $\boldsymbol{w}_i^m$ 后,根据公式(4-49)就可得到单一模态特征数据下的邻接矩阵 $\boldsymbol{A}^m=(a_{ij}^m)_{N\times N}$。图 4-20 给出了基于改进前后的稀疏表达得到的邻接矩阵对比。

$$\boldsymbol{a}_{ij}^m=\begin{cases}1+\dfrac{|\boldsymbol{w}_{ij}^m|+|\boldsymbol{w}_{ji}^m|}{2},y_i=y_j\\ 0,\qquad i=j\\ \dfrac{|\boldsymbol{w}_{ij}^m|+|\boldsymbol{w}_{ji}^m|}{2},y_i\neq y_j\end{cases}\tag{4-49}$$

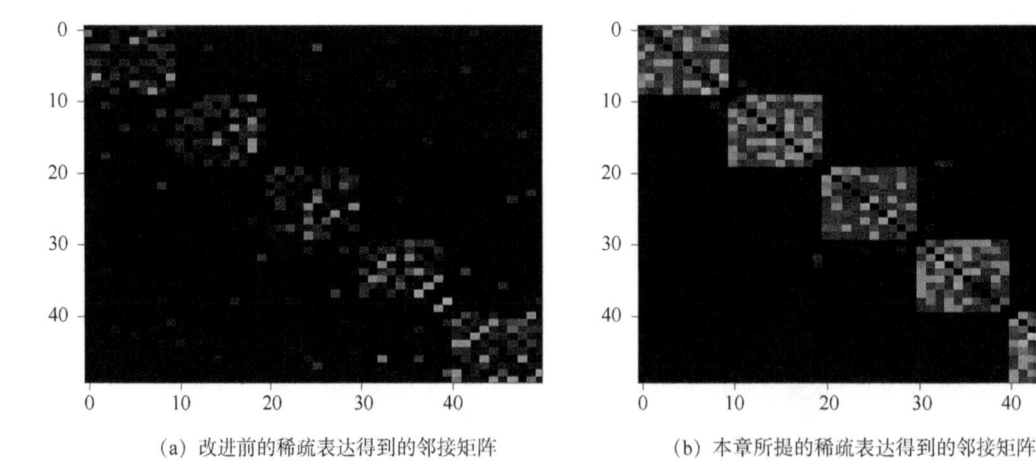

(a) 改进前的稀疏表达得到的邻接矩阵　　(b) 本章所提的稀疏表达得到的邻接矩阵

图 4-20　基于改进前后的稀疏表达得到的邻接矩阵对比

（2）两种不同模态数据下的图邻接矩阵构造

对于同一个样本 i 或者具有相同类别的两个样本 i,j，它们的任意两个不同模态特征数据 x_i^m,x_i^n 或 $x_j^n,m,n=1,\cdots,M$ 在语义上具有一定的相似性。然而由于两个模态特征的数据具有较大的差异，如在后续实验中提取到的 IDT-HOG-HOF-MBH 特征维度为 42 600，而经过 BoVW 表达模型后的 DSTIP-DCSF 特征维度为 2 000，因此无法直接对两种不同模态特征数据进行距离度量。目前，已有方法采取的方式是依据两个样本是否属于同一类别，简单地将它们之间的图邻接权重设为 0 或 1。这种做法对样本的类别信息具有较大的依赖性，同时由于所有相同类别样本之间度量权重相同，无法体现样本在不同模特征上的差异性。因此，本节基于图的连接关系相似度得到两个顶点（样本）的语义相似度量。对于两个稀疏图的邻接矩阵 $\boldsymbol{A}^m,\boldsymbol{A}^n,m,n=1,\cdots,M$，通过对邻接矩阵所对应的图结构相似度量后得到邻接矩阵为 $\boldsymbol{A}^{mn}=(a_{ij}^{mn})_{N\times N}$，具体的计算过程如下。

① 分别计算两个图中与顶点 i 或 j 有连接关系的顶点集合 $E_i^m=\{v_{ik}^m\},E_j^n=\{v_{jk}^n\}$，即邻接矩阵中每行非零元素所在的列。如图 4-21(a)中与顶点 v_1 相连的顶点集合为 $E_1^a=\{v_2,v_3,v_4,v_5\}$，图 4-21(b)中与顶点 v_1 相连的顶点集合为 $E_1^b=\{v_2,v_3,v_4\}$。

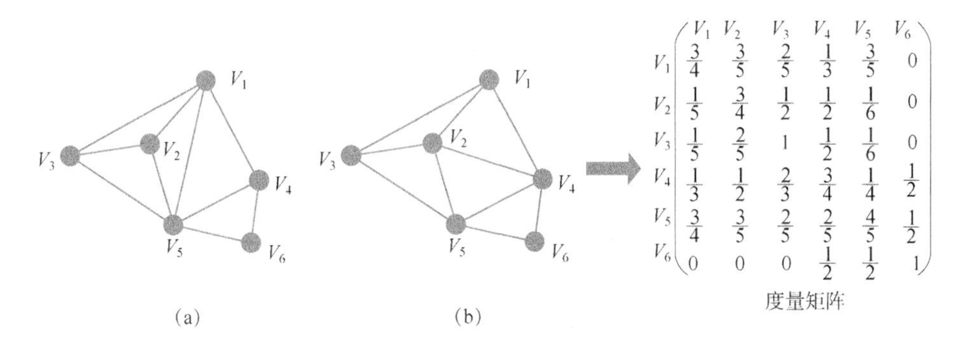

$$
\begin{array}{c|cccccc}
 & V_1 & V_2 & V_3 & V_4 & V_5 & V_6 \\
V_1 & \frac{3}{4} & \frac{3}{5} & \frac{2}{5} & \frac{1}{3} & \frac{3}{5} & 0 \\
V_2 & \frac{1}{5} & \frac{3}{4} & \frac{1}{2} & \frac{1}{2} & \frac{1}{6} & 0 \\
V_3 & \frac{1}{5} & \frac{2}{5} & 1 & \frac{1}{2} & \frac{1}{6} & 0 \\
V_4 & \frac{1}{3} & \frac{1}{2} & \frac{2}{3} & \frac{3}{4} & \frac{1}{4} & \frac{1}{2} \\
V_5 & \frac{3}{4} & \frac{3}{5} & \frac{2}{5} & \frac{2}{5} & \frac{4}{5} & \frac{1}{2} \\
V_6 & 0 & 0 & 0 & \frac{1}{2} & \frac{1}{2} & 1
\end{array}
$$

图 4-21　两个不同的图以及它们的相似度量矩阵

② 计算两个顶点集合 E_i^m,E_j^n 的交集与并集，并将两种集合的基数之比作为两个图邻接矩阵中两个顶点 i 与 j 之间的相似度量 w_{ij}^{mn}，计算方式如下：

$$w_{ij}^{mn}=\frac{|E_i^m\cap E_j^n|}{|E_i^m\cup E_j^n|} \tag{4-50}$$

式中，$|E_i^m\cap E_j^n|$ 表示两个集合 E_i^m,E_j^n 交集的基数。在图 4-21(a)和(b)中，$E_1^a\cup E_1^b=\{v_2,v_3,v_4,v_5\}$，$E_1^a\cap E_1^b=\{v_2,v_3,v_4\}$，从而有 $w_{11}^{ab}=\dfrac{3}{4}$。

③ 由公式(4-50)计算得到 w_{ij}^{mn} 和 w_{ji}^{mn} 的值可能不相同，可令 $a_{ij}^{mn}=\dfrac{w_{ij}^{mn}+w_{ji}^{mn}}{2}$，从而保证邻接矩阵 $\boldsymbol{A}^{mn}$ 为对称矩阵。值得注意的是，由于同一个样本的不同模态特征之间有着语义度量关系，所以不同模态特征数据之间的邻接矩阵 $\boldsymbol{A}^{mn}$ 的对角线元素均不为 0。

由图 4-21 可以看出，当图 4-21(a)和(b)中的顶点 v_6 和 v_1,v_2,v_3 都不存在连接关系时，在度量矩阵中对应的矩阵元素均为 0，即它们之间不存在任何关联关系。所以当所有模态的稀疏图邻接矩阵均能体现样本数据之间的类别关系时，上述方法得到的两种不同模态数据间的度量矩阵能很好地反映两者之间的语义关系。

最后,除了以上两种类型的图邻接矩阵外,样本就所有的模态特征数据而言也存在一个几何结构,而度量这种几何结构的邻接矩阵 $\boldsymbol{A}=(a_{ij})_{N\times N}$ 可通过整合所有模态特征空间上的图邻接矩阵而得到,其计算方式为 $\boldsymbol{A}=\sum_{m=1}^{M}\boldsymbol{A}^m$ 。

3. 图正则约束项

本节将构造的三种不同类型的图邻接矩阵引入到基于非负矩阵分解模型的多模态特征联合表达中,在公式(4-47)中添加图正则约束项,使得 MSG-DNMF 算法学习到多模态特征数据的共享表达,同时能够原始模态特征数据中不同的几何结构,避免了某些具有较大残差的模态特征数据在联合分解过程中产生偏差,从而进一步提升 MSG-DNMF 算法的联合表达效果。事实上,在公式(4-47)中使用图正则约束项主要体现在两个方面:一方面,在第一层非负矩阵分解的过程中,希望每个模态的原始数据在经过非负分解后仍能保持样本在原有特征空间中的几何关系;另一方面,在第二层非负矩阵分解的过程中,希望不同模态的样本数据在分解后的共享空间中能够保持一种语义关联关系,同时样本数据也能从整体上保持在所有模态特征空间上的几何结构。

首先,在每个模态特征下对样本与样本之间的相关性采用二分图进行表示。由于公式(4-47)中 $\boldsymbol{P}^m$ 表达的每个模态特征下的基本语义概念,而 $\boldsymbol{V}^m$ 表达的是该模态特征空间下样本的高层语义主题。因此,可以从高层语义主题上建立样本数据之间的关联关系,使得样本能够在每个模态特征的语义主题上保持原始模态特征数据的几何结构。单一模态特征数据下的二分图 $\Omega(\boldsymbol{V}^m)$ 表示如下:

$$\begin{aligned}\Omega(\boldsymbol{V}^m)&=\frac{1}{2}\sum_{i,j=1}^{N}\|v_i^m-v_j^m\|_F^2a_{ij}^m\\&=\sum_{i=1}^{N}v^{m_i\mathrm{T}}v_i^mD_{ii}^m-\sum_{i,j=1}^{N}v^{m_i\mathrm{T}}v_j^ma_{ij}^m\\&=\mathrm{tr}(\boldsymbol{V}^{m^\mathrm{T}}\boldsymbol{D}^m\boldsymbol{V}^m)-\mathrm{tr}(\boldsymbol{V}^{m^\mathrm{T}}\boldsymbol{A}^m\boldsymbol{V}^m)\\&=\mathrm{tr}(\boldsymbol{V}^{m^\mathrm{T}}\boldsymbol{L}^m\boldsymbol{V}^m)\end{aligned}\tag{4-51}$$

式中,$\boldsymbol{L}^m=\boldsymbol{D}^m-\boldsymbol{A}^m$ 表示拉普拉斯图矩阵,$\boldsymbol{D}^m$ 为对角线矩阵,对角线元素 $D_{ii}^m=\sum_j a_{ij}^m$ 。

其次,在两个不同模态特征空间下对样本之间相关性采用二分图进行表示。由于公式(4-47)中第二层非负矩阵分解 $\boldsymbol{V}^m=\boldsymbol{Q}^mV$ 中,V 表示所有模态数据之间的共享子空间,因此,只需要在空间 V 上建立样本之间的相关性约束。其二分图的表示形式如下:

$$\begin{aligned}\Omega(V)&=\frac{1}{2}\sum_{i,j=1}^{N}\Big(\|v_i-v_j\|_F^2\sum_{m,n=1}^{M}a_{ij}^{mn}\Big)\\&=\sum_{i=1}^{N}\Big(v_i^{\mathrm{T}}v_i\sum_{m,n=1}^{M}D_{ii}^{mn}\Big)-\sum_{i,j=1}^{N}\Big(v_i^{\mathrm{T}}v_i\sum_{m,n=1}^{M}a_{ij}^{mn}\Big)\\&=\mathrm{tr}\Big(V^{\mathrm{T}}\Big(\sum_{m,n=1}^{M}\boldsymbol{D}^{mn}\Big)V\Big)-\mathrm{tr}\Big(V^{\mathrm{T}}\Big(\sum_{m,n=1}^{M}\boldsymbol{A}^{mn}\Big)V\Big)\\&=\mathrm{tr}\Big(V^{\mathrm{T}}\Big(\sum_{m,n=1}^{M}\boldsymbol{L}^{mn}\Big)V\Big)\end{aligned}\tag{4-52}$$

式中,拉普拉斯矩阵 $L^{mn}=D^{mn}-A^{mn}$,D^{mn} 为主对角线矩阵,对角线元素 $D_{ii}^{mn}=\sum_j a_{ij}^{mn}$。需要

注意的是，当 $m=n$ 时，有 $\Omega(V)=\mathrm{tr}(V^{\mathrm{T}}LV)$，$\boldsymbol{L}=\boldsymbol{D}-\boldsymbol{A}$，此时 $\Omega(V)$ 的物理意义为当样本在所有模态特征数据上具有关联关系时，它们在共享空间 V 上也有着相同的邻接关系。因此，公式(4-11)中的图正则约束项既能保证学习到的共享空间 V 保持样本在任意两个不同模态特征空间上的几何结构，也能保持样本在所有模态特征数据上的几何关系。

最后，将公式(4-47)中的双层非负矩阵分解模型与公式(4-51)、公式(4-52)中的 $\Omega(\boldsymbol{V}^m)$ 和 $\Omega(V)$ 进行结合，同时将 $\boldsymbol{P}^m$，$\boldsymbol{Q}^m$ 的正交约束加到目标函数中，便得到 MSG-DNMF 算法的最终目标函数：

$$
\begin{aligned}
\min_{\boldsymbol{P}^m,\boldsymbol{Q}^m,\boldsymbol{V}^m|_{m=1}^{M},V} \mathcal{R}= & \frac{1}{2}\sum_{m=1}^{M}(\|\boldsymbol{X}^m-\boldsymbol{P}^m\boldsymbol{V}^m\|_F^2+\|\boldsymbol{V}^m-\boldsymbol{Q}^m\boldsymbol{V}\|_F^2) \\
& +\frac{\lambda_1}{2}\sum_{m=1}^{M}(\|\boldsymbol{P}^m\boldsymbol{V}^m\|_F^2+\|\boldsymbol{Q}^m\boldsymbol{V}\|_F^2) \\
& +\frac{\lambda_2}{2}\sum_{m=1}^{M}\mathrm{tr}(\boldsymbol{V}^{m^{\mathrm{T}}}\boldsymbol{L}^m\boldsymbol{V}^m)+\frac{\lambda_3}{2}\mathrm{tr}\Big(\boldsymbol{V}^{\mathrm{T}}\Big(\sum_{m,n=1}^{M}\boldsymbol{L}^{mn}\Big)V\Big) \\
& +\frac{\lambda_4}{2}\sum_{m=1}^{M}(\|\boldsymbol{P}^{m^{\mathrm{T}}}\boldsymbol{P}^m-\boldsymbol{I}_{c_m}\|_F^2+\|\boldsymbol{Q}^{m^{\mathrm{T}}}\boldsymbol{Q}^m-\boldsymbol{I}_{c_m}\|_F^2) \\
& \text{s. t. } \boldsymbol{P}^m\geqslant 0,\boldsymbol{V}^m\geqslant 0,\boldsymbol{Q}^m\geqslant 0,V\geqslant 0
\end{aligned}
\tag{4-53}
$$

在上述公式中，第一项为双层非负矩阵分解项，用于从多模态特征数据中学习到每个模态特征数据中特有的主题字典系数 V^m 以及它们所共享的语义主题 V；第二项中的 $\|\boldsymbol{P}^m\boldsymbol{V}^m\|_F^2$ 和 $\|\boldsymbol{Q}^mV\|_F^2$ 则是为了防止过拟合；第三项和第四项是用于表征样本在单模态特征空间上几何分布关系以及在不同模态特征上的关联关系；而最后一项为正交约束项使得算法模型能够学习更好的局部特征，此项也可以作为目标函数的约束条件；λ_1、λ_2、λ_3、λ_4 为不同正则约束项的平衡参数。

4.4.3　模型求解及收敛性

本节对 MSG-DNMF 算法的目标函数设计了一种优化求解方法，通过多次的迭代更新求解目标函数的局部最优解，并给出求解方法的收敛性证明。

1. MSG-DNMF 算法优化求解

如 4.4.2 节所述，MSG-DNMF 算法的目标函数主要由非负矩阵分解项和正则约束项这两部分组成。其中正交约束项可以作为目标函数的约束条件，而 $\|\boldsymbol{X}\|_F^2$ 则可以用 $\mathrm{tr}(\boldsymbol{X}\boldsymbol{X}^{\mathrm{T}})$ 进行代替，从而公式(4-53)中的目标函数 $\mathcal{R}$ 可以转化为

$$
\begin{aligned}
\mathcal{R}= & \frac{1}{2}\sum_{m=1}^{M}(\mathrm{tr}(\boldsymbol{X}^m\boldsymbol{X}^{m^{\mathrm{T}}})-2\mathrm{tr}(\boldsymbol{X}^m\boldsymbol{V}^{m^{\mathrm{T}}}\boldsymbol{P}^{m^{\mathrm{T}}})+\mathrm{tr}(\boldsymbol{P}^m\boldsymbol{V}^m\boldsymbol{V}^{m^{\mathrm{T}}}\boldsymbol{P}^{m^{\mathrm{T}}})) \\
& +\frac{1}{2}\sum_{m=1}^{M}(\mathrm{tr}(\boldsymbol{V}^m\boldsymbol{V}^{m^{\mathrm{T}}})-2\mathrm{tr}(\boldsymbol{V}^m\boldsymbol{V}^{\mathrm{T}}\boldsymbol{Q}^{m^{\mathrm{T}}})+\mathrm{tr}(\boldsymbol{Q}^mV\boldsymbol{V}^{\mathrm{T}}\boldsymbol{Q}^{m^{\mathrm{T}}})) \\
& +\frac{\lambda_1}{2}\sum_{m=1}^{M}(\mathrm{tr}(\boldsymbol{P}^m\boldsymbol{V}^m\boldsymbol{V}^{m^{\mathrm{T}}}\boldsymbol{P}^{m^{\mathrm{T}}})+\mathrm{tr}(\boldsymbol{Q}^mV\boldsymbol{V}^{\mathrm{T}}\boldsymbol{Q}^{m^{\mathrm{T}}})) \\
& +\frac{\lambda_2}{2}\sum_{m=1}^{M}\mathrm{tr}(\boldsymbol{V}^{m^{\mathrm{T}}}\boldsymbol{L}^m\boldsymbol{V}^m)+\frac{\lambda_3}{2}\mathrm{tr}\Big(\boldsymbol{V}^{\mathrm{T}}\Big(\sum_{m,n=1}^{M}\boldsymbol{L}^{mn}\Big)V\Big)
\end{aligned}
\tag{4-54}
$$

对公式(4-54)中的目标函数分别关于 $\boldsymbol{V}^m$、$\boldsymbol{P}^m$,$\boldsymbol{Q}^m$ 和 V 求导,从而可得

$$\frac{\delta R}{\delta \boldsymbol{V}^m}=-\boldsymbol{P}^{m^{\mathrm{T}}}\boldsymbol{X}^m+(2+\lambda_1)\boldsymbol{V}^m-\boldsymbol{Q}^m V+\lambda_2\boldsymbol{L}^m\boldsymbol{V}^m \tag{4-55}$$

$$\frac{\delta R}{\delta \boldsymbol{P}^m}=-\boldsymbol{X}^m\boldsymbol{V}^{m^{\mathrm{T}}}+(1+\lambda_1)\boldsymbol{P}^m\boldsymbol{V}^m\boldsymbol{V}^{m^{\mathrm{T}}} \tag{4-56}$$

$$\frac{\delta R}{\delta \boldsymbol{Q}^m}=-\boldsymbol{V}^m\boldsymbol{V}^{\mathrm{T}}+(1+\lambda_1)\boldsymbol{Q}^m V\boldsymbol{V}^{\mathrm{T}} \tag{4-57}$$

$$\begin{aligned}\frac{\delta R}{\delta V}=&-\sum_{m=1}^{M}\boldsymbol{Q}^{m^{\mathrm{T}}}\boldsymbol{V}^m+(1+\lambda_1)\sum_{m=1}^{M}(\boldsymbol{Q}^{m^{\mathrm{T}}}\boldsymbol{Q}^m)V\\&+\lambda_3\Big(\sum_{m,n=1}^{M}\boldsymbol{L}^{mn}\Big)V\end{aligned} \tag{4-58}$$

记 φ 为目标函数,$\nabla_\theta\varphi$ 为目标函数关于参数 θ 的梯度,当该梯度可以表示成$\nabla_\theta\varphi=[\nabla_\theta\varphi]^+-[\nabla_\theta\varphi]^-$,$[\nabla_\theta\varphi]^+>0$,$[\nabla_\theta\varphi]^->0$ 形式时,对参数 θ 可以采取乘法更新规则对其进行更新:

$$\theta\leftarrow\theta\left(\frac{[\nabla_\theta\varphi]^-}{[\nabla_\theta\varphi]^+}\right)^{\alpha} \tag{4-59}$$

式中,$0\leqslant\alpha\leqslant1$ 表示学习率,为了便于计算,这里取 $\alpha=1$。当$\nabla_\theta\varphi=0$ 或者满足某个阈值条件时,迭代更新终止。这种更新方式的优点在于能够保证参数 θ 是非负的,非常适用于非负矩阵分解算法的求解。由公式(4-55)、公式(4-56)、公式(4-57)、公式(4-58)可以看出参数 $\boldsymbol{V}^m$,$\boldsymbol{P}^m$,$\boldsymbol{Q}^m$,$m=1,\cdots,M$ 和 V 的梯度均满足更新规则。因此,下面基于上述迭代更新的思想对这四类变量进行求解,即固定其他三类变量,然后优化求解另一类变量。

固定 $\boldsymbol{P}^m$,$\boldsymbol{Q}^m$ 和 V,更新 $\boldsymbol{V}^m$:当 $\boldsymbol{P}^m$、$\boldsymbol{Q}^m$ 和 V 固定时,公式(4-54)可以转化为

$$\begin{aligned}\min_{\boldsymbol{V}^m}\mathcal{R}=&-\mathrm{tr}(\boldsymbol{X}^m\boldsymbol{V}^{m^{\mathrm{T}}}\boldsymbol{P}^{m^{\mathrm{T}}})+\frac{(1+\lambda_1)}{2}\mathrm{tr}(\boldsymbol{P}^m\boldsymbol{V}^m\boldsymbol{V}^{m^{\mathrm{T}}}\boldsymbol{P}^{m^{\mathrm{T}}})\\&+\frac{1}{2}\mathrm{tr}(\boldsymbol{V}^m\boldsymbol{V}^{m^{\mathrm{T}}})-\mathrm{tr}(\boldsymbol{V}^m\boldsymbol{V}^{\mathrm{T}}\boldsymbol{Q}^{m^{\mathrm{T}}})+\frac{\lambda_2}{2}\mathrm{tr}(\boldsymbol{V}^{m^{\mathrm{T}}}\boldsymbol{L}^m\boldsymbol{V}^m)\\&\text{s.t.}\ \boldsymbol{V}^m\geqslant0\end{aligned} \tag{4-60}$$

此时,该问题为普通的非负矩阵分解问题,由于目标函数 $\mathcal{R}$ 关于 $\boldsymbol{V}^m$ 的梯度,即公式(4-55)满足更新规则以及 $\boldsymbol{L}^m=\boldsymbol{D}^m-\boldsymbol{A}^m$。因此,按照公式(4-59)对 $\boldsymbol{V}^m$ 更新如下:

$$\boldsymbol{V}_{ij}^m\leftarrow\boldsymbol{V}_{ij}^m\frac{(\boldsymbol{P}^{m^{\mathrm{T}}}\boldsymbol{X}^m+\boldsymbol{Q}^m V+\lambda_2\boldsymbol{A}^m\boldsymbol{V}^m)_{ij}}{((2+\lambda_1)\boldsymbol{V}^m+\lambda_2\boldsymbol{D}^m\boldsymbol{V}^m)_{ij}} \tag{4-61}$$

式中,$\boldsymbol{V}_{ij}^m$表示矩阵 $\boldsymbol{V}^m$ 的第 i 行 j 列元素,同样$(\cdot)_{ij}$也表示矩阵的第 i 行 j 列元素,下述所有类似符号均表示矩阵中的第 i 行 j 列元素,因此不再赘述。

固定 $\boldsymbol{V}^m$,$\boldsymbol{Q}^m$ 和 V,更新 $\boldsymbol{P}^m$:当 $\boldsymbol{V}^m$、$\boldsymbol{Q}^m$ 和 V 固定时,目标函数的表达形式为

$$\begin{aligned}\min_{\boldsymbol{P}^m}\mathcal{R}=&\ \mathrm{tr}(\boldsymbol{X}^m\boldsymbol{V}^{m^{\mathrm{T}}}\boldsymbol{P}^{m^{\mathrm{T}}})+\frac{(1+\lambda_1)}{2}\mathrm{tr}(\boldsymbol{P}^m\boldsymbol{V}^m\boldsymbol{V}^{m^{\mathrm{T}}}\boldsymbol{P}^{m^{\mathrm{T}}})\\&\boldsymbol{P}^m\geqslant0,\boldsymbol{P}^{m^{\mathrm{T}}}\boldsymbol{P}^m=\boldsymbol{I}_{c_m}\end{aligned} \tag{4-62}$$

此时,上述问题是一个简单的正交约束优化问题。根据研究工作,该问题的目标函数又可以表达成:

$$\min_{\boldsymbol{P}^m}\mathcal{R}=-\mathrm{tr}(\boldsymbol{X}^m\boldsymbol{V}^{m^{\mathrm{T}}}\boldsymbol{P}^{m^{\mathrm{T}}})+\frac{(1+\lambda_1)}{2}\mathrm{tr}(\boldsymbol{P}^m\boldsymbol{V}^m\boldsymbol{V}^{m^{\mathrm{T}}}\boldsymbol{P}^{m^{\mathrm{T}}})$$

$$+\frac{\lambda_4}{2}\mathrm{tr}((\boldsymbol{P}^{m^{\mathrm{T}}}\boldsymbol{P}^m - I)(\boldsymbol{P}^{m^{\mathrm{T}}}\boldsymbol{P}^m - I)^{\mathrm{T}})$$

$$=-\mathrm{tr}(\boldsymbol{X}^m\boldsymbol{V}^{m^{\mathrm{T}}}\boldsymbol{P}^{m^{\mathrm{T}}})+\frac{(1+\lambda_1)}{2}\mathrm{tr}(\boldsymbol{P}^m\boldsymbol{V}^m\boldsymbol{V}^{m^{\mathrm{T}}}\boldsymbol{P}^{m^{\mathrm{T}}})$$

$$+\frac{\lambda_4}{2}\mathrm{tr}(\boldsymbol{P}^{m^{\mathrm{T}}}\boldsymbol{P}^m\boldsymbol{P}^{m^{\mathrm{T}}}\boldsymbol{P}^m)-\lambda_4\mathrm{tr}(\boldsymbol{P}^{m^{\mathrm{T}}}\boldsymbol{P}^m)+I \tag{4-63}$$

此时结合公式(4-56)有

$$\frac{\delta R}{\delta \boldsymbol{P}^m}=-\boldsymbol{X}^m\boldsymbol{V}^{m^{\mathrm{T}}}+(1+\lambda_1)\boldsymbol{P}^m\boldsymbol{V}^m\boldsymbol{V}^{m^{\mathrm{T}}}+2\lambda_4\boldsymbol{P}^m\boldsymbol{P}^{m^{\mathrm{T}}}\boldsymbol{P}^m-2\lambda_4\boldsymbol{P}^m \tag{4-64}$$

根据公式(4-64),按照公式(4-59)的更新方法有

$$\boldsymbol{P}^m_{ij}\leftarrow \boldsymbol{P}^m_{ij}\frac{(\boldsymbol{X}^m V^{m^{\mathrm{T}}}+2\lambda_4\boldsymbol{P}^m)_{ij}}{((1+\lambda_1)\boldsymbol{P}^m\boldsymbol{V}^m\boldsymbol{V}^{m^{\mathrm{T}}}+2\lambda_4\boldsymbol{P}^m\boldsymbol{P}^{m^{\mathrm{T}}}\boldsymbol{P}^m)_{ij}} \tag{4-65}$$

固定 $\boldsymbol{P}^m$,$\boldsymbol{V}^m$ 和 V,更新 $\boldsymbol{Q}^m$:当 $\boldsymbol{P}^m$、$\boldsymbol{V}^m$ 和 V 固定时,目标函数关于参数 $\boldsymbol{Q}^m$ 的优化问题类似于 $\boldsymbol{P}^m$ 的优化求解。因此,可按照相同的方式对 $\boldsymbol{Q}^m$ 进行迭代更新,结合公式(4-57)便有$\frac{\delta R}{\delta \boldsymbol{Q}^m}$:

$$\frac{\delta R}{\delta \boldsymbol{Q}^m}=-\boldsymbol{V}^m\boldsymbol{V}^{\mathrm{T}}+(1+\lambda_1)\boldsymbol{Q}^m V\boldsymbol{V}^{\mathrm{T}}+2\lambda_4\boldsymbol{Q}^m\boldsymbol{Q}^{m^{\mathrm{T}}}\boldsymbol{Q}^m-2\lambda_4\boldsymbol{Q}^m \tag{4-66}$$

因此,$\boldsymbol{Q}^m$ 的更新形式如公式(4-65)。

$$\boldsymbol{Q}^m_{ij}\leftarrow \boldsymbol{Q}^m_{ij}\frac{(\boldsymbol{V}^m\boldsymbol{V}^{\mathrm{T}}+2\lambda_4\boldsymbol{Q}^m)_{ij}}{((1+\lambda_1)\boldsymbol{Q}^m V\boldsymbol{V}^{\mathrm{T}}+2\lambda_4\boldsymbol{Q}^m\boldsymbol{Q}^{m\,\mathrm{T}}\boldsymbol{Q}^m)_{ij}} \tag{4-67}$$

固定 $\boldsymbol{P}^m$,$\boldsymbol{V}^m$ 和 $\boldsymbol{Q}^m$,更新 V:当 $\boldsymbol{P}^m$、$\boldsymbol{V}^m$ 和 $\boldsymbol{Q}^m$ 固定时,根据公式(4-58)、公式(4-59)以及 $\boldsymbol{L}^{mn}=\boldsymbol{D}^{mn}-\boldsymbol{A}^{mn}$,有 V 的更新如公式(4-68)。

$$V_{ij}\leftarrow V_{ij}\frac{\left(\sum_{m=1}^{M}\boldsymbol{Q}^{m^{\mathrm{T}}}\boldsymbol{V}^m+\lambda_3\left(\sum_{m,n=1}^{M}\boldsymbol{A}^{mn}\right)V\right)_{ij}}{\left((1+\lambda_1)\sum_{m=1}^{M}(\boldsymbol{Q}^{m^{\mathrm{T}}}\boldsymbol{Q}^m)V+\lambda_3\left(\sum_{m,n=1}^{M}\boldsymbol{D}^{mn}\right)V\right)_{ij}} \tag{4-68}$$

2. 收敛性证明

本节利用辅助函数方法对迭代公式(4-61)、公式(4-65)、公式(4-67)和公式(4-68)中的收敛性进行证明。在给出迭代公式的收敛性证明前,先介绍两个相关引理。

引理 4.1 对于任何函数 $F(x)$,如果存在函数 $G(x)$ 满足 $G(x,x')\geqslant F(x)$,而且有 $G(x,x)=F(x)$,则称 $G(x,x')$ 为 $F(x)$ 的辅助函数,同时 $F(x)$ 在公式(4-28)中的迭代过程中是非增的。

$$x^{(t+1)}=\arg\min_x G(x,x^{(t)}) \tag{4-69}$$

证明:$F(x^{(t+1)})\leqslant G(x^{(t+1)},x^{(t)})\leqslant G(x^{(t)},x^{(t)})=F(x^{(t)})$,证毕。

当且仅当 $x^{(t)}$ 是 $G(x,x')$ 的局部最小时,有 $F(x^{(t)})=F(x^{(t+1)})$。因此,通过对公式(4-69)的不断迭代,能够使得 x 收敛到一个局部的最小值 $x_{\min}=\arg\min_x F(x)$。首先证明迭代公式(4-63)中的更新方法是收敛的。对于矩阵 $\boldsymbol{V}^m$ 中的任意一个元素 v^m_{ij},用 $F_{v^m_{ij}}$ 表示目标函数中与 v^m_{ij} 相关的部分,由于迭代公式中的更新方式是按照元素进行的,因此这里只需要证明 $F_{v^m_{ij}}$ 在迭代公式(4-69)是非增的即可。下面通过自定义辅助函数的方法,证明上述结论。

引理 4.2 设 F' 表示目标函数中与 $\boldsymbol{V}^m$ 相关部分的一阶导数，则自定义函数：

$$G(v,v_{ij}^{m(t)}) = F_{v_{ij}^m}(v_{ij}^{m(t)}) + F'_{v_{ij}^m}(v_{ij}^m)(v - v_{ij}^{m(t)}) + \frac{1}{2}\frac{((2+\lambda_1)\boldsymbol{V}^m + \lambda_2 \boldsymbol{D}^m \boldsymbol{V}^m)_{ij}}{v_{ij}^{m(t)}}(v - v_{ij}^{m(t)})^2 \tag{4-70}$$

为 $F_{v_{ij}^m}$ 的辅助函数。

证明：显然有 $G(v_{ij}^{m(t)}, v_{ij}^{m(t)}) = F_{v_{ij}^m}(v_{ij}^{m(t)})$，因此根据辅助函数的定义，只需要证明 $G(v, v_{ij}^{m(t)}) \geqslant F_{v_{ij}^m}(v)$ 即可。将 $F_{v_{ij}^m}(v)$ 进行泰勒展开，可得

$$F_{v_{ij}^m}(v) = F_{v_{ij}^m}(v_{ij}^{m(t)}) + F'_{v_{ij}^m}(v)(v - v_{ij}^{m(t)}) + F''_{v_{ij}^m}(v)(v - v_{ij}^{m(t)})^2 \tag{4-71}$$

式中，F'' 为目标函数中与 $\boldsymbol{V}^m$ 相关部分的二阶导数。同时有

$$\begin{aligned} F'_{v_{ij}^m}(v) &= (-\boldsymbol{P}^{m^{\mathrm{T}}}\boldsymbol{X}^m + (2+\lambda_1)\boldsymbol{V}^m - \boldsymbol{Q}^m V + \lambda_2 \boldsymbol{L}^m \boldsymbol{V}^m)_{ij} \\ F''_{v_{ij}^m}(v) &= ((2+\lambda_1)I + \lambda_2 L^m)_{jj} \end{aligned} \tag{4-72}$$

将公式(4-70)与公式(4-72)相对比可知，证明 $G(v, v_{ij}^{m(t)}) \geqslant F_{v_{ij}^m}(v)$ 等价于证明：

$$\frac{((2+\lambda_1)\boldsymbol{V}^m + \lambda_2 \boldsymbol{D}^m \boldsymbol{V}^m)_{ij}}{v_{ij}^{m(t)}} \geqslant ((2+\lambda_1)\boldsymbol{I} + \lambda_2 L^m)_{jj} \tag{4-73}$$

又因为有

$$\begin{aligned} ((2+\lambda_1)\boldsymbol{V}^m + \lambda_2 \boldsymbol{D}^m \boldsymbol{V}^m)_{ij} &= \sum_k ((2+\lambda_1)\boldsymbol{I} + \lambda_2 \boldsymbol{D}^m)_{ik} \boldsymbol{V}_{kj}^m \\ &\geqslant ((2+\lambda_1)I + \lambda_2 \boldsymbol{D}^m)_{jj} \boldsymbol{V}_{ij}^m \\ &\geqslant v_{ij}^{m(t)}((2+\lambda_1)I + \lambda_2 \boldsymbol{D}^m)_{jj} \end{aligned} \tag{4-74}$$

而 $\boldsymbol{L}^m = \boldsymbol{D}^m - \boldsymbol{A}^m$，即 $D_{jj}^m \geqslant L_{jj}^m$，所以公式(4-73)成立，也即 $G(v, v_{ij}^{m(t)}) \geqslant F_{v_{ij}^m}(v)$。

类似地，对于公式(4-65)、公式(4-67)和公式(4-68)中的迭代公式也可以分别定义与目标函数中 $F_{p_{ij}^m}, F_{q_{ij}^m}, F_{v_{ij}}$ 相关的辅助函数 $G(p, p_{ij}^{m(t)}), G(q, q_{ij}^{m(t)}), G(v, v_{ij}^{(t)})$：

$$G(p, p_{ij}^{m(t)}) = F_{p_{ij}^m}(p_{ij}^{m(t)}) + F'_{p_{ij}^m}(p_{ij}^m)(p - p_{ij}^{m(t)}) + \frac{1}{2}\frac{((1+\lambda_1)P^m V^m V^{m^{\mathrm{T}}} + 2\lambda_4 P^m P^{m^{\mathrm{T}}} P^m)_{ij}}{p_{ij}^{m(t)}}(p - p_{ij}^{m(t)})^2 \tag{4-75}$$

$$G(q, q_{ij}^{m(t)}) = F_{q_{ij}^m}(q_{ij}^{m(t)}) + F'_{q_{ij}^m}(q_{ij}^m)(q - q_{ij}^{m(t)}) + \frac{1}{2}\frac{((1+\lambda_1)\boldsymbol{Q}^m V \boldsymbol{V}^{m^{\mathrm{T}}} + 2\lambda_4 \boldsymbol{Q}^m \boldsymbol{Q}^{m^{\mathrm{T}}} \boldsymbol{Q}^m)_{ij}}{q_{ij}^{m(t)}}(q - q_{ij}^{m(t)})^2 \tag{4-76}$$

$$G(v, v_{ij}^{(t)}) = F_{v_{ij}}(v_{ij}^{(t)}) + F'_{v_{ij}^m}(v_{ij})(v - v_{ij}^{(t)}) + \frac{1}{2}\frac{((1+\lambda_1)\sum_{m=1}^{M}(\boldsymbol{Q}^{m^{\mathrm{T}}}\boldsymbol{Q}^m)V + \lambda_3\left(\sum_{m,n=1}^{M}\boldsymbol{D}^{mn}\right)V)_{ij}}{v_{ij}^{(t)}}(v - v_{ij}^{(t)})^2 \tag{4-77}$$

下面通过自定义的辅助函数证明在迭代公式(4-61)、公式(4-65)、公式(4-67)和公式(4-68)的更新方式下，目标函数最后能够收敛到局部的最小值。

定理 4.1 利用公式(4-61)、公式(4-65)、公式(4-67)和公式(4-68)迭代求解 $\boldsymbol{V}^m$、$\boldsymbol{P}^m$、

$Q^m, m=1,\cdots,M$ 和 V 时，目标函数 R 中的 $F_{v_{ij}^m}, F_{p_{ij}^m}, F_{q_{ij}^m}, F_{v_{ij}}$ 是非增且函数的值不再发生变化的条件是迭代更新得到的 $\boldsymbol{V}^m$、$\boldsymbol{P}^m$、$\boldsymbol{Q}^m$ 和 V 是相关部分函数的稳定点。

证明：首先对于 V^m 和迭代公式(4-61)，由于 $G(v, v_{ij}^{m(t)})$ 是 $F_{v_{ij}^m}$ 的辅助函数，根据引理 4.1，只需要最小化 $G(v, v_{ij}^{m(t)})$ 就可得到 $F_{v_{ij}^m}$ 的稳定点。将公式(4-70)代入公式(4-69)中便有：

$$
\begin{aligned}
v_{ij}^{m(t+1)} &= v_{ij}^{m(t)} - v_{ij}^{m(t)} \frac{F'_{v_{ij}^m}(v_{ij}^m)}{((2+\lambda_1)\boldsymbol{V}^m)_{ij} + (\lambda_2 \boldsymbol{D}^m \boldsymbol{V}^m)_{ij}} \\
&= v_{ij}^{m(t)} \frac{((2+\lambda_1)\boldsymbol{V}^m + \lambda_2 \boldsymbol{D}^m \boldsymbol{V}^m)_{ij} - F'_{v_{ij}^m}(v_{ij}^m)}{((2+\lambda_1)\boldsymbol{V}^m + \lambda_2 \boldsymbol{D}^m \boldsymbol{V}^m)_{ij}} \\
&= v_{ij}^{m(t)} \frac{(P^{m^{\mathrm{T}}} \boldsymbol{X}^m + \boldsymbol{Q}^m V + \lambda_2 \boldsymbol{A}^m \boldsymbol{V}^m)_{ij}}{((2+\lambda_1)\boldsymbol{V}^m + \lambda_2 \boldsymbol{D}^m \boldsymbol{V}^m)_{ij}}
\end{aligned} \tag{4-78}
$$

由上可知，公式(4-61)求得的 $\boldsymbol{V}^m$ 是目标函数 $\mathcal{R}$ 中 $F_{v_{ij}^m}$ 部分的稳定点。

同理可以证明(4-65)、公式(4-67)和公式(4-68)求得的 $\boldsymbol{P}^m$、$\boldsymbol{Q}^m$、V 是 $F_{p_{ij}^m}, F_{q_{ij}^m}, F_{v_{ij}}$ 的稳定点。因此，按照公式(4-61)、公式(4-65)、公式(4-67)和公式(4-68)迭代交替更新 $\boldsymbol{V}^m$，$\boldsymbol{P}^m, \boldsymbol{Q}^m, m=1,\cdots,M$ 和 V 时，目标函数 $\mathcal{R}$ 是非增且能够达到稳定点，即 $\mathcal{R}$ 是收敛的。

4.4.4　RGB-D 行为识别

对于 N 个训练样本 $\{X_i, y_i\}$，其中 $X_i = \{x_i^1, \cdots, x_i^M\}$ 为多模态特征集合，$y_i = [-1, -1, \cdots, C-1, \cdots, -1]^{\mathrm{T}} \in \mathcal{R}^{C\times 1}$ 是一个均值为 0 的列向量，若样本的标签为 c，则列向量中第 c 个元素为 $C-1$，其余元素为 -1，C 表示所有样本的类别数目。在算法训练阶段，使用上述 RGB-D 多模态训练数据对公式(4-53)中的算法模型进行训练，并得到 $\boldsymbol{V}^m$ 和 V 后，根据训练样本的标签 $Y = [y_1, \cdots, y_i, \cdots, y_N]$，训练动作识别模型的参数 Θ_m, Θ_0：

$$
\min_{\omega_m, \omega_0, b} \left\| \sum_{m=1}^{M} \varphi \Theta_m \boldsymbol{V}^m + \varphi_0 \Theta_0 V - Y \right\|_2^2 \tag{4-79}
$$

式中，$\Theta_m \in \mathcal{R}^{C\times c_m}$，$\Theta_0 \in \mathcal{R}^{C\times d}$，$\varphi, \varphi_0$ 为不同模态特征的平衡参数。在公式(4-79)中的分类识别模型中既用到了每个模态特征所特有的部分 $\boldsymbol{V}^m$，也用到了所有模态特征之间的共享语义 V。该分类模型可以看作是多个 SVM 分类模型的线性组合，从而该问题可以通过 LIBLINEAR 工具进行求解。

在测试阶段，对于一个待测样本的多模态特征 $\{x_{\text{test}}^m \in \mathcal{R}^{d_m}\}$，$m=1,\cdots,M$，首先根据阶段得到的 $\boldsymbol{P}^m$、$\boldsymbol{Q}^m$ 计算每个模态特征所特有的部分及共享部分：

$$
\begin{aligned}
v_{\text{test}}^m &= \boldsymbol{P}^{m^{\mathrm{T}}} \boldsymbol{x}_{\text{test}}^m \\
v_{\text{test}} &= \boldsymbol{Q}^{m^{\mathrm{T}}} \boldsymbol{P}^{m^{\mathrm{T}}} \boldsymbol{x}_{\text{test}}^m
\end{aligned} \tag{4-80}
$$

从而，该样本的最终类别标签 y_{test} 为

$$
y_{\text{test}} = \arg\max_{c} \left(\sum_{m=1}^{M} \varphi \Theta_m v_{\text{test}}^m(c) + \varphi_0 \Theta_0 v_{\text{test}}(c) \right) \tag{4-81}
$$

式中，$\Theta_m v_{\text{test}}^m(c)$ 表示向量 $\Theta_m v_{\text{test}}^m \in \mathcal{R}^{C\times 1}$ 中的第 c 个元素。表 4-8 给出了本章基于 *MSG-DNMF* 的多模态特征表达及行为识别算法流程。

表 4-8　基于 MSG-DNMF 的多模态特征表达及行为识别算法流程

算法 4.4　基于 MSG-DNMF 的多模态特征表达及行为识别算法

输入：N 个训练样本及其类别标签向量 $\{\boldsymbol{X}_i, \boldsymbol{y}_i\}$，其中多模态特征 $\boldsymbol{X}_i = \{x_i^1, \cdots, x_i^M\}$，测试样本的多模态特征集合 $x_{\text{test}} = \{x_{\text{test}}^1, \cdots, x_{\text{test}}^M\}$，不同正则约束平衡参数 λ_1、λ_2、λ_3、λ_4，子空间 $\boldsymbol{V}^m$，V 的大小 c_m，d，迭代更新次数 T，阈值 $\in$。

输出：待测样本的标签 y_{test}。

训练阶段：

1. 根据多模态特征数据 $\boldsymbol{X}^m$，$m=1,\cdots,M$，计算三种邻接矩阵：
2. (1) 根据公式(4-48)和公式(4-49)计算每个模态特征数据下的邻接矩阵 $\boldsymbol{A}^m$；
3. (2) 根据 4.3.2 节中的步骤(1)，(2)，(3)计算两种不同模态特征数据间的邻接矩阵 $\boldsymbol{A}^{mn}$，$m,n=1,\cdots,M$，$m\neq n$；
4. (3) 计算样本在所有模态特征数据上的邻接矩阵 $\boldsymbol{A} = \sum_{m=1}^{M}\boldsymbol{A}^m$；
5. MSG-DNMF 问题(公式(4-53))优化求解 $\boldsymbol{V}^m$、$\boldsymbol{P}^m$、$\boldsymbol{Q}^m$、V：
6. (1)随机初始化 $\boldsymbol{V}^m$、$\boldsymbol{P}^m$、$\boldsymbol{Q}^m$、V；
7. (2) 固定 $\boldsymbol{P}^m$、$\boldsymbol{Q}^m$、V，按照公式(4-60)迭代更新 $\boldsymbol{V}^m$；
8. (3) 固定 $\boldsymbol{V}^m$、$\boldsymbol{Q}^m$、V，按照公式(4-65)迭代更新 $\boldsymbol{P}^m$；
9. (4) 固定 $\boldsymbol{V}^m$、$\boldsymbol{P}^m$、V，按照公式(4-67)迭代更新 $\boldsymbol{Q}^m$；
10. (5) 固定 $\boldsymbol{V}^m$、$\boldsymbol{P}^m$、$\boldsymbol{Q}^m$，按照公式(4-68)迭代更新 V；
11. (6) 当迭代次数大于 T 或者 $\| \boldsymbol{V}^{m(t)} - \boldsymbol{V}\, m^{(t+1)} \|_2 < \in$，即 $\boldsymbol{V}^m$、$\boldsymbol{P}^m$、$\boldsymbol{Q}^m$、V 收敛时，迭代更新终止；
12. 根据 $\boldsymbol{V}^m \in \mathcal{R}^{c_m \times N}$，$V \in \mathcal{R}^{d \times N}$，样本标签数据 Y 和公式(4-38)训练行为识别模型的参数 Θ_m，Θ_0；
13. 测试阶段：对于待测样本的多模态特征数据 x_{test}，根据计算得到的 $\boldsymbol{P}^m$、$\boldsymbol{Q}^m$、Θ_m、Θ_0 和公式(4-80)、公式(4-81)计算其类别标签 y_{test}。

4.4.5　实验结果分析

本节在单一模态(RGB 或 Depth)图像上和两种不同模态(RGB 和 Depth)图像上对 MSG-DNMF 模型进行测试，并将 MSG-DNMF 算法与主流的多模态特征学习算法进行对比。在单一模态图像上的实验是为了测试在面对相同数据来源、不同类型特征时的联合表达效果。而在两种不同模态的图像上进行实验则是为了测试 MSG-DNMF 算法在面对不同数据来源时的多模态特征联合表达效果。由于在行为识别过程中，RGB 和深度图像具有明显的差异性，导致两种不同数据来源的多模态特征存在高层语义模糊。因此，针对不同模态图像的多模态特征联合表达进行实验更具有现实意义。

如章节 4.3.3 所述，实验过程中采用平均识别准确率作为指标来定量描述算法的性能。实验的仿真平台为主频 4.00 GHz×8 的 Intel Core i7-6700K CPU，操作系统为 Ubuntu 16.04，仿真软件采用 MATLAB 和 Python。在实验过程中，对于 MSG-DNMF 模型中的参数 λ_1、λ_2、λ_3、λ_4，采取遍历原则寻找最优模型参数，从而得出本节中所提出的不同正则项对算法性能的影响。而对于其他参数，如：不同模态特征的基本语义概念字典 $\boldsymbol{V}_m$ 维度大小 c_m，$m=1,\cdots,M$，所有模态特征的共享语义字典 V 的大小 d 和 MSG-DNMF 算法的迭代次数 T 也会在后续实验中做进一步讨论。

此外，本节还主要比较了三种不同类型的多模态特征学习算法：(1)常见基于 NMF 的多模态特征联合学习算法；(2)基于不同图正则约束的多模态特征联合学习算法；(3)其他多模态特征联合学习算法。

1. 不同模态特征的语义概念字典维度对算法性能影响

由于不同模态特征具有不同的特征维度，使得 MSG-DNMF 模型中相应模态特征数据具有不同的基本语义概念字典维度。在实验过程中将每种模态特征的语义概念字典维度 $c_m, m=1,\cdots,M$ 设为原始特征空间维度 d_m 的{10%，30%，50%，70%}并取整后进行性能评估。图 4-22 给出了不同的语义概念字典维度大小设置对四个数据库的识别性能影响。从图中可以看出对于每种模态特征，过大或者过小的基本语义概念字典维度都会造成模态信息的丢失，从而影响多模态特征的联合表达效果和最后基于多模态表达的行为识别结果。当 $c_m=0.3d_m$ 和 $c_m=0.5d_m$ 时，在每个数据集上的平均识别准确率几乎没有太大区别，同时过大的语义概念字典维度会带来较大的计算成本。因此，在实验过程中将每种模态特征所特有的语义概念字典维度设置为原始模态特征维度的 30%，即 $c_m=0.3d_m$。

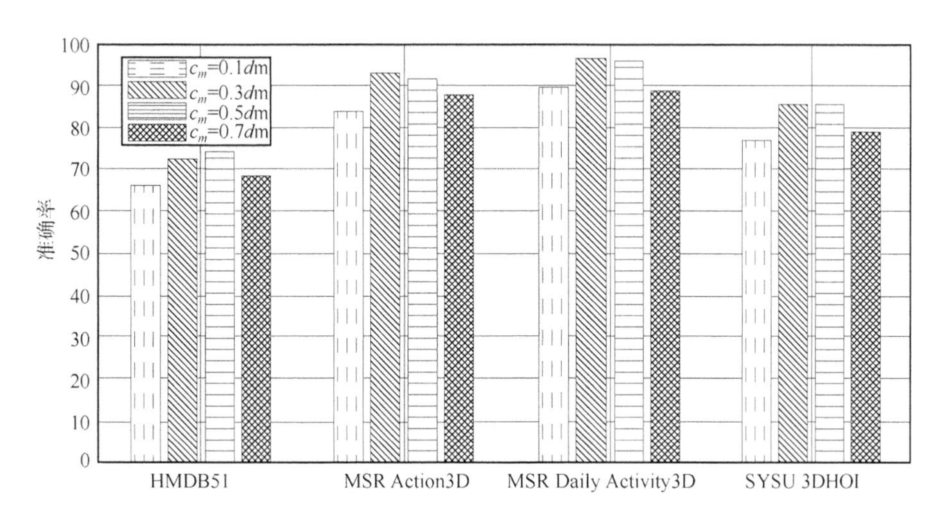

图 4-22　不同模态特征所特有的语义概念字典大小在四个数据库上的识别性能

2. 所有模态特征的共享语义概念字典维度对算法性能影响

针对 MSG-DNMF 算法中共享语义概念字典 V 的大小 d，分别测试了 $d=[20,40,60,80,100,120,140,160,180,200]$ 十种情况。为了确定该参数的值，将 c_m 的值设为 $0.3d_m$ 以及令 λ_1、λ_2、λ_3、λ_4 的值为 1 后，在四个不同的数据库上进行测试。图 4-23 为不同的共享语义概念字典大小在四个数据库上的平均识别率。此外，为了能更好地说明参数对算法的影响，在实验过程中还增加了与一些变形算法的对比测试。其中 Double NMF（DNMF）算法仅保留了目标函数（公式（4-53））中的数据分解项，即 λ_1、λ_2、λ_3、λ_4 的值为 0；Regularized DNMF（RDNMF），Orthogonal DNMF（ODNMF），Sparse Graph DNMF（GDNMF）则对应着公式（4-53））中的不同正则项，如 RDNMF 模型中 $\lambda_1=1,\lambda_2,\lambda_3,\lambda_4=0$；GDNMF 模型中 $\lambda_2,\lambda_3=1,\lambda_1,\lambda_4=0$；ODNMF 中 $\lambda_1,\lambda_2,\lambda_3=0,\lambda_4=1$。

从图 4-23 可以看出，当 d 的值达到某个数值后，MSG-DNMF 算法及其变形的平均识别率达到了最优。随着后续 d 值的增加，平均识别率的涨幅不再明显甚至出现下降趋势。同时在所有的共享语义概念字典维度上，MSG-DNMF 算法的性能几乎高于 DNMF、RDNMF、ODNMF 和 GDNMF 的识别性能。此外，不同的数据库达到最优识别准确率所需的 d 值也不同，HMDB51 和 MSR Action3D 的最优 d 值分别为 160 和 120，而 MSR Daily Activity3D 和 SYSU 3DHOI 的最优 d 值为 100。上述现象的原因在于数据库 HMDB51 和 MSR Action3D 中包含较多的行为类别，从而需要更多的共享语义字典数目来对行为数据进行描述。考虑到维度增加带来的计算成本，实验过程中将 HMDB51 的 d 值设为 150，而将 MSR Action3D、HMDB51 和 MSR Action3D 的 d 值设为 100。

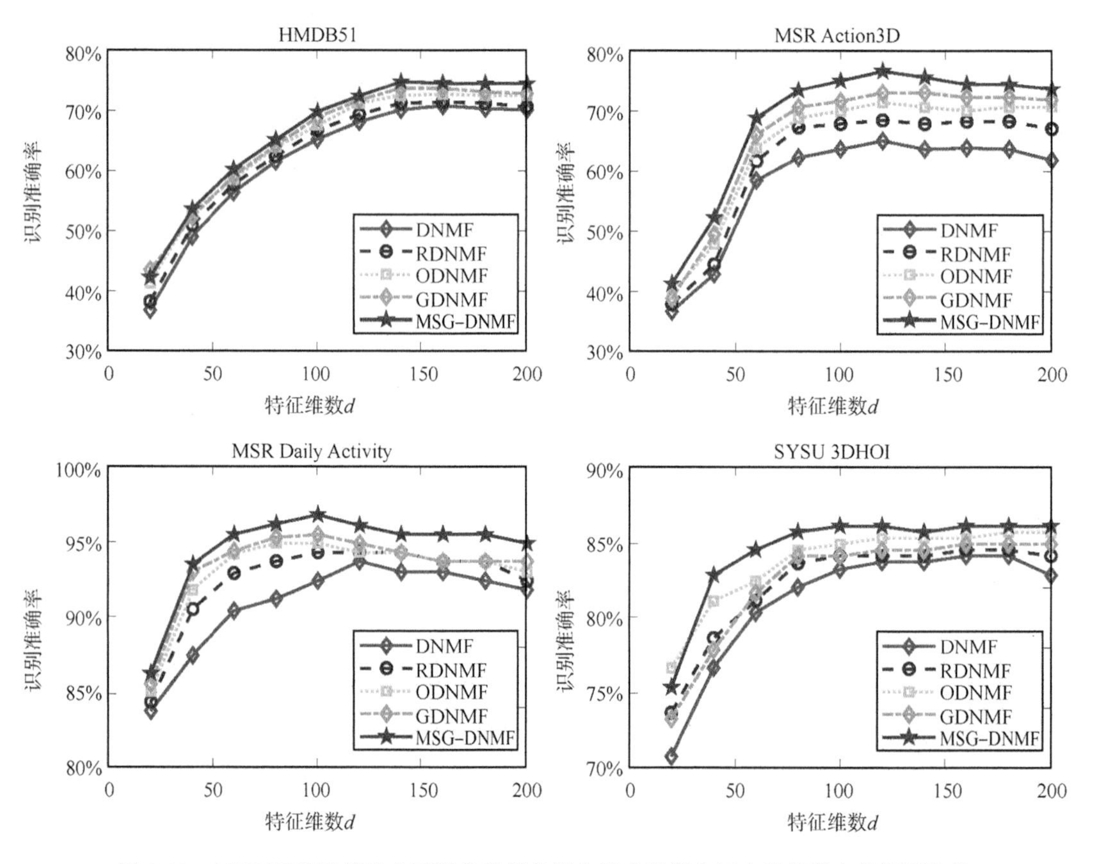

图 4-23　MSG-DNMF 算法中不同共享语义概念字典维度在四个数据库上的识别性能

3. MSG-DNMF 算法的迭代次数与收敛性

对于 MSG-DNMF 算法的迭代次数，这里分别测试了 T 在区间[20，1000]上的目标函数值变化。为了确定迭代次数，将其他参数设置为最佳参数值后在四个不同的数据库上进行了测试。不同迭代次数所得到的目标函数值如图 4-24 所示。实验结果表明，当迭代次数达到 200 次左右时，在四个数据库上的目标函数值基本达到收敛，即当 $T \geqslant 200$ 后，目标函数值变化随着迭代次数的增加不是很明显。因此，实验过程中将迭代次数 T 设为 200。同时与其他三个数据库相比，由于 HMDB51 中有较多的训练样本，使得迭代次数小于 200 时目标函数值具有慢的收敛过程。

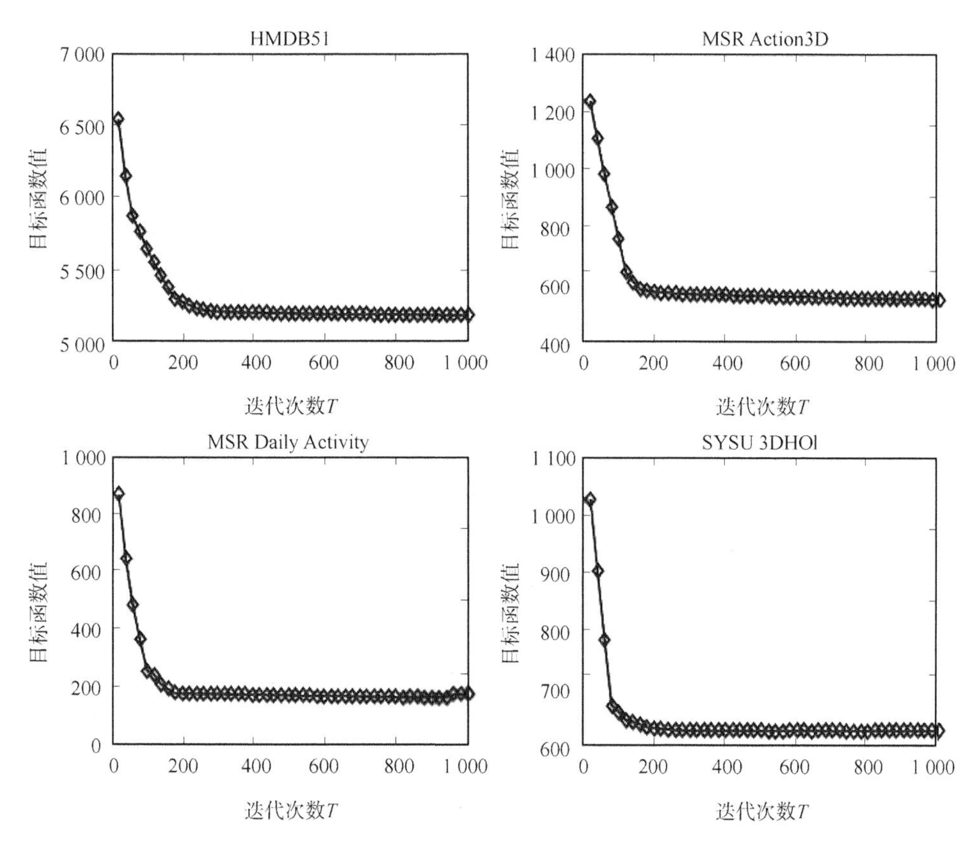

图 4-24　MSG-DNMF 算法中不同迭代次数在四个数据库上的目标函数值

4.5　基于双流 Siamese 网络和中心对比损失的 RGB-D 行为识别

在单一的 RGB 或深度模态图像下的人体行为识别研究中，常常会有多重类内变化因素同时出现的情况。而在结合两种模态图像进行人体行为识别时，由于两种模态图像表现形式的差异性，也会带来一些类内差异和类间的重叠，从而加剧了基于 RGB-D 数据的人体行为识别难度。深度学习方法尤其是端到端的 Siamese CNN 模型不但能通过层级结构建立底层特征到高层语义特征的映射，还能对输出的高层特征向量进行语义相似与不相似度量，从而为解决行为的类内差异和类间的重叠问题带来可能。因此，本节采用深度学习及 Siamese CNN 模型对 RGB-D 人体行为识别过程中的高层特征进行语义相似度度量，以解决行为的类内差异和类间重叠问题。

本节介绍基于协同训练的双流 Siamese 卷积神经网络(Collaborative two streams Siamese 3D CNN，C2s-S3DCNN)的 RGB-D 人体行为识别算法。该算法的框架图如图 4-25 所示。本节网络框架采用双流 3D CNN 作为基础网络学习每个模态数据的高层特征，其中每个分流网络都是一个以 RGB 图像对或深度图像对为输入的 Siamese CNN 网络。因此，该网络结构不仅学习每种模态数据的高层特征，同时也能通过对比损失函数使得高层特征具有更好的类内相似性与类间的可区分性，解决了行为的类内差异与类间重叠问题，从而避免直接融合方式带来的性能“退化”问题。针对 Siamese 网络和对比损失函数需要构造大量的训练样本对问题，介绍一种改进的中心对比损失函数。该损失函数结合中心损失函数的思想，在 RGB 和深度模态数据下，为每个类别的样本选择一个参照样本，在对比损失函数中只对每个样本和其类别参照样本的高层特征作相似性度量，而只在所有不同类别参照样本的高层特征之间作不相似度量，从而大大减少了对比损失函数中所需要构造的样本对数量。此外，本节使用等距同构映射将 RGB 和深度模态高层特征投影到同一个低维空间中，然后在低维空间上实现两种模态高层特征之间的语义度量。由于投影后样本的 RGB 和深度模态数据都保持原来的邻近关系，因此异质的中心对比损失函数只需要在低维空间上度量 RGB 和深度模态参照样本高层特征的相似性关系，从而进一步减少了所需要的样本对数量。

最后，C2s-S3DCNN 算法在具有不同数据量和应用场景的 RGB-D 数据库中进行测试，并对实验结果进行了分析。实验结果表明，与现有的基于深度学习的 RGB-D 行为识别方法相比，C2s-S3DCNN 既解决了 c-ConvNet 和 Siamese 网络需要构造大量样本对的问题，也解决了 RGB 和深度模态高层特征语义度量问题，同时 C2s-S3DCNN 提高了现有的深度学习模型在融合 RGB 和深度模态数据进行人体行为识别时的准确率。

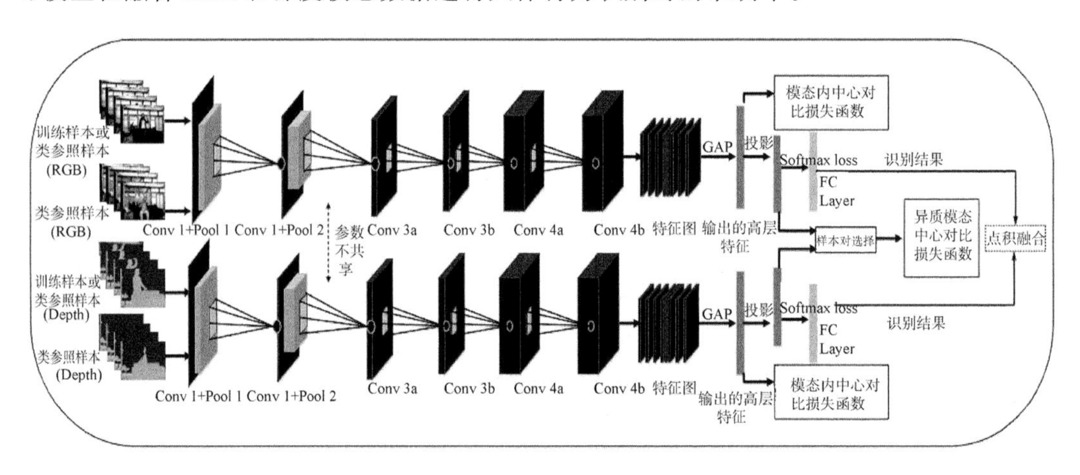

图 4-25　基于 C2s-S3DCNN 的人体行为识别框架

4.5.1 Siamese 网络结构

Siamese 网络是一种相似性度量方法，其主要由网络输入构造、卷积神经网络(CNN)和对比损失函数三个部分组成。该网络的原理是对构造的样本对使用卷积神经网络提取图像中的高层特征，然后在网络的顶层通过对比损失函数对两张图像的高层特征进行相似度量。图 4-26 为一个经典的 Siamese 网络结构。下面将对 Siamese CNN 中的三个主要部分进行介绍。

1. 网络输入

由于 Siamese 网络是由两个分支网络所组成的，所以在 Siamese 网络的输入中通常是

由两个图像 X_i,X_j 所组成的样本对。当两个图像来自相同的类别标签或者同一个语义主题时，将它们所组成的样本对定义为正样本对，即样本对标签 $Y_{ij}=1$，而当两个图像来自不同的类别标签或者语义主题时，它们所组成的样本对为负样本对，即样本对标签 $Y_{ij}=0$。在训练 Siamese CNN 网络之前，需要根据训练样本，构造所有可能存在且不重复的训练样本对。

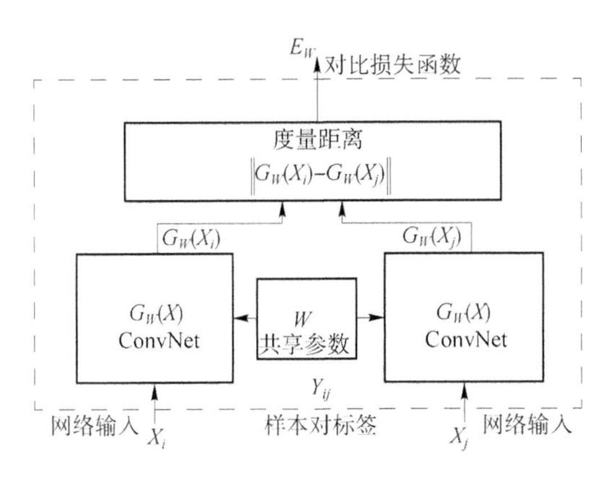

图 4-26 经典的 Siamese CNN 结构

2. 卷积神经网络

Siamese 网络中的卷积神经网络部分是由卷积层、池化层和全连接层所组成的多层前向网络。其可以看作是一种特征提取器，主要是用来得到图像的高层语义特征向量，以用于后续损失函数的相似度量。值得注意的是，Siamese 网络中每个分支的 CNN 通常具有相同的网络结构和网络参数。当得到 Siamese 网络的损失函数值后，可通过反向传播方式对 CNN 的网络参数进行调整，从而使得损失函数能够达到最优值。

3. 对比损失函数

对比损失函数是 Siamese CNN 的一个重要组成部分。它是根据两个图像的特征向量距离构造的一种图像相似度计算函数，其目标是使得正样本间的特征向量距离应该尽量小，而使得负样本间的特征向量距离尽可能的大。采用欧式距离作为度量方式。假设通过 CNN 得到两个图像的特征向量为 $\boldsymbol{G}_W(X_i),\boldsymbol{G}_W(X_j)$，它们之间的欧式距离平方定义为 $D(X_i,X_j)=\|\boldsymbol{G}_W(X_i)-\boldsymbol{G}_W(X_j)\|^2$，则 Siamese 网络的对比损失函数定义如下：

$$\text{loss}(X_i,X_j)=\frac{1}{2}Y_{ij}D(X_i,X_j)+\frac{1}{2}(1-Y_{ij})\max[0,\in-D(X_i,X_j)] \tag{4-82}$$

式中，$\in$ 是定义的某个阈值。当 $Y_{ij}=1$ 时，两个图像具有相同的类别标签，此时有 $\text{loss}(X_i,X_j)=\frac{1}{2}Y_{ij}D(X_i,X_j)$，两个图像的欧式距离越小时损失函数值越小；而当 $Y_{ij}=0$ 时，两个图像属于不同的类别，此时有 $\text{loss}(X_i,X_j)=\frac{1}{2}\max[0,\in-D(X_i,X_j)]$，如果两个图像之间的欧式距离平方小于 $\in$ 时，$\text{loss}(X_i,X_j)$ 就会获得 $\in-D(X_i,X_j)$ 的惩罚项，而它们之间的距离平方大于 $\in$ 时，就不会有惩罚项。最终将公式(4-82)中的损失函数最小化，就会使得相同类别图像的特征向量更加接近，而使不同类别图像的特征向量更加疏远，也即使它们之间的距离都大于某个阈值。

Siamese CNN 中仍存在以下三个问题需要解决。

(1) 训练样本对的选择对 Siamese CNN 和对比损失函数的训练结果是非常重要的。因此,在训练 Siamese CNN 之前需要精心选择正样本对与负样本对,甚至需要在所有的样本之间构造正、负样本对。考虑到所有可能的训练样本对组合时,就会使得训练样本对的数目增加到 $O(N^2)$,N 为训练样本的数量,从而增加 CNN 网络的训练时间和减缓网络的收敛速度。

(2) Siamese CNN 模型中的对比损失函数是基于两个特征向量的欧式距离进行相似度量的,这使得对比损失函数只能在两个维度相同的特征向量上进行。而当面对两种不同模态形式的图像时,其网络结构和参数可能会有一定的差异,从而可能使得每个分支 CNN 输出的特征向量维度是不同的,因此对比损失函数不能直接对两种不同模态图像的高层语义特征进行相似度量。同时当训练样本数量较大时,在不同模态图像上做语义相似度量也会增加 Siamese 网络的训练时间。

(3) 传统 Siamese CNN 模型只能辨识两张输入图像是否来自同一个类别标签,并不能完全利用每个图像中的类别标签信息。在 CNN 的网络参数优化过程中,没有兼顾到 Softmax 损失函数对网络参数的影响,导致学习到的高层特征向量中出现一些判别性信息的丢失。

针对 Siamese CNN 模型存在的三个问题,提出两种对比中心损失函数,即模态内中心对比损失函数和跨模态中心对比损失函数,并将两个模态内中心对比损失函数和两个 Softmax loss 结合在一起使得 C2s-S3DCNN 能学习到更有区分能力的多模态高层特征。

4.5.2 基于双流 Siamese 网络的 RGB-D 行为识别

在 Siamese 网络中,训练样本对的选择主要取决于所应用的视觉任务以及对训练样本相似性的先验知识。通常,为了能够得到所有训练样本之间的相似或不相似度量,Siamese 网络需要在所有的样本之间选择并构造训练样本对$\{(x_i,x_j)\}$。这种方式常常会产生一些冗余的训练样本对以及减缓相似性度量过程中的收敛速度。为此,Berlemont 等人提出一种基于类别参照样本的样本对构造方法。这种方法为每个类别的训练样本选择一个参照样本 x_r,然后在参照样本和其他训练样本之间构造正、负样本对为(x_r,x_+),(x_r,x_-),其中 x_+ 与参照样本 x_r 来自相同的类别,而 x_- 表示与 x_r 不同类别信息的样本。但是,此方法只能从一定程度上减少样本对构造数量。本节介绍一种新的样本对构造方法。具体地,在 N 个 RGB 和深度模态的训练样本数据$\{X_i^c,X_i^d\}$,$i=1,\cdots,N$ 以及 K 个动作类别 $C=\{k\}$,$k=0,\cdots,K-1$ 下,为每个动作类别 k 选择 RGB 和深度模态的参照样本 $R_k=\{R_k^c,R_k^d\}$。然后在 RGB 或深度模态数据下,构造正、负样本对$(X_i^c,R_{y_i}^c)$,(R_k^c,R_j^c),$i=1,\cdots,N-K$,$k,j=0,\cdots,K-1$,$k\neq j$,其中 $y_i\in C$ 表示样本的类别标签;在 RGB 和深度模态数据下,只在它们的参照样本数据中构造正、负样本对(R_k^c,R_k^d),(R_k^c,R_j^c),$k,j=0,\cdots,K-1$,$k\neq j$。

1. 3D CNN 结构

本节多源视觉数据是 RGB 和 Depth 图像序列(视频),所以选取 3D CNN 作为 C2s-S3DCNN 的基础网络结构,由六个卷积层组成:两个最大池化层,两个 GAP 层以及一个 FC 层,如图 4-27 所示。在将训练视频输入到 3D CNN 之前,需要对训练视频采取随机抽样、裁剪、color jittering 等图像处理技术，得到空间尺度为 112 和时间长度为 32 的训练视频。因此，对于 3D CNN 的输入，每个 RGB 视频的大小为 3 × 32 × 112 × 112，而每个深度视频的大小为 1×32×112×112。接下来，以 RGB 模态数据为例，分别对网络结构中的卷积层、池化层、GAP 层、FC 层及其参数进行介绍。

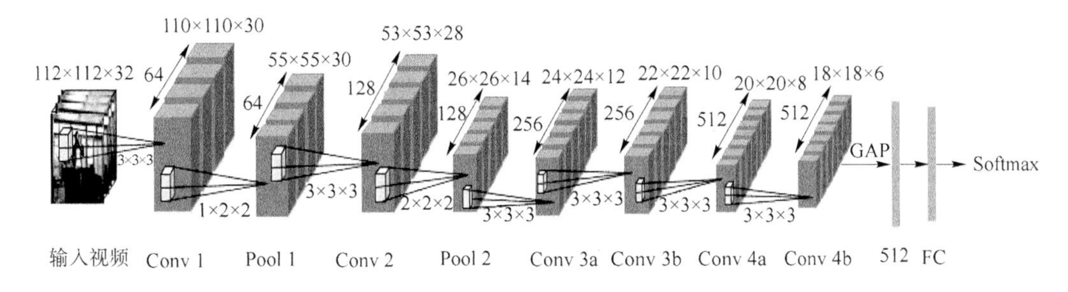

图 4-27　3D 卷积神经网络结构

(1)3D 卷积层：3D CNN 结构中有六个卷积层，每个卷积层中卷积核的个数分别为 64、、128、256、256、512、512，卷积核的大小为 3×3×3，每个卷积核的步长都为 1×1×1。此外，为了加速网络的训练过程和减少初始化的影响，参照 ConvLSTM 在每个卷积层(除了 Conv3a 和 Conv4a 层)的后面使用批归一化处理(BN)以及激活函数(ReLU)。

(2)3D 池化层：在 3D CNN 中，只在第一和第二个卷积层后加入池化层。同时为了保留初始卷积层中的时间信息，在第一个池化层进行空间池化，而在第二个池化层进行空间和时间池化。因此，第一个池化核的大小和步长均为 1×2×2，第二个池化核的大小和步长均为 2×2×2。

GAP 层以及 FC 层：为了减少网络参数和避免过拟合问题，在 Conv4b 后用 GAP 层代替原始的全连接层。需要说明的是 GAP 层的池化是在每一个 3D 特征图的空间维度和时间维度进行整体平均池化，因此，GAP 层的输出是一个长度为 512 的特征向量。该特征向量最后输入到一个带有 Softmax 的 FC 层。

2. 中心对比损失函数

对比损失函数是 Siamese CNN 的重要组成部分。其主要目的是使得网络能够减少正样本对之间的特征变化，而增加负样本对之间的特征差异。本小节结合对比损失函数和中心损失函数的思想，设计了两种中心对比损失函数：模态内中心对比损失函数和异质模态中心对比损失函数。其中模态内中心对比损失函数使得 RGB 或深度模态下的样本特征具有更小的类内变化和更大类间差异；同时跨模态中心对比损失函数使得 RGB 和深度模态下的样本特征具有更小的类内变化和更大类间差异。下面对以上两种中心对比损失函数的设计细节进行详细介绍。

(1) 模态内中心对比损失函数

图 4-28 给出了本节所涉及的几种对比损失函数的对比。如图 4-28(a)所示，原始的对比损失函数需要对所有的样本数据进行相似/不相似关系度量，以使得同一个类别的样本数据(图中的三角形或圆圈)彼此靠近，而使得不同类别的样本数据(图中的三角形和圆圈)彼此疏远。这种方式的缺点在于对所有的样本数据都进行关系度量，从而产生大量的计算成本和训练时间。Berlemont 等人在引入类参照样本的基础上，提出在每个类别的参照样本

与剩余所有样本之间作相似与不相似度量，即图 4-28(b)中的白色三角形、圆圈与灰色的三角形、圆圈。这种方式同样也会产生一些冗余的计算，因为样本数据的欧式距离关系具有传递性，当某个样本与其类别参照样本的距离比较小，而参照样本与另一个类别的参照样本具有较大距离时，该样本与另一个类别的参照样本也有较大距离。因此，此时就不需要再对该样本与另一个类别的参照样本进行欧式距离度量计算。基于上述观察动机，本节介绍一种新的中心对比损失函数，并用于相同模态数据(相同维度)的语义度量。所设计的中心对比损失函数只考虑在相同类别的样本数据和参照样本的数据之间作相似度量，即图 4-28(c)中的三角形或圆圈；而在不同类别的参照样本数据之间做不相似度量，即图 4-28(c)中相同颜色的三角形和圆圈。

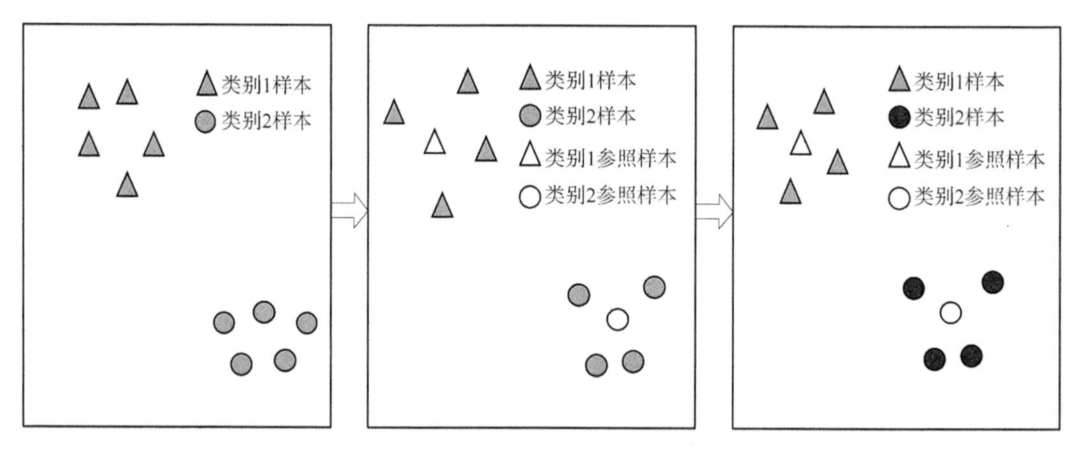

(a) 原始的对比损失函数　(b) 改进的中心对比损失函数　(c) 本章所设计的中心对比损失函数

图 4-28　几种对比损失函数的对比

根据上述观察动机和公式(4-82)，对于 RGB 模态数据本节所设计的中心对比损失函数可表示成如下公式：

$$L_c = \frac{1}{2}\sum_{i=1}^{N-K}\max\{\varepsilon_1, D(f_1(X_i^c), f_1(R_{y_i}^c))\} + \frac{1}{2}\sum_{k,j=0,k\neq j}^{K-1}\max\{0, \varepsilon_2 - D(f_1(R_k^c), f_1(R_j^c))\} \tag{4-83}$$

式中，$0\leqslant\varepsilon_1,\varepsilon_2$ 为自定义的阈值参数，且有 $\varepsilon_1\ll\varepsilon_2$；$f_1(X)$表示 RGB 模态下的样本 X 在 3D CNN 中 GAP 层输出的特征向量，$D(f_1(X), f_1(R)) = \| f_1(X) - f_1(R) \|^2$ 表示 $f_1(X)$与$f_1(R)$的欧式距离。从公式(4-83)中可以看出，最小化目标函数 L_c 就可以保证 RGB 模态类内样本之间的靠近及不同类样本的分离。同样的方式也可以得到深度模态中心对比损失函数的定义：

$$L_d = \frac{1}{2}\sum_{i=1}^{N-K}\max\{\varepsilon_1, D(f_2(X_i^d), f_2(R_{y_i}^d))\} + \frac{1}{2}\sum_{k,j=0,k\neq j}^{K-1}\max\{0, \varepsilon_2 - D(f_2(R_k^d), f_2(R_j^d))\} \tag{4-84}$$

式中，$\varepsilon_1,\varepsilon_2$ 的定义如上所述，$f_2(X)$表示深度模态下样本 X 在 3D CNN 中 GAP 层输出的特征向量。最后，L_c 和 L_d 就构成本章的模态内中心对比损失函数。

(2) 异质模态中心对比损失函数

由于 C2s-S3DCNN 中 RGB 和深度模态的 Siamese CNN 参数可能不同，导致两者 GAP 层的输出可能会不同。因此，需要将 RGB 和深度模态样本在 GAP 层的输出投影到低维空间后，才能度量两种模态数据的相似/不相似性关系。图 4-29 为 RGB 和深度模态下两个类别的样本数据的相似与不相似度量过程。如图 4-29 所示，为了能够在低维空间上更快地对投影后所有样本的不同模态数据进行相似/不相似度量，这里要求将高维的深度语义特征投影到低维空间后保持在原始特征空间中的邻近关系，即两个模态数据下的投影矩阵 $\boldsymbol{W}_1$ 和 $\boldsymbol{W}_2$ 满足 $\boldsymbol{W}_1\boldsymbol{W}_1^{\mathrm{T}}=\boldsymbol{I},\boldsymbol{W}_2\boldsymbol{W}_2^{\mathrm{T}}=\boldsymbol{I}$ 即可。这是因为当 $\boldsymbol{W}_1\boldsymbol{W}_1^{\mathrm{T}}=\boldsymbol{I},\boldsymbol{W}_2\boldsymbol{W}_2^{\mathrm{T}}=\boldsymbol{I}$ 时，对于长度为 $L\times 1$ 的特征向量 x_1,x_2 便有：

$$
\begin{aligned}
D(\boldsymbol{W}_1^{\mathrm{T}}x_1,\boldsymbol{W}_1^{\mathrm{T}}x_2) &= \| \boldsymbol{W}_1^{\mathrm{T}}x_1-\boldsymbol{W}_1^{\mathrm{T}}x_2 \|^2 \\
&= (\boldsymbol{W}_1^{\mathrm{T}}x_1-\boldsymbol{W}_1^{\mathrm{T}}x_2)^{\mathrm{T}}(\boldsymbol{W}_1^{\mathrm{T}}x_1-\boldsymbol{W}_1^{\mathrm{T}}x_2) \\
&= x_1^{\mathrm{T}}\boldsymbol{W}_1\boldsymbol{W}_1^{\mathrm{T}}x_1-x_1^{\mathrm{T}}\boldsymbol{W}_1\boldsymbol{W}_1^{\mathrm{T}}x_2 \\
&\quad -x_2^{\mathrm{T}}\boldsymbol{W}_1\boldsymbol{W}_1^{\mathrm{T}}x_1+x_2^{\mathrm{T}}\boldsymbol{W}_1\boldsymbol{W}_1^{\mathrm{T}}x_2 \\
&= x_1^{\mathrm{T}}x_1-x_1^{\mathrm{T}}x_2-x_2^{\mathrm{T}}x_1+x_2^{\mathrm{T}}x_2 \\
&= (x_1-x_2)^{\mathrm{T}}(x_1-x_2) = \| x_1-x_2 \|^2
\end{aligned}
\tag{4-85}
$$

同样的方式，可以证明 $D(\boldsymbol{W}_2^{\mathrm{T}}y_1,\boldsymbol{W}_2^{\mathrm{T}}y_2)=\| y_1-y_2 \|^2$。从图 4-29 中可以看出，当低维空间上每个模态的数据保持原来的邻近关系时，只需要对 RGB 和深度模态的类别参照样本进行关系度量，使得相同类别/不同类别的参照样本更加接近/疏远，就可以实现两个模态的数据在同一类别上的聚合和不同类别上的分离。因此，跨模态中心对比损失函数可以表示成公式(4-86)。

$$
\begin{aligned}
L_{cd} &= \frac{1}{2}\sum_{k=0}^{K-1}\max\{\varepsilon_1,D(\boldsymbol{W}_1^{\mathrm{T}}f_1(R_k^c),\boldsymbol{W}_2^{\mathrm{T}}f_2(R_k^d))\} \\
&\quad +\frac{1}{2}\sum_{k,j=0,k\neq j}^{K-1}\max\{0,\varepsilon_2-D(\boldsymbol{W}_1^{\mathrm{T}}f_1(R_k^c),\boldsymbol{W}_2^{\mathrm{T}}f_2(R_j^d))\}
\end{aligned}
\tag{4-86}
$$

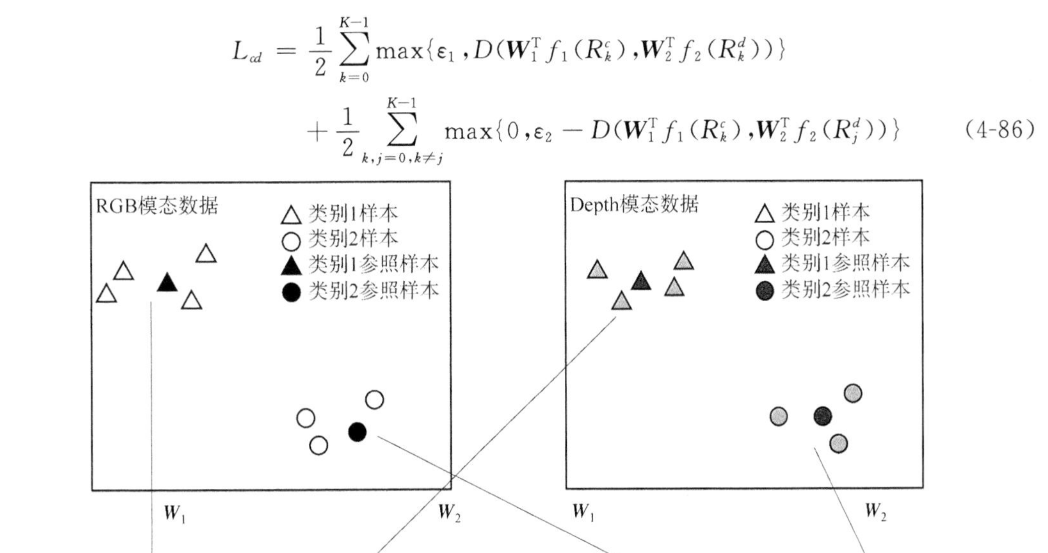

图 4-29　RGB 和 Depth 模态下两个类别样本的相似与不相似度量

虽然以上三个中心对比损失函数能够利用样本之间的类别关系减小样本特征在类内的差异，而增大样本特征在不同类别上的变化。但是，它们没有使用样本的具体类别信息，从而不能使得学习到的高层特征具有很好的区分能力。因此，需要对每个分流网络的 GAP 层的输出使用 Softmax 函数。假设 x_i 是第 i 个训练样本的特征，$\theta=(\theta_0,\cdots,\theta_k,\cdots,\theta_{K-1})^{\mathrm{T}}$ 是 Softmax 函数中的参数矩阵，θ_k^{T} 代表第 k 个分类器的参数，则 Softmax 交叉熵损失函数表示如下：

$$L_s(x_i)=-\sum_{j=0}^{K-1}1\{y_i=j\}\ln\frac{e^{\theta_j^{\mathrm{T}}x_i}}{\sum_{k=0}^{K-1}e^{\theta_k^{\mathrm{T}}x_i}} \tag{4-87}$$

式中，y_i 为样本的类别标签，$\mathbf{1}\{y_i=j\}$ 为指示函数，当 $y_i=j$ 时函数值为 1，否则为 0。最后，结合公式(4-83)、公式(4-84)、公式(4-86)、公式(4-87)就可以得到整个网络的损失函数为

$$\begin{aligned}L_{\text{total}}&=\alpha_1L_c+\alpha_2L_d+\alpha_3L_{cd}\\&\quad+\frac{1}{N-K}\sum_{i=1}^{N-K}[L_s(f_1(X_i^c))+L_s(f_2(X_i^d))]\\&\quad+\frac{1}{K}\sum_{j=0}^{K-1}[L_s(f_1(R_j^c))+L_s(f_2(R_j^d))]\end{aligned} \tag{4-88}$$

式中，$\alpha_1,\alpha_2,\alpha_3$ 为三个中心对比损失函数的平衡参数。在公式(4-88)中，Softmax 损失函数有两种：RGB 模态数据的 Softmax 损失和 Depth 模态数据的 Softmax 损失。在这两种 Softmax 损失函数中，它们的参数 θ^c 和 θ^d 是不同的。将以上三个中心对比损失函数和 Softmax 损失函数相结合，就可以使得整个网络能够学习到更加具有区分能力的模态特征，同时减少同一类别内的样本特征在同一个模态(RGB 或 Depth 模态)以及不同模态(RGB 和 Depth 模态)上的数据差异。在得到每个分流网络的 Softmax 模型参数 θ^c 和 θ^d 后，对于一个测试视频，通过 Product-Score 融合方式得到视频的类别标签，即将两个分流网络的输出结果向量进行点乘，并将最终结果向量中最大值的索引作为测试样本的类别标签。

4.5.3 推导及优化

C2s-S3DCNN 的损失函数中包含的变量有 $f_1(X_i^c)$、$f_2(X_i^d)$、$f_1(R_k^c)$、$f_2(R_k^d)$ 以及 $\boldsymbol{W}_1$、$\boldsymbol{W}_2$，本节首先给出总的损失函数关于每个变量的求导公式，以用于网络的 BP 和 SGD。然后，给出损失函数中投影矩阵 $\boldsymbol{W}_1$、$\boldsymbol{W}_2$ 的优化求解方法。

由于 L_{total} 中包含三种不同的损失函数项 $L_c(L_d)$、L_{cd}、L_s，这里分别对它们求解关于 $f_1(X_i^c)$、$f_2(X_i^d)$，$f_1(R_k^c)$、$f_2(R_k^d)$ 的导数。以 RGB 模态数据中的 $f_1(X_i^c)$ 和 $f_1(R_k^c)$ 为例，首先对公式(4-83)中的 L_c 求其关于 $f_1(X_i^c)$ 和 $f_1(R_k^c)$ 的偏导。为了便于后续的推导过程，先求出 $D(f_1(X_i^c)、f_1(R_k^c))$ 关于 $f_1(X_i^c)$ 的偏导：

$$\begin{aligned}\frac{\partial D(f_1(X_i^c),f_1(R_k^c))}{\partial f_1(X_i^c)}&=\frac{\partial\|f_1(X_i^c)-f_1(R_k^c)\|^2}{\partial f_1(X_i^c)}\\&=\frac{\partial[(f_1(X_i^c)-f_1(R_k^c))^{\mathrm{T}}(f_1(X_i^c)-f_1(R_k^c))]}{\partial f_1(X_i^c)}\end{aligned}$$

$$= \frac{\partial [f_1(X_i^c)^{\mathrm{T}} f_1(X_i^c) - f_1(X_i^c)^{\mathrm{T}} f_1(R_k^c) - f_1(R_k^c)^{\mathrm{T}} f_1(X_i^c)]}{\partial f_1(X_i^c)}$$

$$= 2[f_1(X_i^c) - f_1(R_k^c)] \tag{4-89}$$

同样的方式可求出其关于 $f_1(R_k^c)$的偏导：

$$\frac{\partial D(f_1(X_i^c), f_1(R_k^c))}{\partial f_1(R_k^c)} = 2[f_1(R_k^c) - f_1(X_i^c)] \tag{4-90}$$

下面利用公式(4-89)和公式(4-90)对 L_c 求得 $f_1(X_i^c)$和 $f_1(R_k^c)$的偏导：

$$\frac{\partial L_c}{\partial f_1(X_i^c)} = \mathrm{In}(D(f_1(X_i^c), f_1(R_{y_i}^c)) - \varepsilon_1) \times [f_1(X_i^c) - f_1(R_{y_i}^c)] \tag{4-91}$$

$$\frac{\partial L_c}{\partial f_1(R_k^c)} = \sum_{i, y_i = k} \mathrm{In}(D(f_1(X_i^c), f_1(R_k^c)) - \varepsilon_1)[f_1(R_k^c) - f_1(X_i^c)] + \sum_{j=0, j\neq k}^{K-1} \mathrm{In}(\varepsilon_2 - D(f_1(R_k^c), f_1(R_j^c)))[f_1(R_j^c) - f_1(R_k^c)] \tag{4-92}$$

式中，$\mathrm{In}(x)$为指示函数，当 $x>0$ 时，有 $\mathrm{In}(x)=1$，而当 $x\leqslant 0$ 时，有 $\mathrm{In}(x)=0$。以同样的方式，可以得到 L_d 关于 $f_2(X_i^d)$和 $f_2(R_k^d)$的偏导：

$$\frac{\partial L_d}{\partial f_2(X_i^d)} = \mathrm{In}(D(f_2(X_i^d), f_2(R_{y_i}^d)) - \varepsilon_1) \times [f_2(X_i^d) - f_2(R_{y_i}^d)] \tag{4-93}$$

$$\frac{\partial L_d}{\partial f_2(R_k^d)} = \sum_{i, y_i = k} \mathrm{In}(D(f_2(X_i^d), f_2(R_k^d)) - \varepsilon_1)[f_2(R_k^c) - f_2(X_i^c)] + \sum_{j=0, j\neq k}^{K-1} \mathrm{In}(\varepsilon_2 - D(f_2(R_k^d), f_2(R_j^d)))[f_2(R_j^d) - f_2(R_k^d)] \tag{4-94}$$

由于在公式(4-86)中的损失函数 L_{cd} 中只有变量 $f_1(R_k^c)$，$f_2(R_k^d)$，因此只对 L_{cd} 求其关于 $f_1(R_k^c)$，$f_2(R_k^d)$的导数如公式(4-95)和公式(4-96)。

$$\frac{\partial L_{cd}}{\partial f_1(R_k^c)} = \mathrm{In}(D(\boldsymbol{W}_1^{\mathrm{T}} f_1(R_k^c), \boldsymbol{W}_2^{\mathrm{T}} f_2(R_k^d)) - \varepsilon_1)\boldsymbol{W}_1[W_1^{\mathrm{T}} f_1(R_k^c) - \boldsymbol{W}_2^{\mathrm{T}} f_2(R_k^d)] + \boldsymbol{W}_1 \sum_{k,j=0, j\neq k}^{K-1} \mathrm{In}(\varepsilon_2 - D(\boldsymbol{W}_1^{\mathrm{T}} f_1(R_k^c), \boldsymbol{W}_2^{\mathrm{T}} f_2(R_j^d)))[\boldsymbol{W}_2^{\mathrm{T}} f_2(R_j^d) - \boldsymbol{W}_1^{\mathrm{T}} f_1(R_k^c)] \tag{4-95}$$

$$\frac{\partial L_{cd}}{\partial f_2(R_k^d)} = \mathrm{In}(D(\boldsymbol{W}_1^{\mathrm{T}} f_1(R_k^c), \boldsymbol{W}_2^{\mathrm{T}} f_2(R_k^d)) - \varepsilon_1)\boldsymbol{W}_2[W_2^{\mathrm{T}} f_2(R_k^d) - \boldsymbol{W}_1^{\mathrm{T}} f_1(R_k^c)] + \boldsymbol{W}_2 \sum_{k,j=0, j\neq k}^{K-1} \mathrm{In}(\varepsilon_2 - D(\boldsymbol{W}_1^{\mathrm{T}} f_1(R_k^c), \boldsymbol{W}_2^{\mathrm{T}} f_2(R_j^d)))[\boldsymbol{W}_1^{\mathrm{T}} f_1(R_j^c) - \boldsymbol{W}_2^{\mathrm{T}} f_2(R_k^d)] \tag{4-96}$$

对于 Softmax 交叉熵损失函数 L_s，$f_1(X_i^c)$、$f_2(X_i^d)$、$f_1(R_k^c)$、$f_2(R_k^d)$具有类似推导过程，这里只给出关于 $f_1(X_i^c)$的推导。令 $a_i = \theta_{y_i}^{\mathrm{T}} f_1(X_i^c)$，$z_i = \dfrac{\mathrm{e}^{a_i}}{\sum_{k=0}^{K-1} \mathrm{e}^{a_k}}$，则有

$$\frac{\partial L_s}{\partial f_1(X_i^c)} = \frac{\partial L_s}{\partial z_i} \cdot \frac{\partial z_i}{\partial a_i} \cdot \frac{\partial a_i}{\partial f_1(X_i^c)} + \frac{\partial L_s}{\partial z_j} \cdot \frac{\partial z_j}{\partial a_i} \cdot \frac{\partial a_i}{\partial f_1(X_i^c)}$$

$$= -\frac{1}{z_i} \cdot \frac{\mathrm{e}^{a_i} \sum_{k=0}^{K-1} \mathrm{e}^{a_k} - \mathrm{e}^{a_i}\mathrm{e}^{a_i}}{(\sum_{k=0}^{K-1} \mathrm{e}^{a_k})^2} \cdot \theta_{yi}$$

$$=-\frac{1}{z_i}\cdot\frac{e^{a_i}}{\sum_{k=0}^{K-1}e^{a_k}}\cdot\left(1-\frac{e^{a_i}}{\sum_{k=0}^{K-1}e^{a_k}}\right)\cdot\theta_{y_i}$$

$$=\left(\frac{e^{\theta_{y_i}^{\mathrm{T}}f_1(X_i^c)}}{\sum_{k=0}^{K-1}e^{\theta_k^{\mathrm{T}}f_1(X_i^c)}}-1\right)\theta_{y_i} \tag{4-97}$$

值得注意的是，由于公式(4-87)中的 $\mathbf{1}\{y_i=j\}$ 只会保留和 y_i 有关的项，因此公式(4-97)中第二部分的偏导为 0。按照上述同样方式，可以得到 $\frac{\partial L_s}{\partial f_1(R_k^c)}$，$\frac{\partial L_s}{\partial f_2(X_i^d)}$，$\frac{\partial L_s}{\partial f_2(R_k^d)}$。

接下来，在已知 $f_1(R_k^c)$，$f_2(R_k^d)$ 的情况下，对 L_{cd} 中的 $\boldsymbol{W}_1$ 和 $\boldsymbol{W}_2$ 进行迭代优化求解。首先固定 $\boldsymbol{W}_2$，求解 $\boldsymbol{W}_1$。由于 L_{cd} 中的 $\boldsymbol{W}_1$ 满足 $\boldsymbol{W}_1\boldsymbol{W}_1^{\mathrm{T}}=I$ 约束，因此公式(4-86)中的目标函数是一个正交约束问题，通过 Stiefel 流形对该问题进行求解。具体地，当得到 $\boldsymbol{W}_1$ 在第 t 次的迭代更新值 $\boldsymbol{W}_1(t)$ 后，定义斜对称矩阵 $\boldsymbol{\nabla}=G\boldsymbol{W}_1(t)^{\mathrm{T}}-\boldsymbol{W}_1(t)G^{\mathrm{T}}$，$G$ 是目标函数 L_{cd} 关于 $\boldsymbol{W}_1$ 在欧式空间上的梯度，其表示形式如下：

$$G=\sum_{k=0}^{K-1}\ln(D(\boldsymbol{W}_1^{\mathrm{T}}f_1(R_k^c),\boldsymbol{W}_2^{\mathrm{T}}f_2(R_k^d))-\varepsilon_1)f_1(R_k^c)Q(R_k^c,R_k^d)$$
$$+\sum_{k,j=0,j\neq k}^{K-1}\ln(\varepsilon_2-D(\boldsymbol{W}_1^{\mathrm{T}}f_1(R_k^c),\boldsymbol{W}_2^{\mathrm{T}}f_2(R_j^d)))f_1(R_k^c)Q(R_k^c,R_j^d) \tag{4-98}$$

式中，$Q(R_k^c,R_j^d)=[\boldsymbol{W}_1^{\mathrm{T}}f_1(R_k^c)-\boldsymbol{W}_2^{\mathrm{T}}f_2(R_j^d)]^{\mathrm{T}}$，$k,j=0,\cdots,K-1$。根据 Grank-Nicolson-like 更新方案则有第 $t+1$ 次的迭代更新值 $\boldsymbol{W}_1(t+1)$：

$$\boldsymbol{W}_1(t+1)=(I+\frac{\tau}{2}\nabla)^{-1}(I-\frac{\tau}{2}\nabla)\boldsymbol{W}_1(t) \tag{4-99}$$

式中，τ 为迭代更新步长。按照上述同样方式，可对 $\boldsymbol{W}_2(t)$ 进行迭代更新。

4.5.4 实验结果分析

为了验证本节中所提出的 C2s-S3DCNN 能够有效地解决 Siamese CNN 中的训练样本对数量问题、异质模态数据度量问题和简单融合策略的判别能力不足问题，本节在大规模 RGB 和 Depth 模态数据下进行人体行为识别的实验，采用了三个具有多重类内变化因素的 RGB-D 行为识别数据库，即 ChaLearn LAP isolated gesture(IsoGD)，NTU RGB+D，Sheffield Kinect gesture(SKIG)，并与已有算法进行性能比较。实验的仿真平台为主频 2.10 GHz×8 的 Intel Xeon E5-2620 CPU×2，64 GB 内存，NVIDIA Geforce GTX TITANXP GPUs×2 以及操作系统为 Ubuntu 16.04 的服务器，采用的深度学习框架为 Tensorflow 和 Tensorlayer 库。3D CNN 首先在 IsoGD 数据集上预训练，并在 NTU RGB+D和 SKIG 数据集上进行 fine-tune。图 4-30 给出了三个数据集上抽取的视频帧示例。在输入数据方面，采取平均抽样以及时间抖动技术从原始视频中抽取 32 帧的图像序列作为 3D CNN 的输入。当原始视频长度小于 32 时，使用插值方法在整个视频序列中随机插入一些视频帧。在训练阶段，将 IsoGD 的学习率初始化为 0.1，每 10 000 次迭代后(共 60 000 次迭代)下降为原来的 $\frac{1}{10}$，而将权重衰减值初始化为 0.004，并在 30 000 次迭代后将

其设为 4×10^{-4}，同时将随机梯度下降中的冲量设为 0.9。在对 NTU RGB+D 和 SKIG 数据进行 fine-tune 时，将初始的学习率设为 0.01，并在 5 000 次迭代后(共 10 000 次迭代)将其下降到 0.001，而将权重衰减值设为 4×10^{-5}。

(a) ChaLearn LAP IsoGD中的手势动作示例

(b) SKIG中的手势示例

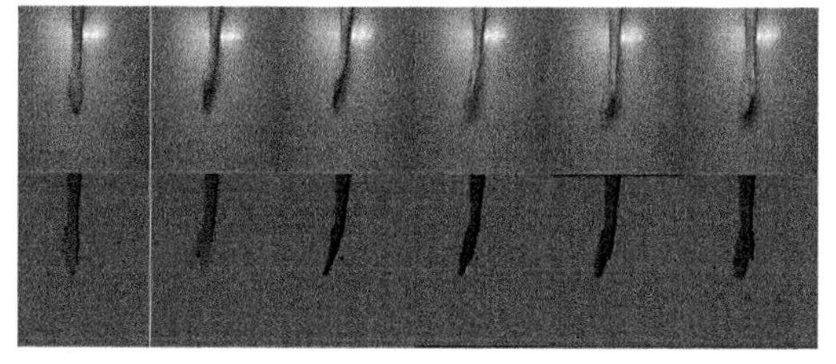

(c) NTU RGB+D中的单人动作示例

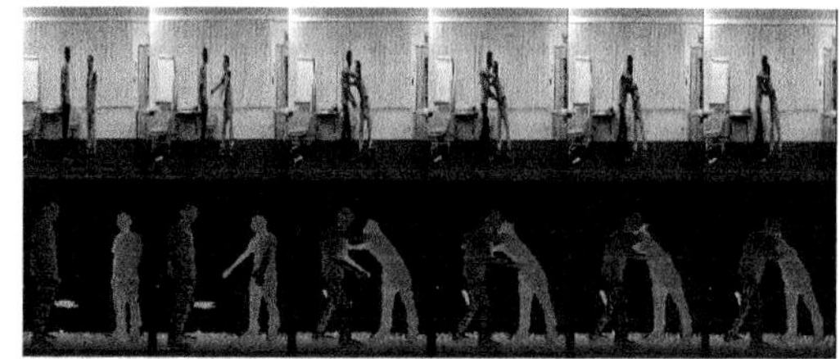

(d) NTU RGB+D中的交互动作示例

图 4-30　三个数据集上抽取的 RGB 图像和处理后的深度图像示例

1. 计算代价与网络收敛分析

本节对中心对比损失函数的计算代价进行理论分析，并结合数据库 LAP IsoGD 和 NTU RGB+D 上的实验，给出 C2s-S3DCNN 的网络收敛性和优越性的验证。给定 N 个训练样本，N_c 个动作类别以及每个类别的 m 个参照样本，传统的对比损失函数需要在每个样本与其他 $N-1$ 个样本之间作相似/不相似关系度量，因此其计算复杂度为 $O(N(N-1))$。而中心对比损失需要对 N 个训练样本和所有 N_c 个类别的参照样本之间作关系度量，其计算复杂度为 $O(NN_c)$。而由于中心对比损失函数仅在 N 个训练样本和相同类别的 m 个参照样本之间作相似度量，因此其复杂度为 $O(Nm)$。当训练样本的个数远大于样本的类别数以及每个类别的参照样本数时，中心对比损失函数具有更小的计算复杂度，所以本节方法在大数据集上有一定的竞争性。同时三种对比损失函数的训练中 C2s-S3DCNN 具有更快的收敛速度，一定程度上反映了中心对比损失函数具有更小的计算代价。而在跨模态中心对比损失函数中，若以类内中心对比损失函数的方法进行相似与不相似关系度量，则所需要的正、负样本对数目分别为 $2(N-N_cm)m$ 和 $N_c(N_c-1)m^2$。而在引入正交的投影矩阵 $\boldsymbol{W}_1$ 和 $\boldsymbol{W}_2$ 后，所需要的样本对数目为 $(N_cm)^2$，从而进一步减少了所需要的样本对数量。表 4-9 给出了当类内参照样本数量为 10 时，NTU RGB+D 上三种对比损失函数在网络训练过程中的验证准确率与计算代价对比。从对比结果中可以看出，通过中心对比损失函数在 RGB，深度模态以及两种模态数据下得到的验证准确率分别要比传统的 contrastive loss 低 2.42%，2.14%，2.0%，同时也略微低于已有的 contrastive-center loss。但是在训练网络所用的时间和训练样本对方面，中心对比损失函数具有很大的优势，这使得本节方法在识别性能上的劣势是微不足道的。

表 4-9 Contrastive loss，Contrastive-center loss 以及本节的中心对比损失在数据库 NTU RGB+D(cross-subject setting)上的准确率与计算代价对比

损失函数	数据类型	验证准确率	所用时间	总样本对数量
Contrastive loss[142]	RGB	95.22%	11 094 分 45 秒	8.1×10^7
Contrastive-center loss[144]	RGB	93.73%	3 616 分 28 秒	2 415 600
模态内中心对比损失	RGB	92.80%	2 208 分 52 秒	574 200
Contrastive loss[142]	Depth	94.31%	9 850 分 15 秒	8.1×10^7
Contrastive-center loss[144]	Depth	92.45%	3 760 分 44 秒	2 415 600
模态内中心对比损失	Depth	92.17%	2 496 分 51 秒	574 200
Contrastive loss[142]	RGB+Depth	96.46%	17 375 分 36 秒	1.6×10^8
Contrastive-center loss[144]	RGB+Depth	94.91%	5 625 分 22 秒	2 419 200
异质模态中心对比损失	RGB+Depth	94.46%	2 328 分 40 秒	360 000

2. 数据库 ChaLearn LAP IsoGD 上的对比分析与识别结果

为了验证 C2s-S3DCNN 方法在面对多种类内的因素同时变化的 RGB-D 行为识别问题时的有效性，并验证算法能够有效解决现有深度学习模型在融合 RGB 和深度模态数据进行行为识别过程中存在的语义关系度量问题和简单融合策略的判别信息不足问题。在 ChaLearn LAP IsoGD 数据库上对 C2s-S3DCNN 方法与一些已有方法进行比较。对比算法中既有一些传统的特征表达方法，如将 3DMoSIFT、HOG、HOF、MBH 等多种稀疏关键点混合特征(Mixed Features around Sparse Keypoints，MFSK)和 BoVW 模型相结合的方法，也有一些基于各种不同神经网络结构的方法，包括 ResC3D、C3D、Pyramidal C3D、Conv3D-LSTM 网络结构。此外，也有一些融合 RGB 和深度模态数据的方法，如 2SCVN-3DDSN 和 Scene Flow to Action Map(SFAM)。表 4-10 给出了 C2s-S3DCNN 算法与上述已有算法的性能对比。

从对比结果中可以看出，C2s-S3DCNN 方法在面对多种类内因素同时变化的 RGB-D 行为识别问题时能够获得较好的识别准确率。本节方法的性能超过了大部分对比方法，尤其是超过了各种基于 3D CNN 模型和简单融合策略的方法(即 Conv3D-LSTM、Pyramidal C3D 和 C3D)。一方面，对比结果表明了在融合过程中采用 Siamese CNN 和对比损失函数对 RGB 和深度模态数据进行距离度量，能够有效地解决现有的深度学习方法在融合过程中只采取简单的决策融合而导致的判别信息损失问题。另一方面，在与相似的 c-ConvNet 方法对比中，仅使用 32 帧的原始 RGB 和深度图像下，C2s-S3DCNN 算法在 RGB 和深度模态上的识别性能就能达到 58.09%，远大于 c-ConvNet 方法的 44.8%，从而验证中心对比损失函数能够在减少大量的训练样本对情况下，也能提升网络的识别性能。在与其他的度量学习及融合方法(ResC3D+CCA 和 2SCVN-3DDSN)对比中，在使用相同的数据源(RGB flow +depth saliency)时，C2s-S3DCNN 具有更好的识别性能。以上几点充分说明了本节算法能够有效解决 RGB 和深度模态数据的语义度量问题。此外，可以发现所有方法在该数据集上的性能都不好。其主要原因在于该数据集包含的动作数据比较微小(大部分视频的长度为 20～40)。

表 4-10　C2s-S3DCNN 算法与已有方法在数据库 LAP IsoGD 上的性能对比

方法(年份)	Average Accuracy		
	RGB	Depth	RGB+Depth
WHDMM(16)	—	39.23%	—
Dynamic depth images(18)	—	43.72%	—
MFSK+BoVW(16)	—	—	23.75%
ResC3D+CCA(17)	—	—	64.40%
c-ConvNets(18)	—	—	44.80%
SFAM(17)	—	—	36.27%
C3D-32 frames(16)	37.30%	40.50%	49.20%
Pyramidal C3D(16)	36.58%	38.00%	45.02%
Conv3D-LSTM(17)	43.88%	44.66%	51.02%
Dynamic images+ConvLSTM(17)	57.85%	54.67%	60.81%
2SCVN-3DDSN(18)	45.65%	54.95%	66.75%
C2s-S3DConvNet	45.95%	50.17%	58.09%
C2s-S3DConvNet (flow+depth saliency)	47.61%	55.43%	66.94%

3. 数据库 NTU RGB+D 上的对比分析与识别结果

为了验证 C2s-S3DCNN 算法在面对大量样本下以及多种类内变化因素下 RGB-D 行为识别问题的泛化能力，并验证算法能够有效解决现有深度学习模型在融合 RGB 和深度模态数据进行行为识别过程中存在的语义关系度量问题和简单融合的判别信息不足问题。在 NTU RGB+D 数据库上对 C2s-S3DCNN 方法与一些代表性方法进行比较。表 4-11 给出了本章算法与一些代表方法的对比结果。在这些对比方法中既有传统方法，如 Hon4d、SNV 以及融合 4D Normals 和轮廓特征的 Spatial Laplacian and Temporal Energy Pyramid (SLTEP)。也有一些深度学习模型，如基于 RNN Encoder-Decoder 框架的 Long-term Motion Pyramids (LTMD)，基于 GANs 的 Human Pose Models(HPM)，基于空间注意力模型的 Glimpose clouds。此外，也包含学习 RGB 和深度模态数据关联关系的 DCSL、DSSCA-SSLM、c-ConvNets。

表 4-11　C2s-S3DCNN 算法与已有方法在数据库 NTU RGB+D 上的性能对比

方　法	模态数据	Average Accuracy	
		Cross subject	Cross view
Hon4D(13)	Depth	30.6%	7.3%
SNV(14)	Depth	31.8%	13.6%
SLTEP(17)	Depth	58.2%	—
LTMD(17)	Depth	66.2%	—
HPM(17)	Depth	71.5%	70.5%

续表

方　法	模态数据	Average Accuracy	
		Cross subject	Cross view
C2s-S3DConvNet	Depth	83.5%	84.9%
LTMD(17)	RGB	56.0%	—
HPM+trajectory(17)	RGB	75.8%	83.2%
Resnet50+LSTM(18)	RGB	71.3%	80.2%
Glimpose clouds(18)	RGB	86.6%	93.2%
C2s-S3DConvNet	RGB	84.7%	86.2%
DSSCA-SSLM(18)	RGB+Depth	74.9%	—
DCSL(19)	RGB+Depth	78.6%	—
c-ConvNets(18)	RGB+Depth	86.4%	89.1%
C2s-S3DConvNet	RGB+Depth	85.5%	87.4%
C2s-S3DConvNet	RGB+flow+Depth	91.4%	93.1%

从表中的对比结果中可以看出，在面对大量的样本数据以及不同的类内变化时，本节算法的性能依然能超过了大部分对比的深度学习模型以及数据融合方法。在单一的Depth或RGB模态数据上，本节算法的性能仅仅低于使用时空注意力机制的Glimpose clouds，这充分说明了Siamese网络和中心对比损失函数，不仅提升了3D CNN的特征学习和描述能力，也能使得网络能够泛化地学习视频中与动作类别相关的运动特征描述，并将其用于不同的模态的图像序列中。在融合RGB和Depth模态数据方面，在使用相同模态数据的情况下，本节的算法性能明显要优于DSSCA-SSLM、HPM、Multi-feature fusion方法，这说明了本节的算法能够有效度量RGB和Depth模态数据之间的度量关系，也能解决基于简单融合方式的深度学习方法中的区分能力不足问题。在与相似的c-ConvNet方法相比，在Cross subject实验设置上的识别性能与c-ConvNet几乎没有太大差别，这从一定程度上说明了中心对比损失函数在降低大量训练样本对的情况下，依然能达到较好的识别性能。但是在Cross view设置上，本节算法的性能和c-ConvNet方法相比还有一定的差距(1.7%)。其主要原因在于和人体的外观、尺度相比，拍摄视角会带来更大的类内变化，而当类内变化较大时会对中心对比损失的类内参照样本选择造成一定影响。图4-31给出了C2s-S3DCNN算法在NTU RGB+D(Cross subject)上的混淆矩阵。

从图4-31中的识别结果中可以看出，C2s-S3DCNN算法能够完全识别出NTU RGB+D中的大部分动作，除了一些动作单元相同，但动作执行顺序相反的动作对，如“wearing a shoe”和“taking off a shoe”“putting on a hat”和“taking off a hat”等。其主要原因在于在将视频数据输入到网络之前为了保证输入数据的长度一致，随机的抽取视频中一定长度的视频帧序列，这就会使得这些动作对在随机抽取后可能有相同的视频帧序列。此外，通过混淆矩阵可以看出本节算法能够很好地区分单人的动作和双人的交互动作。

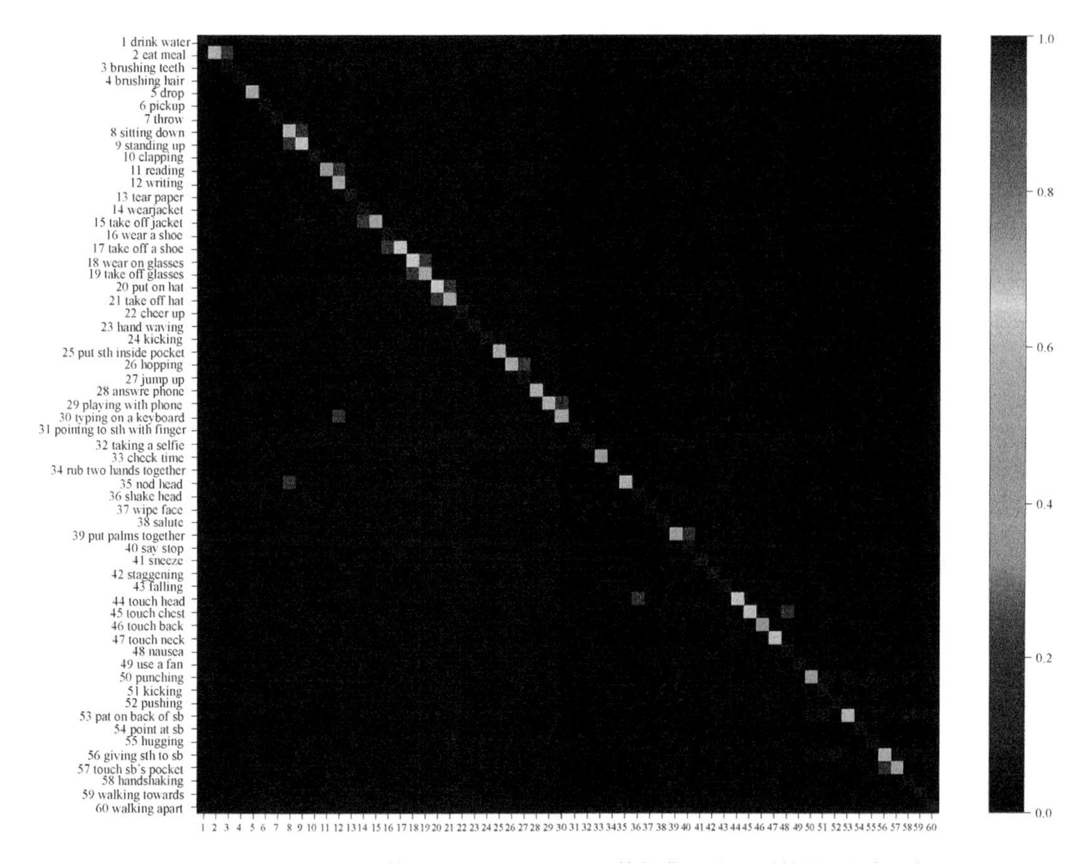

图 4-31　C2s-S3DCNN 算法在 NTU RGB+D 数据集上的识别结果(混淆矩阵)

4. 数据库 SKIG 上的对比分析与识别结果

为了验证 C2s-S3DCNN 方法在面对较少样本和类内变化因素下 RGB-D 行为识别问题的有效性,并验证算法能够有效解决现有深度学习模型在融合 RGB 和深度模态数据进行行为识别过程中存在的语义关系度量问题和简单融合的判别信息不足问题。在 SKIG 手势数据库上对 C2s-S3DCNN 方法与一些已有方法进行比较,算法在该数据库上的实验参数选择参照其他两个数据库。在本节的对比算法中既有传统特征表达方法,如 HOG 3D 和基于几何形状的累积运动形状描述子(Cumulative motion shape, CMS),也有一些基于深度神经网络和简单融合策略的方法,如基于 DBN 和 Stacked Denoising AutoEncoders(SADE)的方法,基于 Multi-stream RNN(MRNN)的方法等。表 4-12 给出了 C2s-S3DCNN 算法与上述已有算法的性能对比。

表 4-12　C2s-S3DCNN 算法与已有方法在数据库 SKIG 上的性能对比

方法(年份)	模态数据	Average Accuracy
CMS descriptor(15)	深度(Depth)	93.5%
Depth context(16)	Depth	95.4%
C2s-S3DConvNet	Depth	97.5%
Conv3D-LSTM(17)	RGB+Depth	98.9%

续表

方法(年份)	模态数据	Average Accuracy
MRNN(15)	RGB+Depth	97.8%
R3DCNN(16)	RGB+Depth	98.6%
HOG3D(13)	RGB+Depth	85.2%
RGGP(13)	RGB+Depth	88.7%
SADE(17)	RGB+Depth	83.3%
DBNs(17)	RGB+Depth	85.9%
C2s-S3DConvNet	RGB+Depth	98.6%

从对比结果中可以看出,C2s-S3DCNN 方法在面对较少的样本和类内变化因素时,也能获得较好的行为识别准确率。本节方法的性能超过了大部分对比方法,尤其是在仅使用深度模态数据情况下,本节方法的性能就达到了 97.5%,达到甚至超过了一些传统的特征表达方法和深度学习方法,如 RGGP、Depth Context、DBNs 和 MRNN。这充分说明了 C2s-S3DCNN 在融合过程中采用 Siamese CNN 和对比损失函数对 RGB 和深度模态数据进行距离度量,能够有效地解决现有方法由于只采取简单的决策融合而导致的判别信息损失问题。图 4-32 给出了本章算法在数据库 SKIG 上的识别结果(混淆矩阵)。

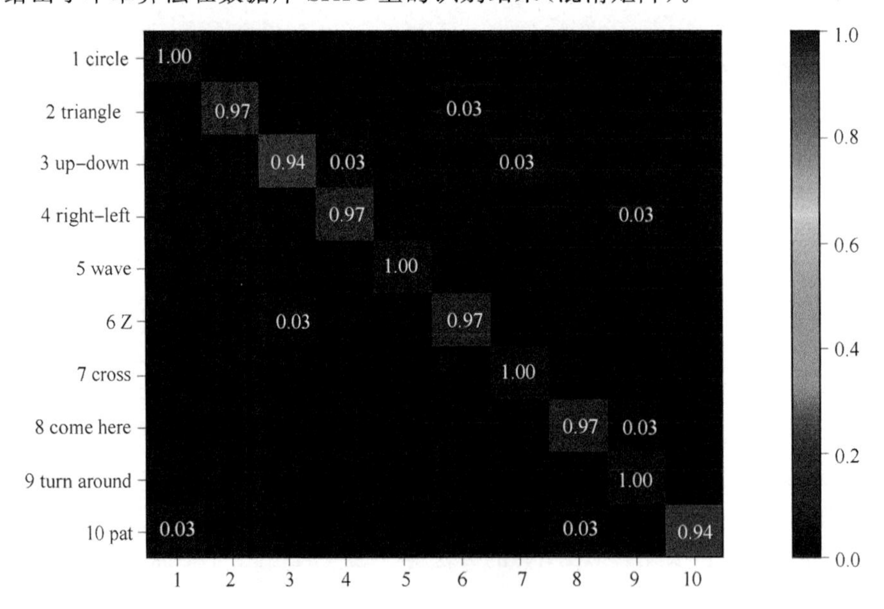

图 4-32　C2s-S3DCNN 算法在 SKIG 数据集上的识别结果(混淆矩阵)

4.6　本章小结

基于视觉感知的多源视频行为识别作为视觉感知识别中的另一个重要组成部分,本章主要介绍人体行为识别的特征提取与学习识别。本章内容遵循感知识别的基本流程,首先介绍多源视频信号的预处理,包括基于片段-视频级特征融合的输入算法、基于视域梯度的关键帧选取算法。然后介绍当前主流的视觉感知特征表示方法，主要包含基于耦合二值特征学习与关联约束的 RGB-D 行为特征、基于局部二值特征的行为特征表达及识别。接着，结合特征表示方法的特点研究基于图约束的 RGB-D 多模态特征联合表达，本章主要介绍了稀疏图构造原理和 MSG-DNMF 算法。最后，结合理论研究成果，介绍了基于双流 Siamese 网络和中心对比损失的 RGB-D 行为识别，主要包括 Siamese 网络结构、基于双流 Siamese 网络的 RGB-D 行为识别，在多个国际通用数据集上验证了算法有效性。

本章参考文献

[1] Poppe R. A survey on vision-based human action recognition [J]. Image and Vision Computing, 2010, 28(6): 976-990.

[2] 冯银付. 多模态人体行为识别技术研究 [D]. 杭州：浙江大学，2015.

[3] Wang H, Schmid C. Action recognition with improved trajectories [C]// 2013 IEEE International Conference on Computer Vision. Piscataway, NJ: IEEE, 2013: 3551-3558.

[4] Mahjoub A B, Atri M. Human action recognition using RGB data [C]// 2016 11th International Design and Test Symposium. Piscataway, NJ: IEEE, 2016: 83-87.

[5] Wang H, Kläser A, Schmid C, et al. Dense trajectories and motion boundary descriptors for action recognition [J]. International Journal of Computer Vision, 2013, 103(1): 60-79.

[6] Liu M, Yuan J. Recognizing human actions as the evolution of pose estimation maps [C]// 2018 IEEE Conference on Computer Vision and Pattern Recognition. Piscataway, NJ: IEEE, 2018: 1159-1168.

[7] Yang X, Tian Y L. Action recognition using super sparse coding vector with spatio-temporal awareness [C]// 13th European Conference on Computer Vision. Berlin: Springer, 2014: 727-741.

[8] Peng X, Wang L, Wang X, et al. Bag of visual words and fusion methods for action recognition: Comprehensive study and good practice [J]. Computer Vision and Image Understanding, 2016, 150: 109-125.

[9] Kantorov V, Laptev I. Efficient feature extraction, encoding and classification for action recognition [C] // 2014 IEEE Conference on Computer Vision and Pattern Recognition. Piscataway, NJ: IEEE, 2014: 2593-2600.

[10] Ji S, Xu W, Yang M, et al. 3D convolutional neural networks for human action recognition [J]. IEEE Transactions on Pattern Analysis and Machine Intelligence, 2013, 35(1): 221-231.

[11] Tran D, Bourdev L, Fergus R, et al. Learning spatiotemporal features with 3d convolutional networks [C]// 2015 IEEE International Conference on Computer Vision. Piscataway, NJ: IEEE, 2015: 4489-4497.

[12] Tran D, Wang H, Torresani L, et al. A closer look at spatiotemporal convolutions for action recognition [C]// 2018 IEEE Conference on Computer Vision and Pattern Recognition. Piscataway, NJ: IEEE, 2018: 6450-6459.

[13] Simonyan K, Zisserman A. Two-stream convolutional networks for action recognition in videos [C]// Advances in Neural Information Processing Systems. Canada: Neural information processing systems foundation, 2014: 568-576.

[14] Wang L, Xiong Y, Wang Z, et al. Temporal segment networks: Towards good practices for deep action recognition [C]// 14th European Conference on Compu-ter Vision. Berlin: Springer Verlag, 2016: 20-36.

[15] Carreira J, Zisserman A. Quo vadis, action recognition? a new model and the kinetics dataset [C]// 2017 IEEE Conference on Computer Vision and Pattern Recognition. Piscataway, NJ: IEEE, 2017: 6299-6308.

[16] Luo Z, Peng B, Huang D A, et al. Unsupervised learning of long-term motion dynamics for videos [C]// 2017 IEEE Conference on Computer Vision and Pattern Recognition. Piscataway, NJ: IEEE, 2017: 2203-2212.

[17] Ouyang X, Xu S, Zhang C, et al. A 3D-CNN and LSTM Based Multi-Task Learning Architecture for Action Recognition [J]. IEEE Access, 2019, 7: 40757-40770.

[18] Mahjoub A B, Atri M. An efficient end-to-end deep learning architecture for activity classification [J]. Analog Integrated Circuits and Signal Processing, 2019, 99(1): 23-32.

[19] Li W, Zhang Z, Liu Z. Action recognition based on a bag of 3d points [C]// 2010 IEEE Conference on Computer Vision and Pattern Recognition Workshops. Piscataway, NJ: IEEE, 2010: 9-14.

[20] Zhu Y, Chen W, Guo G. Evaluating spatiotemporal interest point features for depth-based action recognition [J]. Image and Vision Computing, 2014, 32(8): 453-464.

[21] Xia L, Aggarwal J K. Spatio-temporal depth cuboid similarity feature for activity recognition using depth camera [C]// 2013 IEEE Conference on Computer Vision and Pattern Recognition. Piscataway, NJ: IEEE, 2013: 2834-2841.

[22] Oreifej O, Liu Z. Hon4d: Histogram of oriented 4d normals for activity recognition from depth sequences [C]// 2013 IEEE Conference on Computer Vision and Pattern Recognition. Piscataway, NJ: IEEE, 2013: 716-723.

[23] Yang X, Tian Y L. Super normal vector for activity recognition using depth sequences [C]// 2014 IEEE Conference on Computer Vision and Pattern Recognition. Piscataway, NJ: IEEE, 2014: 804-811.

[24] Yang X, Zhang C, Tian Y L. Recognizing actions using depth motion maps-based histograms of oriented gradients [C]//Proceedings of the 20th ACM international conference on Multimedia. New York, NY: ACM Press, 2012: 1057-1060.

[25] Bulbul M F, Jiang Y, Ma J. DMMs-based multiple features fusion for human action recognition [J]. International Journal of Multimedia Data Engineering and Man-agement, 2015, 6(4): 23-39.

[26] Chen C, Jafari R, Kehtarnavaz N. Action recognition from depth sequences using depth motion maps-based local binary patterns [C]// 2015 IEEE Winter Conference on Applications of Computer Vision. Piscataway, NJ: IEEE, 2015: 1092-1099.

[27] Zhang B, Yang Y, Chen C, et al. Action recognition using 3D histograms of texture and a multi-class boosting classifier [J]. IEEE Transactions on Image processing, 2017, 26(10): 4648-4660.

[28] Luo J, Wang W, Qi H. Group sparsity and geometry constrained dictionary learning for action recognition from depth maps [C]// 2013 IEEE International Conference on Computer Vision. Piscataway, NJ: IEEE, 2013: 1809-1816.

[29] Wang J, Liu Z, Chorowski J, et al. Robust 3d action recognition with random occupancy patterns [C]//12th European Conference on Computer Vision. Berlin: Springer Verlag, 2012: 872-885.

[30] Yang X, Tian Y L. Effective 3d action recognition using eigenjoints [J]. Journal of Visual Communication and Image Representation, 2014, 25(1): 2-11.

[31] Moreira T, Alcantara M, Pedrini H, et al. Fast and accurate gesture recognition based on motion shapes [C]// 20th Iberoamerican Congress on Pattern Recognition. Berlin: Springer, 2015: 247-254.

[32] Liu M, Liu H. Depth Context: A new descriptor for human activity recognition by using sole depth sequences [J]. Neurocomputing, 2016, 175: 747-758.

[33] Ji X, Cheng J, Tao D, et al. The spatial Laplacian and temporal energy pyramid representation for human action recognition using depth sequences [J]. Knowledge-Based Systems, 2017, 122: 64-74.

[34] Jalal A, Kim Y H, Kim Y J, et al. Robust human activity recognition from depth video using spatiotemporal multi-fused features [J]. Pattern Recognition, 2017, 61: 295-308.

[35] Wang P, Li W, Gao Z, et al. Action recognition from depth maps using deep convolutional neural networks [J]. IEEE Transactions on Human-Machine Systems, 2016, 46(4): 498-509.

[36] Wang P, Wang S, Gao Z, et al. Structured images for RGB-D action recognition [C]// 2017 IEEE International Conference on Computer Vision. Piscataway, NJ: IEEE, 2017: 1005-1014.

[37] Wan J, Guo G, Li S Z. Explore efficient local features from RGB-D data for one-shot learning gesture recognition [J]. IEEE Transactions on Pattern Analysis and Machine Intelligence, 2016, 38(8): 1626-1639.

[38] Yu M, Liu L, Shao L. Structure-preserving binary representations for RGB-D action recognition [J]. IEEE Transactions on Pattern Analysis and Machine Intelligence, 2016, 38(8): 1651-1664.

[39] Al-Akam R, Paulus D. RGB-D Human Action Recognition using Multi-Features Combination and K-Nearest Neighbors Classification [J]. International Journal of Advanced Computer Science and Applications, 2017, 8(10): 383-389.

[40] Miao Q, Li Y, Ouyang W, et al. Multimodal gesture recognition based on the resc3d network [C]// 2017 IEEE International Conference on Computer Vision. Piscataway, NJ: IEEE, 2017: 3047-3055.

[41] Li Y, Miao Q, Tian K, et al. Large-scale gesture recognition with a fusion of RGB-D data based on saliency theory and C3D model [J]. IEEE Transactions on Circuits and Systems for Video Technology, 2017, 28(10): 2956-2964.

[42] Ehatisham-Ul-Haq M, Javed A, Azam M A, et al. Robust Human Activity Recognition Using Multimodal Feature-Level Fusion [J]. IEEE Access, 2019, 7: 60736-60751.

[43] Luo J, Wang W, Qi H. Spatio-temporal feature extraction and representation for RGB-D human action recognition [J]. Pattern Recognition Letters, 2014, 50: 139-148.

[44] Zhu G, Zhang L, Mei L, et al. Large-scale isolated gesture recognition using pyramidal 3d convolutional networks [C]// 2016 23rd International Conference on Pattern Recognition. Piscataway, NJ: IEEE, 2016: 19-24.

[45] Zhu G, Zhang L, Shen P, et al. Multimodal gesture recognition using 3-D convolution and convolutional LSTM [J]. IEEE Access, 2017, 5: 4517-4524.

[46] Zhang L, Zhu G, Shen P, et al. Learning spatiotemporal features using 3dcnn and convolutional lstm for gesture recognition [C]// 2017 IEEE International Conference on Computer Vision. Piscataway, NJ: IEEE, 2017: 3120-3128.

[47] Nishida N, Nakayama H. Multimodal gesture recognition using multi-stream recurrent neural network [C]// 2015 The Pacific-Rim Symposium on Image and Video Technology. Berlin: Springer Verlag, 2015: 682-694.

[48] Molchanov P, Yang X, Gupta S, et al. Online detection and classification of dynamic hand gestures with recurrent 3d convolutional neural network [C]// 2016 IEEE Conference on Computer Vision and Pattern Recognition. Piscataway, NJ: IEEE, 2016: 4207-4215.

[49] Asadi-Aghbolaghi M, Bertiche H, Roig V, et al. Action recognition from RGB-D data: comparison and fusion of spatio-temporal handcrafted features and deep strategies [C]// 2017 IEEE International Conference on Computer Vision. Piscataway, NJ: IEEE, 2017: 3179-3188.

[50] Wang H, Wang P, Song Z, et al. Large-scale multimodal gesture recognition using heterogeneous networks [C]// 2017 IEEE International Conference on Computer Vision. Piscataway, NJ: IEEE, 2017: 3129-3137.

[51] Khaire P, Kumar P, Imran J. Combining CNN streams of RGB-D and skeletal data for human activity recognition [J]. Pattern Recognition Letters, 2018, 115: 107-116.

[52] Duan J, Wan J, Zhou S, et al. A unified framework for multi-modal isolated gesture recognition [J]. ACM Transactions on Multimedia Computing, Communications, and Applications, 2018, 14(1s): 21.

[53] Liu L, Shao L. Learning discriminative representations from RGB-D video data [C]// 2013 Twenty-Third International Joint Conference on Artificial Intelligence. Palo Alto, CA: AAAI Press, 2013: 1493-1500.

[54] Hu J F, Zheng W S, Lai J, et al. Jointly learning heterogeneous features for RGB-D activity recognition [C]// 2015 IEEE Conference on Computer Vision and Pattern Recognition. Piscataway, NJ: IEEE, 2015: 5344-5352.

[55] Kong Y, Fu Y. Discriminative relational representation learning for RGB-D action recognition [J]. IEEE Transactions on Image Processing, 2016, 25(6): 2856-2865.

[56] Jia C, Fu Y. Low-rank tensor subspace learning for RGB-D action recognition [J]. IEEE Transactions on Image Processing, 2016, 25(10): 4641-4652.

[57] Gao Z, Li S H, Zhu Y J, et al. Collaborative sparse representation leaning model for rgbd action recognition [J]. Journal of Visual Communication and Image Representation, 2017, 48: 442-452.

[58] Elmadany N E D, He Y, Guan L. Human action recognition by fusing deep features with globality locality preserving canonical correlation analysis [C]// 2017 IEEE International Conference on Image Processing. Piscataway, NJ: IEEE, 2017: 2871-2875.

[59] Elmadany N E D, He Y, Guan L. Multimodal Learning for Human Action Recognition Via Bimodal/Multimodal Hybrid Centroid Canonical Correlation Analysis [J]. IEEE Transactions on Multimedia, 2018, 21(5): 1317-1331.

[60] Liu T, Kong J, Jiang M, et al. RGB-D action recognition based on discriminative common structure learning model [J]. Journal of Electronic Imaging, 2019, 28(2): 023012.

[61] Shahroudy A, Ng T T, Gong Y, et al. Deep multimodal feature analysis for action recognition in rgb+d videos [J]. IEEE Transactions on Pattern Analysis and Machine Intelligence, 2018, 40(5): 1045-1058.

[62] Wang P, Li W, Wan J, et al. Cooperative training of deep aggregation networks for RGB-D action recognition [C]// 2018 Thirty-Second AAAI Conference on Artificial Intelligence. Palo Alto, CA: AAAI Press, 2018: 7404-7411.

[63] Fernando B, Gavves E, Oramas J, et al. Rank pooling for action recognition [J]. IEEE Transactions on Pattern Analysis and Machine Intelligence, 2017, 39(4): 773-787.

[64] Krizhevsky A, Sutskever I, Hinton G E. Imagenet classification with deep convolutional neural networks [C]// Advances in Neural Information Processing Systems. Canada: Neural information processing systems foundation, 2012: 1097-1105.

[65] Schroff F, Kalenichenko D, Philbin J. Facenet: A unified embedding for face recognition and clustering [C]// 2015 IEEE Conference on Computer Vision and Pattern Recognition. Piscataway, NJ: IEEE, 2015: 815-823.

[66] Hu J F, Zheng W S, Pan J, et al. Deep bilinear learning for rgb-d action recognition [C]// 2018 15th European Conference on Computer Vision, Munich. Berlin: Springer Verlag, 2018: 335-351.

[67] Liu A A, Xu N, Nie W Z, et al. Multi-Domain and Multi-Task Learning for Human Action Recognition [J]. IEEE Transactions on Image Processing, 2019, 28 (2): 853-867.

[68] Kong J, Liu T, Jiang M. Collaborative multimodal feature learning for RGB-D action recognition [J]. Journal of Visual Communication and Image Representation, 2019, 59: 537-549.

[69] Wang A, Cai J, Lu J, et al. Mmss: Multi-modal sharable and specific feature learning for rgb-d object recognition [C]// 2015 IEEE International Conference on Computer Vision. Piscataway, NJ: IEEE, 2015: 1125-1133.

[70] Zolfaghari M, Oliveira G L, Sedaghat N, et al. Chained multi-stream networks exploiting pose, motion, and appearance for action classification and detection [C]// 2017 IEEE International Conference on Computer Vision. Piscataway, NJ: IEEE, 2017: 2904-2913.

[71] Wang A, Cai J, Lu J, et al. Structure-Aware Multimodal Feature Fusion for RGB-D Scene Classification and Beyond [J]. ACM Transactions on Multimedia Computing, Communications, and Applications, 2018, 14(2s): 39.

[72] Lu J, Liong V E, Zhou X, et al. Learning compact binary face descriptor for face recognition [J]. IEEE Transactions on Pattern Analysis and Machine Intelligence, 2015, 37(10): 2041-2056.

[73] Ding C, Li T, Peng W, et al. Orthogonal nonnegative matrix t-factorizations for clustering [C]// Proceedings of the 12th ACM International Conference on Knowledge Discovery and Data Mining. New York, NY: ACM Press, 2006: 126-135.

[74] Lee D D, Seung H S. Algorithms for non-negative matrix factorization [C]// Advances in Neural Information Processing Systems. Canada: Neural information processing systems foundation, 2001: 556-562.

[75] Li Z, Wu X, Peng H. Nonnegative matrix factorization on orthogonal subspace [J]. Pattern Recognition Letters, 2010, 31(9): 905-911.

[76] Cai D, He X, Han J, et al. Graph regularized nonnegative matrix factorization for data representation [J]. IEEE Transactions on Pattern Analysis and Machine Intelligence, 2010, 33(8): 1548-1560.

[77] Friedman J, Hastie T, Tibshirani R. The elements of statistical learning [M]. 2th ed. New York: Springer Verlag, 2009: 417-436.

[78] Xia L, Chen C C, Aggarwal J K. View invariant human action recognition using histograms of 3d joints [C]// 2012 IEEE Conference on Computer Vision and Pattern Recognition Workshops. Piscataway, NJ: IEEE, 2012: 20-27.

[79] Koppula H S, Gupta R, Saxena A. Learning human activities and object affordances from rgb-d videos [J]. The International Journal of Robotics Research, 2013, 32(8): 951-970.

[80] Yu G, Liu Z, Yuan J. Discriminative orderlet mining for real-time recognition of human-object interaction [C]// 2014 12th Asian Conference on Computer Vision. Berlin: Springer, 2014: 50-65.

[81] Wang J, Liu Z, Wu Y, et al. Learning actionlet ensemble for 3D human action recognition [J]. IEEE Transactions on Pattern Analysis and Machine Intelligence, 2014, 36(5): 914-927.

[82] Chen C, Jafari R, Kehtarnavaz N. UTD-MHAD: A multimodal dataset for human action recognition utilizing a depth camera and a wearable inertial sensor [C]// 2015 IEEE International Conference on Image Processing. Piscataway, NJ: IEEE Signal Processing Society, 2015: 168-172.

[83] Ni B, Wang G, Moulin P. Rgbd-hudaact: A color-depth video database for human daily activity recognition [C]// 2011 IEEE 13th International Conference on Computer Vision Workshops. Piscataway, NJ: IEEE, 2011: 1147-1153.

[84] Wang J, Nie X, Xia Y, et al. Cross-view action modeling, learning and recognition [C]// 2014 IEEE Conference on Computer Vision and Pattern Recognition. Piscataway, NJ: IEEE, 2014: 2649-2656.

[85] Liu A A, Nie W Z, Su Y T, et al. Coupled hidden conditional random fields for RGB-D human action recognition [J]. Signal Processing, 2015, 112: 74-82.

[86] Wan J, Zhao Y, Zhou S, et al. Chalearn looking at people rgb-d isolated and continuous datasets for gesture recognition [C]// 2016 IEEE Conference on Computer Vision and Pattern Recognition Workshops. Piscataway, NJ: IEEE, 2016: 56-64.

[87] Shahroudy A, Liu J, Ng T T, et al. NTU RGB+ D: A large scale dataset for 3D human activity analysis [C]// 2016 IEEE Conference on Computer Vision and Pattern Recognition. Piscataway, NJ: IEEE, 2016: 1010-1019.

[88] Yeffet L, Wolf L. Local trinary patterns for human action recognition [C]// 2009 IEEE International Conference on Computer Vision. Piscataway, NJ: IEEE, 2009: 492-497.

[89] Zhao G, Pietikäinen M. Dynamic texture recognition using volume local binary patterns [C]// 2006 International Workshop on Dynamical Vision. Berlin: Springer, 2006: 165-177.

[90] Wen Z, Yin W. A feasible method for optimization with orthogonality constraints [J]. Mathematical Programming, 2013, 142(1-2): 397-434.

[91] Arivazhagan S, Shebiah R N, Harini R, et al. Human action recognition from RGB-D data using complete local binary pattern [J]. Cognitive Systems Research, 2019, 58: 94-104.

[92] Liu H, Wu Z, Li X, et al. Constrained nonnegative matrix factorization for image representation [J]. IEEE Transactions on Pattern Analysis and Machine Intelligence, 2011, 34(7): 1299-1311.

[93] Del Buono N, Pio G. Non-negative matrix tri-factorization for co-clustering: An analysis of the block matrix [J]. Information Sciences, 2015, 301: 13-26.

[94] Wang J Y, Almasri I, Gao X. Adaptive graph regularized nonnegative matrix factorization via feature selection [C]//2012 21st International Conference on Pattern Recognition. Piscataway, NJ: IEEE, 2012: 963-966.

[95] Wang J Y, Bensmail H, Gao X. Multiple graph regularized nonnegative matrix factorization [J]. Pattern Recognition, 2013, 46(10): 2840-2847.

[96] Yi Y, Wang J, Zhou W, et al. Non-Negative Matrix Factorization with Locality Constrained Adaptive Graph [J]. IEEE Transactions on Circuits and Systems for Video Technology, 2019.

[97] Cheng B, Yang J, Yan S, et al. Learning With l_1 -Graph for Image Analysis [J]. IEEE Transactions on Image Processing, 2009, 19(4): 858-866.

[98] Feng Y, Xiao J, Zhou K, et al. A locally weighted sparse graph regularized non-negative matrix factorization method [J]. Neurocomputing, 2015, 169: 68-76.

[99] Wang S, Guo W. Sparse multigraph embedding for multimodal feature representation [J]. IEEE Transactions on Multimedia, 2017, 19(7): 1454-1466.

[100] Wang K, He R, Wang L, et al. Joint feature selection and subspace learning for cross-modal retrieval [J]. IEEE Transactions on Pattern Analysis and Machine Intelligence, 2015, 38(10): 2010-2023.

[101] Figueiredo M A T, Nowak R D, Wright S J. Gradient projection for sparse reconstruction: Application to compressed sensing and other inverse problems [J]. IEEE Journal of Selected Topics in Signal Processing, 2007, 1(4): 586-597.

[102] Wang J, Yang J, Yu K, et al. Locality-constrained linear coding for image classification [C]// 2010 IEEE Conference on Computer Vision and Pattern Recognition. Piscataway, NJ: IEEE, 2010: 3360-3367.

[103] Raymond J W, Gardiner E J, Willett P. Rascal: Calculation of graph similarity using maximum common edge subgraphs [J]. The Computer Journal, 2002, 45(6): 631-644.

[104] Kuehne H, Jhuang H, Garrote E, et al. HMDB: a large video database for human motion recognition [C]// 2011 IEEE 13th International Conference on Computer Vision. Piscataway, NJ: IEEE, 2011: 2556-2563.

[105] Ye W, Cheng J, Yang F, et al. Two-Stream Convolutional Network for Improving Activity Recognition Using Convolutional Long Short-Term Memory Networks [J]. IEEE Access, 2019.

[106] Hou Y, Wang S, Wang P, et al. Spatially and temporally structured global to local aggregation of dynamic depth information for action recognition [J]. IEEE Access, 2017, 6: 2206-2219.

[107] Chopra S, Hadsell R, LeCun Y. Learning a similarity metric discriminatively, with application to face verification [C]// 2005 IEEE Conference on Computer Vision and Pattern Recognition. Piscataway, NJ: IEEE, 2005: 539-546.

[108] Qi C, Su F. Contrastive-center loss for deep neural networks [C]// 2017 IEEE International Conference on Image Processing. Piscataway, NJ: IEEE, 2017: 2851-2855.

[109] Berlemont S, Lefebvre G, Duffner S, et al. Class-balanced siamese neural networks [J]. Neurocomputing, 2018, 273: 47-56.

[110] Lin M, Chen Q, Yan S. Network in network [J]. arXiv preprint:1312.4400, 2013.

[111] Wang P, Li W, Gao Z, et al. Depth pooling based large-scale 3-d action recognition with convolutional neural networks [J]. IEEE Transactions on Multimedia, 2018, 20(5): 1051-1061.

[112] Liu J, Akhtar N, Mian A. Learning human pose models from synthesized data for robust RGB-D action recognition [J]. International Journal of Computer Vision, 2019, 127(10): 1545-1564.

[113] Baradel F, Wolf C, Mille J, et al. Glimpse clouds: Human activity recognition from unstructured feature points [C] /2018 IEEE Conference on Computer Vision and Pattern Recognition. Piscataway, NJ: IEEE, 2018: 469-478.

[114] Shao L, Cai Z, Liu L, et al. Performance evaluation of deep feature learning for RGB-D image/video classification [J]. Information Sciences, 2017, 385: 266-283.

[115] Simonyan K, Zisserman A. Two-stream convolutional networks for action recognition in videos[C]//Advances in Neural Information Processing Systems. Canada: Neural information processing systems foundation, 2014: 568-576.

[116] Dosovitskiy A, Fischer P, Ilg E, et al. Flownet: Learning optical flow with convolutional networks[C]//IEEE International Conference on Computer Vision. Piscataway, NJ: IEEE, 2015: 2758-2766.

[117] Crasto N, Weinzaepfel P, Alahari K, et al. MARS: Motion-augmented RGB stream for action recognition[C]//IEEE Conference on Computer Vision and Pattern Recognition. Piscataway, NJ: IEEE, 2019: 7882-7891.

[118] Ji S, Xu W, Yang M, et al. 3D convolutional neural networks for human action recognition[J]. IEEE Transactions on Pattern Analysis and Machine Intelligence, 2013, 35(1): 221-231.

[119] Qiu Z, Yao T, Mei T. Learning spatio-temporal representation with pseudo-3d residual networks [C]//IEEE International Conference on Computer Vision. Piscataway, NJ: IEEE, 2017: 5533-5541.

[120] Tran D, Wang H, Torresani L, et al. A closer look at spatiotemporal convolutions for action recognition [C]//IEEE conference on Computer Vision and Pattern Recognition. Piscataway, NJ: IEEE, 2018: 6450-6459.

[121] Hara K, Kataoka H, Satoh Y. Can spatiotemporal 3d cnns retrace the history of 2d cnns and imagenet? [C]//IEEE conference on Computer Vision and Pattern Recognition. Piscataway, NJ: IEEE, 2018: 6546-6555.

[122] Carreira J, Zisserman A. Quo vadis, action recognition? a new model and the kinetics dataset [C]//IEEE Conference on Computer Vision and Pattern Recognition. Piscataway, NJ: IEEE, 2017: 6299-6308.

[123] Diba A, Fayyaz M, Sharma V, et al. Temporal 3d convnets: New architecture and transfer learning for video classification[J]. arXiv preprint arXiv:1711.08200, 2017.

[124] Szegedy C, Liu W, Jia Y, et al. Going deeper with convolutions[C]//IEEE Conference on Computer Vision and Pattern Recognition. Piscataway, NJ: IEEE, 2015: 1-9.

[125] Varol G, Laptev I, Schmid C. Long-term temporal convolutions for action recognition [J]. IEEE Transactions on Pattern Analysis and Machine Intelligence, 2018, 40 (6): 1510-1517.

[126] Zhou B, Andonian A, Oliva A, et al. Temporal relational reasoning in videos [C]//European Conference on Computer Vision. Berlin: Springer, 2018: 803-818.

[127] Gu J, Wang Z, Kuen J, et al. Recent advances in convolutional neural networks [J]. Pattern Recognition, 2018, 77: 354-377.

[128] Srivastava N, Hinton G, Krizhevsky A, et al. Dropout: a simple way to prevent neural networks from overfitting[J]. The Journal of Machine Learning Research, 2014, 15(1): 1929-1958.

[129] He K, Zhang X, Ren S, et al. Deep residual learning for image recognition[C]// IEEE Conference on Computer Vision and Pattern Recognition. Piscataway, NJ: IEEE, 2016: 770-778.

[130] Soomro K, Zamir A R, Shah M. UCF101: A dataset of 101 human actions classes from videos in the wild[J]. arXiv preprint arXiv:1212.0402, 2012.

[131] Jhuang H, Garrote H, Poggio E, et al. A large video database for human motion recognition[C]//IEEE International Conference on Computer Vision. Piscataway, NJ: IEEE, 2011, 4(5): 6.

[132] Kay W, Carreira J, Simonyan K, et al. The kinetics human action video dataset [J]. arXiv preprint arXiv:1705.06950, 2017.

[133] Zivkovic Z, Van Der Heijden F. Efficient adaptive density estimation per image pixel for the task of background subtraction[J]. Pattern Recognition Letters, 2006, 27(7): 773-780.

[134] Godbehere A B, Matsukawa A, Goldberg K. Visual tracking of human visitors under variable-lighting conditions for a responsive audio art installation[C]//2012 American Control Conference. Piscataway, NJ: IEEE, 2012: 4305-4312.

[135] Revaud J, Weinzaepfel P, Harchaoui Z, et al. Epicflow: Edge-preserving interpolation of correspondences for optical flow[C]//IEEE Conference on Computer Vision and Pattern Recognition. Piscataway, NJ: IEEE, 2015: 1164-1172.

[136] Weinzaepfel P, Revaud J, Harchaoui Z, et al. DeepFlow: Large displacement optical flow with deep matching[C]//IEEE International Conference on Computer Vision. Piscataway, NJ: IEEE, 2013: 1385-1392.

[137] Bao L, Yang Q, Jin H. Fast edge-preserving patchmatch for large displacement optical flow[C]//IEEE Conference on Computer Vision and Pattern Recognition. Piscataway, NJ: IEEE, 2014: 3534-3541.

[138] Brox T, Malik J. Large displacement optical flow: descriptor matching in variational motion estimation [J]. IEEE Transactions on Pattern Analysis and Machine Intelligence, 2010, 33(3): 500-513.

[139] Ioffe S, Szegedy C. Batch normalization: accelerating deep network training by reducing internal covariate shift[C]//International Conference on International Conference on Machine Learning. New York, NY: ACM, 2015. :448-456.

[140] 翟正元. 基于 RGB-D 图像序列的人体行为识别研究 [D]. 北京:北京邮电大学,2019.

[141] 李超. 基于 2D/3D 卷积网络的行为识别研究及系统实现 [D]. 北京:北京邮电大学,2020.

第 5 章　多源视觉信息感知与识别——评测指标和数据集

在第 2 章至第 4 章中，分别从视觉感知角度研究目标的感知识别问题。而理论研究的成果只有应用到生产生活的实际中，测试其性能的优劣，才能验证其是否具有重要的研究价值。本章主要介绍前文的理论研究成果应用到具体的需求环境中，测试所需要的评测指标和数据集，主要包括人脸识别评测指标和数据集、目标跟踪评测指标和数据集、行为识别评测指标和数据集。

5.1　人脸识别算法的评测标准

本领域研究人员约定，人脸识别问题和人脸验证问题统称为人脸识别。在本书中，将针对无约束环境下的人脸识别问题和人脸验证问题进行研究。如何判断一个人脸识别/验证算法的准确率和运算速度是否优于另一种人脸识别算法，需要将两者放在相同条件（即相同的输入、相同的测试协议和相同的评测标准等）下进行测试，并给出具体的量化指标。这也是人脸识别评测标准和人脸识别数据库存在的意义。

5.1.1　人脸识别评测指标

评测指标使得研究人员可以通过数据量化的方式评价某种人脸识别算法的优劣。假设探测集（probe set）P 中的第 j 个样本 p_j 和模板集（gallery set）G 中的第 i 个样本 g_i 的相似度为 s_{ij}，s_{ij} 越大表示两个样本越相似。同理，测试样本 p_j 和数据库中的所有注册样本相似度为 s_{*j}。对于人脸识别任务而言，正序排列相似度 s_{*j}。如果 s_{*j} 是第 n 个最大相似度，则 p_j 的排序（rank）为 n，即 $\text{rank}(p_j)=n$。只有当一个测试样本 p_j 的相似度 s_{ij} 大于阈值 τ，且 g_i 与 p_j 属于同一类时，该测试样本被认为是正确的分类；否则，则被认为是错误的分类。而函数 $id(p_j)$ 则表示样本 p_j 的身份编号。

（1）识别准确度（Identification Accuracy）

根据上面的定义，rank-1（即，最佳匹配）的准确度可以表示为

$$P_{id-1}(\tau)=\frac{|p_j:p_j\in P,\text{rank}(p_j)=1,s_{*j}\geqslant\tau|}{|P|}\tag{5-1}$$

而 rank-n 的准确度可以表示为

$$P_{id-1}(\tau,n)=\frac{|p_j:p_j\in P,\text{rank}(p_j)\leqslant n,s_{*j}\geqslant\tau|}{|P|}\tag{5-2}$$

(2) 验证准确度(Verification Accuracy)

$$P_{\mathrm{Ver}}(\tau)=\frac{|p_j:s_{ij}\geqslant\tau, id(g_i)=\mathrm{id}(p_j)|}{|P|} \tag{5-3}$$

(3) 误警率(False Positive Rate, FPR)

误警率也称为假阳率,用于表示将正例(positive sample)错误地分类成负例(negative sample)的概率。当某个负例的相似度大于阈值 τ 时,误警就会发生。因此,误警率的表达公式如下:

$$P_{\mathrm{Fa}}(\tau)=\frac{|p_j:p_j\notin P, \max_i(s_{ij})\geqslant\tau|}{|P|} \tag{5-4}$$

(4) ROC 曲线(Receiver Operating Characteristic curve)

在现实人脸识别系统中,准确率与误警率之间是相互制约的(trade-off)。这两种性能指标不可能同时达到最大,而需要利用 ROC 曲线来表示它们之间的相对关系。ROC 曲线的横轴表示误警率,而纵轴表示准确率。

(5) ROC 曲线下面积(Area Under the ROC Curve, AUC)

由于在本书中使用的某些人脸识别数据库的测试协议下不允许使用任何的标签信息,因此,分类器无法通过标签或标签分布信息来设定(或学习)阈值 τ。而 AUC 这个指标可以通过计算横轴(误警率)和纵轴(正识率)的相对关系,即 ROC 曲线下的面积,来描述人脸识别算法性能的好坏。简单说,AUC 值越大的人脸识别算法,其性能越好。AUC 的数值可以使用梯形法(trapezoid method)或 ROC AUCH 两种方法计算得到。

5.1.2　人脸识别数据库

从现实场景中采集的人脸数据库对人脸识别研究是至关重要的。有很多研究机构和课题组收集并公开了人脸数据库,并为其设计了相应的测试协议,使得研究人员可以公平、公开地评测某种人脸识别算法。人脸数据库可按照具体的任务划分为:人脸识别数据库和人脸验证数据库。

人脸识别数据库包括:早期的 ORL 数据库、Yale B 数据库、UMIST 数据库和 AR 数据库等。这些数据库由于当时诸多条件的限制,数据库规模通常只有几十个人的上百张人脸图像,且数据库中包含的类内因素变化单一。2000 年以后,随着图像采集设备的不断发展,获取人脸图像的成本也越来越低。诸如 CMU PIE、CMU Multi-PIE、FERET、CAS-PEAL-R1、Oulu Physics-based 等大规模约束条件下的人脸数据库被不断公开。这些数据库规模通常包括上百个人的几千张或几万张人脸图像,且数据库中包含了现实生活中可能遇到的多种类型的类内因素,如:表情、光照、老化和遮挡等。正是由于这类数据库的公开,大幅度地促进了人脸识别算法的发展。各数据库的具体信息如表 5-1 所示。

表 5-1　常用的人脸识别数据库

数据库	类别数	样本数	主要类内因素变化	是否公开
ORL	40	400 张图片	无	
YaleB	10	5 760 张图片	光照、表情	是
UMIST	20	564 张图片	姿态	是

续表

数据库	类别数	样本数	主要类内因素变化	是否公开
AR	126	3 276 张图片	表情、遮挡、光照	是
Physics-based	125	2 000 张图片	光照、姿态、摄像机校准	否
CMU PIE	68	41 368 张图片	姿态、光照、表情	否
CMU Multi-PIE	337	约 750 000 张图片	姿态、光照、表情	否
FERET	1 199	14 126 张图片	光照、姿态老化、表情	是
CAS-PEAL-R1	1 040	30 863 张图片	表情、光照遮挡、老化	是

人脸验证数据库包括:LFW 数据库、PaSC 数据库、YouTube 数据库等。各数据库的具体信息如表 5-2 所示。另外,这些数据库的发布者们为了方便研究人员针对人脸数据库进行二次开发和研究,很多数据库还提供了人脸图像的基础信息(如:眼角、鼻尖和嘴角的位置等)和属性信息(如:肤色、性别、年龄等)。

表 5-2 常用的人脸验证数据库

数据库	类别数	样本数	主要类内因素变化	是否公开
LFW	5 749	13 233 张图片	姿态、表情和老化	是
PaSC	293	9 376 张图片和 2 802 段视频	姿态、模糊、失焦、低分辨率	是
YouTube Face	1 595	3 425 段视频	光照、表情、老化	是
CelebFace	10 177	202 599 张图片	姿态、表情、老化	否
CACD	2 000	163 446 张图片	老化、表情	是
CASIA-WebFace	10 575	494 414 张图片	姿态、表情光照、遮挡	是

为了验证本书中提出若干个算法的有效性,主要使用 FERET、CAS-PEAL-R1 和 CMU Multi-PIE 数据库进行人脸识别任务的测试,使用 LFW 和 PaSC 数据库进行人脸验证任务的测试。这五个数据库都提供了明确的测试协议,从而保证了性能测试的公平。接下来,对这五个数据库进行详细介绍。

(1) FERET 数据库:该数据库是针对人脸识别问题而设计的。该数据库的模板集中每个人只有一张人脸图像,这与实际人脸识别任务中的单样本识别场景(如:基于身份证的安全检查、VIP 验证等)是一致的。因此,利用该数据库进行算法测试是具有理论和现实意义的。

该数据库包括了 1 199 个人的 14 126 张人脸图像,FERET 数据库可分为训练集和测试集。其中,训练集包含有 429 个人的 1 002 张人脸图像;而测试集又可划分为 5 个子集,包括:Fa、Fb、Fc、Dup-1 和 Dup-2。其中,Fa 拥有 1 196 个人的 1 196 张人脸图像,作为模板集使用,而其余四个子集被用作探测集。Fb 中有 1 195 个人的 1 195 张人脸图像,主要包含了表情类内因素变化;Fc 中有 194 个人的 194 张人脸图像,主要包含了光照类内因素变化;Dup-1 和 Dup-2 这两个子集主要包含了老化类内因素变化,它们分别含有 243 个人的 722 张人脸图像和 75 个人的 234 张人脸图像。Dup-1 的时间跨度为 6～12 个月,Dup-2 的时间跨度为 12～24 个月。利用数据库提供的人眼坐标,将原始图像切割为 128×128 像素的人脸图像。剪裁后的人脸图像如图 5-1 所示。

(2) CAS-PEAL-R1 数据库:与 FERET 数据库类似,该数据库也是针对人脸识别问题

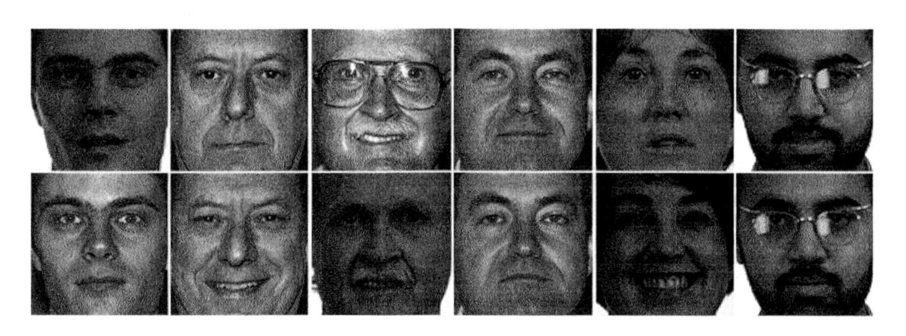

图 5-1　剪裁后的 FERET 人脸数据库，该数据库包含：
光照、老化、表情和姿态等类内因素变化

而设计的。该数据库中的所有人脸图像全部采集自中国人，是针对中国人人脸识别问题而专门采集的数据库。因此，利用该数据库进行算法测试是具有理论和现实意义的。

该数据库包括了 1 040 个人的 99 594 张人脸图像，常用的 CAS-PEAL-R1 数据库可分为训练集和测试集。其中，训练集包含有 300 个人的 1 200 张人脸图像；而常用的测试集包括：gallery、expression、accessory 和 lighting。其中，gallery 拥有 1 040 个人的 1 040 张人脸图像，作为模板集使用，而其余三个子集被用作探测集。expression 中有 377 个人的1 884 张人脸图像，主要包含了表情类内因素变化；accessory 中有 438 个人的 2 616 张人脸图像，主要包含了遮挡或人脸配件等类内因素变化；lighting 中有 233 个人的 2 450 张人脸图像，主要包含了光照等类内因素变化；利用数据库提供的人眼坐标，将原始图像切割为 150×130 像素的人脸图像。剪裁后的人脸图像如图 5-2 所示。

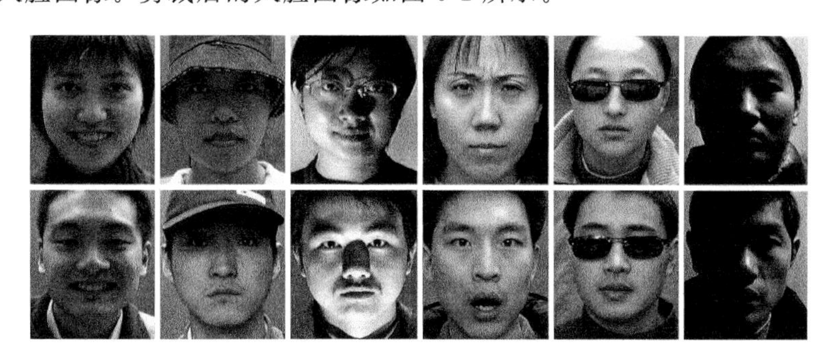

图 5-2　剪裁后的 PEAL 人脸数据库，该数据库包含：
表情、光照、遮挡和老化等类内因素变化

(3) CMU Multi-PIE 数据库：与 FERET 和 CAS-PEAL-R1 数据库类似，该数据库也是针对人脸识别问题而设计的。该数据库中的包含了大量的类内因素变化。因此，利用该数据库进行算法测试是具有理论和现实意义的。

该数据库包含有 337 个人的约 750 000 张人脸图像，包括：姿态、光照和表情等多种类内因素变化。在本书中，选取了正常表情和正面光照的姿态变化图像进行测试。姿态变化范围为[－45°，＋45°]。前 200 个人的 5 600 张人脸图像用作训练集，而剩余的 137 个人的图像用作测试集。所有人脸图像均采用 SDM 算法对齐为 80×64。剪裁后的人脸图像如图 5-3 所示。在测试集中，137 个人的正面人脸图像(137 张图像)用作模板集，而其余的 2 706 张人脸图像用作探测集。

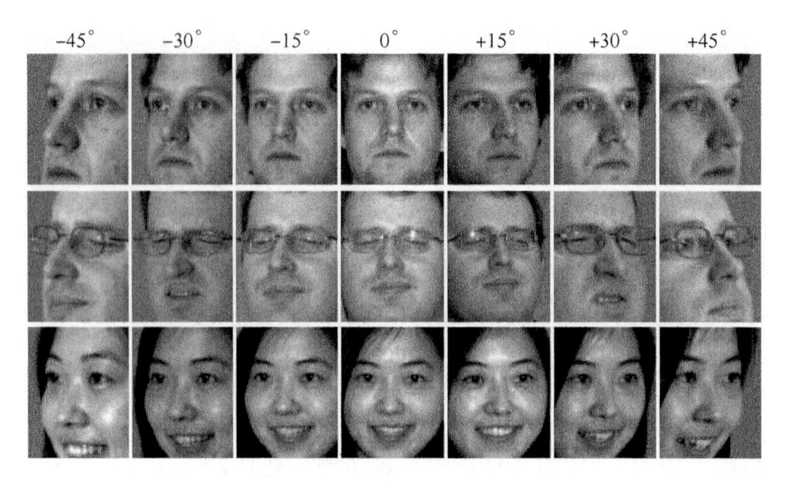

图 5-3 剪裁后的 CMU Multi-PIE 人脸数据库，该数据库主要包含姿态类内因素变化

（4）LFW 数据库：该数据库是针对人脸验证问题（即判断一个图像对中的两张图像是否为同一个人）而设计的。LFW 数据库是由麻省理工学院的计算机视觉实验室收集并发布的，这些人脸图像全部收集自互联网。这些图像全部是在非约束条件下，由专业摄像师拍摄得到的。利用该数据库对算法进行测试，有助于研究非约束条件下多重类内因素同时变化的人脸验证问题。

该数据库包含有 5 749 个人的 13 233 张人脸图片，其中 1 680 个人拥有超过 2 张的人脸图像。本书中使用来自 Lior Wolf 等人提供的 LFW-a 数据库作为原始图像，并将其剪裁成 150×130。剪裁后的人脸图像如图 5-4 所示。该数据库提供的测试协议将数据库分为 View 1 和 View 2 两部分。其中，View 1 用于算法设计和模型选择，View 2 用于最终的性能测试。View 2 又可分为 10 个子集，并采用 10 折交叉验证（10-fold cross validation）。10 次测试的平均准确率（mean accuracy）及其标准差（standard deviation）和 ROC 曲线（Receiver Operating Characteristic curve, ROC）可用作最后的评测指标。

图 5-4 剪裁后的 LFW 人脸数据库，该数据库包含：姿态、表情和老化等类内因素变化

LFW 数据库还提供了多种测试场景（testing scenarios），包括：基于非监督的（Unsupervised）、基于监督的图像对受限的（Image-Restricted）和基于监督的图像对不受限的（Unrestricted）三种。其中，基于监督测试场景又可分为：允许使用外部数据的（Outside Data）和不允许使用外部数据的（No Outside Data）。在本书中，作者主要使用的是无监督

的测试场景，因为无监督的测试场景并不依赖于分类器训练或度量学习(metric learning)，且不能引入有标签/无标签的外部数据，能够公平地、真实地评测一种人脸识别算法的描述能力和鲁棒性。10 折交叉验证的平均 AUC 作为描述算法性能的指标。

(5) PaSC 数据库：数据库同样是针对人脸验证问题而设计的。与 LFW 数据库不同，PaSC 数据库(Point-and-Shoot Camera dataset)是通过数码静态相机(Point-and-Shoot Camera，又称"傻瓜"相机)拍摄得到的。由于数码静态相机的普及，社交网络中大量的图片都是由这种相机拍摄得到的。但是，这类相机的易操作性，却导致了拍摄图像的质量难以得到保障，从而加大了现有人脸识别算法的难度。因此，利用该数据库对算法进行测试，有助于研究非约束条件下多重类内因素同时变化(特别是姿态、模糊和遮挡)的人脸验证问题。

该数据库包括了 293 个人的 9 376 张静态图像和 2 802 段视频，并包含了：姿态、模糊、失焦和低分辨率等多种类内因素变化。其中，目标集(target set)和查询集(query set)均包含有 4 688张人脸图像。利用数据库发布者提供的人脸关键点，对原始人脸图像进行基于仿射变换的分割，将其切割为 128×128 像素的人脸图像。剪裁后的人脸图像如图 5-5 所示。

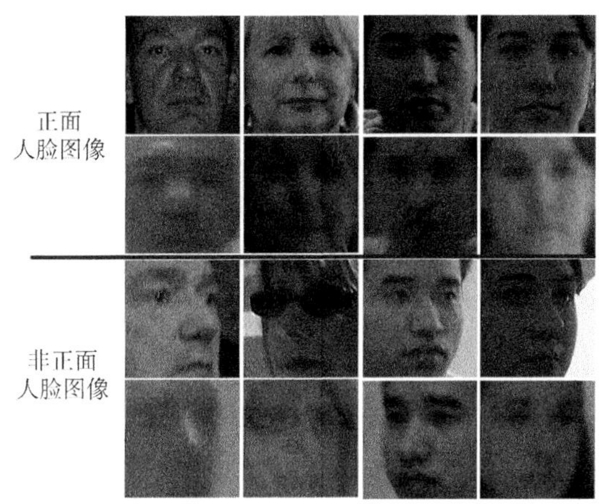

图 5-5　剪裁后的 PaSC 人脸数据库，该数据库包含：姿态、模糊、失焦和低分辨率等类内因素变化

该数据库提供了三种测试协议：图像-图像识别，视频-视频识别和图像-视频识别。本书采用的是图像-图像识别协议。图像-图像识别还提供了两种测试场景，包括：仅包含正面人脸的图像集和包含所有照片的图像集。本书使用这两个测试场景，并利用准确率作为描述算法性能的指标。

(6) IJB-A 数据集：IJB-A 数据集是第一个在无约束环境下采集的结合人脸检测和人脸识别的基准数据集，同时包含图片和截取的视频图像数据。元数据包含个体的性别和肤色、遮挡情况(眼睛、嘴/鼻子、刘海和前额)以及粗略姿势信息，如图 5-6 所示。IJB-A 数据库包含 500 个不同姿态、光照和表情的个体，姿态变化[−90°,90°]，共 5 712 张图片以及从视频中截取出的 20 414 帧图像。

(7) CASIA-WebFace 数据集：CASIA-WebFace 数据集包含 10 575 个人的 49 414 张图像。将使用 CASIA-WebFace 中 1 000 个人的 10 000 张图像作为训练数据集，其中每个人的正脸图片和姿态人脸的图像各 5 张。如图 5-7 所示，是其中一个人的正脸和姿态人脸图片集合。同样应用 SDM 算法进行人脸对齐并进行裁剪，图片大小 80×64。

图 5-6 IJB-A 人脸数据集

图 5-7 CASIA-WebFace 人脸数据

(8) CUHK-CUFS 数据集：香港中文大学脸部速写数据集(CUHK-CUFS)主要用于人脸素描合成及人脸素描识别的研究。包含 CUHK Student 数据集、AR 数据集(照片来自 AR 数据集)和 XM2GTS 数据集(照片来自 XM2VTS 数据集)。如图 5-8 所示，CUHK Student 数据集包括来自香港中文大学 188 个学生的 188 张人脸资料库的图像(训练集 88 张、测试集 100 张)，AR 数据集包含 123 个个体的 123 张人脸照片和素描图像(训练集 80 张、测试集 43 张)，XM2GTS 数据集包含 295 个个体的 295 人脸照片和素描图像(训练集 195 张、测试集 100 张)。

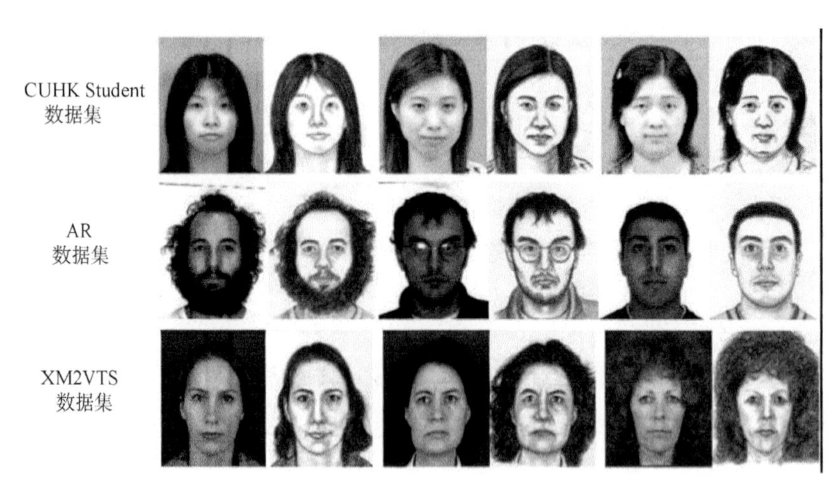

图 5-8 CUHK-CUFS 人脸数据集

(9) CUHK-CUFSF 数据集：香港中文大学人脸速写 FERET 数据集(CUFSF)主要用于人脸素描合成和人脸素描识别的研究，如图 5-9 所示。该数据集中包括来自 FERET 数据集的 1 194 人的一张含有光线变化的脸部照片和一幅由艺术家在观看这张照片时绘制的形状夸张的素描。

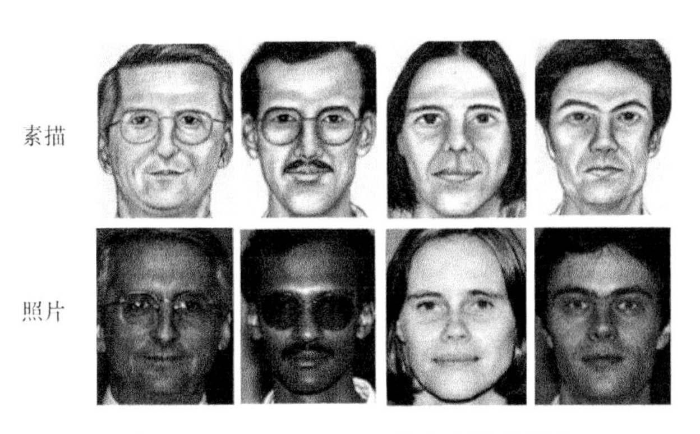

图 5-9　CUHK-CUFSF 学生人脸数据集

(10) CASIA NIR-VIS 2.0 数据集：CASIA NIR-VIS 2.0 数据集是目前最大和最具挑战性的 NIR-VIS 异质人脸识别数据库，如图 5-10 所示。它包括 725 个个体，每个个体有 1～22张可见光和 5～50 张近红外光图像，分为 10 个子数据集。训练集含有来自 360 个个体的大约 2 500 张可见光和 6 100 张近红外图像。在测试集中，gallery 集中包含 358 个个体的可见光图像，每个个体只有一张图像，probe 集包含着 358 个个体的 6 000 多张近红外图像。

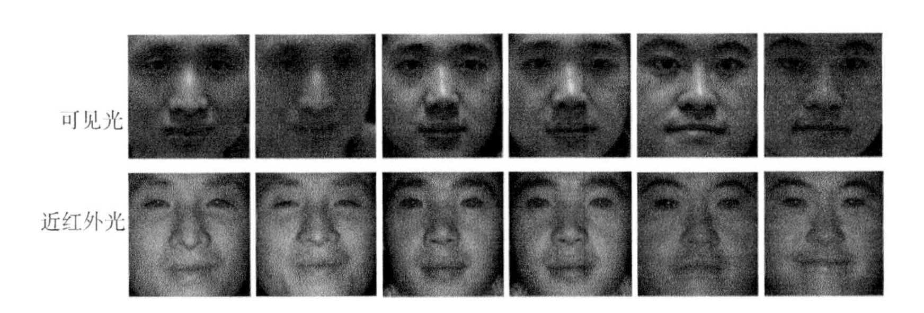

图 5-10　CASIA NIR-VIS 2.0 人脸数据集

5.2　目标跟踪评测指标

评估算法的重要方面是选择和建立可比较的、合理的评价方法，本书提出的算法涉及了目标检测、特征提取、数据关联、模型压缩等相关领域的关键技术，本小节列举了上述任务对应的性能评价方法，并在之后的章节使用这些评价指标对本书所提出的算法以及现有算法进行对比测试，验证所提出算法的有效性。

5.2.1 目标跟踪评测指标

1. 单目标跟踪评价指标

针对不同的数据集，目标跟踪的评价指标有所不同，下面将分别对 OTB 数据集和 VOT 数据集的评价指标简要介绍。

2. OTB 数据集的评价指标

(1) 中心位置误差(Center Location Error，CLE)：定义为检测到的目标中心位置与目标中心真值之间的欧几里得距离，计算公式如下

$$\mathrm{CLE} = \sqrt{(x_i - x_{i\_gt})^2 + (y_i - y_{i\_gt})^2} \tag{5-5}$$

(2) 成功率(Success Rate，SR)：定义为跟踪成功的视频帧数与总视频帧数的比值，计算公式如下

$$\mathrm{score} = \frac{\mathrm{area}(R_I \cap R_g)}{\mathrm{area}(R_I \cup R_g)} \tag{5-6}$$

$$\mathrm{SR} = \frac{\mathrm{sn}}{n} \tag{5-7}$$

式中，score 表示重叠率，R_I 表示预测得到的目标区域，R_g 表示真实的目标区域，area 表示区域面积，sn 表示跟踪成功的次数，n 为视频的总帧数，如果 score>0.5，则 sn+1。

(3) 距离精确度(Distance Precision，DP)：定义为中心距离误差小于所设定的某一阈值的视频帧数占视频总帧数的比例。

(4) 成功率图(success plots)：预测边界框与真实边界框的重叠率，阈值为每个成功率图的曲线下面积。

(5) 精确度图(precision plots)：显示出预测的位置在给定的阈值距离之内的帧数占总帧数的比例，通常使用 20 个像素点作为阈值。

(6) 时间鲁棒性评估(OPE)：以不同帧初始化进行跟踪。任意给定一个初始帧，这个初始帧具有准确的目标边界框，跟踪器用这个任意的初始帧初始化直至跟踪结束，跟踪器评估每一个序列片段并记录整体的统计数据。

(7) 空间鲁棒性评估(SRE)：以视频序列第一帧的不同边界框初始化进行跟踪，其中不同的边界框通过移动或缩放准确的真实边界框来抽取。

3. VOT 数据集的评价指标

(1) EAO(Expect Average Overlap Rate)：是指将精度和鲁棒性在一张图上同时体现，精度的衡量方式是平均重叠率，鲁棒性的衡量标准是跟踪算法跟踪失败的次数。

(2) EFO(Equivalent Filter Operations)：是用于衡量速度的指标，可以最大程度地减少硬件差异带来的影响。首先测试滤波的操作时间，然后用跟踪算法所耗时间除以滤波操作的时间，得到的就是 EFO 值。

4. 多目标跟踪评价指标

多目标跟踪领域已经建立了一套较为完善、通用的度量，其中包括：基本度量，CLEAR MOT 度量以及 ID 度量，这些度量指标能够反映模型的整体性能，让算法可以被公平地测试和比较。

本书中，统一定义目标的标注为真值(ground truth)，表示为 g_i；模型输出的结果称为

预测(hypothesis),表示为 h_j。本书主要考虑的是基于 2D 图像的多目标跟踪算法,因此最常使用真值边界框与预测边界框的 IoU 来度量两者的相关性。需要说明的是,在建立真值和预测之间的映射时,如果真值目标 g_i 和预测 h_j 在第 $t-1$ 帧中匹配,并且在第 t 帧中有 $\mathrm{IoU}(g_i,h_j)\geqslant 0.5$,则考虑到连续性约束,即使存在另一个预测 h_k 使得 $\mathrm{IoU}(g_i,h_k)>\mathrm{IoU}(g_i,h_j)$,也认为 g_i 和 h_j 在第 t 帧中匹配。也就是在执行完与先前帧的匹配后,才尝试使用 IoU 阈值 0.5 将其余对象与其余预测进行匹配。最后存在真值框没有与之关联的预测即认为发生了漏检(False Negatives,FN),而不能与真值框相关联的预测被标记为误检(False Positives,FP)。同样,每次真实目标跟踪被中断并在以后恢复时,都认为产生 1 次轨迹碎片(fragmentation),而在追踪期间如果发生被跟踪的真值目标的 ID 被错误地更改的情况时,都被计为发生了一次 ID 切换(ID switch),总数记为 IDSW。图 5-11 提供了实例说明。

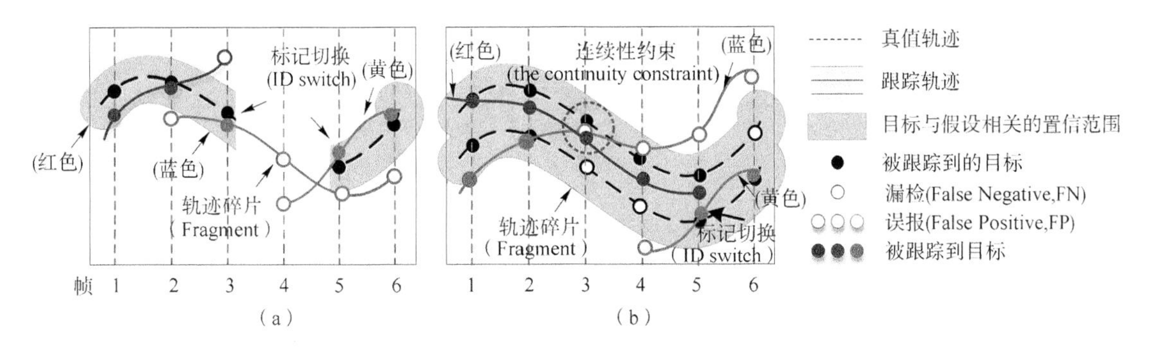

图 5-11　目标分配轨迹 id 实例说明

(a)在第 1～2 帧给目标分配红色 id,但在第 3 帧切换为蓝色 id,被标记为 1 次 ID 切换;第 4 帧由于遮挡或者其他问题导致真值轨迹发生中断,也导致了轨迹碎片;第 5 帧恢复了目标跟踪,但是由于黄色轨迹最接近目标,因此第 5 帧还发生了不太直观的 ID 切换。(b)对于上面一条轨迹,尽管量测结果相当不错,但根据连续性假设,红色和蓝色量测都在置信范围内,由于上一帧是红色 id,因此尽管蓝色量测更近,还是给目标赋予红色 id,导致多个 FP 和 FN,注意,在第 6 帧中不算产生轨迹碎片,因为该目标的跟踪并没有恢复;对于下面一条真值轨迹,在第 1～2 帧中跟踪到了目标,但是第 3 帧中目标丢失,然后在第 5 帧中被重新跟踪,因此第 3 帧产生了轨迹碎片,并且在第 5 帧中目标被赋予了新的(黄色)id,也表明了 1 次 ID 切换

多目标跟踪中又定义了多目标跟踪正确率(Multiple Object Tracking Accuracy, MOTA)和多目标跟踪精度(Multiple Object Tracking Precision,MOTP),这两个指标是综合计算来的,更具有总体意义,也是最常用的指标。MOTA 的计算方法如下:

$$\mathrm{MOTA}=1-\frac{\mathrm{FN}+\mathrm{FP}+\mathrm{IDSW}}{\mathrm{GT}} \tag{5-8}$$

式中,真值框总数记为 GT,MOTA 通常以百分比形式表示。需要注意的是,数值可能为负,因为算法发生错误的次数可能超过真值框的总数。

另一方面,MOTP 的计算公式为

$$\mathrm{MOTP}=\frac{\sum_{g_t,i_t} d_{g_t,i_t}}{\sum_{g_t} c_{g_t}} \tag{5-9}$$

式中,g_t 表示第 t 帧的真值目标,i_t 表示第 t 帧中的假设结果,c_{g_t} 表示匹配上的真值数量,d_{g_t,i_t} 表示 i_t 和 g_t 有重叠的标定框。需要注意的是,这个指标只考虑了很少的跟踪信息,而更侧重于检测的质量。

还有一些基本指标如:MT、ML、IDF1 等,不再一一赘述,在表 5-3 中予以说明。

表 5-3 多目标跟踪评价指标

方 法	期望趋势	最佳值	描 述
MOTA	↑	100 %	多目标跟踪精度
MOTP	↑	100 %	多目标跟踪精度
IDSW	↓	0	ID 切换的总数
Fragment	↓	0	轨迹碎片的总次数
MT (Mostly tracked targets)	↑	100 %	基本跟踪到的目标数,在真值轨迹的生命周期中,预测轨迹覆盖了至少 80%的比率
ML (Mostly lost targets)	↓	0%	基本丢失的目标数,在真值轨迹的生命周期中,预测轨迹覆盖了最多 20%的比率
IDF1 (ID F1 Score)	↑	100 %	ID F1 得分,与真值正确对应的检测数量和所有得到的检测数量之比

注:其中 MOTA、MOTP 是总体指标。↓表示该项指标越小越好,↑表示该项指标越大越好,之后不再赘述。

5. 目标检测评价指标

对于检测任务,本书主要关注其召回率(Recall)、精度(Precision)指标、平均精度(AP)以及各类别平均精度(mAP)指标,所述指标对应的计算方式如下:

$$\text{Precision}=\frac{\text{TP}}{(\text{TP}+\text{FP})} \tag{5-10}$$

$$\text{Recall}=\frac{\text{TP}}{\text{TP}+\text{FN}}=\frac{\text{TP}}{\text{GT}} \tag{5-11}$$

式中,TP 与 FP 的定义与多目标跟踪类似,但是没有时间连续约束,一般将 IoU 阈值设置为 0.5。而 AP 是 PR 曲线(即 Precision-Recall 曲线)下面积,mAP 是各类别的 AP 取平均值,本书只关注行人类别,因此 mAP 等于 AP 值,表 5-4 总结了本书使用到的目标检测的评价指标。

表 5-4 目标检测评价指标

方 法	期望趋势	最佳值	描 述
AP	↑	100%	针对单个类别,一组参考召回值(0:0.1:1)的平均精度(Average Precision)
mAP	↑	100%	各类别 AP 的平均值,本书只考虑行人类别,因此 mAP 等于 AP
Precision	↑	100%	精准度
Recall	↑	100%	召回率

5.2.2 目标跟踪数据库

目前单目标跟踪常用的数据集主要有 OTB 和 VOT。OTB 数据集和 VOT 数据集的样例如图 5-12 和图 5-13 所示。

图5-12　OTB数据集的图像样例示意图

图5-13　VOT数据集的图像样例示意图

OTB和VOT的不同有以下几点，首先OTB只有四分之三的彩色图像，而VOT没有灰色图像，这造成了使用颜色特征的跟踪算法性能差异较大；其次两个benchmark的评价指标不一样，OTB中可以给出各个算法的精确度图和成功率图，以及各个属性的精确度图和成功率图，并对各个算法进行排序，除了一次评估（OPE）以外，还有时间鲁棒性评估（TRE）和空间鲁棒性评估（SRE）。VOT中不仅有精确度分数还有鲁棒性分数（重叠率、失败率、精度等级、鲁棒性等级以及最后的等级）；最后也是差别最大的是OTB由任意帧或者附加随机干扰的视频序列第一帧初始化，这样与检测算法预测得到的边界框更加接近，而VOT是用视频序列第一帧初始化，并且通常认为是tracking-by-detection的短期跟踪，即发生跟踪失败的情况时，5帧之后检测器会重新初始化跟踪器。

随着视频多目标跟踪领域的发展，陆续出现了一些公共数据集，例如：PETS-2009，KITTI，MOTChanllenge等。其中，PETS-2009是早些年使用广泛的数据集。该数据集在前些年应用广泛，但由于该数据集存在一些不规范使用该数据集的问题，因此无法验证算法的代表性、公平性与鲁棒性，近年来逐渐不再使用。KITTI数据集是自动驾驶场景下收集的评测数据集，用于评测在车载环境下3D物体检测和跟踪等任务的性能，由于本书关注的是行人多目标跟踪，该数据集的部分视频序列的行人密度较低且行人过小，因此不适用于本书的验证。

表 5-5 MOT Challenge 数据集详情

数据集名称	测试集	训练集	帧数	ID 数	标定框数	提供的公开检测集	数据集特性
MOT15	11	11	11 283	1221	101 345	ACF	摄像头移动、固定，变换的环境和灯光等
MOT16	7	7	11 235	1342	292 733	DPM	更高的行人密度
MOT17	7	7	11 235	1342	292 733	FSR RCNN，DPM，SDP	与 MOT16 的视频相同，提供了更多(3 种)公开检测结果

现有常用的多目标跟踪基准数据集为 MOTChanllenge，该数据集是目前最为权威、常用的行人多目标跟踪公开数据集，包括了 ETH、TUD、PETS-2009 和 KITTI 等现有数据集的部分视频序列，主要用于比赛评估。经过多年的发展，基准现有 MOT15、MOT16 和 MOT17 数据集，数据集的基本情况在表 5-5 中展示。值得注意的是，由于检测的质量很大程度影响了多目标跟踪质量，因此不同数据集都提供了特定公开检测集供各算法公平对比，这样保证了对不同跟踪算法性能评价的公平性。MOTChanllenge 数据集划分了训练集和测试集，训练集(提供视频数据、公开的检测结果以及真值标注文件)，测试集(提供包括视频数据和公开的检测结果，真值标注文件未公开)，算法在测试集上的评估需要将结果提交给测试服务器进行的，评估结果包括多种指标，MOTA 是 MOTChallenge 的主要评估得分。数据集的标注格式如表 5-6 所示、数据集的样例如图 5-14 所示。

表 5-6 MOT16 数据集标注格式

	描　述
第 1 列	标识对象出现在哪个帧中
第 2 列	通过分配唯一的 ID 来标识该对象属于哪个轨迹，每个对象只能分配给一个轨迹，在检测文件中设置为－1，因为尚未分配 ID
第 3，4，5，6 列	行人边界框在图像中的位置，包括标定框的左上角坐标及框的宽度和高度
第 7 列	在检测到的情况下表示其置信度分数；跟踪中用于标记是否考虑该实例，值 0 表示该特定实例在计算中被忽略，而值 1 用于将其标记为活动(active)的
第 8 列	对象的类型，在检测标注中为－1；本书仅关注行人类别(类别编号为 1)
第 9 列	每个边界框的可见性比率，在检测标注中为－1；这可能是由于其他静态或移动对象的遮挡，或由于图像边框裁剪

图 5-14 MOT16 数据集的概览
第一行为训练序列，第二行为测试序列

标准多目标跟踪数据集存在视频序列数量少的问题(MOT15 只有 11 个训练序列，

MOT16 / MOT17 只有 7 个训练序列)，所以获得的模型泛化性不佳，而本书的工作内容之一是提升多目标跟踪量测特征的区分性，开展此项研究需要大量的有标注的视频数据，因此亟需增大数据量用于模型的训练。现有部分工作通过引入行人重识别数据集来扩充数据集，但是经过调研发现，大多数行人重识别数据集的图片是检测器的检测结果裁剪出来的，而非全图，而不符合多目标跟踪场景中在图中定位目标且提取特征的流程，也不适用于本书提出的算法。

考虑到行人检索和行人检测任务的数据集往往是基于完整图像，与本书所提算法的使用场景相似，因此经过广泛调研与数据集分析，本书由于使用了近年发布的 JDE 数据集，该数据集在多目标跟踪数据集 MOT16/17 基础上融合了：2 个行人检测数据集(ETH 数据集和 CityPersons 数据集)，该类数据集仅包含标定框标注；3 个行人检索数据集(CalTech 数据集，CUHK-SYSU 数据集和 PRW 数据集)，该类数据集包含标定框标注以及 ID 标注；最后排除了 ETH 数据集中与 MOT16 测试集重叠的视频以进行公平评估。数据集使用了以下的统一标注，如表 5-7 所示。

表 5-7　JDE 数据集标注格式

	描　述
第 1 列	表示目标类别，本书主要关注单一类(即行人)，统一编号为 0
第 2 列	分配唯一的 ID 来标识该对象属于哪个轨迹，每个对象只能分配给一个轨迹，如果尚未分配 ID 则设置为 −1，编号从 0 开始
第 3,4,5,6 列	分别表示标定框在 2D 图像坐标中的位置，位置由中心点以及边框的宽度和高度指示，数值根据图像的宽度/高度进行归一化，是 0 到 1 之间的浮点数

最终的数据集组成如表 5-8 所示。另外，因为数据的 ID 数量、框数量以及对应密度等信息较为重要，本书还进一步分析了各个数据集的统计数据总结至附录表 1。本书使用 JDE 数据集作为训练集与验证集合，使用 MOTChanllenge 数据集作为测试集，用该结果评估多目标跟踪算法的整体效果。

表 5-8　最终的数据集组成情况

数据集划分	说明	数据集
训练集(train)	标定框标注	ETH - train CP - train
	标定框标注＋ ID 标注	CS - train PRW - train MOT17 - train CT - train
验证集(val)	目标检测验证集	CT - val CP - val
	量测特征验证集	CT - val (随机抽取 10 000 张图) CS - val PRW - val
	多目标跟踪验证集	MOT15 - train(移除与训练集重复的序列)
测试集(test)	多目标跟踪测试集	MOT16 - test

注：其中 CityPersons 数据集缩写为 CP，CalTech 数据集缩写为 CT，CUHK-SYSU 数据集缩写为 CS。

5.3 行为识别算法的评测标准

5.3.1 行为识别评测指标

在对行为视频进行识别性能评估时，典型的准确率评价指标有视频级准确率和片段级准确率，如图 5-15 所示。由于在行为识别时，将原始的视频切割为不同的视频片段，因此，实际模型在判别时会给出每个视频片段对应的置信度向量，即该片段判定为各个行为类别的置信度分数集合。片段级准确率的计算方式为直接将每个片段的置信度向量中的最大值类别与对应视频的标签进行正误判定，因此其评价的单个实例为视频片段。视频级准确率的计算方式为：先将一个视频下所有片段的置信度向量进行对应类别加和求平均值，得到平均置信度向量，其次，将平均置信度向量中的最大值类别与对应视频的标签进行正误判定，因此其评价的单个实例为视频。

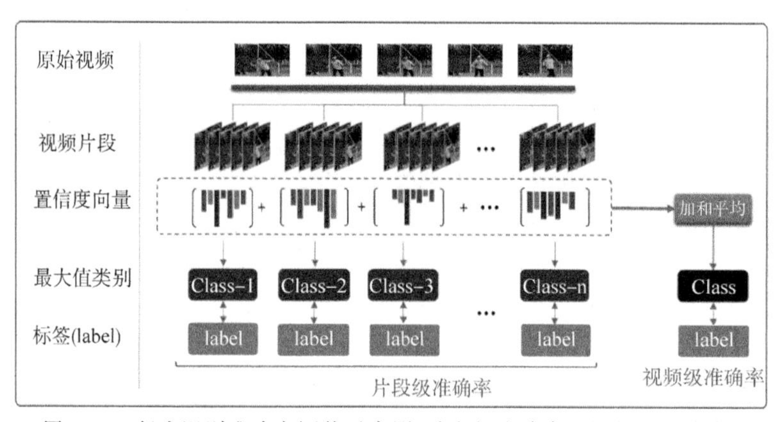

图 5-15　行为识别准确率评价示意图(片段级准确率+视频级准确率)

5.3.2 行为识别数据库

实验主要基于三大主流的视频行为数据集：UCF101、HMDB-51 和 Kinetics-400。UCF101(图 5-16)包含 101 个类别的动作，总计 13 320 个视频。其中动作种类较为丰富，包含尺度变化、相机移动、物体外观、姿态、视角、背景、光照等差异。数据来源主要为电影、公共数据集、谷歌视频存档等。HMDB-51(图 5-17)包含 51 个动作类别，总计 6 849 个视频，其中每个类别至少包含 101 个视频，数据集整体较为均衡。Kinetic-400 数据集(图 5-18)包含 400 个动作类别，其中每个类别都包含大于 400 个训练视频样例，其行为类别多样，包含有个人的动作行为、人际间的交互行为、需要时间推理的行为和强调对于对象进行区分的行为等，每个视频的长度在 10 s 左右。同时由于该数据集的规模较大，训练时对计算资源的规模要求较高。实验室使用时，在有限的计算资源下训练时长较长，该数据集是当前最具挑战性的数据集之一。综上所述，实验基于以上三个主流的视频行为数据集，并根据实际的计算资源配置进行实验分析。

图 5-16　UCF-101 数据集样例图

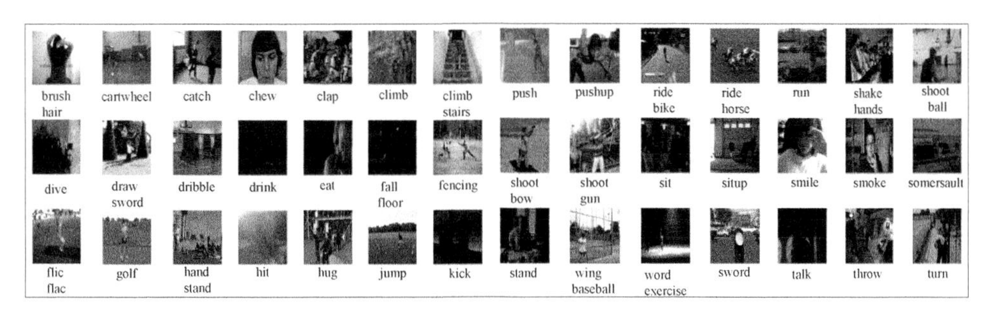

图 5-17　HMDB-51 数据集样例图

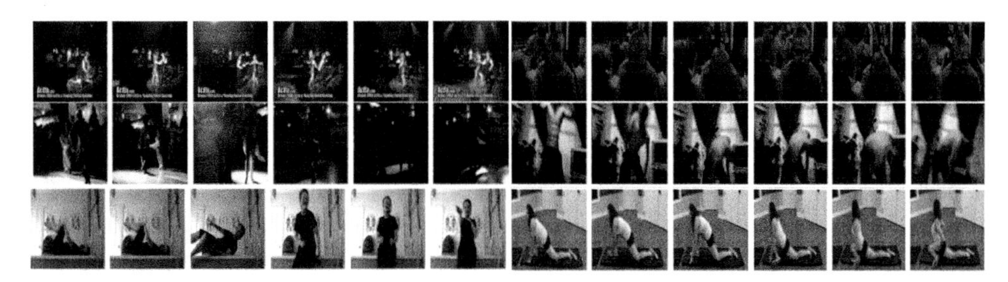

图 5-18　Kinetics-400 数据集样例图

RGB-D 行为识别数据集

与其他基于数据驱动的计算机视觉任务一样，数据在行为识别研究中也有着重要的作用。为了促进 RGB-D 行为识别的研究，国内外很多研究机构和课题组从不同的研究角度以及应用背景收集并公开了 RGB-D 行为数据库，同时也为其设计了相应的验证标准，从而使得研究人员可以公平地测试某种行为识别算法。

早期的 RGB-D 行为识别数据集包括：MSRActionPair、MSRDaily-Activity3D、UTD-MHAD、ORGBD 等。这些数据集是在 Kinect 刚出现时所建立的，数据规模相对比较小，通常只有几百个样本数据，行为类别也不会超过 20，同时数据集中的类内变化也比较单一。近年来，随着 RGB-D 数据的采集成本降低以及深度学习技术的发展，使得诸如 SKIG、NTU RGB＋D、ChaLearn LAP IsoGD 等大规模 RGB-D 行为数据集被不断公开。这些数据库包含了现实生活中可能遇到的多种类内变化因素，如拍摄视角、光照变化以及遮挡、动作执行者在尺度和执行方式上的差异等。这些数据集的公开极大地促进了 RGB-D 行为识别算法的发展，常见数据库的具体信息如表 5-9 所示。

表 5-9　常见的 RGB-D 人体行为数据库

数据库	样本数	类别数	主要特点	交互行为占比	公开年份
MSRActionPair	360	12	两两动作执行顺序相反	100%	2013 年
UTKinect	200	10	尺度变化以及部分遮挡	>30%	2012 年
CAD-120	120	10	多个不同的生活场景	100%	2013 年
ORGBD	224	7	16 个动作执行者	100%	2014 年
MSRDailyActivity3D	320	16	两种动作执行姿态	87.5%	2014 年
SYSU 3DHOI	480	12	交互行为执行方式多样化	100%	2016 年
UTD-MHAD	861	27	动作执行者尺度变化	0%	2015 年
RGBD-HuDaAct	1189	12	动作执行方式多样化	100%	2013 年
Multiview Action 3D	1475	10	3 个拍摄视角	100%	2014 年
TJU dataset	1760	22	提供深度图像分割后的人体前景	<13.6%	2015 年
SKIG	2160	10	手部动作	0%	2013 年
ChaLearn LAP IsoGD	47933	249	有复杂类内变化的手势数据	0%	2016 年
NTU RGB+D	56880	60	3 个拍摄视角，5 种采集视角，40 个受测对象	100%	2016 年

为了验证本书中所提算法和模型的有效性，本书主要使用 ORGBD、MSRDailyActivity3D、SYSU 3DHOI、UTD-MHAD、NTU RGB+D 以及 ChaLearn LAP IsoGD 等数据库进行 RGB-D 行为识别的测试。接下来，对这六个数据库及其测试标准作详细介绍。

(1) ORGBD 数据集：该数据集的每种动作数据都包含具有显著形状和纹理的物体，同时该数据库规模比较小，不需要大量的时间训练特征提取模型。因此，利用该数据集进行基于底层特征的行为识别算法测试是具有理论意义的。

该数据集包含了 16 个动作执行者的 7 种动作，每个人执行每种动作两次（两种动作执行姿态：正面和侧面），共有 224 个视频序列。数据集中所包含的 7 个动作分别为：喝水、吃东西、用笔记本电脑、玩手机、打电话、用遥控器和看书。这 7 个动作的拍摄环境相对固定，没有明显的遮挡以及光照变化。但是该数据集中具有明显的姿态和尺度变化，从而对行为识别算法有一定挑战性。为了测试算法的性能，提供者将前 8 个动作执行者的数据作为训练样本，剩余的作为测试样本。图 5-19 给出了该数据集中部分动作对的 RGB(左)和深度(右)图像示例。

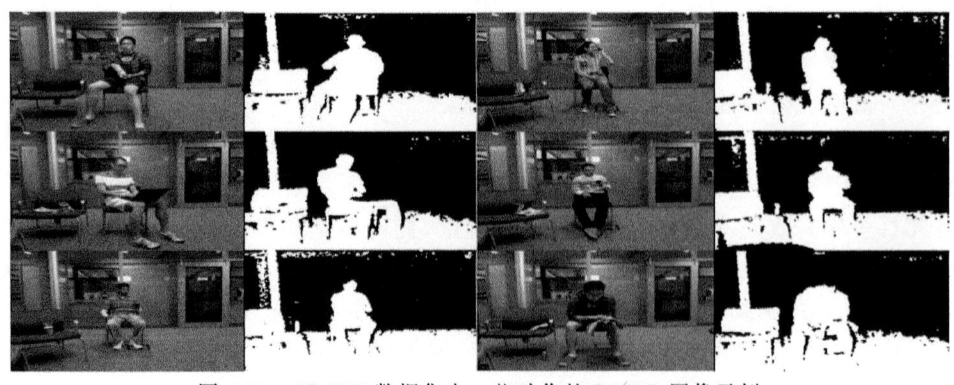

图 5-19　ORGBD 数据集中一些动作的 RGB-D 图像示例

该数据集在动作的执行姿态、动作执行者尺度方面具有显著类内变化

（2）MSRDaily-Activity3D 数据集：与 MSRActionPair 数据集一样，该数据集也是针对 RGB-D 行为识别问题而设计的。同时该数据集也具有较小的规模，而且收集的都是日常生活中经常发生的动作。因此，利用该数据集进行多模态浅层学习算法的测试是具有重要的理论和现实意义。

该数据集包含由 10 个受测对象所执行的 16 种日常行为，每个受测者都以站立和坐着的方式执行同一行为。因此该数据库共有 320 个视频，每个视频都记录了对应的 RGB 视频，深度视频和人体三维骨骼数据。数据集包含的 16 种日常行为既有一些人与物的交互行为如打电话、用笔记本电脑、用吸尘器、玩游戏手柄、扔纸、弹吉他等，也有一些日常的个体行为如走、静坐、躺在沙发上、起立和坐下等。此外，这些日常行为的采集也是在固定拍摄视角的环境中完成的。由于动作执行者以两种不同的姿态执行每类动作，所以该数据库能够用来测试算法在尺度上的鲁棒性。为了能够测试算法的性能，提供者采用交叉验证的方式进行实验，即随机将 5 个人的 160 个视频序列用来训练，剩下的 160 个作为测试。图 5-20 给出了该数据库部分行为动作的 RGB（左）和深度（右）图像示例。

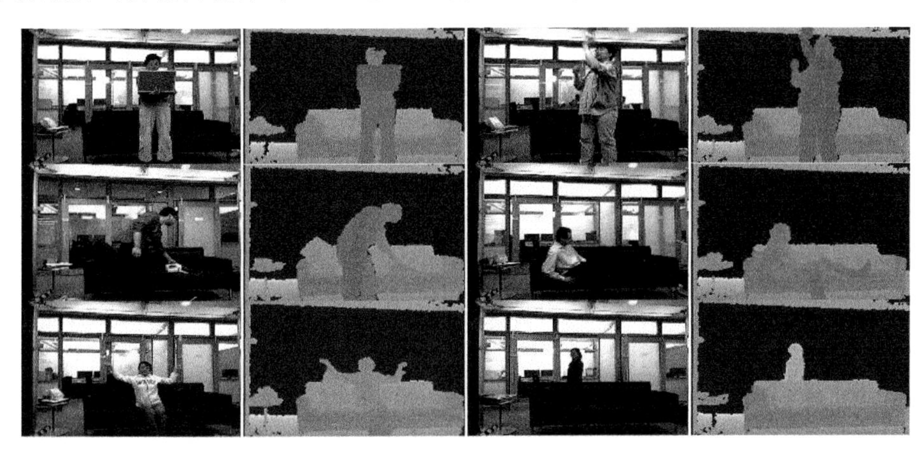

图 5-20　MSRDailyActiviy3D 数据集中动作的 RGB-D 图像示例
该数据集包含了动作执行者尺度、动作执行者姿态、遮挡等类内变化因素

（3）SYSU 3DHOI 数据集：与以上两者数据集一样，该数据集也是小规模数据集。不同的是，该数据库是专门针对 RGB-D 交互行为识别问题而设计的。因此，该数据集可以用来进行多模态浅层学习算法的性能测试。

该数据集专注于人与物体的交互。其是由 40 位受测者来执行 12 种不同的交互行为（喝水、倒水、打电话、玩手机、背书包、整理书包、坐在椅子上、移动椅子、拖地和扫垃圾），共 480 个样本数据。每个受测者从 6 种不同的物体：水杯、手机、椅子、书包、钱包、扫把（或拖把）中选择一种进行操作。每种物体只与两种不同的交互行为相关。由于被操纵物体的运动和外观非常相似，以及动作参与者的变化大，使得该数据库具有一定的挑战性。为了能测试算法的性能，提供者设置了两种测试方案。第一种测试方案样本的交叉验证，即每个类别随机取一半样本数据作为训练，其余的作为测试。第二种为个体交叉验证，即随机选择 20 个受测者的数据作为训练，剩下的为测试。对于上述每种测试方案重复 30 次取平均值作为最终识别结果。图 5-21 给出了该数据库的部分 RGB 和深度图像示例。

图 5-21　SYSU 3DHOI 数据集中动作的 RGB-D 图像示例

该数据集在动作执行者尺度以及交互物体的外观上具有显著的类内、类间变化

(4) UTD-MHAD 数据集：与以上数据集一样，该数据集也是针对 RGB-D 的行为识别问题而设计的。同时该数据集中的动作序列都是模拟体感游戏中的动作或行为。因此，利用该数据集进行算法测试有着重要理论和现实意义。

该数据集包含了 27 种动作类别和 861 个动作序列。这些动作是由 8 个受测对象(4 男 4 女)所完成的，其中每个受测对象需要执行每类动作 4 次。虽然数据集的采集背景和环境比较单一，但是在执行动作的过程中，对受测者的执行速度和执行方式不进行限制，同时动作执行者在尺度上也有较大变化。因此，该数据库也具有一定的类内变化。此外，该数据集中的动作序列都是无实物动作，这也给动作的识别带来一定挑战性。除了 RGB-D 图像数据和人体骨骼数据，该数据集还提供了动作执行过程中的惯性传感器采集的加速度、角速度信息。为了能够测试不同算法的性能，提供者只将受测对象的 ID 标签为 1、3、5、7 的样本作为训练样本(431 个样本数据)，将剩余受测对象的样本作为测试样本(430 个样本数据)。图 5-22给出了该数据库部分动作的 RGB 和深度图像示例。

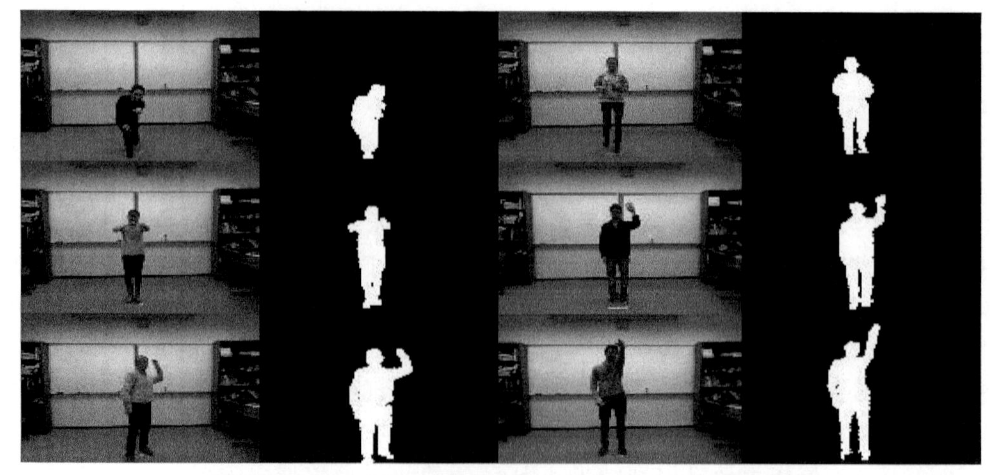

图 5-22　UTD-MHAD 数据集中动作的 RGB-D 图像示例

该数据集包含了动作执行速度、执行方式、执行者尺度等类内变化因素

(5) NTU RGB+D 数据集：与上述数据集一样，该数据集也是针对 RGB-D 的行为识别问题而设计的。不同的是，该数据集有较大的规模和拍摄视角变化，适用于训练深度神经网络模型。因此，利用该数据集进行深度学习算法的测试是有重要理论和实际意义的。

该数据集是是目前所有 RGB-D 行为数据集中包含行为类别数目和受测对象最多的数据集。其包含 5 万多个视频序列，4 百多万个视频帧以及 60 个日常行为。这些日常行为既包括一些个体行为(如扔东西、跌倒、呕吐等)，也包括一些人与物体的交互(如喝水、吃东西、看书等)以及人与人交互(如握手、拥抱、踢腿等)。同时这些日常行为是由 40 个受测对象(10～35 岁)在 3 种不同的拍摄视角(摄像机位于受测者正面、左侧 45°、右侧 45°)下所采集的。由于该数据集在拍摄视角和受测者尺度上有丰富的变化，使得该数据集在算法鲁棒性方面具有较大挑战。在性能测试方面，提供者设置了两种不同方式：对象交叉验证和视角交叉验证。在对象交叉验证中，将 20 个受测对象(ID 为 1、2、4、5、8、9、13、14、15、16、17、18、19、25、27、28、31、34、35、38)的行为数据作为训练集(40 320 个样本)，剩余样本作为测试集(16 560 个样本)。而在视角交叉验证中，将第 1 个摄像头视角下的样本作为测试集(18 960 个样本)，剩下的作为训练集(37 920 个样本)。图 5-23 给出了该数据库部分人体行为的 RGB 和裁剪后的深度图像示例。

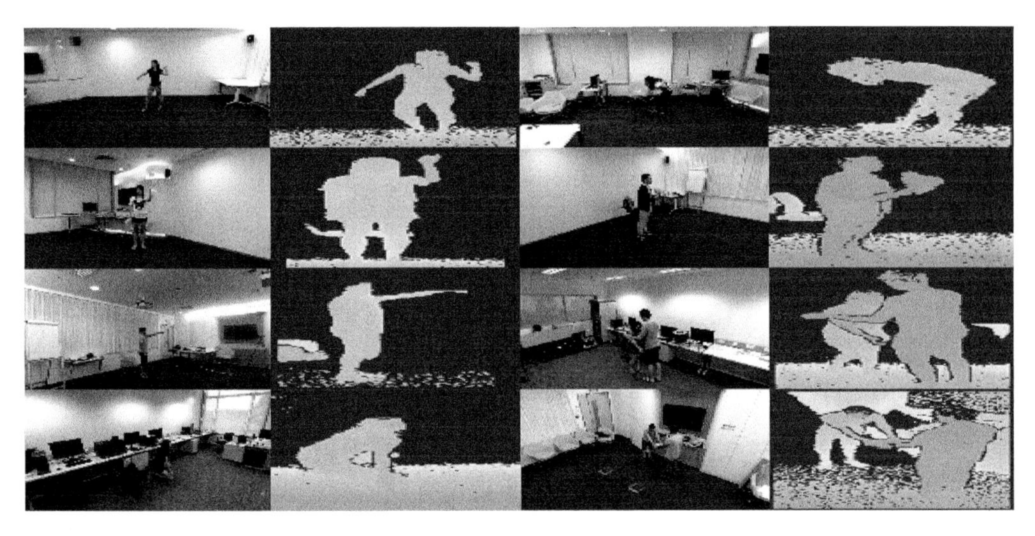

图 5-23　NTU RGB+D 数据集中人体行为的 RGB-D 图像示例
该数据集包含了拍摄视角、光照、动作执行者尺度以及动作执行方式等类内变化因素

(6) ChaLearn LAP IsoGD 数据集：与 NTU RGB+D 数据集一样，该数据集也具有较大的数据规模。不同的是，该数据库主要是为 RGB-D 的手势识别问题设计的，与一些人体行为相比手势动作的持续时间比较短，同时该数据集是在复杂的外部环境下拍摄的。因此，利用该数据集进行深度学习算法的测试是有重要理论和实际意义的。

该数据集包括了 47 933 个 RGB-D 视频序列，249 个手势动作以及 21 个受测对象。这 249 个手势既有一些聋哑人的手势语言，交通信号手势，也包括一些艺术表演中出现的手势和日常交流过程中使用的手势。由于该数据集是由第一代 Kinect 所拍摄，而导致采集的 RGB 和深度图像分辨率比较低。同时该数据集在动作执行者的衣着、位置、背景和光照方面有着丰富的变化。为了更好地评估算法性能，提供者将数据集划分成训练集，验证集和测试集。其中训练集包含 35 878 个视频片段和 17 个受测对象,验证集和测试集中的受测对象都是 2 个,分别有 5 784 个和 6 271 个视频序列。为了使得算法评估更有挑战性,在划分的过程中,当受测对象的某个样本出现在训练集中时,其所有样本都不会出现在验证集和测试集中。图 5-24 给出了该数据库的部分 RGB 和深度手势图像示例。

图 5-24 ChaLearn LAP IsoGD 中部分手势的 RGB-D 图像示例

该数据集包含了光照、复杂背景、动作执行者的尺度、动作执行姿态等类内变化因素

5.4 本章小结

为了更好地推动多源视觉信息感知识别技术向着更加实用化的发展,本章在前面章节的理论分析和实验仿真验证的基础上,介绍主要视觉感知任务所用到的数据集和评测指标,包括人脸识别评测指标和数据集、目标跟踪评测指标和数据集、行为识别评测指标和数据集。这些评测指标和数据集的开发和测试,为多源视觉信息感知识别技术进一步应用于人工智能、通信控制、军事国防等重要领域打下了一定的理论和实践基础,将会对科学技术、生产生活、经济金融、国家安全等的工作方式以及社会生产生活方式等方面产生深远的影响。

本章参考文献

[1] Phillips P J, Moon H, Rauss P, et al. The FERET evaluation methodology for face-recognition algorithms[C]//IEEE Computer Society Conference on Computer Vision and Pattern Recognition. Piscataway: IEEE, 1997: 137-143.

[2] Gao W, Cao B, Shan S, et al. The CAS-PEAL large-scale Chinese face database and baseline evaluations[J]. IEEE Transactions on Systems, Man, and Cybernetics-Part A: Systems and Humans, 2007, 38(1): 149-161.

[3] Heo J, Savvides M. Face recognition across pose using view based active appearance models (VBAAMs) on CMU Multi-PIE dataset[C] //International Conference on Computer Vision Systems. Piscataway: IEEE, 2008: 527-535.

[4] Huang G B, Mattar M, Berg T, et al. Labeled faces in the wild: A database for studying face recognition in unconstrained environments[C] // Workshop on Faces in'Real-Life' Images: Detection, Alignment, and Recognition. Marseille, France: HAL-Inria, 2008:1-14.

[5] Beveridge J,Phillips R,Jonathon P, Bolme David S, et al. The challenge of face recognition from digital point-and-shoot cameras[C]//International Conference on Biometrics: Theory, Applications and Systems . Piscataway, NJ: IEEE, 2013, 1-8.

[6] Klare B F, Klein B, Taborsky E, et al. Pushing the frontiers of unconstrained face detection and recognition: Iarpa janus benchmark A[C]//IEEE Conference on Computer Vision and Pattern Recognition. Piscataway: IEEE, 2015: 1931-1939.

[7] Yi D, Lei Z, Liao S, et al. Learning face representation from scratch[J]. arXiv v preprint arXiv:1411.7923, 2014.

[8] Wang X, Tang X. Face photo-sketch synthesis and recognition[J]. IEEE Transactions on Pattern Analysis and Machine Intelligence, 2008, 31(11): 1955-1967.

[9] Zhang W, Wang X, Tang X. Coupled information-theoretic encoding for face photo-sketch recognition [C] //IEEE Conference on Computer Vision and Pattern Recognition. Piscataway: IEEE, 2011: 513-520.

[10] Li S, Yi D, Lei Z, et al. The casia nir-vis 2.0 face database[C] //IEEE Conference on Computer Vision and Pattern Recognition Workshops. Piscataway: IEEE, 2013: 348-353.

[11] Wu Y, Lim J, Yang M-H. Object tracking benchmark[J]. IEEE Transactions on Pattern Analysis and Machine Intelligence, 2015, 37(9):1834-1848.

[12] Kristan M, Pflugfelder R. Leonardis A, et al. The visual object tracking VOT2013 challenge results [C]//International Conference on Computer Vision. Piscataway: IEEE, 2013, 98-111.

[13] Ferryman J, Shahrokni A. Pets2009: Dataset and challenge[C]//IEEE International Workshop on Performance Evaluation of Tracking and Surveillance. Piscataway: IEEE, 2009: 1-6.

[14] Geiger A, Lenz P, Urtasun R. Are we ready for autonomous driving? the kitti vision benchmark suite[C]//IEEE Conference on Computer Vision and Pattern Recognition. Piscataway: IEEE, 2012: 3354-3361.

[15] Lealtaixe L, Milan A, Reid I, et al. MOTChallenge 2015: Towards a Benchmark for Multi-Target Tracking [DB/OL]. arXiv: Computer Vision and Pattern Recognition, 2015.

[16] Milan A, Lealtaixe L, Reid I, et al. MOT16: A Benchmark for Multi-Object Tracking[DB/OL]. arXiv: Computer Vision and Pattern Recognition, 2016.

[17] Wang Z，Zheng L，Liu Y，et al. Towards Real-Time Multi-Object Tracking[DB/OL]. arXiv：Computer Vision and Pattern Recognition，2019.

[18] Ess A，Leibe B，Schindler K，et al. A mobile vision system for robust multi-person tracking[C]//IEEE Conference on Computer Vision and Pattern Recognition. Piscataway：IEEE，2008：1-8.

[19] Zhang S，Benenson R，Schiele B. Citypersons：A diverse dataset for pedestrian detection [C]//IEEE Conference on Computer Vision and Pattern Recognition. Piscataway：IEEE，2017：3213-3221.

[20] Dollár P，Wojek C，Schiele B，et al. Pedestrian detection：A benchmark[C]// IEEE Conference on Computer Vision and Pattern Recognition. Piscataway：IEEE，2009：304-311.

[21] Xiao T，Li S，Wang B，et al. Joint detection and identification feature learning for person search[C]//IEEE Conference on Computer Vision and Pattern Recognition. Piscataway：IEEE，2017：3415-3424.

[22] Zheng L，Zhang H，Sun S，et al. Person re-identification in the wild[C]//IEEE Conference on Computer Vision and Pattern Recognition. Piscataway：IEEE，2017：1367-1376.

[23] Soomro K，Zamir A R，Shah M. UCF101：A dataset of 101 human actions classes from videos in the wild[J]. arXiv preprint arXiv:1212.0402，2012.

[24] Jhuang H，Garrote H，Poggio E，et al. A large video database for human motion recognition[C]//IEEE International Conference on Computer Vision. Piscataway：IEEE，2011:6.

[25] Kay W，Carreira J，Simonyan K，et al. The kinetics human action video dataset [J]. arXiv preprint arXiv:1705.06950，2017.

[26] Oreifej O，Liu Z. Hon4d：Histogram of oriented 4d normals for activity recognition from depth sequences[C]//IEEE Conference on Computer Vision and Pattern Recognition. Piscataway：IEEE，2013：716-723.

[27] Xia L，Chen C C，Aggarwal J K. View invariant human action recognition using histograms of 3d joints [C]//IEEE Conference on Computer Vision and Pattern Recognition Workshops. Piscataway：IEEE，2012：20-27.

[28] Koppula H S，Gupta R，Saxena A. Learning human activities and object affordances from rgb-d videos [J]. The International Journal of Robotics Research，2013，32 (8)：951-970.

[29] Yu G，Liu Z，Yuan J. Discriminative orderlet mining for real-time recognition of human-object interaction [C] //Asian Conference on Computer Vision. Berlin：Springer，2014：50-65.

[30] Fernando B，Gavves E，Oramas J，et al. Rank pooling for action recognition [J]. IEEE Transactions on Pattern Analysis and Machine Intelligence，2017，39(4)：773-787.

[31] Wang J Y, Almasri I, Gao X. Adaptive graph regularized nonnegative matrix factorization via feature selection [C] // International Conference on Pattern Recognition (ICPR 2012). Piscataway: IEEE, 2012: 963-966.

[32] Del Buono N, Pio G. Non-negative matrix tri-factorization for co-clustering: An analysis of the block matrix [J]. Information Sciences, 2015, 301: 13-26.

[33] Ferdinando S S, Andy C H. Parameterisation of a stochastic model for human face identification [C]//IEEE Workshop on Applications of Computer Vision. Piscataway: IEEE, 1994: 138-142.

[34] Athinodoros S G, Peter B N, David J K. From few to many: Illumination cone models for face recognition under variable lighting and pose[J]. IEEE Transactions on Pattern Analysis and Machine Intelligence, 2001, 23 (6): 643-660.

[35] Wechsler H, Phillips J P, Bruce V, et al. Face recognition: From theory to applications [J]. Springer Science & Business Media, 2012,163.

[36] Martínez A, Benavente R. The AR Face Database[J]. Cvc Technical Report, 1998, 24.

[37] Sim T, Baker S, Bsat M. The cmu pose, illumination, and expression (pie) database of human faces[J]. IEEE Transactions on Pattern Analysis & Machine Intelligence, 2001.

[38] Marszalec E A, Martinkauppi J B, Soriano M N, et al. Physicsbased face database for color research[J]. Journal of Electronic Imaging, 2000, 9 (1):32-39.